Statistik für Dummies

Statistik für Dummies - Schummelseite

Häufige statistische Größen

Nachfolgend werden die häufigsten statistischen Größen mit Formel und Kurzbeschreibung dafür aufgelistet, was jede Formel misst.

Statistik	Formel	Wird benutzt für
Stichprobenmittel (Durchschnitt)	$\bar{x} = \dfrac{\sum x}{n}$	Gewichteter Mittelpunkt der Daten; wird beeinflusst durch Ausreißerwerte
Median	Mittlerer Wert in einem geordneten Datensatz.	Numerischer Mittelpunkt der Daten; wird nicht beeinflusst durch Ausreißerwerte
Standardabweichung der Stichprobe	$s = \sqrt{\dfrac{\sum(x-\bar{x})^2}{n-1}}$	Maß für die Abweichung; typischer Abstand vom Mittelwert
Korrelationskoeffizient	$r = \dfrac{1}{n-1} * \sum \dfrac{(x-\bar{x})*(y-\bar{y})}{s_x * s_y}$	Stärke und Richtung eines linearen Zusammenhangs zwischen x und y

Konfidenzintervalle

Ein Konfidenzintervall ist eine fundierte Vermutung über ein Merkmal einer Grundgesamtheit, wie z.B. der Prozentsatz der Deutschen, die ein Handy besitzen. Ein Konfidenzintervall enthält den ursprünglichen Schätzwert, wie z.B. das Durchschnittsgehalt einer Stichprobe von Hochschulabgängern, plus/minus einer Fehlergrenze oder Fehlertoleranz, d.h. der erwarteten Abweichung der Ergebnisse, wenn die Daten einer anderen Stichprobe erhoben würden. Nachfolgend finden Sie die wichtigsten Konfidenzintervalle. Mehr hierzu erfahren Sie in Kapitel 13.

Für	Statistik	Fehlergrenze	Wird benutzt, wenn
Mittelwert der Grundgesamtheit (μ)	$\bar{x}$	$\pm Z * \dfrac{s}{\sqrt{n}}$	n mindestens 30
Mittelwert der Grundgesamtheit (μ)	$\bar{x}$	$\pm t_{n-1} * \dfrac{s}{\sqrt{n}}$	n kleiner als 30
Anteilswert der Grundgesamtheit (p)	$\hat{p}$	$\pm Z * \sqrt{\dfrac{\hat{p}*(1-\hat{p})}{n}}$	$n*\hat{p}$ und $n*(1-\hat{p})$ mindestens 5
Unterschied zwischen zwei Populationsmitteln ($\mu_x - \mu_y$)	$(\bar{x} - \bar{y})$	$\pm Z * \sqrt{\dfrac{s_1^2}{n_1} + \dfrac{s_2^2}{n_2}}$	n_1 und n_2 beide mindestens 30
Unterschied zwischen zwei Anteilswerten von Grundgesamtheiten ($p_1 - p_2$)	$(\hat{p}_1 - \hat{p}_2)$	$\pm Z * \sqrt{\dfrac{\hat{p}_1(1-\hat{p}_1)}{n_1} + \dfrac{\hat{p}_2(1-\hat{p}_2)}{n_2}}$	$n*\hat{p}$ und $n*(1-\hat{p})$ für jede Gruppe mindestens 5

Konfidenzkoeffizienten (Z-Werte)

Konfidenzkoeffizienten oder Z-Werte sind ein wichtiger Bestandteil von Konfidenzintervallen. Der Z-Wert ist Teil der Fehlergrenze – er ist der Wert, den Sie addieren oder subtrahieren müssen, um ein bestimmtes Vertrauen in Ihre Ergebnisse haben zu können. Um Ihren Ergebnissen stärker vertrauen zu können, benötigen Sie einen größeren Z-Wert. Siehe Kapitel 9 für weitere Einzelheiten.

Vertrauensniveau	Z-Wert	Vertrauensniveau	Z-Wert
80%	1,28	95%	1,96
85%	1,44	98%	2,33
90%	1,64	99%	2,58

Statistik für Dummies - Schummelseite

Hypothesentests

Hypothesentests prüfen anhand von Daten, ob eine Behauptung über eine Grundgesamtheit zutrifft. (Jemand könnte beispielsweise behaupten, dass 40% der Deutschen ein Handy besitzen. Stimmt das?) Um eine Hypothese zu testen, ziehen Sie eine Stichprobe, erheben Daten, berechnen eine Statistik, standardisieren sie zu einer Prüfgröße (die mittels einer Standardskala interpretiert werden kann) und entscheiden, ob die Prüfgröße die Behauptung unterstützt. (Siehe Kapitel 14 und 15 für weitere Einzelheiten.) Die folgenden Formeln kommen bei Hypothesentests am häufigsten zum Einsatz.

Test auf	Nullhypothese (H_0)	Prüfgröße	Verteilung	Wird benutzt, wenn
Mittelwert der Grundgesamtheit (μ)	$\mu = \mu_0$	$\dfrac{(\bar{x} - \mu_0)}{s/\sqrt{n}}$	Standardnormal-verteilung (Z)	n mindestens 30
Mittelwert der Grundgesamtheit (μ)	$\mu = \mu_0$	$\dfrac{(\bar{x} - \mu_0)}{s/\sqrt{n}}$	t_{n-1}	n kleiner als 30
Anteilswert der Grundgesamtheit (p)	$p = p_0$	$\dfrac{\hat{p} - p_0}{\sqrt{\dfrac{p_0 * (1 - p_0)}{n}}}$	Standardnormal-verteilung (Z)	$n * \hat{p}$ und $n * (1 - \hat{p})$ mindestens 5
Unterschied zwischen zwei Mittelwerten ($\mu_x - \mu_y$)	$\mu_x - \mu_y = 0$	$\dfrac{(\bar{x} - \bar{y}) - 0}{\sqrt{\dfrac{s_1^2}{n_1} + \dfrac{s_2^2}{n_2}}}$	Standardnormal-verteilung (Z)	n_1 und n_2 beide mindestens 30
Mittelwert der Differenz (vor - nach)	$\mu_D = 0$	$\dfrac{\bar{d} - 0}{s/\sqrt{n}}$	Standardnormal-verteilung (Z)	30 oder mehr Datenpaare
Mittelwert der Differenz (vor - nach)	$\mu_d = 0$	$\dfrac{\bar{d} - 0}{s/\sqrt{n}}$	t_{n-1}	Weniger als 30 Datenpaare
Unterschied zwischen Anteilswerten ($p_1 - p_2$)	$p_1 - p_2 = 0$	$\dfrac{(\hat{p}_1 - \hat{p}_2) - 0}{\sqrt{\hat{p} * (1 - \hat{p}) * \left(\dfrac{1}{n_1} + \dfrac{1}{n_2}\right)}}$	Standardnormal-verteilung (Z)	$n * \hat{p}$ und $n * (1 - \hat{p})$ mindestens 5

Deborah Rumsey

Statistik für Dummies

Übersetzung aus dem
Amerikanischen
von Beate Majetschak

Bibliografische Information Der Deutschen Bibliothek
Die Deutsche Bibliothek verzeichnet diese Publikation
in der Deutschen Nationalbibliografie;
detaillierte bibliografische Daten sind im Internet über
<http://dnb.ddb.de> abrufbar.

ISBN 3-8266-3087-4
1. Auflage 2004

Alle Rechte, auch die der Übersetzung, vorbehalten. Kein Teil des Werkes darf in irgendeiner Form (Druck, Fotokopie, Mikrofilm oder einem anderen Verfahren) ohne schriftliche Genehmigung des Verlages reproduziert oder unter Verwendung elektronischer Systeme verarbeitet, vervielfältigt oder verbreitet werden. Der Verlag übernimmt keine Gewähr für die Funktion einzelner Programme oder von Teilen derselben. Insbesondere übernimmt er keinerlei Haftung für eventuelle aus dem Gebrauch resultierende Folgeschäden.

Die Wiedergabe von Gebrauchsnamen, Handelsnamen, Warenbezeichnungen usw. in diesem Werk berechtigt auch ohne besondere Kennzeichnung nicht zu der Annahme, dass solche Namen im Sinne der Warenzeichen- und Markenschutz-Gesetzgebung als frei zu betrachten wären und daher von jedermann benutzt werden dürften.

Übersetzung der amerikanischen Originalausgabe:
Deborah Rumsey: Statistics For Dummies®

Original English language edition Copyright © 2003 by Wiley Publishing, Inc., Indianapolis, Indiana
All rights reserved including the right of reproduction in whole or in part in any form.
This translation published by arrangement with Wiley Publishing, Inc.

Für Dummies, the Dummies Man logo and related trade dress are trademarks or registered trademarks
of Wiley Publishing, Inc. in the United States and other countries.

© Copyright 2004 by mitp-Verlag/Bonn,
ein Geschäftsbereich der verlag moderne industrie Buch AG & Co.KG/Landsberg

Printed in Italy

Cartoons im Überblick
von Rich Tennant

Seite 259

Seite 75

Seite 223

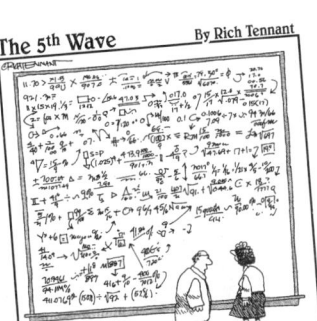

Seite 153

Seite 129

Seite 25

Seite 199

Seite 321

Fax: 001-978-546-7747
Internet: www.the5thwave.com
E-Mail: richtennant@the5thwave.com

Inhaltsverzeichnis

Einführung   19
    Über dieses Buch   19
    Wie man dieses Buch benutzt   20
    Voraussetzungen   20
    Wie dieses Buch organisiert ist   21
        Teil I: Statistik im Alltag   21
        Teil II: Grundlagen des Zahlenknackens   21
        Teil III: Die Gewinnchancen ermitteln   21
        Teil IV: Die Ergebnisse durcharbeiten   22
        Teil V: Abgesicherte Schätzwerte abgeben   22
        Teil VI: Der Hypothesentest darf nicht fehlen   22
        Teil VII: Statistische Studien richtig ausschöpfen   22
        Teil VIII: Der Top-Ten-Teil   23
        Anhang   23
    Die Symbole in diesem Buch   23
    Wie geht es weiter?   24

Teil I
Statistik im Alltag   25

Kapitel 1
Statistik, der Sie im Alltag begegnen   27
    Statistiken in den Medien: Mehr Fragen als Antworten?   27
        Die Erforschung von durch Popcorn bedingten Gesundheitsproblemen   28
        Virenalarm   28
        Unfallstatistiken verstehen   28
        Kunstfehler bei Ärzten   29
        Details zum Verlust von Ackerfläche   30
        Schulleistungstests   30
        Aktuelle Sportergebnisse   32
        Wirtschaftsnachrichten   32
        Das Neueste zum Thema Reisen   32
        Mit Dr. Ruth Westheimer über Sex (und Statistik) plaudern   33
        Appetitanreger für das Wetter   33
        Über Filme nachdenken   34
        Horoskope   35

Statistik am Arbeitsplatz	35
Babys auf die Welt bringen	35
Für Bilder posieren	36
In Pizza-Daten stöbern	36
Statistik im Büroalltag	36

Kapitel 2
Fehler in Statistiken — 37

Die Kontrolle übernehmen: So viele Zahlen und so wenig Zeit	37
Fehler, Übertreibungen und schlichte Lügen entdecken	38
Die Korrektheit der Zahlen prüfen	38
Irreführende Statistiken aufdecken	40
Am rechten Ort nach Lügen suchen	50
Die Bedeutung irreführender Statistiken	51

Kapitel 3
Das Handwerkszeug des Statistikers — 55

Statistik besteht aus mehr als nur aus Zahlen	55
Grundbegriffe der Statistik	57
Die Grundgesamtheit	57
Die Stichprobe	58
Die Zufallsstichprobe	59
Die Verzerrung (Bias)	60
Daten	61
Datensätze	61
Statistik	62
Das arithmetische Mittel (Mittelwert)	62
Der Median	63
Die Standardabweichung	63
Das Percentil	64
Der Standardwert	64
Die Normalverteilung	65
Experimente	66
Meinungsumfragen	68
Schätzwerte	69
Wahrscheinlichkeit und Gewinnchancen	70
Das Gesetz der Serie	71
Hypothesentest	72
Korrelation und Kausalzusammenhang	73

Teil II
Grundlagen des Zahlenknackens — 75

Kapitel 4
Grafiken und Diagramme — 77

- Statistik grafisch darstellen — 77
- Ein Stück vom Kuchen abbekommen — 78
  - Private Ausgaben — 78
  - Mehr zu den Einnahmen und Ausgaben der staatlichen US-Lotterie — 79
  - Transparenz der Steuereinnahmen — 83
  - Bevölkerungstrends vorhersagen — 85
  - Bewertung von Kreisdiagrammen — 87
- Balkendiagramme im Einsatz — 87
  - Aufwendungen für Fahrkosten unter der Lupe — 87
  - Die Bedeutung von Müttern im Arbeitsprozess — 88
  - Die Lotterie von Ohio — 89
  - Bewertung des Balkendiagramms — 91
- Statistiken mit Hilfe von Tabellen darstellen — 91
  - Geburtsstatistiken näher betrachtet — 92
  - Bewertung von Tabellen — 96
- Das Liniendiagramm — 97
  - Analyse von Gehaltstrends — 97
  - Die Entwicklung von Mehrlingsgeburten im Liniendiagramm — 98
  - Bewertung eines Liniendiagramms — 100
- Daten mit einem Histogramm veranschaulichen — 100
  - Analyse des Alters von Müttern — 105
  - Mit einem Baby krabbeln — 108
  - Histogramme interpretieren — 110
  - Bewertung eines Histogramms — 110

Kapitel 5
Von Mittelwerten und Medianen — 111

- Daten mit statistischen Größen beschreiben — 111
- Qualitative Daten beschreiben — 112
- Quantitative Daten beschreiben — 115
  - Maße der zentralen Tendenz — 115
  - Ursachen für Abweichungen ermitteln — 119
  - Mit Percentilen die relative Position ermitteln — 125

Teil III
Die Gewinnchancen ermitteln — 129

Kapitel 6
Wie stehen die Chancen?
Einführung in die Wahrscheinlichkeitsrechnung — 131

- Risiken basierend auf Wahrscheinlichkeiten eingehen — 131
- Grundlagen der Wahrscheinlichkeitsrechnung — 133
  - Die Grundlagen der Wahrscheinlichkeitsrechnung — 133
  - Würfeln — 134
  - Modelle und Simulationen — 136
- Interpretation von Wahrscheinlichkeiten — 137
- Fehleinschätzungen vermeiden — 138
  - Das sieht wahrscheinlicher aus — 138
  - Kurz- und langfristige Vorhersagen — 138
  - Die Chancen stehen 50:50 — 139
  - Interpretation seltener Ereignisse — 139
- Die Verbindung zwischen der Wahrscheinlichkeitsrechnung und Statistik herstellen — 141
  - Schätzwerte — 141
  - Vorhersagen — 142
  - Entscheidungsfindung — 142
  - Qualitätskontrolle — 142

Kapitel 7
Auf Gewinn spielen — 145

- Warum Kasinos Gewinne machen — 145
- Hilfreiche Kenntnisse in Wahrscheinlichkeitsrechnung — 146
  - Die Chance 50:50 — 147
  - Gewinnzahlen ziehen — 148
  - Einen Lottoschein ausfüllen – weniger kann mehr sein — 149
  - Das Geschlecht eines Babys vorhersagen — 151
  - Versuchen, am Spielautomaten zu gewinnen — 152

Teil IV
Die Ergebnisse durcharbeiten — 153

Kapitel 8
Maße für die relative Bewertung von Ergebnissen — 155

Die Normalverteilung glätten — 155
    Merkmale der Normalverteilung — 157
    Beschreibung der Form und des Mittelpunkts — 157
    Die Abweichung bemessen — 158
    Schauen, wo die meisten Werte liegen — 159
Konvertierung in einen Standardwert — 162
    Die Standardabweichung im Blickpunkt — 162
    Standardisierung der Werte — 164
    Eigenschaften von Standardwerten — 165
    Mit Standardwerten Äpfel mit Birnen vergleichen — 166
Ergebnisse mittels Percentilen vergleichen — 167

Kapitel 9
Achtung: Die Ergebnisse variieren! — 171

Abweichung der Stichprobenergebnisse — 171
Die Abweichung in Stichprobenergebnissen bemessen — 172
    Standardfehler — 173
    Stichprobenverteilungen — 174
    Das Gesetz der großen Zahl und der Standardfehler — 174
    Mehr zum zentralen Grenzwertsatz — 176
Faktoren untersuchen, die die Abweichung in Stichproben beeinflussen — 184
    Die Stichprobengröße — 185
    Die Abweichung in der Grundgesamtheit — 185

Kapitel 10
Die Fehlergrenze berücksichtigen — 187

Die Bedeutung des Vorzeichens — 187
Die Fehlergrenze berechnen — 189
    Die Abweichung in der Stichprobe bemessen — 189
    Die Fehlergrenze für einen Stichprobenanteil berechnen — 190
    Die Ergebnisse darstellen — 191
    Die Fehlergrenze für das Stichprobenmittel berechnen — 192
    Die Absicherung der Ergebnisse — 193
Den Einfluss der Stichprobengröße ermitteln — 194
    Wie groß ist groß genug? — 194
    Stichprobengröße und Fehlergrenze — 194

Mehr ist nicht immer (so viel) besser!	195
Die Fehlergrenze beschränken	196

Teil V
Abgesicherte Schätzwerte abgeben — *199*

Kapitel 11
Interpretation und Bewertung von Konfidenzintervallen — *201*

Nicht alle Schätzwerte sind gleich	201
Statistiken mit Parametern in Verbindung bringen	203
Den bestmöglichen Schätzwert abgeben	204
Ergebnisse auf einem bestimmten Konfidenzniveau interpretieren	204
Irreführende Konfidenzintervalle ausfindig machen	205

Kapitel 12
Genaue Konfidenzintervalle berechnen — *207*

Ein Konfidenzintervall berechnen	207
Die Wahl des Konfidenzniveaus	209
Mehr zur Breite des Konfidenzintervalls	210
Die Stichprobengröße näher betrachtet	211
Die Abweichung in der Grundgesamtheit	213

Kapitel 13
Häufig benutzte Konfidenzintervalle — *215*

Konfidenzintervall für den Mittelwert der Grundgesamtheit	215
Konfidenzintervall für den Anteil an der Grundgesamtheit	217
Konfidenzintervall für den Unterschied zwischen zwei Mittelwerten	218
Konfidenzintervall für den Unterschied zwischen zwei Anteilen an Grundgesamtheiten	220

Teil VI
Der Hypothesentest darf nicht fehlen — *223*

Kapitel 14
Behauptungen, Tests und Schlussfolgerungen — *225*

Möglichkeiten, mit Behauptungen umzugehen	225
Wissen, welche Optionen es gibt	226
Behauptungen überprüfen	226
Tiefer graben	228

Einen Hypothesentest durchführen	229
Definieren, was getestet werden soll	229
Eine Hypothese aufstellen	230
Die Stichprobendaten sammeln	231
Das Stichprobenergebnis berechnen	232
Die Ergebnisse mit der Prüfgröße standardisieren	232
Die Beweise gewichten und Entscheidungen treffen: P-Werte	234
P-Werte	234
Vorsicht bei der Interpretation der Ergebnisse	236
Typische Fehler beim Hypothesentesten	237
Falschen Alarm schlagen oder einen Typ-1-Fehler begehen	237
Die Aufdeckung verpassen oder einen Typ-2-Fehler begehen	238
Schlussfolgerungen über die Schlussfolgerungen anderer ziehen	239
Schritt für Schritt durch den Hypothesentest	239
Die Schritte eines Hypothesentests für eine Grundgesamtheit und große Stichproben	239
Andere Arten von Hypothesentests	241
Die t-Verteilung oder der Umgang mit kleineren Stichproben	242

Kapitel 15
Formeln und Beispiele für häufig benutzte Hypothesentests   247

Hypothesentest für den Mittelwert der Grundgesamtheit	248
Hypothesentest für den Anteil an der Grundgesamtheit	249
Hypothesentest für den Vergleich von zwei Mittelwerten	251
Hypothesentest für gepaarte Differenzen	253
Vergleich der Anteile in zwei unabhängigen Grundgesamtheiten	255

Teil VII
Statistische Studien richtig ausschöpfen   259

Kapitel 16
Umfragen, Umfragen und noch mehr Umfragen   261

Den Einfluss von Meinungsumfragen erkennen	261
Die Quelle überprüfen	262
Heiße Themen untersuchen	263
Auswirkungen auf das Leben	264
Hinter den Kulissen von Meinungsumfragen	266
Planung und Design einer Umfrage	267
Die Stichprobe auswählen	270
Eine Umfrage durchführen	271
Die Ergebnisse interpretieren und Probleme entdecken	275

Kapitel 17
Experimente: Durchbrüche in der Medizin oder irreführende Ergebnisse? 279

Experimente und Beobachtungsstudien 279
    Experimente unter die Lupe genommen 280
    Beobachtungsstudien unter Beobachtung 280
    Ethische Gesichtspunkte berücksichtigen 281
Gute Experimente planen 281
    Die Stichprobengröße auswählen 282
    Wahl der Testpersonen 283
    Zufällige Zuweisung der Testpersonen zu den Versuchsgruppen 284
    Störvariablen ausschalten 286
    Doppelblindstudien 287
    »Gute« Daten sammeln 288
    Die Daten angemessen analysieren 289
    Angemessene Schlüsse ziehen 290
Experimente sachkundig beurteilen 292

Kapitel 18
Die Suche nach dem Zusammenhang:
Korrelationen und andere Verbindungen 293

Beziehungen mit Plots und Diagrammen bildlich darstellen 294
    Bivariate quantitative Daten grafisch darstellen 295
    Bivariate qualitative Daten grafisch darstellen 297
Quantifizierung der Beziehung oder Korrelationen und andere Maße 299
    Die Beziehung zwischen zwei quantitativen Variablen quantifizieren 299
    Den Zusammenhang zwischen zwei qualitativen Variablen quantifizieren 302
Verbindungen, Korrelationen und Kausalzusammenhänge 302
    Aspirin scheint zu helfen 302
    Die Grillen und die Hitze 303
Vorhersagen machen 303
    Vorhersagen auf der Basis von korrelierten Daten machen 303
    Vorhersagen mit zwei qualitativen Variablen machen 308

Kapitel 19
Qualitätskontrolle oder: Was Statistik mit Zahnpasta zu tun hat 309

Erwartungen erfüllen 309
Die Qualität aus der Zahnpastatube herausquetschen 311
    Der Zusammenhang zwischen Genauigkeit und Konsistenz 312
    Die Qualität mit Qualitätsregelkarten überwachen 312
    Was ist Genauigkeit? 313
    Was ist Konsistenz? 314

Erwartung der Normalverteilung ... 314
Die Toleranzgrenzen bestimmen ... 315
Überwachung des Fertigungsprozesses ... 317

Teil VIII
Der Top-Ten-Teil ... 321

Kapitel 20
Zehn Kriterien für eine gute Umfrage ... 323

Die Zielpopulation sollte klar definiert sein ... 323
Die Stichprobe sollte die Zielpopulation abbilden ... 324
Die Stichprobe sollte zufällig ausgewählt sein ... 325
Die Stichprobe sollte groß genug sein ... 325
Mit Anreizen Verweigerung minimieren ... 326
Eine angemessene Art von Umfrage wählen ... 327
Keine Suggestivfragen verwenden ... 328
Der Zeitpunkt sollte gut gewählt sein ... 329
Die Personen, die die Umfrage durchführen, sollten gut ausgebildet sein ... 330
Die Umfrage sollte die ursprüngliche Fragestellung beantworten ... 331

Kapitel 21
Zehn häufige Fehler ... 333

Irreführende Grafiken ... 333
    Kreisdiagramme ... 333
    Balkendiagramme ... 334
    Liniendiagramme ... 335
    Histogramme ... 335
Daten mit Bias ... 336
Keine Fehlergrenze ... 337
Keine Zufallsstichproben ... 338
Fehlende Stichprobengröße ... 339
Falsch interpretierte Korrelationen ... 339
Störvariablen ... 340
Gepfuschte Zahlen ... 341
Selektive Darstellung von Ergebnissen ... 342
Die allmächtige Anekdote ... 342

Anhang
Quellen ... 345

Stichwortverzeichnis ... 353

Einführung

Dieses Buch soll Ihnen dabei helfen, die unglaubliche Menge statistischer Informationen verarbeiten und auswerten zu können, mit denen Sie täglich zu tun haben. (Sie wissen, was ich meine: Diagramme, Grafiken, Tabellen und Schlagzeilen zu den letzten Umfrageergebnissen, Experimenten und anderen wissenschaftlichen Studien.) Dieses Buch versetzt Sie in die Lage, statistische Ergebnisse entziffern und wichtige Entscheidungen auf ihrer Grundlage treffen zu können (z.B. auf der Grundlage der neuesten medizinischen Studien), denn Sie werden nach der Lektüre wissen, wie Sie durch Statistiken in die Irre geführt werden können und wie Sie sich davor schützen.

Dieses Buch enthält zahlreiche Beispiele aus der Praxis, die für Ihren Alltag relevant sind. Die Beispiele reichen von medizinischen Durchbrüchen über Kriminalstudien und Bevölkerungstrends bis zu Umfragen zum Internet-Dating, zur Benutzung von Mobiltelefonen und zu den schlechtesten Autos des Jahrhunderts. Durch die Lektüre beginnen Sie, zu verstehen, wie Sie Diagramme, Grafiken und Tabellen sinnvoll für Ihre Zwecke nutzen können, und Sie wissen außerdem, wie Sie die Ergebnisse der letzten Meinungsumfragen, Experimente oder anderer Studien prüfen können. Sie erfahren sogar, wie Sie die Temperatur mit Hilfe von Grillen messen und Ihre Chancen beim Lotto verbessern können.

Sie werden außerdem Ihre Freude daran entwickeln, Statistiker auf die Schippe zu nehmen (die sich zuweilen etwas zu ernst nehmen). Denn schließlich brauchen Sie kein Statistiker zu sein, um Statistik verstehen zu können.

Über dieses Buch

Dieses Buch unterscheidet sich wie folgt von den traditionellen Statistiktexten, Referenzwerken, Ergänzungsbüchern und Lernhilfen:

- ✔ An der Praxis orientierte und intuitiv verständliche Erklärungen der statistischen Konzepte, Techniken, Formeln und Berechnungen
- ✔ Klare und prägnante Schrittanleitungen, die leicht verständlich erklären, wie Sie sich durch statistische Probleme kämpfen
- ✔ Interessante Beispiele aus der Praxis, die mit Ihrem Alltag und Ihrer Arbeit zu tun haben
- ✔ Offene und ehrliche Antworten auf Fragen wie »Was sagt das wirklich aus?« und »Wann und wie wird das in der Praxis eingesetzt?«

Wie man dieses Buch benutzt

In diesem Buch werden drei Konventionen verwendet, mit denen Sie sich vertraut machen sollten:

- ✔ **Definition der Stichprobengröße (n):** Wenn ich mich auf die Stichprobengröße beziehe, meine ich in der Regel die Anzahl der Personen, die als Teilnehmer an der Umfrage, der Studie oder dem Experiment ausgewählt wurden. (Die korrekte Schreibweise für die Stichprobengröße ist n.) Angenommen, es wären 100 Personen als Teilnehmer für eine Umfrage ausgewählt worden und nur 80 Personen hätten an der Umfrage tatsächlich teilgenommen. Wie groß wäre dann n: 100 oder 80? Nach meiner Konvention 80. Ich verwende die Anzahl der Personen, die tatsächlich teilgenommen haben bzw. von denen es Rückläufer gibt. Diese Zahl fällt in der Regel kleiner aus als die Anzahl der Personen, die um Teilnahme gebeten wurden. Wenn Sie also auf die Formulierung »Stichprobengröße« stoßen, wissen Sie, dass es sich um die Anzahl der Personen handelt, die an der Studie teilgenommen und Daten bereitgestellt haben.

- ✔ **Doppelbedeutung des Begriffs »Statistik«:** Der Begriff »Statistik« umfasst sowohl den Forschungsgegenstand als auch statistische Studien im Einzelnen. Wenn es um einzelne Werte geht, wie z.B. den Mittelwert, verwende ich den Begriff »statistische Größe«.

Voraussetzungen

Ich gehe davon aus, dass Sie bisher keine Erfahrung mit Statistik haben, dass Sie als Mitglied dieser Gesellschaft täglich mit Statistiken in Form von Zahlen, Prozentwerten, Diagrammen, Grafiken, »statistisch signifikanten« Ergebnissen, »wissenschaftlichen« Studien, Umfragen, Experimenten usw. konfrontiert werden.

Ich gehe allerdings davon aus, dass Sie die grundlegenden mathematischen Operationen und die grundlegenden Notationsweisen der Mathematik beherrschen, wie z.B. die Variablen x und y, Summenzeichen, die Quadratwurzel, Zahlen im Quadrat usw.

Denken Sie jedoch daran, dass sich Statistik stark von Mathematik unterscheidet. Bei Statistik geht es im Wesentlichen um die wissenschaftliche Methode der Festlegung von Forschungsfragen, des Designs von Studien und Experimenten, des Sammelns, der Organisation, Zusammenfassung und Analyse der Daten, der Interpretation der Ergebnisse und der Schlussfolgerung. Daten werden also als Beweis für die Beantwortung interessanter Fragen über die Welt benutzt. Die Mathematik kommt nur zur Berechnung von zusammenfassenden Statistiken und zur Durchführung anderer Analysen zum Einsatz. Um Mathematik geht es also in der Statistik nur ganz entfernt.

Ich möchte Sie allerdings nicht irreführen: Sie werden in diesem Buch auch auf Formeln stoßen, weil in der Statistik eine Menge Zahlen verarbeitet werden müssen. Das sollte Sie allerdings nicht beunruhigen. Ich werde Sie ganz langsam und sorgfältig durch die einzelnen Berechnungsschritte führen, die Sie ausführen müssen. Außerdem stelle ich viele Beispiele für Sie bereit, anhand derer Sie sich mit den einzelnen Berechnungen vertraut machen können.

Wie dieses Buch organisiert ist

Dieses Buch ist in sieben Teile gegliedert, die die Hauptthemen des Buches ausführlich beschreiben, und einen achten Teil, der als Kurzreferenz dient. Jeder Teil ist in einzelne Kapitel untergliedert, in denen die Themen in verständlichen Happen dargeboten werden.

Teil I: Statistik im Alltag

Dieser Teil macht Sie mit der Quantität und der Qualität von Statistiken vertraut, denen Sie tagtäglich an Ihrem Arbeitsplatz und auch anderswo begegnen. Sie werden feststellen, dass ein Großteil der statistischen Daten durch Zufall oder aber aufgrund von Designfehlern inkorrekt ist. Sie bewegen sich außerdem einen ersten Schritt in Richtung Statistik-Genie, indem Sie die Werkzeuge der Branche kennen lernen und einen Überblick über Statistik als Vorgang zum Sammeln und Interpretieren von Daten entwickeln. Außerdem lernen Sie schon mal ein paar Ausdrücke aus dem Statistik-Jargon.

Teil II: Grundlagen des Zahlenknackens

Dieser Teil macht Sie vertraut mit der Darstellung von Daten, d.h. mit Diagrammen, Tabellen usw. Sie erhalten außerdem Tipps zur Interpretation der Diagramme und erfahren, woran Sie ein irreführendes Diagramm unmittelbar erkennen können. Sie lernen außerdem, wie Sie Daten mittels weit verbreiteter statistischer Methoden zusammenfassen.

Teil III: Die Gewinnchancen ermitteln

Dieser Teil deckt die Grundlagen der Wahrscheinlichkeitsrechung ab. Sie erfahren, wie die Wahrscheinlichkeitsrechnung eingesetzt wird, was Sie darüber wissen müssen und auf was Sie sich beim Glücksspiel einlassen. Und was können Sie daraus lernen? Dass Wahrscheinlichkeit und Intuition nicht immer zusammenfallen.

Das Kapitel zeigt, wie die Wahrscheinlichkeit Ihren Alltag beeinflusst, und Sie lernen die Grundregeln der Wahrscheinlichkeitsrechnung kennen. Sie erfahren außerdem die Wahrheit über Glücksspiele, das heißt, wie Spielkasinos funktionieren und warum die Bank immer davon ausgeht, langfristig zu gewinnen.

Teil IV: Die Ergebnisse durcharbeiten

In diesem Teil lernen Sie die Grundlagen der Statistik und Begriffe wie Zufallsverteilung, Genauigkeit, Fehlerquote, Mittelwerte und Standardabweichung kennen. Sie erfahren, wie Sie zwei Maße für die relative Lage, die Standardabweichung und den Mittelwert berechnen. Sie erfahren die Wahrheit über das, was Statistiker als »Kronjuwel der Statistik« bezeichnen (den zentralen Grenzwertsatz) und sehen, wie viel leichter sich statistische Daten damit interpretieren lassen. Zum Schluss beginnen Sie, zu verstehen, warum Statistiker die Varianz von Stichprobe zu Stichprobe bemessen und warum dies so wichtig ist. In diesem Teil finden Sie außerdem heraus, was eine Fehlergrenze ist.

Teil V: Abgesicherte Schätzwerte abgeben

Dieser Teil konzentriert sich darauf, wie Sie gute Schätzwerte für einen Bevölkerungsdurchschnitt oder einen Anteil an der Bevölkerung abgeben können, wenn Sie die Population selbst nicht kennen (z.B. die durchschnittliche Stundenanzahl, die Erwachsene pro Woche vor dem Fernseher verbringen, oder der Prozentsatz der Bundesbürger, die mindestens einen Autoaufkleber auf dem Auto haben). Sie erfahren außerdem, wie Sie einen guten Schätzwert anhand einer relativ kleinen Stichprobe (gemessen an der Gesamtbevölkerung) abgeben können. Sie erhalten einen Überblick über Konfidenzintervalle, finden heraus, wofür sie eingesetzt werden, verstehen, wie sie gebildet werden, und erfahren die Wahrheit über die Grundelemente des Konfidenzintervalls (ein Schätzwert plus oder minus der Fehlergrenze). Sie erkunden außerdem die Faktoren, die die Größe eines Konfidenzintervalls beeinflussen (wie z.B. die Stichprobengröße), und erkunden Formeln, schrittweise Berechnungen und Beispiele für die Konfidenzintervalle, die am häufigsten eingesetzt werden.

Teil VI: Der Hypothesentest darf nicht fehlen

In diesem Teil geht es um den Entscheidungsfindungsprozess und die große Rolle, die Statistik in ihm spielt. Es wird gezeigt, wie Wissenschaftler ihre Thesen bilden und testen und wie Sie die Ergebnisse auswerten können, um sicherzugehen, dass die statistischen Daten korrekt sind und glaubwürdige Schlussfolgerungen zulassen. Sie gehen außerdem die einzelnen Berechnungsschritte durch, die üblicherweise eingesetzt werden, um Hypothesen zu testen und die Ergebnisse korrekt zu interpretieren.

Teil VII: Statistische Studien richtig ausschöpfen

Dieser Teil bietet Ihnen einen Überblick über Umfragen, Experimente, Verhaltensbeobachtungen und den Prozess der Qualitätskontrolle. Sie erfahren, wozu die Studien dienen, wie sie durchgeführt werden, wo ihre Beschränkungen liegen und wie sie so ausgewertet werden, dass die Ergebnisse überzeugend wirken.

Einführung

Teil VIII: Der Top-Ten-Teil

Diese Schnellübersicht vermittelt Ihnen zehn Kriterien für gute Umfragen und zehn Möglichkeiten, die Wissenschaftler, die Medien und die Öffentlichkeit einsetzen, um Statistiken zu missbrauchen.

Anhang

Eines der Hauptziele dieses Buches besteht darin, Sie dazu zu motivieren und zu befähigen, in die Statistik einzudringen und tiefer zu graben, um die Daten zu finden, die Sie benötigen, um fundierte Entscheidungen über Statistiken zu treffen, mit denen Sie täglich zu tun haben. Der Anhang enthält alle Quellen, die ich in meinen Beispielen verwendet habe, für den Fall, dass Sie sie nachverfolgen wollen.

Die Symbole in diesem Buch

In diesem Buch werden Symbole verwendet, um Ihre Aufmerksamkeit auf bestimmte Dinge zu lenken, die regelmäßig vorkommen. Erfahren Sie nun genauer, was ich damit meine:

Dieses Symbol kennzeichnet hilfreiche Informationen, Konzepte und Abkürzungen, mit denen Sie Zeit sparen können. Es werden außerdem Alternativen zu bestimmten Konzepten hervorgehoben.

Dieses Symbol ist für bestimmte Konzepte reserviert, die Sie sich hoffentlich noch lange merken, nachdem Sie dieses Buch gelesen haben.

Dieses Symbol bezieht sich auf spezielle Möglichkeiten, die Wissenschaftler oder die Medien nutzen, um Sie mit Statistiken irrezuführen, und Sie erfahren, was Sie dagegen tun können.

Dieses Symbol ist ein sicherer Tipp, wenn Sie spezielle Interessen an den eher technischen Aspekten der Statistik haben. Sie können dieses Symbol übergehen, falls Sie nicht tiefer in die Details einsteigen möchten.

Wie geht es weiter?

Dieses Buch ist so geschrieben, dass Sie an jeder beliebigen Stelle einsteigen können und trotzdem wissen, worum es geht. Werfen Sie also einen Blick auf das Inhaltsverzeichnis oder den Index, suchen Sie nach Themen, die Sie interessieren, und gehen Sie zur entsprechenden Seite.

Falls Sie nicht genau wissen, wo Sie loslegen sollen, können Sie auch bei Kapitel 1 beginnen und das Buch von vorn bis hinten durchlesen.

Teil I

Statistik im Alltag

In diesem Teil ...

Wenn Sie den Fernseher einschalten oder die Zeitung aufschlagen, werden Sie mit Zahlen, Diagrammen und statistischen Daten bombardiert. Von den aktuellen Umfrageergebnissen bis zu wichtigen medizinischen Durchbrüchen werden Fakten und Zahlen genannt. Trotzdem ist ein Großteil der statistischen Angaben, auf die Sie stoßen, durch Zufall oder sogar durch ein fehlerhaftes Design der Studien falsch. Wie sollen Sie also wissen, was Sie glauben sollen? Indem Sie sich als Detektiv betätigen.

Dieser Teil hilft Ihnen dabei, die Spuren der Statistik nachzuverfolgen, indem Sie prüfen, wie Statistik Ihren Alltag und Ihr Berufsleben beeinflusst, wie mangelhaft die Daten häufig sind und was Sie dagegen unternehmen können. Dieser Teil macht Sie außerdem mit nützlichem Fachjargon aus der Statistik vertraut.

Statistik, der Sie im Alltag begegnen

In diesem Kapitel

▶ Die alltägliche Begegnung mit Statistik: Was Sie sehen und wie oft Sie es sehen

▶ Feststellen, wie häufig Statistiken am Arbeitsplatz benutzt werden

Die heutige Gesellschaft ist vollständig mit Zahlen überfrachtet. Wohin Sie auch schauen, begegnen Ihnen Zahlen. Ob in der Sportschau die Chancen von Hertha bei einem bevorstehenden Bundesligaspiel diskutiert werden oder Berichte zur Kriminalitätsrate, zur erwarteten Lebensdauer von Bürgern, die sich ausschließlich von Fast Food ernähren, oder den zu erwartenden Stimmanteilen einer Partei bei der nächsten Bundestagswahl vorgestellt werden. An einem normalen Arbeitstag können Sie ohne Schwierigkeiten fünf, zehn oder sogar zwanzig verschiedenen Statistiken begegnen und kurz vor Wahlen natürlich noch mehr. Wenn Sie nur die Tageszeitung von vorne bis hinten durchlesen, werden Sie buchstäbliche auf Hunderte von Statistiken stoßen, die in Berichten, Anzeigen und Artikeln verwendet werden. Dies reicht von der Suppe (wie viel konsumiert der Bundesbürger durchschnittlich pro Jahr?) bis zu Nüssen (wie viele Nüsse müssen Sie essen, um Ihren IQ zu erhöhen?).

Dieses Kapitel soll Ihnen deutlich machen, wie häufig Sie in Ihrem Alltag und bei Ihrer Arbeit mit Statistik zu tun haben und wie Statistiken der Öffentlichkeit präsentiert werden. Nachdem Sie das Kapitel gelesen haben, beginnen Sie, wahrzunehmen, wie häufig die Medien Sie mit Zahlen bombardieren und wie wichtig es ist, ihre Bedeutung entschlüsseln zu können. Ob Sie es wollen oder nicht, bestimmen Statistiken bestimmt einen Großteil Ihres Lebens. Wenn Sie also schon nichts dagegen unternehmen können, sollten Sie zumindest versuchen, sie zu verstehen.

Statistiken in den Medien: Mehr Fragen als Antworten?

Öffnen Sie eine Zeitung und suchen Sie nach Beispielen für Artikel und Berichte, die Zahlen beinhalten. Es dauert nicht lange und schon türmen sich Zahlenkolonnen vor Ihnen auf. Zeitungsleser werden überschwemmt mit Ergebnissen von Studien, mit Ankündigungen von Durchbrüchen, mit Berichten über Statistiken, mit Vorhersagen, Vorausberechnungen, Diagrammen, Aufstellungen und Auswertungen. Das Ausmaß der Präsenz von Statistiken in den Medien ist überwältigend. Möglicherweise sind Sie sich gar nicht bewusst, wie häufig Sie im heutigen Informationszeitalter mit Zahlen konfrontiert werden. Hier sind nur ein paar Beispiele aus einer Ausgabe einer Sonntagszeitung. Während Sie dies lesen, werden Sie möglicherweise etwas nervös und fragen sich, was Sie überhaupt noch glauben können. Entspannen Sie sich! Dafür haben Sie ja dieses Buch, das Ihnen dabei hilft, die guten von den schlechten Informationen zu trennen. (Die Kapitel 2 bis 5 bieten Ihnen einen großartigen Einstieg.)

Die Erforschung von durch Popcorn bedingten Gesundheitsproblemen

Der erste Artikel, auf den ich bei der Suche nach Artikeln stieß, die Zahlen behandeln, trug den Titel »Gesundheitsüberprüfung in Popcorn-Fabrik«. Die Unterüberschrift lautet: »Laut Aussage kranker Mitarbeiter verursachten Geschmacksstoffe Lungenprobleme«. Der Artikel beschreibt, wie die amerikanischen Gesundheitsbehörden (Centers for Disease Control, CDC) ihre Besorgnis ausdrücken über eine mögliche Verbindung zwischen einer chronischen Lungenerkrankung und der Arbeit mit chemischen Geschmacksstoffen für Mikrowellen-Popcorn. Allein bei acht Mitarbeitern einer Popcorn-Fabrik ist diese Krankheit aufgetreten, von denen vier einer Lungentransplantation entgegensehen. Gemäß diesem Artikel wurden ähnliche Fälle auch aus anderen Popcorn-Fabriken berichtet. Nun fragen Sie sich vielleicht: »Wie steht es mit denjenigen, die Mikrowellen-Popcorn essen?« Laut dem Artikel konnte das CDC »keine Anzeichen dafür feststellen, dass Personen, die Mikrowellen-Popcorn zu sich nehmen, etwas zu befürchten haben.« (Bleiben Sie dran.) Sie sagen, dass sie in einem nächsten Schritt den Gesundheitszustand der Mitarbeiter ausführlich überprüfen wollen, um einen Zusammenhang zwischen dem Gesundheitszustand und der Arbeit mit den besagten Chemikalien zu ermitteln. Hierzu gehören eine Überprüfung der Lungenkapazität und die eingehende Entnahme von Luftproben. Es stellt sich die Frage, ab wie vielen Fällen der Lungenkrankheit ein echtes Muster zu erkennen ist und wann lediglich von Zufall oder einer statistischen Abnormität gesprochen werden müsste. (Mehr hierzu erfahren Sie in Kapitel 14.)

Virenalarm

Der zweite Artikel, auf den ich stieß, behandelt den aktuellsten Cyber-Angriff durch einen wurmartigen Virus, der sich seinen Weg durchs Internet gebahnt hat und Webbrowser und die Zustellung von E-Mail auf der ganzen Welt verlangsamt. Wie viele Computer waren davon betroffen? Die Experten, die in dem Artikel angeführt werden, sprechen von 39.000 infizierten Computern, die ihrerseits Hunderttausende anderer Systeme beeinflussen. Woher stammt diese Zahl? Haben die Experten jeden einzelnen Computer gesehen, der infiziert war? Die Tatsache, dass dieser Artikel nicht einmal 24 Stunden nach der Virenattacke erschienen ist, legt den Schluss nahe, dass es sich bei der Zahl um einen Schätzwert handelt. Warum sagen die Experten dann 39.000 und nicht 40.000? Um mehr darüber zu erfahren, wie Sie Vertrauen erweckende Schätzwerte abgeben (und die Zahlen anderer auswerten), lesen Sie Kapitel 11.

Unfallstatistiken verstehen

Als Nächstes ist in der Zeitung eine Warnung über die wachsende Anzahl von Motorradunfällen zu lesen. Laut Experten ist die Zahl der Motorradunfälle seit 1997 um 50% angestiegen und niemand kann bisher sagen, warum. Die Statistik zeigt ein interessantes Bild. 1997 starben in den USA 2.116 Motorradfahrer, 2001 waren es 3.181. Dies berichtet die amerikanische Behörde für die Sicherheit im Straßenverkehr, National Highway Traffic Safety Administration (NHTSA). In dem Artikel werden verschiedene Ursachen für die steigende Rate der Verkehrstoten bei Motorradfahrern erörtert, wie z.B. die Tatsache, dass Motorradfahrer in den USA heute in der Regel älter sind als früher (das Durchschnittsalter der bei Unfällen getöteten Motorradfahrer ist von 29,3 Jahren im Jahr 1990 auf 36,3 Jahre im Jahr 2001 angestiegen).

Die wachsende Größe der Motorräder wird als eine weitere mögliche Ursache genannt. Die durchschnittliche Motorengröße hat um fast 25% zugenommen – von 769 Kubikzentimetern im Jahr 1990 auf 959 Kubikzentimeter im Jahr 2001. Eine weitere Ursache könnte die Tatsache sein, dass einige amerikanische Bundesstaaten dabei sind, ihre Gesetze zur Helmpflicht abzuschwächen. Die Experten, die in dem Artikel zitiert werden, sagen, dass eine umfassende Studie zur Ursachenforschung zwar erforderlich wäre, jedoch sehr wahrscheinlich wegen der hohen Kosten zwischen 2 und 3 Millionen US-Dollar nicht durchgeführt werden wird. Ein Gesichtspunkt, der in dem Artikel überhaupt nicht berücksichtigt wird, ist die Anzahl der Motorradfahrer im Jahr 2001 im Vergleich zum Jahr 1997. Je mehr Motorradfahrer auf den Straßen unterwegs sind, desto mehr Unfälle gibt es – falls alle anderen Faktoren unverändert sind. Zu dem Artikel gibt es jedoch ein Diagramm, das die Motorrad-Toten in Bezug zu den 100 Millionen Fahrzeugen setzt, die in den USA zwischen 1997 und 2001 gefahren wurden. Unterstützt die Grafik die These, dass es immer mehr Tote auf den Straßen gibt? Ein Balkendiagramm ist ebenfalls vorhanden, das die Anzahl der Motorrad-Toten mit der Anzahl der Toten in anderen Fahrzeugtypen vergleicht. Das Balkendiagramm zeigt, dass die Todesrate bei Motorrädern gemessen an 100 Millionen Fahrzeugen bei 34,4 Prozent liegt, wohingegen die Todesrate bei Autos bei 1,7 Prozent liegt. Der Artikel enthält viele Zahlen und Statistiken. Was jedoch bedeutet das alles? Die Anzahl und die Art der Statistiken kann schnell für Verwirrung sorgen. Kapitel 4 hilft Ihnen dabei, Diagramme und die zugehörigen Statistiken auszusortieren.

Kunstfehler bei Ärzten

Weiter hinten in der Zeitung gibt es einen Bericht zu einer aktuellen Studie über die Gebührenentwicklung für Versicherungen gegen Kunstfehler bei Ärzten, die sich indirekt auch auf den amerikanischen Bürger auswirkt, da möglicherweise höhere Arztgebühren auf ihn zukommen und er nicht mehr die benötigte medizinische Behandlung erhält. Gemäß dem Artikel hat im US-Bundesstaat Georgia bereits jeder fünfte Arzt riskante Behandlungen (wie Entbindungen) wegen der ständig steigenden Versicherungsgebühren für Versicherungen gegen Kunstfehler aufgegeben. Das Phänomen wird als »ansteckend« bezeichnet und es wird von einer »Gesundheitskrise« im ganzen Land gesprochen. Ein paar Details der Studie werden kurz aufgeführt, und es wird behauptet, dass von den 2.200 befragten Ärzten im Bundesstaat Georgia allein 2.800 – dies entspricht einem Prozentsatz von 18% – bereits keine Behandlungen mit hohem Risiko mehr anbieten. Einen Moment mal! Kann das stimmen? 2.800 von 2.200 Ärzten, die keine riskanten Behandlungen mehr durchführen, was einem Anteil von 18% entsprechen soll? Das ist unmöglich! Der Zähler kann bei einem Bruch nicht größer als der Nenner sein, wenn das Ergebnis unter 100% liegen soll, nicht wahr? Dies ist eines der vielen Beispiele für fehlerhafte Statistiken, die in den Medien verbreitet werden. Wie hoch fällt also der tatsächliche Prozentsatz aus? Das können Sie nur raten. In Kapitel 5 werden die Besonderheiten bei der Berechnung von Statistiken vorgestellt, damit Sie wissen, wonach Sie suchen müssen, um sofort feststellen zu können, wenn etwas nicht stimmt.

Details zum Verlust von Ackerfläche

In derselben Sonntagszeitung findet sich ein Artikel über die Bodenentwicklung und das Ausmaß der Bodenspekulationen in den USA. Die Anzahl der Eigenheime, die sehr wahrscheinlich in einer Gegend gebaut werden, sind ein weiterer Gesichtspunkt. Es werden Statistiken dafür vorgestellt, wie viele Morgen an Ackerland jedes Jahr durch die Bodenentwicklung verloren gehen. Um zu verdeutlichen, wie viel Land dadurch tatsächlich verloren geht, wird zusätzlich angegeben, welcher Anzahl an Fußballfeldern dieser Wert entspricht. In diesem speziellen Beispiel verliert der amerikanische Bundesstaat Ohio laut Aussage von Experten pro Jahr eine Fläche von rund 607 km^2, was 115.385 Fußballfeldern entspricht. Wie kommen die Experten auf derartige Zahlen und wie genau sind sie? Und ist es hilfreich, den Landverlust anhand der Anzahl an Fußballfeldern zu verdeutlichen?

Das große Los ziehen

Haben Sie jemals davon geträumt, den Jackpot im Lotto zu gewinnen? Beim amerikanischen Super-Lotto liegen die Gewinnchancen bei 1 zu 89 Millionen. Halten Sie jetzt nicht den Atem an! Um einen korrekten Eindruck von diesem Wert zu erhalten, stellen Sie sich einen Stapel mit 89 Millionen Lottoscheinen vor, in dem Ihr Schein enthalten ist. Angenommen, Sie erhielten die Möglichkeit, in den Stapel hineinzugreifen und Ihren Lottoschein herauszuziehen. Glauben Sie, Sie würden das schaffen? Aber mit ein paar Insider-Informationen können Sie Ihren Jackpot für den Fall, dass Sie gewinnen, vergrößern. (Falls es bei Ihnen funktioniert, würde ich vom Gewinn gerne etwas abhaben.) Weitere Informationen hierzu und andere Tipps für Glücksspiele finden Sie in Kapitel 7.

Schulleistungstests

Das nächste Thema in der Sonntagszeitung behandelt die Schulleistung unter besonderer Berücksichtigung der Frage, ob zusätzliche Schulstunden die Schulleistung verbessern. Laut Artikel bestanden 81,3% der Schüler in dem untersuchten Distrikt, die alle Zusatzstunden besuchten, den Test zur Überprüfung der Schreibkompetenz, wohingegen von den Schülern, die keine Zusatzstunden besuchten, nur 71,7% den Test bestanden. Reichen diese Zahlen aus, um Zusatzkosten von 386.000 $ pro Jahr zu rechtfertigen? Und was geschieht in den Stunden, die für die Verbesserung verantwortlich sein sollen? Verbringen die Schüler in diesen Stunden mehr Zeit mit der Prüfungsvorbereitung anstatt mehr über das Schreiben im Allgemeinen zu erfahren? Und hier stellt sich die große Frage: Waren die Schüler, die an den Zusatzstunden teilnahmen, Schüler, die prinzipiell motivierter als der Durchschnitt sind, ihre Testergebnisse zu verbessern? Das weiß keiner. Studien wie diese werden ständig durchgeführt. Die einzige Möglichkeit, die Ihnen bei der Einschätzung dessen hilft, was Sie glauben können, ist, zu wissen, welche Fragen Sie stellen müssen, um die Qualität von Studien kritisieren zu können. Das gehört auch zur Statistik. Die gute Nachricht ist, dass Sie bereits mit ein paar klärenden Fragen statistische Studien und ihre Ergebnisse kritisch abhandeln können. Kapitel 17 hilft Ihnen dabei.

Umfrageergebnisse aller Formen und Größen studieren

Meinungsumfragen sind sehr wahrscheinlich das stärkste Zugpferd der Medien, um Aufmerksamkeit zu erhaschen. Es scheint so, also ob vom Supermarkt-Manager über Versicherungsunternehmen und Fernsehsender bis zu Gruppierungen innerhalb einer Gemeinde und sogar Schülern jeder eine Umfrage durchführen wollte. Nachfolgend finden Sie ein paar Beispiele für Umfrageergebnisse aus der aktuellen amerikanischen Presse.

Bedingt durch die zunehmende Alterung der amerikanischen arbeitenden Bevölkerung planen die Unternehmen nun für ihre zukünftige Führung. (Woher wissen die Verfasser des Artikels etwas über die Alterung der amerikanischen arbeitenden Bevölkerung, und falls dies tatsächlich der Fall ist, wie stark steigt die Alterung an?) Eine aktuelle Umfrage zeigt, das fast 67% der befragten Personalleiter amerikanischer Firmen sagten, dass die Planung für die Nachfolge in den letzten fünf Jahren wichtiger geworden sei als in der Vergangenheit. Wenn Sie nun jedoch glauben, Sie könnten Ihren Job aufgeben und sich als Geschäftsführer bewerben, so warten Sie noch einen Augenblick. Die Umfrage zeigt auch, dass 88% der 210 Befragten, die den Fragebogen ausgefüllt zurückschickten, ihre leitenden Positionen mit internen Kandidaten besetzen. (Aber wie viele Befragte haben überhaupt nicht reagiert und ist die Zahl 210 ein Wert, der einen Leitartikel im Wirtschaftsteil rechtfertigt?) Ob Sie es glauben oder nicht, wenn Sie beginnen, danach zu suchen, werden Sie zahlreiche Beispiele für Umfrageergebnisse finden, die auf weit weniger Befragten basieren.

Einige Umfragen stehen sogar auf noch wackligeren Beinen. Wissen Sie beispielsweise, welche Geräte für Amerikaner am wichtigsten sind? Zahnbürsten, Brotbackautomaten, Computer, Autos oder Mobiltelefone? In einer Befragung von 1.042 Erwachsenen und 400 Jugendlichen (wie wurden diese Zahlen festgelegt?) stuften 42% der Erwachsenen und 34% der Jugendlichen die Zahnbürste als wichtiger ein als Autos, Computer oder Mobiltelefone. Ist das wirklich etwas Neues? Seit wann kann etwas so Bedeutendes für die Körperhygiene mit Mobiltelefonen und Brotbackmaschinen in einen Topf geworfen werden? (Das Auto stand an zweiter Stelle. Aber braucht man wirklich eine Umfrage, um das zu wissen?) Weitere Informationen zu Umfragen finden Sie in Kapitel 16.

Aktuelle Sportergebnisse

Der Sportteil ist sehr wahrscheinlich der Teil der Zeitung, in dem Sie die meisten Zahlen finden. Neben dem aktuellen Spielstand finden Sie die Gewinnraten der einzelnen Teams, ihren relativen Stand und vieles mehr. Die Statistiken, die im Sportteil dargeboten werden, sind so umfangreich, dass Sie Gummistiefel benötigen, um durchzukommen. In den USA sind die Basketballstatistiken beispielsweise nach Teams, nach der Halbzeit und nach den Spielern unterteilt. Und Sie müssen sich schon gut mit Basketball auskennen, um alles korrekt interpretieren zu können, weil zahlreiche Abkürzungen benutzt werden.

Wer außer den Müttern der einzelnen Spieler muss das alles wissen? Statistiken sind etwas, von dem Sportfans nie genug kriegen und Spieler nichts wissen wollen.

Wirtschaftsnachrichten

Im Wirtschaftsteil der Zeitung finden Sie Statistiken über den Aktienmarkt. Die letzte Woche war eine schlechte Woche, in der der Aktienmarkt um 455 Punkte absackte. Ist das viel oder wenig? Um das wirklich zu wissen, müssen Sie einen Prozentwert berechnen. Im selben Wirtschaftsteil finden Sie Berichte über Zinssätze für Darlehen: Zinssätze für Darlehen mit einer Laufzeit von 30 oder von 15 Jahren, Zinssätze für den Autokauf, Bauzinsen und alle möglichen anderen Formen von Darlehen. Schließlich finden Sie zahlreiche Anzeigen für Kreditkarten – Anzeigen, die die Zinssätze, die Jahresgebühren und die Anzahl der Tage auflisten, nach denen die Abrechung erfolgt. Wie können Sie diese ganzen Informationen über Investitionen, Darlehen und Kreditkarten vergleichbar machen, um zu einer sinnvollen Entscheidung zu kommen? Welche Statistiken sind am wichtigsten? Die eigentliche Frage ist jedoch, ob die Zahlen, die in der Zeitung genannt werden, wirklich schon alles aussagen, oder ob Sie weitere Nachforschungen anstrengen müssen, um die Wahrheit herauszufinden? Kapitel 3 hilft Ihnen dabei, die Zahlen auseinander zu nehmen und Entscheidungen auf ihrer Grundlage zu treffen.

Das Neueste zum Thema Reisen

Sie können der Bombardierung mit Zahlen nicht einmal im Reiseteil der Zeitung entkommen. In meiner Zeitung wird laut Aussage des Callcenters der Flugsicherheitsbehörde, die im Durchschnitt mehr als 2.000 Anrufe, 2.500 E-Mails und 200 Briefe pro Woche erhält, am häufigsten die Frage gestellt, ob etwas mit dem Flugzeug transportiert werden kann, wobei dieses »etwas« vom Haustier bis zum Rieseneimer mit Popcorn reichen kann. (Den Rieseneimer Popcorn sollten Sie allerdings nicht ins Flugzeug mitnehmen, weil Sie ihn quer in das Gepäckfach legen müssen und sich der Deckel sehr wahrscheinlich öffnen wird, wenn die Gepäckstücke während des Flugs hin und her geschoben werden. Und wenn Sie dann am Ende des Fluges Ihren Eimer wieder rausholen wollen, erhalten die Fluggäste neben Ihnen eine Popcorn-Dusche. Ich habe jedenfalls einmal gesehen, wie das passiert ist.)

Dies führt zu einer interessanten statistischen Frage: Wie viele Mitarbeiter werden zu den verschiedenen Tageszeiten benötigt, um die eingehenden Telefongespräche entgegennehmen zu können? Die Einschätzung der zu erwartenden Anrufe ist der erste Schritt, und hier falsch zu liegen, kann Geld kosten (wenn Sie den Bedarf überschätzt haben) oder zu schlechter PR führen (wenn Sie den Wert unterschätzt haben).

Mit Dr. Ruth Westheimer über Sex (und Statistik) plaudern

Unter Vermischtes sind die aktuellsten Forschungsergebnisse über das Sexualleben der US-Bürger von Dr. Ruth Westheimer, Autorin des Titels »Sex für Dummies« (ebenfalls erschienen bei mitp), zu lesen. Sie berichtet, dass das Sexualleben nicht mit 60 oder sogar 70 Jahren zu Ende sein muss. Es ist zwar schön, das zu wissen, aber wie konnte sie das feststellen und in welchem Ausmaß haben Menschen dieses Alters überhaupt noch Sex? Darüber sagt sie nichts aus – möglicherweise bleiben einige Statistiken besser ungenannt, oder? Dennoch empfiehlt Dr. Westheimer Lesern dieser Altersgruppe, Erhebungen zu missachten, die über die Häufigkeit des Geschlechtsverkehrs pro Woche, Monat oder Jahr bei Paaren ab 60 berichten. Aus ihrer Sicht handelt es sich bei den Angaben nur um Schaumschlägerei. Damit mag sie Recht haben. Denn überlegen Sie mal, wenn jemand eine Erhebung durchführt, indem er Menschen anruft und sie um ein paar Minuten ihrer Zeit bittet, um sie über ihr Sexualleben auszufragen, wer wird dann wohl darüber sprechen wollen? Und wie werden Fragen wie »Wie häufig haben Sie pro Woche Geschlechtsverkehr?« beantwortet. Sagen die Befragten wirklich die Wahrheit oder übertreiben sie eher ein bisschen? Erhebungen dieser Art können eine echte Quelle für verzerrte Darstellungen sein und zu irreführenden Statistiken führen. Gehen Sie also nicht zu hart mit Dr. Westheimer ins Gericht. Denn wie sollte sie Ihrer Meinung nach mehr über dieses sehr persönliche Thema herausfinden? Manchmal ist Forschung schwieriger, als es scheint. Kapitel 2 bietet weitere Beispiele dafür, wie statistische Erhebungen schief gehen können und wonach gesucht werden muss.

Appetitanreger für das Wetter

Der Wetterbericht bietet mit seinen Vorhersagen für die Höchst- und Tiefsttemperatur des Folgetages – wie wird entschieden, dass es 8 und nicht 9 Grad sein wird? –, den UV-Faktor, den Pollenflug, die Wasserqualität, -quantität und -temperatur jede Menge Statistiken. (Woher stammen die Zahlen? Aus Stichproben? Wie viele Stichproben wurden genommen und woher stammen sie?) Es gibt sogar Wettervorhersagen für die folgenden drei Tage, den nächsten Monat oder sogar das kommende Jahr! Wie genau sind Wetterberichte heutzutage? Gemessen an der Anzahl an Tagen, an denen Sie nass werden, obwohl sonniges Wetter vorhergesagt war, könnte man sagen, dass es noch eine Menge zu tun gibt.

Die Wahrscheinlichkeitsrechnung und Computermodelle spielen bei den heutigen Wettervorhersagen eine wichtige Rolle und sind insbesondere in Hinblick auf wichtige Ereignisse wie Hurrikane, Erdbeben und Vulkanausbrüche hilfreich. Selbstverständlich können Computer immer nur so intelligent sein wie diejeni-

gen, die sie programmieren. Wissenschaftler haben also noch viel zu tun, bevor Tornados vorhergesagt werden, bevor sich ihre Auswirkungen zeigen (wäre das nicht großartig?). Mehr zum Thema Modellbildung und Statistik finden Sie in Kapitel 6.

> ### Gewinnchancen in Las Vegas
>
> Wenn Sie betrachten, wie Zahlen im Alltag benutzt – und missbraucht – werden, können Sie die Welt der Sportwetten nicht ignorieren, ein Millionengeschäft, an dem sich Gelegenheitsspieler, professionelle Spieler und Spielsüchtige beteiligen. Worauf kann gewettet werden? Auf so ziemlich alles, was zwei unterschiedliche Ergebnisse haben kann. In Las Vegas gibt es kaum Grenzen für verrückte Wetten.
>
> Hier ein paar Beispiele für Super-Bowl-Sportwetten in Las Vegas:
>
> ✔ Welches Team wird die meisten Straf-Yards haben?
>
> ✔ Welches Team wird in der ersten Halbzeit den schlechtesten Punktestand haben?
>
> ✔ Wird zuerst ein Tor geschossen oder gibt es zuerst eine gelbe Karte?
>
> Hmm. Warum nehmen Sie nicht die Menge an Bier, die von den Fernsehzuschauern von Super-Bowl-TV konsumiert wird, gegen die Anzahl der Grasteppiche auf dem Spielfeld? Spieler, auf geht's! Fangt an zu zählen.

Über Filme nachdenken

Im Feuilleton finden Sie verschiedene Werbeanzeigen für aktuelle Filme. In den Anzeigen werden Filmkritiken zitiert wie »Zwei Daumen nach oben!«, »Das beste Abenteuer aller Zeiten«, »Wahnsinnig komisch« oder »Gehört zu den zehn besten Filmen des Jahres!« Kümmern Sie sich um die Kritiken? Wie entscheiden Sie, in welchen Film Sie gehen? Experten behaupten, dass die Popularität eines Filmes durch die Kritiken zwar zunächst beeinflusst werden kann, dass jedoch die Mund-Propaganda der wichtigste Faktor für den langfristigen Erfolg eines Films ist.

Studien belegen außerdem, dass der Popcornkonsum mit steigender Dramatik eines Films zunimmt. Ja, die Unterhaltungsindustrie führt sogar Buch darüber, was Sie im Kino knabbern. Wie werden all diese Daten gesammelt und wie wirken sich die Daten auf die Arten von Filmen aus, die gemacht werden? Dies gehört auch zur Statistik: Studien entwickeln und durchführen, die helfen, die Zielgruppe klar zu bestimmen, und festzustellen, was die Zielgruppe mag, und die Daten dann bei der Produktgestaltung einsetzen. Wenn Sie also das nächste Mal junge Leute mit einem Klemmblock treffen, die Sie fragen, ob Sie eine Minute Zeit haben, beantworten Sie möglicherweise die Fragen.

Horoskope

Oh, diese Horoskope: Man liest sie, aber wer glaubt schon daran? Sollte man daran glauben? Können die Vorhersagen für die Zukunft mehr als Zufallstreffer sein? Statistiker besitzen, wenn sie etwas herausfinden wollen, die Möglichkeit, einen so genannten Hypothesentest durchzuführen (siehe Kapitel 14). Bisher konnte noch niemand gefunden werden, der in der Lage ist, Gedanken zu lesen, aber es gibt immer wieder Menschen, die dies versuchen!

Statistik am Arbeitsplatz

Wenden wir uns nun ab von der Sonntagszeitung, die bequem zu Hause gelesen wird, und gehen wir zur täglichen Schinderei am Arbeitsplatz über. Wenn Sie für eine Wirtschaftsprüfungsgesellschaft oder einen Steuerberater arbeiten, gehören Zahlen selbstverständlich zu Ihrem Alltag. Aber wie steht es, wenn Sie Krankenschwester, Porträtfotograf, Leiter eines Warenhauses, Journalist, Angestellter oder Bauarbeiter sind? Spielen Zahlen dann für Ihre Arbeit eine Rolle? Worauf wetten Sie? Dieser Abschnitt bietet Ihnen ein paar Beispiele dafür, wie Statistik sich an jedem Arbeitsplatz breit macht.

Sie brauchen nicht weit zu gehen, um die Spuren der Statistik zu finden, und festzustellen, wie sie sich in Ihrem Leben und Ihrem Arbeitsalltag breit macht. Das Geheimnis besteht darin, zu ermitteln, was alles bedeutet, und in der Lage zu sein, sinnvolle Entscheidungen auf der Basis der wahren Grundlage dieser Zahlen zu treffen, um der Statistiken im Alltag Herr zu werden und sich sogar an sie zu gewöhnen.

Babys auf die Welt bringen

Susanne arbeitet als Nachtschwester auf der Geburtshilfestation in einer Uniklinik. Sie muss sich jeden Abend um eine bestimmte Anzahl an Patienten kümmern und sie tut ihr Bestes, um alle zufrieden zu stellen. Ihr Chef hat sie aufgefordert, sich jedes Mal zu Schichtbeginn bei den Patienten vorzustellen und sich bei den Patienten zu erkundigen, ob sie noch Fragen haben. Warum macht sie das? Weil die Patienten, die das Krankenhaus verlassen, nach ein paar Tagen angerufen und gefragt werden, wie sie die Qualität der Pflege einschätzen, was ihnen gefehlt hat, wie das Krankenhaus seinen Service verbessern kann und welches Pflegepersonal dafür verantwortlich ist, dass die Patienten sich auch beim nächsten Krankenhausaufenthalt für dieses Krankenhaus entscheiden. Ein guter Service ist wichtig und für Mütter, die gerade ein Baby bekommen haben, ist es in einer Situation, in der die Schwestern alle acht Stunden ausgetauscht werden, sehr wichtig, deren Namen zu kennen, um ihre Fragen rechtzeitig beantwortet zu bekommen. Susannes Gehaltserhöhung hängt davon ab, wie gut sie auf die Bedürfnisse der jungen Mütter eingehen kann.

Für Bilder posieren

Frau Meier hat gerade ihre Arbeit als Porträtfotografin in einem großen Kaufhaus aufgenommen. Ihre Stärke sind Babyfotos. Auf der Basis der pro Jahr verkauften Fotos hat das Kaufhaus herausgefunden, dass die Kunden lieber gestellte als natürlich aussehende Bilder kaufen. Entsprechend wird der Kaufhausleiter die Fotografen darum bitten, gestellte Fotos zu machen.

Eine Mutter kommt mit ihrem Baby und bittet: »Könnten Sie mein Baby bitte so positionieren, dass es nicht so künstlich aussieht?« Was antwortet Frau Meier? »Nein, das geht leider nicht. Wir machen hier nur gestellte Fotos«. Wow! Sie können sich vorstellen, wie die Mutter das Fotostudio im Kaufhaus beurteilt.

In Pizza-Daten stöbern

Tony leitet eine Pizzeria, die in einer Fußgängerzone Pizzastücke auf die Hand verkauft. Er muss entscheiden, wie viele Mitarbeiter er zu den unterschiedlichen Tageszeiten beschäftigt, wie viele Pizzas vorproduziert werden, um die Nachfrage befriedigen zu können, wie viel Käse er bestellen muss usw., und das alles mit einem minimalen Einsatz von Gehältern und Zutaten. Es ist Freitagnacht und der Ort ist wie ausgestorben. Tony hat noch fünf Mitarbeiter da und es sind fünf Pfannen Pizza übrig, die er in den Ofen stecken und aus denen er 40 Stück Pizza machen könnte. Sollte er zwei seiner Mitarbeiter nach Hause schicken? Sollte er mehr Pizza in den Ofen tun oder erst einmal abwarten? Tony weiß, was sehr wahrscheinlich passieren wird, weil er als der Inhaber der Pizzeria die Nachfrage mehrere Wochen lang beobachtet hat. Er weiß, dass die Nachfrage zwischen 22.00 Uhr und 24.00 Uhr zurückgeht, dann jedoch nach 24.00 Uhr schlagartig wieder anzieht und konstant bleibt, bis die Pizzeria um 2.30 Uhr schließt. Deshalb behält Tony seine Mitarbeiter da und schiebt ab 24.00 Uhr alle 30 Minuten Pizza in den Ofen. Er wird mit guten Einnahmen, zufriedenen Kunden und einem glücklichen Chef belohnt. Mehr darüber, wie Sie mit Hilfe von Statistik gute Schätzwerte entwickeln, erfahren Sie in Kapitel 11.

Statistik im Büroalltag

Frau Müller arbeitet in der Verwaltung einer Computerfirma. Wie kann sich Statistik an ihrem Arbeitsplatz breit machen? Ganz einfach. In jedem Büro gibt es Mitarbeiter, die ihre Fragen beantwortet haben wollen und auf der Suche nach Mitarbeitern sind, die »wissen, was das bedeutet«, die »herausfinden, ob es dazu harte Fakten gibt«, oder einfach gesagt, wissen wollen, ob »die Zahlen irgendeinen Sinn machen«. Sie benötigen Daten, die von Angaben zur Kundenzufriedenheit bis zu Veränderungen im Lagerbestand reichen, von dem prozentualen Anteil der Arbeitszeit, den Mitarbeiter mit dem Versand und Empfang von E-Mail verbringen bis zu den Ausgaben für Büromaterial in den letzten drei Jahren. An jedem Arbeitsplatz gibt es Bedarf für Statistiken und Frau Müllers Marktwert und ihr Wert als Mitarbeiterin könnten sich erhöhen, wenn sie diejenige wäre, die anderen mit Statistiken weiterhelfen kann. Jedes Büro benötigt jemanden, der sich mit Statistiken auskennt. Und warum sollten Sie das nicht sein?

Fehler in Statistiken

In diesem Kapitel

▶ Das Ausmaß des Missbrauchs von Statistiken untersuchen
▶ Die Tabuthemen der Statistik durchbrechen
▶ Die Auswirkungen von fehlerhaften Statistiken prüfen

Möglicherweise fühlen Sie sich von der Zahlenexplosion überwältigt und verwirrt. Mit Hilfe dieses Buches werden Sie jedoch viele Statistiken verstehen lernen, denen Sie in Ihrem Alltag begegnen! Das Kapitel verfolgt den Zweck, Sie skeptisch zu machen. Dabei soll es sich jedoch nicht um einen Skeptizismus handeln, der sich in dem Gefühl niederschlägt, nichts und niemandem mehr glauben zu können, sondern eher in Gedanken wie »Hmm, ich frage mich, woher die Zahlen stammen«, »Kann das sein?« oder »Ich muss mehr über diese Studie herausfinden, bevor ich diese Ergebnisse glauben kann.« Die Medien sind gespickt von Beispielen für fehlerhafte Statistiken. Wenn Sie wissen, wo Sie nach Problemen suchen müssen, werden Sie im Umgang mit Statistiken sicherer werden und mit der Zahlenexplosion zurechtkommen!

Die Kontrolle übernehmen: So viele Zahlen und so wenig Zeit

Statistiken landen als Ergebnis eines bestimmten Arbeitsvorgangs auf Ihrem Fernsehbildschirm oder in Ihrer Zeitung. Als Erstes erzielen Wissenschaftler, die ein Gebiet erforschen, bestimmte Ergebnisse. Diese Personengruppe besteht aus Meinungsforschern, aus Ärzten, aus Marktforschern oder aus anderen Wissenschaftlern. Sie sind die eigentliche Quelle für statistische Daten. Sobald sie ihre Ergebnisse haben, veröffentlichen sie sie in Form einer Pressemitteilung oder in Form eines Artikels, der in einer Fachzeitschrift erscheint. Nun kommen die Journalisten ins Spiel, die hier als Informationsquelle der Medien betrachtet werden. Journalisten jagen nach interessanten Pressemitteilungen, durchforsten die Fachzeitschriften und sind immer auf der Suche nach der nächsten Schlagzeile. Sobald die Reporter ihre Artikel fertig haben, werden die Statistiken der Öffentlichkeit zugänglich gemacht. Dies kann über eine Vielzahl von Medien geschehen, wie z.B. dem Fernsehen, Zeitungen, Zeitschriften, Websites oder Newsletters. Nun können die Informationen von der dritten Gruppe, den Konsumenten, aufgenommen werden, d.h. von Ihnen! Sie und die anderen Konsumenten von Informationen sind mit der Aufgabe konfrontiert, die Informationen zu hören und zu lesen, das Wichtigste herauszufiltern und auf ihrer Grundlage Entscheidungen zu treffen. Wie Sie sich vielleicht bereits gedacht haben, können auf jeder Stufe, d.h. bei der Forschung, bei der Kommunikation der Ergebnisse und beim Informationskonsum, beabsichtigt oder designbedingt Fehler auftreten.

Fehler, Übertreibungen und schlichte Lügen entdecken

Bei der Erstellung von Statistiken kann aus zahlreichen Gründen etwas schief gehen. Zunächst einmal können ganz einfach echte Fehler aufgetreten sein. Das kann jedem passieren, nicht wahr?

Manchmal verbirgt sich hinter einem Irrtum jedoch etwas mehr als ein einfacher, echter Fehler. So kann es im Eifer des Gefechts vorkommen, dass ein Wissenschaftler fest an eine bestimmte Ursache eines Sachverhalts glaubt, und er dann, weil die Zahlen das eigentlich nicht hergeben, die Statistiken optimiert. Freundlicher ausgedrückt: Es wird ein bisschen übertrieben, indem entweder die Werte oder die Ergebnisse entsprechend dargestellt und erörtert werden.

Schließlich sind auch Situationen denkbar, in denen die Daten komplett erfunden wurden und von niemandem repliziert werden können, weil die Ergebnisse so nie aufgetreten sind. Dies ist der schlimmste Fall, der in der realen Welt allerdings immer wieder vorkommt.

Dieser Abschnitt vermittelt Ihnen Tipps, die Ihnen dabei helfen sollen, Fehler, Übertreibungen und Lügen ausfindig zu machen. Für jeden Fehlertyp erhalten Sie Beispiele aus dem Alltag, auf die Sie als Konsument jederzeit stoßen können.

Die Korrektheit der Zahlen prüfen

Wenn Sie auf eine Statistik oder das Ergebnis einer statistischen Studie stoßen, sollten Sie sich als Erstes die Frage stellen, ob die angegebenen Zahlen korrekt sind. Denn davon können Sie nicht immer ausgehen! Möglicherweise kommen Ihnen die Zahlen wegen einfacher Rechenfehler komisch vor, die beim Sammeln der Daten, bei der Zusammenfassung, der Berichterstellung oder der Interpretation aufgetreten sind. Denken Sie auch an einen weiteren Fehler, den Fehler der Auslassung, d.h. fehlende Daten, die jedoch in Bezug auf das Ergebnis einen enormen Unterschied gemacht hätten. Da die Daten fehlen, lässt sich die Korrektheit einer Studie nur schwer nachvollziehen.

Rechenfehler oder Auslassungsfehler können Sie wie folgt ausfindig machen:

- ✔ Vergewissern Sie sich, dass das Ergebnis insgesamt stimmig ist. Prüfen Sie zu diesem Zweck beispielsweise, ob die Summe der Prozentwerte eines Kreisdiagramms 100 ergibt, und dass die Summe der Personen aus den einzelnen Kategorien der Gesamtanzahl der befragten Personen entspricht.
- ✔ Rechnen Sie selbst die einfachsten Rechnungen zweimal nach.
- ✔ Suchen Sie immer nach Gesamtsummen, um Ihre Ergebnisse in das passende Verhältnis setzen zu können. Ignorieren Sie Ergebnisse, die auf winzigen Stichproben basieren.

Die Mikrowellenstatistik geht einfach nicht auf

In vielen Statistiken werden die Ergebnisse in Gruppen unterteilt, so dass der prozentuale Anteil der Personen in jeder Gruppe sichtbar wird, die im Hinblick auf eine bestimmte Frage oder einen demografischen Faktor wie das Alter, das Geschlecht usw. in einer bestimmten Art und Weise reagiert haben. So lange sich die einzelnen Prozentwerte zu 100% aufaddieren lassen, handelt es sich um eine effektive Art der Darstellung statistischer Daten.

In der amerikanischen Tageszeitung USA Today wurde über das Ergebnis einer Meinungsumfrage berichtet, die für die Firma Tupperware im Hinblick auf das Erhitzen von Speiseresten in der Mikrowelle durchgeführt wurde. Laut diesem Artikel sagten 28% der Befragten aus, sie würden fast täglich Speisereste in der Mikrowelle erhitzen. 43% der Befragten benutzten die Mikrowelle zwei bis vier Mal pro Woche und 15% lediglich einmal pro Woche, um Speisereste zu erhitzen. Die Summe dieser Prozentwerte sollte 100 Prozent ergeben oder doch zumindest nahe bei 100 liegen. Die Summe von 28%, 43% und 15% ist jedoch 86%. Was ist mit den restlichen 14% passiert? Wer wurde in der Studie ausgelassen? Wie macht sich das bemerkbar? Diese Statistik geht ganz einfach nicht auf.

Vier von fünf – stimmt das wirklich?

Ein weiterer Punkt, den Sie rasch prüfen können, ist, ob die Gesamtanzahl der befragten Personen angegeben wird. Es gab einmal eine Fernsehwerbung für einen Kaugummi namens Trident, in der behauptet wurde, dass »vier von fünf der befragten Zahnärzte ihren Kaugummi kauenden Patienten Trident empfehlen.« Diese Werbung ist schon ein paar Jahre alt, wurde in den USA jedoch mit einer lustigen Serie neuer Werbespots wiederbelebt, in denen gefragt wurde, was mit dem fünften Zahnarzt passiert sei. Dann wurden einige Beispiele dafür gezeigt, was den fünften Zahnarzt davon hätte abhalten können, ebenfalls Trident zu empfehlen. Die eigentliche Frage, um die es geht, ist jedoch, wie viele Zahnärzte tatsächlich befragt wurden. Das können Sie nicht wissen, weil nichts darüber ausgesagt wird. Sie können noch nicht einmal das Kleingedruckte überprüfen, weil bei dieser Art von Werbung keine Zusatzinformationen angegeben werden müssen.

Warum würde es einen Unterschied machen, wenn die Gesamtanzahl der Befragten bekannt wäre? Weil die Verlässlichkeit einer Statistik, im Fachjargon Reliabilität genannt, teilweise durch die Datenmenge bedingt wird, die in die Statistik eingegangen ist – so lange es sich um gute und korrekte Daten handelt. Wenn in der Werbung eine Aussage wie »vier von fünf Zahnärzten« verwendet wird, wurden eventuell lediglich fünf Zahnärzte befragt. Möglicherweise wurden 5.000 Zahnärzte befragt. In diesem Fall hätten 4.000 von ihnen den Kaugummi empfohlen. Von Bedeutung ist hier, dass Sie nicht wissen, wie viele Zahnärzte den Kaugummi tatsächlich empfohlen haben, falls Sie nicht weitere Nachforschungen anstellen, um die genaue Anzahl herauszufinden. In den meisten Fällen müssen Sie als Konsument aktiv werden, um derartige Informationen zu erhalten. Wenn Sie die Gesamtanzahl der Personen nicht kennen, die an der Studie teilgenommen haben, können Sie sich keinen Eindruck davon bilden, wie zuverlässig die Angaben sind.

Irreführende Statistiken aufdecken

Selbst wenn Sie einen Fehler in einer Statistik entdecken, können Sie möglicherweise nicht feststellen, ob es sich um einen echten Fehler handelt oder ob jemand die Wahrheit etwas gestreckt hat, um eigene Ziele damit zu verfolgen. Der am weitesten verbreitete Missbrauch von Statistiken besteht in einer subtilen, wenngleich effektiven Übertreibung der Tatsachen. Auch wenn die Zahlen aufgehen, kann die zugrunde liegende Statistik fehlerhaft sein. Es ist schwieriger, irreführende Statistiken aufzudecken als einfache mathematische Fehler. Irreführende Statistiken können jedoch großen Einfluss auf die Gesellschaft ausüben und leider gibt es sie häufiger.

Kriminalstatistiken, die so nicht stimmen

Wenn Sie auf eine irreführende Statistik stoßen, sollten Sie zunächst prüfen, ob die verwendete statistische Größe angemessen und sinnvoll ist. Wenn Sie sich nur darum kümmern, ob die Zahlen korrekt sind oder ob alle Berechnungen stimmen, übersehen Sie möglicherweise einen viel größeren Fehler, nämlich den, dass die Statistik das falsche Merkmal misst.

Kriminalstatistiken sind ein gutes Beispiel hierfür. Kriminalität ist häufig Thema politischer Debatten, in denen ein Kandidat – in der Regel der aktuelle Amtsinhaber – behauptet, dass sich die Kriminalitätsrate während seiner Amtszeit verringert habe, wohingegen der Herausforderer häufig glaubhaft machen möchte, dass die Kriminalitätsrate tatsächlich gestiegen sei – womit der Herausforderer ein Thema hätte, bei dem er den Amtsinhaber kritisieren kann. Wie kann es sein, dass Politiker die Kriminalitätsrate genau entgegengesetzt darstellen – vorausgesetzt, die Berechnungen sind korrekt? Je nachdem, wie die Kriminalitätsrate gemessen wird, sind beide Ergebnisse möglich. Tabelle 2.1 zeigt die Kriminalitätsrate in den USA laut FBI in den Jahren 1987 bis 1997.

Jahr	Anzahl der Verbrechen
1987	13.508.700
1988	13.923.100
1989	14.251.400
1990	14.475.600
1991	14.872.900
1992	14.438.200
1993	14.144.800
1994	13.989.500
1995	13.862.700
1996	13.493.900
1997	13.175.100

Tabelle 2.1: Anzahl der Verbrechen in den USA (1987–1997)

Die Wahrheit über Verhältnisse, Raten und Prozentwerte

In Statistiken werden ganz verschiedene Einheiten verwendet und das kann verwirrend sein.

- ✔ Ein Verhältnis ist ein Quotient, bei dem zwei Mengen geteilt werden. Eine Aussage wie »das Verhältnis zwischen Jungs und Mädchen liegt bei 3 zu 2« bedeutet, dass auf jedes dritte Mädchen zwei Jungen kommen. Es bedeutet jedoch nicht, dass die Gruppe nur aus 3 Mädchen und 2 Jungs besteht. Bei 300 Mädchen und 200 Jungs läge das Verhältnis noch immer bei 3 zu 2.

- ✔ Eine Rate ist eine Verhältniszahl, die den Umfang einer bestimmten Einheit verdeutlicht. Ein Auto fährt beispielsweise 220 km/h und die Einbruchrate liegt bei 3 Einbrüchen von 1.000 Haushalten.

- ✔ Ein Prozentwert ist eine Zahl zwischen 0 und 100, die einen Anteil am Ganzen widerspiegelt. Beispiele hierfür sind das Hemd, dessen Preis um 10% reduziert wurde oder die 40% der Bevölkerung, die eine Vier-Tage-Woche begrüßen würden. Um einen Prozentwert in eine Dezimalzahl umzuwandeln, teilen Sie ihn durch 100 oder verschieben das Dezimalzeichen um zwei Stellen nach links. Als Eselsbrücke können Sie sich merken, dass 100% der Zahl 1 oder 1,00 entsprechen. Um von 100 zu 1 zu kommen, müssen Sie 100 durch 100 teilen oder das Dezimalzeichen um zwei Stellen nach links verschieben. (Und genau das Gegenteil müssen Sie tun, um eine Dezimalzahl in einen Prozentwert zu verwandeln.)

Mit Prozentwerten lässt sich feststellen, wie stark ein Wert gesunken oder gestiegen ist. Angenommen, die Anzahl der Verbrechen in einer Stadt stieg von 50 auf 60 Fälle an, wohingegen die Anzahl der Verbrechen in einer anderen Stadt von 500 auf 510 Fälle anstieg. Beide Städte hatten einen Anstieg um zehn Verbrechensfälle zu verzeichnen, im Fall der ersten Stadt ist der Unterschied jedoch erheblich größer, was deutlich wird, wenn die Anzahl als Prozentwert gemessen an der Gesamtanzahl der Verbrechen ausgedrückt wird. Um den prozentualen Anstieg zu ermitteln, subtrahieren Sie den späteren vom früheren Wert und dividieren das Ergebnis durch den früheren Wert. Im Falle der ersten Stadt ist die Anzahl der Verbrechen demnach um (60 - 50) / 50 = 10 / 50 = 0,20 oder 20% gestiegen. Bei der zweiten Stadt liegt der Anstieg hingegen lediglich bei 2%, da (510 - 500) / 500 = 10 / 500 = 0,02 oder 2% ergibt. Den prozentualen Rückgang ermitteln Sie auf die gleiche Weise. Sie erhalten eine negative Zahl, was den Rückgang kennzeichnet.

Nimmt die Kriminalität nun zu oder ab? Sie scheint abzunehmen, aber die Daten lassen sich auch auf andere Arten betrachten und so präsentieren, dass der Trend anders aussieht. Die große Frage ist, ob die Daten so wirklich aussagekräftig sind.

Vergleichen Sie beispielsweise das Jahr 1987 mit dem Jahr 1993. 1987 wurden in den USA schätzungsweise 13.508.700 Verbrechen verübt, 1993 hingegen 14.144.800. Es sieht so aus, als ob die Anzahl der Verbrechen in diesen sechs Jahren gestiegen wäre. Stellen Sie sich einmal vor, Sie wären Präsidentschaftskandidat in den USA. Dann könnten Sie aus diesem offensichtlichen Anstieg etwas machen. Werfen Sie nun einen Blick auf das Jahr 1996, in dem die Gesamtanzahl der Verbrechen bei 13.493.900 liegt und damit etwas geringer ist als die Gesamtanzahl der Verbrechen im Jahr 1987. Wurde also in der Zeit zwischen 1987 und 1993 tatsächlich eine wirksame Verbrechensbekämpfung betrieben? Zudem sagen diese Zahlen nicht alles. Ist die Gesamtanzahl der Verbrechen pro Jahr wirklich ein angemessenes Maß für das Ausmaß der Kriminalität in den USA?

Es fehlen weitere wichtige Informationen – und glauben Sie mir, das passiert häufiger, als Sie vielleicht denken! Neben der Anzahl der Verbrechen ist in den USA zwischen 1987 und 1993 auch etwas anderes gestiegen: die Bevölkerungszahl. Die Gesamtbevölkerung des Landes sollte in der Kriminalstatistik eine Rolle spielen, da sich mit steigender Bevölkerungszahl auch die Anzahl potenzieller Verbrecher und der Opfer von Verbrechen erhöht. Um sich also einen korrekten Eindruck von der Anzahl der Verbrechen bilden zu können, müssen Sie die Anzahl der Verbrechen und auch die Gesamtanzahl der Personen betrachten. Und wie machen Sie das? Das FBI erstellt einen Kriminalitätsindex, der ganz einfach die Kriminalitätsrate angibt. Eine Rate ist ein Quotient, der sich durch Division der Anzahl der Personen oder Ereignisse, an denen Sie interessiert sind, durch die Gesamtanzahl der Personen in der Gruppe ergibt.

Tabelle 2.2 zeigt die geschätzte Bevölkerungszahl in den USA für die Jahre 1987 bis 1997, die geschätzte Anzahl der Verbrechen und die geschätzte Kriminalitätsrate (Anzahl der Verbrechen pro 100.000 Bürger).

Jahr	Anzahl der Verbrechen	Geschätzte Bevölkerungszahl	Kriminalitätsrate (pro 100.000 Personen)
1987	13.508.700	243.400.000	5.550,0
1988	13.923.100	245.807.000	5.664,2
1989	14.251.400	248.239.000	5.741,0
1990	14.475.600	248.710.000	5.820,3
1991	14.872.900	252.177.000	5.897,8
1992	14.438.200	255.082.000	5.660,2
1993	14.144.800	257.908.000	5.484,4
1994	13.989.500	260.341.000	5.373,5
1995	13.862.700	262.755.000	5.275,9
1996	13.493.900	265.284.000	5.086,6
1997	13.175.100	267.637.000	4.922,7

Tabelle 2.2: Anzahl der Verbrechen, geschätzte Bevölkerungszahl und Kriminalitätsrate in den USA (1987–1997)

Wenn Sie noch einmal das Jahr 1987 im Vergleich zum Jahr 1993 betrachten, stellen Sie fest, dass die Anzahl der Verbrechen von 13.508.700 im Jahr 1987 auf 14.144.800 im Jahr 1993 gestiegen ist. So gesehen wäre die Kriminalitätsrate zwischen 1987 und 1993 um 4,7% gestiegen. Diese 4,7% spiegeln jedoch einen Anstieg der Gesamtanzahl der Verbrechen wider, nicht die Anzahl der Verbrechen pro Kopf oder die Anzahl der Verbrechen pro 100.000 Bürger. Um festzustellen, wie sich die Anzahl der Verbrechen pro 100.000 Bürger verändert hat, müssen Sie die Kriminalitätsraten für die Jahre 1987 und 1993 berechnen und vergleichen, und zwar wie folgt: (5.484,4 - 5.550,0) / 5.550,0 = - 65,6 / 5.550,0 = - 0,012 = - 1,2%. Die Anzahl der Verbrechen pro 100.000 Bürger, d.h. die Kriminalitätsrate, hat sich tatsächlich um 1,2% verringert.

Je nachdem, wie Sie die Zahlen drehen, zeigen die Ergebnisse völlig gegensätzliche Trends. Im einen Fall stieg die Anzahl der Verbrechen zwischen 1987 und 1993, im anderen Fall sank sie. Aber nachdem Sie nun den Unterschied zwischen der Anzahl der Verbrechen und der Kriminalitätsrate kennen, wissen Sie auch, dass es in manchen Fällen sinnvoller wäre, Ergebnisse nicht anhand der Gesamtanzahl der Ereignisse darzustellen, sondern als Raten, die sich aus der Anzahl der Ereignisse geteilt durch die Anzahl der Gruppenmitglieder ergibt.

Hinterfragen Sie die Art der Statistik, bevor Sie versuchen, die Ergebnisse zu interpretieren. Ist sie angemessen? Wird die Realität, die sich hinter den Daten verbirgt, korrekt wiedergegeben oder gibt es eine bessere Methode?

Der Maßstab sagt alles

Diagramme eignen sich hervorragend, um schnell und deutlich auf einen wichtigen Punkt hinzuweisen, sofern sie korrekt und angemessen sind. (Mehr zu diesem Thema erfahren Sie in Kapitel 18.)

Leider trifft dies auf viele Diagramme, die im Alltag zur Veranschaulichung statistischer Daten mitgeliefert werden, häufig nicht zu. Sie müssen also auf der Hut sein. Zu den wichtigsten Elementen, auf die Sie achten müssen, gehört der Maßstab des Diagramms. Er gibt wieder, in welche Einheiten die Achsen des Diagramms unterteilt sind und welche Mengen die einzelnen Schritte jeweils repräsentieren. Sind die Achsen in 10er-, in 20er-, in 100er- oder in 1000er-Schritte unterteilt oder wird vielleicht ein ganz anderes Intervall benutzt? Der verwendete Maßstab kann sich sehr stark auf das Aussehen des Diagramms auswirken.

Die Kansas Lottery des amerikanischen Bundesstaats Kansas veröffentlicht beispielsweise regelmäßig ihre aktuellen Ergebnisse in der Pick-3-Lotterie. Eine der Statistiken zeigt die Häufigkeit, mit der die einzelnen Zahlen zwischen 0 und 9 unter den Gewinnzahlen vertreten waren. In Tabelle 2.3 sehen Sie die Zahlen vom 15. März 1997 für 1.613 Spiele, in denen insgesamt 4.839 Zahlen gezogen wurden. Je nachdem, von welcher Seite Sie die Ergebnisse betrachten, liegen ganz unterschiedliche Schlüsse nahe.

Amerikanische Lotterien veranschaulichen Ergebnisse wie das in Tabelle 2.3 in der Regel mit Diagrammen wie das in Abbildung 2.1 gezeigte. Im Diagramm wirkt es so, als ob die Zahl 1 mit nur 468 Mal wesentlich seltener gezogen würde als die Zahl 2 mit 513 Ziehungen. Der Unterschied zwischen den beiden Balken wirkt ziemlich groß. Es handelt sich jedoch um eine übertriebene Darstellung, denn der tatsächliche Unterschied liegt bei lediglich 45 Ziehungen (513

- 468 = 45) von insgesamt 4.839 Ziehungen. Gemessen an der Gesamtanzahl der Ziehungen liegt der Unterschied zwischen der Häufigkeit der Ziehung der Zahl 1 und der der Zahl 2 bei 45 / 4.839 = 0,009, also bei nicht einmal einem Prozent.

Zahl	Häufigkeit der Ziehung
0	485
1	468
2	513
3	491
4	484
5	480
6	487
7	482
8	475
9	474

Tabelle 2.3: Häufigkeit, mit der jede Zahl gezogen wurde (Kansas Pick-3-Lotterie, 15.3.1997)

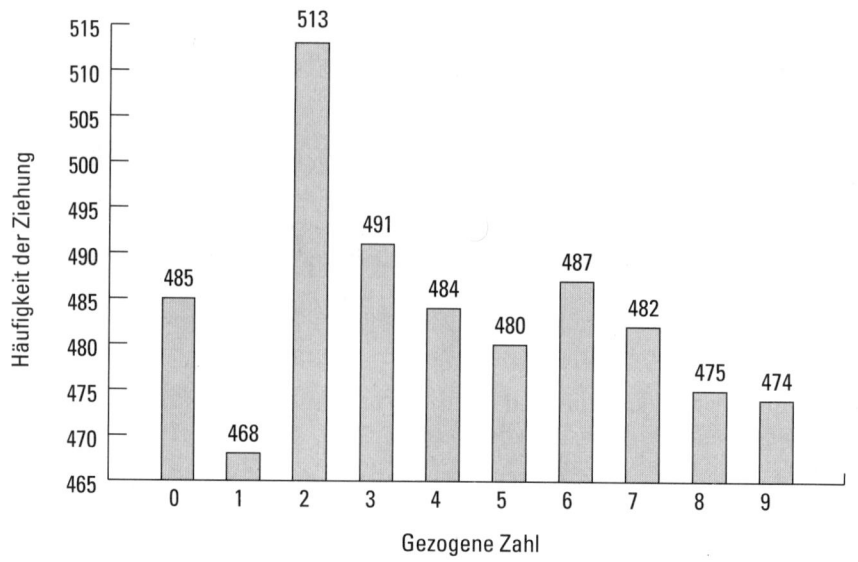

Abbildung 2.1: Diagramm zur Veranschaulichung der Häufigkeit, mit der jede einzelne Zahl gezogen wurde

Woran liegt es, dass der Unterschied im Diagramm so stark übertrieben dargestellt wird? Hier zeigen sich gleich zwei Punkte, die beide das Aussehen des Diagramms beeinflussen. Beachten Sie als Erstes, dass für die vertikale Achse, die die Häufigkeit zeigt, mit der jede Zahl gezogen wird, das Intervall 5 benutzt wird. Ein Unterschied von fünf Ziehungen bei einer Gesamtanzahl von 4.839 Ziehungen wirkt dadurch bedeutsam. Dieser Trick wird ganz häufig eingesetzt, um Ergebnisse übertrieben darzustellen. Der Maßstab wird so gestreckt, dass die Unterschiede größer erscheinen, als sie tatsächlich sind. Beachten Sie außerdem, dass die Zählung nicht bei null beginnt. Es wird also eigentlich nur der obere Teil jedes Balkens gezeigt, an dem die Unterschiede deutlich werden. Dies sorgt ebenfalls dafür, dass die Unterschiede größer wirken.

Tabelle 2.4 zeigt eine etwas realistischere Zusammenfassung der Ziehung einzelner Zahlen in der Pick-3-Lotterie. Hier wird für jede Zahl neben der Häufigkeit die prozentuale Häufigkeit der Ziehung angegeben.

Zahl	Häufigkeit der Ziehung	Prozentuale Häufigkeit der Ziehung
0	485	10,0% = 485 / 4.839
1	468	9,7% = 468 / 4.839
2	513	10,6% = 513 / 4.839
3	491	10,1% = 491 / 4.839
4	484	10,0% = 484 / 4.839
5	480	9,9% = 480 / 4.839
6	487	10,0% = 487 / 4.839
7	482	10,0% = 482 / 4.839
8	475	9,8% = 475 / 4.839
9	474	9,8% = 474 / 4.839

Tabelle 2.4: Prozentuale Häufigkeit der Ziehung

Die prozentuale Häufigkeit der Ziehung einzelner Zahlen verdeutlicht Abbildung 2.2 noch einmal anhand eines Balkendiagramms. Beachten Sie, dass in dieser Abbildung ein etwas realistischerer Maßstab verwendet wird als in Abbildung 2.1 und dass die Balken bei null beginnen, wodurch die Unterschiede realistischer wirken. In der Tat sind kaum Unterschiede vorhanden. Ist das nicht langweilig?

Warum sollte eine Lotterie so etwas tun? Möglicherweise möchten sie den Eindruck vermitteln, Ihnen Insider-Informationen zukommen zu lassen. Wenn Sie glauben, dass die 1 nicht so häufig gezogen wird wie andere Zahlen, werden Sie sich sehr wahrscheinlich ein Lotterielos kaufen und die 1 wählen, weil sie schließlich gezogen werden »muss« (was übrigens nicht stimmt. Mehr hierzu in Kapitel 7). Oder vielleicht wählen Sie auch die Zahl 2, weil sie so häufig gezogen wurde und offenbar gerade eine Gewinnsträhne hat. Wie auch immer Sie es betrachten, die Lotterie möchte Sie glauben machen, dass die Zahlen etwas Magisches an sich haben, und das können Sie den Leuten auch nicht zum Vorwurf machen, denn schließlich ist das ihr Job.

 Irreführende Diagramme sind in den Medien überall zu finden! Journalisten und andere können die Maßstäbe strecken, indem sie die Intervalle verkleinern oder indem sie die Balken nicht bei null beginnen lassen. Der Maßstab lässt sich auch durch die Wahl größerer Intervalle verkürzen. Mit dieser Methode kann der Ein-

druck erweckt werden, es habe sich nichts verändert. Dies sind nur einige Beispiele für irreführende Darstellungen der tatsächlichen Gegebenheiten (siehe Kapitel 4 für weitere Informationen zu diesem Thema).

 Es kann sehr hilfreich sein, den Maßstab eines Diagramms zu betrachten, um die Ergebnisse richtig einschätzen zu können.

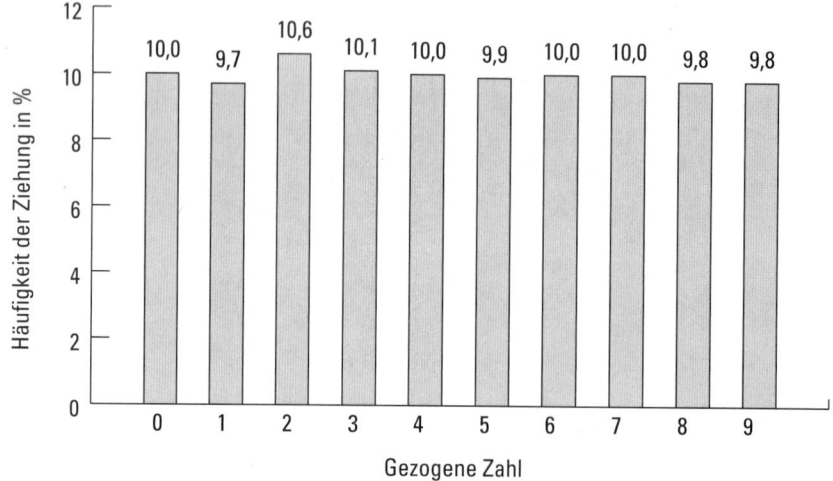

Abbildung 2.2: Das Balkendiagramm zeigt die prozentuale Häufigkeit, in der jede einzelne Zahl gezogen wird.

Die Quellen prüfen

Prüfen Sie die Quellen von Angaben und Behauptungen. Die besten Ergebnisse werden häufig in einschlägigen Fachzeitschriften veröffentlicht, die von den Experten eines Bereichs gelesen werden.

 Wenn Sie die Ergebnisse einer Studie überprüfen, sollten Sie die Quelle berücksichtigen und alle Studien betrachten, die in diesem Zusammenhang durchgeführt wurden, nicht nur diejenigen, deren Ergebnisse in Zeitschriften oder in Werbeanzeigen erschienen sind. Auch ein Interessenskonflikt unter Wissenschaftlern kann zu fehlerhaften Angaben führen.

Auf die Stichprobengröße bauen

Die Stichprobengröße ist nicht alles, sagt jedoch viel über die Verlässlichkeit von Umfragen und Studien aus. Wenn die Studie korrekt geplant und durchgeführt wurde und wenn die Teilnehmer zufällig ausgewählt wurden, d.h. ohne eine systematische Abweichung (mehr zu

Zufallsstichproben in Kapitel 3), dann ist die Stichprobengröße ein wichtiger Faktor für die Einschätzung der Genauigkeit und der Zuverlässigkeit der Ergebnisse. (Mehr zur Planung und Durchführung von Studien finden Sie in den Kapiteln 16 und 17.)

Sie glauben nun vielleicht, dass alle Studien auf einer großen Zahl an Befragten basieren. Dies gilt zwar für die meisten Umfragen, jedoch nicht unbedingt für andere Arten von Untersuchungen, wie z.B. Studien, in denen sorgfältig kontrollierte Experimente durchgeführt werden. Experimente können sehr zeitaufwändig sein und es dauert manchmal Monate oder sogar Jahre, um sie in verschiedenen Situationen durchzuführen. Experimentalstudien können auch kostspielig sein. Einige Experimente beinhalten nicht nur Personen, sondern auch Produkte wie Computerchips oder Militärausrüstung, deren Kosten in die Tausende oder sogar Millionen gehen. Wenn das Experiment vorsieht, dass das Produkt im Rahmen des Tests zerstört wird, können die Kosten jedes Durchlaufs sehr hoch werden. Deshalb basieren einige Studien nur auf einer kleinen Anzahl an Teilnehmern oder Produkten. Je weniger Teilnehmer es bei einer Studie gibt oder je weniger Produkte getestet werden, desto weniger Daten werden insgesamt erzeugt. Studien mit einer kleinen Anzahl an Teilnehmern oder Produkten sind deshalb in der Regel ungenauer als vergleichbare Studien mit größeren Stichproben.

Die meisten Wissenschaftler versuchen, mit möglichst großen Stichproben zu arbeiten und einen Ausgleich zwischen den Kosten für die Stichprobengröße und dem Bedürfnis nach Genauigkeit zu schaffen. Es gibt jedoch auch Fälle, in denen die Untersuchungsleiter einfach faul sind oder sich nicht mit großen Stichproben herumschlagen möchten. Manchmal kennen die Wissenschaftler ganz einfach die Auswirkungen kleiner Stichprobengrößen nicht. Und manche Wissenschaftler bauen auch darauf, dass Sie die Wichtigkeit der Stichprobengröße nicht kennen, was Sie nun jedoch tun.

Die schlimmsten Beispiele für eine unangemessene Stichprobengröße sind Werbespots im Fernsehen, bei denen die Stichprobe lediglich aus einer Person oder einem Produkt besteht. In der Regel sind diese Spots wie Experimente aufgemacht und es wird versucht, den Betrachter davon zu überzeugen, dass das eine Produkt dem anderen überlegen sei. Sie haben vielleicht bereits Werbung für Damenbinden gesehen, in der die gleiche Menge einer blauen Flüssigkeit auf das beworbene und ein herkömmliches Produkt ausgeschüttet wird, wobei die beworbene Binde natürlich saugfähiger ist als die herkömmliche. Diese Versuche mögen zwar albern wirken, aber davor, voreilige Schlussfolgerungen aus einer Stichprobe mit nur einem Element zu ziehen, ist keiner gefeit. (Haben Sie noch niemals jemandem vom Kauf eines Produkts abgeraten, weil Sie eine schlechte Erfahrung damit gemacht haben?) Denken Sie immer daran, dass eine Studie mit der Stichprobengröße »Eins« nicht mehr als eine Anekdote ist.

Prüfen Sie die Stichprobengröße, um sicher zu sein, dass die Daten als Ausgangspunkt für die Ergebnisse ausreichen. Die Fehlergrenze (margin of error, siehe Kapitel 10) bietet Ihnen ebenfalls einen Einblick in die Stichprobengröße, weil eine kleine Fehlergrenze häufig auch bedeutet, dass die Stichprobe sehr klein war.

Quantität oder Qualität?

Schlagzeilen sind für die Medien die Butter auf dem Brot, sie können jedoch auch irreführend sein. Häufig wirken die Schlagzeilen grandioser als die Tatsachen selbst. Dies gilt insbesondere, wenn es in den Artikeln um Statistiken und um Studien geht, aus denen die Statistiken hervorgehen. In der Tat klafft bei derartigen Artikeln häufig eine große Lücke zwischen den Schlagzeilen und dem »Kleingedruckten«.

Vor ein paar Jahren wurde beispielsweise eine Studie durchgeführt, in der Arztbesuche von 1.265 Patienten bei 59 Allgemeinmedizinern und 6 Chirurgen in den US-Bundesstaaten Oregon und Colorado auf Video aufgenommen und dann ausgewertet wurden. In dieser Studie wurde festgestellt, dass Ärzte, die bisher noch nicht auf Kunstfehler verklagt wurden, im Durchschnitt 18 Minuten pro Patient aufwenden, wohingegen Ärzte, die bereits auf Kunstfehler verklagt wurden, lediglich 16 Minuten pro Patient veranschlagten. Machen diese zwei Minuten tatsächlich einen solch großen Unterschied aus? Als in den Medien mit der Schlagzeile »Ein guter Umgang mit Kranken schützt vor Klagen« über die Studie berichtet wurde, entstand der Eindruck, dass Ärzte lediglich mehr Zeit mit ihren Patienten verbringen müssten, um sich vor Klagen zu schützen.

Was ging jedoch tatsächlich vor sich? Ist der Rückschluss korrekt, dass Ärzte, die bereits einmal auf Kunstfehler verklagt wurden, lediglich mehr Zeit mit jedem Patienten verbringen müssten, um zukünftige Klagen abzuwehren? Überlegen Sie, ob es noch andere Dinge gibt, die eine Rolle spielen könnten. Es könnte auch sehr gut der Fall sein, dass die Ärzte, die noch nicht verklagt wurden, ganz einfach besser sind als die anderen, weil sie den Patienten mehr Fragen stellen, besser zuhören und die Patienten besser aufklären, was natürlich Zeit kostet. Wäre dies der Fall, wäre das, was der Doktor während der Zeit tut, die er mit dem Patienten verbringt, wesentlich wichtiger als die absolute Zeitspanne, die er für ihn aufwendet. Aber wie sieht es mit anderen Möglichkeiten aus? Möglicherweise führen die Ärzte, die bereits verklagt wurden, kompliziertere Operationen durch oder vielleicht sind sie Spezialisten für bestimmte Dinge. Leider gibt der Artikel darüber keinen Aufschluss. Eine weitere Möglichkeit wäre, dass die Ärzte, die nicht verklagt wurden, weniger Patienten haben und deshalb in der Lage sind, mehr Zeit mit ihnen zu verbringen und ihre Krankengeschichte besser zu verfolgen. Auf jeden Fall gibt das Kleingedruckte hier wenig Aufschluss und wenn Sie Geschichten wie diese lesen oder hören, sollten Sie nach ähnlichen Lücken zwischen den Schlagzeilen und dem suchen, was in der Studie tatsächlich herausgefunden wurde.

Den Rahmen sprengen

Sie fragen sich vielleicht, wie amerikanische Präsidentschaftskandidaten herausfinden können, was ihre Wähler fühlen. Ganz einfach. Sie geben eine Meinungsumfrage in Auftrag. Viele Meinungsumfragen werden von unabhängigen Instituten die The Gallup Organization durchgeführt, andere von Vertretern der Politiker selbst und ihre Methoden können sich zwischen den einzelnen Kandidaten und Umfragen stark unterscheiden.

2 ➤ Fehler in Statistiken

Während der Präsidentschaftswahlen im Jahr 1992 machte Ross Perot ziemlich viel Furore in der Politik. Seine Gruppe entwickelte eine gewisse Eigendynamik und letztendlich hatten Ross Perot und seine Anhänger Einfluss auf den Wahlausgang. Ross Perot präsentierte in Wahlreden und in politischen Debatten häufig Statistiken und zog Schlüsse daraus, was Amerikaner zu bestimmten Themen fühlen. Aber wusste Ross Perot tatsächlich immer über die Gefühle »der Amerikaner« Bescheid oder erstreckte sich sein Wissen lediglich auf die Gefühle seiner Anhänger? Eines der Mittel, derer sich Ross Perot bediente, um die Meinung der Amerikaner zu erheben, war ein Fragebogen, den er am 21. März 1992 in der Fernsehzeitschrift TV Guide veröffentlichte. Er bat die Zuschauer, den Fragebogen auszufüllen und an die angegebene Adresse zu senden. Dann stellte er die Ergebnisse zusammen und machte sie zum Bestandteil seiner Wahlkampfplattform. Aus diesen Ergebnissen schloss er, dass mehr als 80% der Amerikaner mit ihm in bestimmten Themen übereinstimmten. (Beachten Sie jedoch, dass er 1992 lediglich 18,91% der Stimmen erhielt.)

Ein Teil des Problems wird durch die Art und Weise bedingt, in der die Umfrage durchgeführt wurde. Um an der Umfrage teilnehmen zu können, mussten sie die Zeitschrift TV Guide kaufen und bereit sein, den Fragebogen auszufüllen, eine Briefmarke zu kaufen und den Fragebogen an die angegebene Adresse zu schicken. Und wer macht das schon? Leute mit einer ausgeprägten Meinung zu einem Thema. Außerdem waren die Fragen in dem Fragebogen so gestaltet, dass eher die Befürworter von Ross Perot dazu ermutigt wurden, ihn auszufüllen und abzuschicken.

 Wenn aus dem Wortlaut eines Fragebogens deutlich wird, wie er beantwortet werden soll, möchte er Sie ganz klar in eine bestimmte Richtung lenken. (Mehr dazu, wie Sie dies und andere Probleme im Zusammenhang mit Meinungsumfragen feststellen können, finden Sie in Kapitel 16.)

Nachfolgend finden Sie Beispiele aus Ross Perots Fragebogen. Sie sind zwar paraphrasiert, die ursprüngliche Absicht bleibt jedoch erhalten. (Ich möchte hier nicht speziell auf Ross Perot herumhacken. Viele Politiker bedienen sich derartiger Mittel.)

- ✔ Sollte der amerikanische Präsident in der Lage sein, ein Veto gegen Kosteneinzelposten auszusprechen, um Verschwendung auszuschließen?

- ✔ Sollte der amerikanische Kongress sich aus der Gesetzgebung heraushalten, die er verabschiedet?

- ✔ Sollten wichtige neue Programme den Amerikanern ausführlich vorgestellt werden?

Die Leute, die von der Fragebogenaktion wussten und sich dazu entschlossen, daran teilzunehmen, waren sehr wahrscheinlich eher Anhänger von Ross Perot. Bei diesem Beispiel gingen die Schlussfolgerungen, die auf der Grundlage der Studie gezogen wurden, weit über die Reichweite der Studie hinaus, weil die Ergebnisse nicht die Meinung »aller Amerikaner« repräsentierten, wie den Wählern später glauben gemacht wurde. Wie lässt sich die Meinung aller Amerikaner erheben? Mit einer sorgfältig geplanten und durchgeführten Meinungsumfrage, die auf Zufallsstichproben basiert. (Mehr zur Durchführung von Meinungsumfragen finden Sie in Kapitel 16).

 Wenn Sie die Schlussfolgerungen überprüfen, die aus einer Studie gezogen werden, müssen Sie sehr genau darauf achten, welches Verhältnis zwischen der Gruppe, die tatsächlich untersucht wurde bzw. an der Studie teilnahm, und der größeren Personengruppe besteht, die von den Teilnehmern der Studie repräsentiert werden soll. Sehen Sie sich dann die Schlussfolgerungen an, die gezogen wurden, und prüfen Sie, ob beides übereinstimmt. Ist dies nicht der Fall, überlegen Sie, welche Schlüsse tatsächlich aus der Studie gezogen werden können und welche Behauptungen berechtigt sind, bevor Sie eine Entscheidung treffen.

Am rechten Ort nach Lügen suchen

Sie haben nun einige Beispiele für echte Fehler gesehen, die im Zusammenhang mit Statistiken zu Problemen führen, und haben erfahren, welche Schwierigkeiten auftreten, wenn die Tatsachen gestreckt, abgeflacht oder übertrieben dargestellt werden. Gelegentlich werden Sie auf Beispiele stoßen, in denen Statistiken ganz einfach erfunden wurden. Dies passiert dank der Begutachtung von Beiträgen in Fachzeitschriften durch Experten, dank Untersuchungsausschüssen und dank gesetzlicher Regelungen glücklicherweise nicht allzu häufig.

Aber es ist immer wieder von Personen zu lesen, die ihre Daten erfunden oder »frisiert« haben. Die wahrscheinlich häufigste Lüge im Bereich der Statistik tritt auf, wenn Personen Daten wegwerfen, die nicht mit ihren Hypothesen übereinstimmen oder nicht das gewünschte Muster aufweisen oder bei denen es sich ganz einfach um »Ausreißerwerte« handelt. In Fällen, in denen jemand tatsächlich einen Fehler gemacht hat – z.B. wenn als Alter einer Person 200 Jahre angegeben wurden –, ist es sinnvoll, die Daten zu bereinigen, indem die fehlerhaften Daten einfach gelöscht werden oder indem versucht wird, den Fehler zu korrigieren. Sie können jedoch nicht Teile der Daten einfach wegwerfen, nur weil sie Ihnen nicht passen. Die Beseitigung von Daten ist aus ethischer Sicht falsch – es sei denn, es handelt sich um einen dokumentierten Fehler. Trotzdem kommt sie in der Praxis vor.

In Bezug auf fehlende Daten in Experimenten wird häufig die Formulierung »Unter denen, die an der Studie erfolgreich teilgenommen haben ....« Was ist mit denjenigen, die nicht erfolgreich teilgenommen haben? Insbesondere in der Medizin? Starben sie etwa? Waren sie die Nebenwirkungen bei Medikamententests leid und haben ihre Mitarbeit deshalb eingestellt? Fühlten sie sich unter Druck, bestimmte Antworten geben zu müssen oder sich entsprechend der Hypothesen der Wissenschaftler zu verhalten? Führte die Dauer der Studie und die Tatsache, dass sich ihr Zustand nicht besserte, zu Frustrationen und gaben sie deshalb auf?

Nicht jeder ist bereit, an Umfragen teilzunehmen, und sogar Menschen, die im Allgemeinen mitmachen, haben nicht die Zeit oder das Interesse, jeden Fragebogen auszufüllen, mit dem sie bombardiert werden. Die heutige westliche Gesellschaft ist verrückt nach Fragebögen und es vergeht kaum einmal ein Monat, in dem Sie nicht aufgefordert werden, an einer Telefonumfrage, einer Umfrage im Internet oder einer per Post in Umlauf gebrachten Umfrage teilzunehmen, wobei die Themen von Produktvorlieben bis zu Ihrer Meinung zu bestimmten gesetzlichen Entscheidungen reichen. Umfrageergebnisse gelten nur für Personen, die tatsächlich an der Umfrage teilgenommen haben, und die Meinung von denjenigen, die sich für die Teilnahme entschieden, kann sich stark von der Meinung derjenigen unterscheiden, die sich nicht an der Umfrage beteiligt haben. Ob die Wissenschaftler Sie darüber informieren, ist jedoch eine andere Frage.

So kann jemand beispielsweise aussagen, er habe 5.000 Fragebögen verschickt, von denen 1.000 beantwortet zurückgeschickt wurden, auf denen letztendlich die Umfrageergebnisse basieren. Nun mögen Sie vielleicht denken, »Wow, 1.000 Rückantworten. Das sind eine Menge Daten. Das muss eine sehr genaue Umfrage sein.« Das ist falsch. Das Problem ist, dass 4.000 der 5.000 für die Umfrage ausgewählten Personen nicht reagiert haben und Sie nicht wissen, was diese Personen gesagt hätten, wenn sie sich an der Umfrage beteiligt hätten. Es gibt keine Garantie dafür, dass die Meinung der 4.000 Personen, die sich nicht beteiligt haben, von den 1.000 Personen korrekt wiedergegeben wird, die den Fragebogen beantwortet haben. Es kann sogar das Gegenteil der Fall sein.

 Welcher Wert gilt als hohe Antwortquote? (Die Antwortquote ergibt sich aus der Anzahl der zurückgesendeten Fragebögen geteilt durch die Anzahl der verschickten Fragebögen). Es gibt zwar Statistiker, die den Wert bei 70% ansetzen. Wie der amerikanische Fernseharzt Dr. Phil es ausdrückt, müssen Statistiker jedoch »auf den Boden der Tatsachen kommen«. Umfragen mit hohen Antwortquoten sind selten. Im Allgemeinen gilt, je geringer die Antwortquote, desto weniger glaubhaft sind die Ergebnisse und desto stärker spiegeln die Ergebnisse die Meinung derjenigen wider, die reagiert haben. (Bedenken Sie, dass Personen, die sich an Meinungsumfragen beteiligen, in der Regel stärker ausgeprägte Meinungen haben als diejenigen, die sich nicht an Meinungsumfragen beteiligen.)

 Bei der Suche nach gefälschten oder fehlenden Daten müssen Sie auf Informationen über die Durchführung der Studie achten, die besagen, wie viele Personen an der Studie teilgenommen haben, wie viele die Studie erfolgreich abgeschlossen haben und was aus den Teilnehmern geworden ist, die die Studie abgebrochen haben.

Die Bedeutung irreführender Statistiken

Wie können sich irreführende Statistiken auf Ihr Leben auswirken? Je nach Art der Statistik und danach, was Sie mit den Informationen machen, können sich Statistiken schwach oder stark auf Ihr Leben auswirken. Den wichtigsten Einfluss üben Statistiken auf Ihre alltäglichen Entscheidungen aus.

Denken Sie an die Beispiele, die in diesem Kapitel beschrieben wurden, und überlegen Sie, wie sie Ihre Entscheidungsfindung beeinflussen können. Sie werden sehr wahrscheinlich nicht nachts wach liegen und sich fragen, ob die restlichen 14% der befragten Personen ihre Speisereste tatsächlich in der Mikrowelle aufwärmen. Es sind jedoch Situationen im Zusammenhang mit Statistiken denkbar, die einen großen Einfluss auf Sie ausüben können und auf die Sie gefasst sein müssen. Nachfolgend finden Sie ein paar Beispiele:

- ✔ Jemand könnte versuchen, Sie davon zu überzeugen, dass vier von fünf Befragten der Meinung sind, dass die Steuern erhöht werden sollten. Fühlen Sie sich dadurch unter Druck gesetzt, ebenfalls zuzustimmen, oder versuchen Sie zunächst, mehr Informationen zu erhalten? (Gehören Sie zu denjenigen, die nach dem Motto leben »Alle anderen machen das auch so«?)

- ✔ Ein Politiker, der sich um ein wichtiges Amt bemüht, sendet Ihnen im Rahmen seiner Wahlkampagne ein Rundschreiben zu, dessen Aussagen auf statistischen Daten beruhen. Sind die Aussagen glaubwürdig?

- ✔ Für amerikanische Geschworene ist die Wahrscheinlichkeit hoch, dass ihnen ein Anwalt zur Unterstützung seiner Argumentation Statistiken präsentiert. Die Geschworenen müssen auf der Grundlage der Ihnen präsentierten Daten entscheiden, ob die Beweise »über jeden Zweifel erhaben sind«. Es stellt sich also die Frage, wie hoch die Wahrscheinlichkeit ist, dass der Angeklagte schuldig ist. (Mehr zur Interpretation von Wahrscheinlichkeiten finden Sie in den Kapiteln 7 und 8).

- ✔ Im Radio wird in den Hauptnachrichten behauptet, dass Mobiltelefone Gehirntumor verursachen würden. Ihr Ehepartner benutzt sein Mobiltelefon ständig. Sollten Sie sich deswegen Sorgen machen?

- ✔ Wie sieht es mit der endlosen Werbung der Pharmaindustrie aus? Stellen Sie sich einmal vor, unter welchem Druck Ärzte leiden müssen, deren Patienten durch die Werbung davon überzeugt wurden, dass sie unbedingt bestimmte Medikamente einnehmen müssen. Informiert zu sein, ist eine Sache, sich aufgrund einer Anzeige, die vom Produkthersteller finanziert wird, informiert zu fühlen, eine andere.

- ✔ Wenn Sie Gesundheitsprobleme haben oder jemanden kennen, der welche hat, sind Sie möglicherweise auf der Suche nach neuen Behandlungsmethoden, die helfen könnten. Die Welt der Medizin ist voll von Statistiken, die sehr verwirrend sein können.

Im Alltag stoßen Sie vom ehrlichen Rechenfehler über Übertreibungen und der Streckung von Daten bis zu erfundenen Daten und zu Berichten, die Informationen auslassen oder nur die Ergebnisse präsentieren, die die Forscher hören wollen, auf alle möglichen Fehler. Es muss zwar betont werden, dass nicht alle Statistiken irreführend sind und nicht jeder versucht, Sie hereinzulegen. Sie sollten jedoch wachsam sein. Wenn Sie zwischen guten und verdächtigen oder fehlerhaften Informationen unterscheiden, können Sie sich am besten vor fehlerhaften Statistiken schützen.

Statistiken, die sich in den Alltag einschleichen

Sie treffen jeden Tag Entscheidungen auf der Basis von Statistiken und von statistischen Studien, von denen Sie gehört oder gelesen haben – häufig sogar, ohne dass Sie sich dessen bewusst sind. Nachfolgend sind ein paar Beispiele aufgeführt:

- »Sollte ich heute besser Stiefel tragen? Was wurde gestern Abend im Wetterbericht vorhergesagt? Ach ja, dass es mit 30-prozentiger Wahrscheinlichkeit schneien wird.«
- »Wie viel Wasser sollte ich täglich trinken? Bisher habe ich 1,5 Liter getrunken. Nun habe ich jedoch gehört, dass zu viel Wasser schädlich sein kann!«
- »Sollte ich mir heute Vitamine kaufen? Maria sagte, dass sie ihr gut getan hätten, aber Vitamine sind schlecht für meinen Magen.« (Wann sollte man überhaupt zusätzlich Vitamine zu sich nehmen?)
- »Ich bekomme Kopfschmerzen. Vielleicht sollte ich eine Aspirin-Tablette einnehmen. Vielleicht sollte ich versuchen, öfter in die Sonne zu gehen. Ich habe gehört, dass das gegen Migräne hilft.«
- »Oh je, ich hoffe, dass Rex nicht wieder meinen Teppichvorleger zerkaut, während ich bei der Arbeit bin. Ich habe gehört, dass Hunde, die das Antidepressivum Flutin einnehmen, besser mit Trennungsängsten klar kommen. Antidepressiva für Hunde? Wie soll man die richtige Dosis finden? Und was soll ich meinen Freunden sagen?«
- »Sollte ich mir wieder Hamburger und Pommes zum Mittagessen holen? Ich habe etwas über »schädliches Cholesterol« gehört. Aber ich nehme an, dass Fast Food immer gleich schädlich ist, oder?«
- »Ich frage mich, ob mein Chef anfängt, bei Mitarbeitern hart durchzugreifen, die privat E-Mails verschicken. Ich habe von einer Studie gehört, die gezeigt hat, dass Mitarbeiter im Schnitt zwei Stunden pro Tag damit zubringen, zu prüfen, ob sie E-Mails erhalten haben, und während der Arbeit persönliche E-Mails zu verschicken. Dies trifft auf mich auf keinen Fall zu!«
- »Nicht schon wieder einer, der sich telefonierend durch den Verkehr schlängelt! Ich frage mich, wann Mobiltelefone endlich verboten werden! Ich bin sicher, dass viele Unfälle durch Autofahrer verursacht werden, die während der Fahrt mit ihrem Handy telefonieren!«

Nicht alle Beispiele beinhalten Zahlen, es geht jedoch immer um das Thema Statistik. Bei Statistiken geht es um den Prozess der Entscheidungsfindung, um Testtheorie, um den Vergleich von Gruppen oder von Behandlungsmethoden und darum, Fragen zu stellen. Die Zahlen werden hinter den Kulissen verarbeitet und hinterlassen bei Ihnen jedoch bleibende Eindrücke und führen zu Schlussfolgerungen, die sich letztendlich auf Ihre alltäglichen Entscheidungen auswirken.

Das Handwerkszeug des Statistikers

In diesem Kapitel
▶ Die Statistik als Vorgang begreifen
▶ Die wichtigsten Fachbegriffe aus der Statistik kennen lernen

Der Begriff »Daten« ist im Zusammenhang mit der heutigen Zahlenexplosion zum Schlagwort geworden. Sicher sind Ihnen Formulierungen bekannt wie »Können Sie diese Behauptung mit Daten belegen?«, »Welche Daten sprechen hierfür?«, »Die Daten unterstützten die ursprüngliche Hypothese, dass ...«, »Die Statistik zeigt, dass ...«, oder »Die Daten bekräftigen dies ...«. In der Statistik geht es jedoch nicht nur um Daten. Die Statistik umfasst den gesamten Vorgang des Sammelns von Beweisen für bestimmte Annahmen über die Welt, wobei es sich bei den Beweisen um numerische Daten handelt.

In diesem Kapitel erfahren Sie aus erster Hand, wie Statistik funktioniert und welche Rolle Zahlen dabei spielen. Sie lernen außerdem die wichtigsten Fachbegriffe kennen und erfahren, wie sich die Definitionen und Begriffe in den Gesamtprozess einfügen. Wenn Sie dann das nächste Mal jemanden sagen hören »Diese Umfrage hatte eine Fehlergrenze von plus/minus 3 Prozentpunkten« wissen Sie, was das bedeutet.

Statistik besteht aus mehr als nur aus Zahlen

Die meisten Statistiker wollen sich nicht als »reine Statistiker« verstanden wissen. Sie werden zwar vom Rest der Welt als solche betrachtet. Statistiker halten sich jedoch selbst nicht für Leute, die lediglich Zahlen verarbeiten, sondern sie sehen sich als Hüter eines wissenschaftlichen Verfahrens. (Selbstverständlich sind Statistiker abhängig davon, dass Experten aus anderen Fächern ihnen interessante Fragestellungen liefern, denn von Statistik allein kann niemand leben.) Mit dem wissenschaftlichen Verfahren – Fragen stellen, Studien durchführen, Beweise sammeln, Beweise analysieren und Schlussfolgerungen ziehen – sind Sie wahrscheinlich schon früher konfrontiert worden, möglicherweise haben Sie sich jedoch gefragt, was das mit Statistik zu tun hat.

Forschung beginnt immer mit einer Fragestellung, wie z.B. den folgenden

✔ Kann man zu viel Wasser trinken?

✔ Wie hoch sind die Lebenshaltungskosten in Berlin?

✔ Wer wird die nächste Wahl gewinnen?

✔ Sind Kräuter wirklich gut für die Gesundheit?

✔ Wird meine Lieblingsshow im Fernsehen im nächsten Jahr fortgesetzt?

Keine dieser Fragestellungen hat direkt mit Zahlen zu tun. Trotzdem lassen sich alle Fragestellungen nur unter Einsatz von Daten und von statistischen Verfahren beantworten.

Angenommen, ein Wissenschaftler will ermitteln, wer die nächste Bundestagswahl gewinnen wird. Um diese Frage ernsthaft beantworten zu können, muss der Wissenschaftler wie folgt vorgehen:

1. **Die Personengruppe festlegen, die untersucht werden soll.**

   Im Beispiel sollte der Wissenschaftler Personen auswählen, die tatsächlich vorhaben, wählen zu gehen.

2. **Die Daten sammeln.**

   Dieser Schritt ist eine echte Herausforderung, weil der Wissenschaftler nicht zu jedem Bundesbürger hingehen und ihn fragen kann, ob er vorhat zu wählen und, falls ja, für wen er stimmen wird. Und falls jemand vorhat, wählen zu gehen, ist noch lange nicht gesagt, dass er es tatsächlich tun wird. Was wäre, wenn die Person in der Zwischenzeit ihre Meinung ändert und für eine andere Partei stimmt?

3. **Die Daten ordnen, zusammenfassen und analysieren.**

   Nachdem der Wissenschaftler die benötigten Daten gesammelt hat, muss er sie ordnen, zusammenfassen und analysieren, um seine Fragestellung beantworten zu können. Die meisten Menschen glauben, dass sich die Statistik darin erschöpft.

4. **Anhand der Datenzusammenfassungen, der Diagramme und der Analysen Schlussfolgerungen ziehen und versuchen, die ursprüngliche Fragestellung zu beantworten.**

   Selbstverständlich ist der Wissenschaftler nicht in der Lage, mit 100-prozentiger Sicherheit zu sagen, dass seine Antwort korrekt ist, weil nicht jeder Bundesbürger befragt wurde. Er kann jedoch zu einem Ergebnis kommen, das mit annähernd 100-prozentiger Wahrscheinlichkeit richtig ist. Mit einer Stichprobe von 2.500 Personen, die fair und unvoreingenommen ausgewählt wurde, das heißt, dass jeder wahlpflichtige Bürger die gleiche Chance hatte, ausgewählt zu werden, kann der Wissenschaftler Ergebnisse mit einer Genauigkeit von plus oder minus 2,5% erzielen (zumindest, falls alle Schritte korrekt durchgeführt wurden).

Bei seinen Schlussfolgerungen muss der Wissenschaftler sich der Tatsache bewusst sein, dass jede Studie begrenzt ist und dass die Ergebnisse falsch sein können, weil sich immer Fehler einschleichen können. Es lässt sich jedoch ein Wert berechnen, der aussagt, wie viel Vertrauen der Wissenschaftler in seine Ergebnisse haben kann und wie genau die Ergebnisse sind. (Mehr zur Fehlergrenze in wissenschaftlichen Studien erfahren Sie in Kapitel 10.)

Nach Abschluss der Studie und Beantwortung der Fragestellung werfen die Ergebnisse in der Regel weitere Fragen auf und führen zu weiteren Studien. Wenn sich beispielsweise herausstellt, dass Männer den einen Kanzlerkandidaten bevorzugen, Frauen hingegen den Gegenkandidaten, stellt sich als Nächstes die Frage,

»Wer geht häufiger wählen? Frauen oder Männer? Und was bedingt, ob sie tatsächlich wählen gehen?«

In der Statistik geht es also eigentlich darum, die wissenschaftliche Methode anzuwenden, um Forschungsfragen über das Wesen der Welt zu beantworten. Statistische Methoden kommen bei einer guten Studie bei jedem Schritt zum Einsatz: bei der Planung, beim Sammeln der Daten, bei der Anordnung und Zusammenfassung der Daten, beim Ziehen der Schlussfolgerungen, bei der Diskussion der Ergebnisse und bei der Gestaltung der nächsten Studie zur Beantwortung neuer Fragestellungen, die sich aus dieser Studie ergeben. In der Statistik geht es um mehr als nur um Zahlen! Die Statistik ist ein Verfahren.

Grundbegriffe der Statistik

Jedes Fach hat sein Handwerkszeug und in der Statistik ist das ebenso. Wenn Sie die Statistik als Folge von Stadien betrachten, die durchlaufen werden müssen, um eine Antwort auf eine Frage zu erhalten, vermuten Sie ganz richtig, dass es für jede Stufe Werkzeuge und Fachbegriffe oder einen Statistik-Jargon gibt. Falls sich Ihnen jetzt bereits die Nackenhaare sträuben, können Sie ganz beruhigt sein. Niemand verlangt von Ihnen, Statistik-Experte zu werden und sich mit schwierigen Verfahren auseinander zu setzen. Sie müssen auch kein abgedrehter Statistiker werden, der ständig mit Statistik-Begriffen um sich schmeißt. Und Sie brauchen auch keinen Taschenrechner in Ihrer linken Brusttasche mit sich herumzutragen, wie es Statistiker zu tun pflegen.

Da Zahlen jedoch eine immer größere Rolle spielen, werden Sie in den Medien und auch an Ihrem Arbeitsplatz immer häufiger auf Begriffe aus der Statistik stoßen. Und wenn Sie wissen, was die Begriffe wirklich bedeuten, kann dies sehr hilfreich sein. Falls Sie dieses Buch lesen, weil Sie einfache statistische Berechnungen erlernen wollen, sollten Sie sich als Erstes die Grundbegriffe der Statistik aneignen. In diesem Abschnitt erhalten Sie einen Überblick und Sie finden Verweise zu Stellen im Buch, an denen die Begriffe ausführlicher erläutert werden.

Die Grundgesamtheit

Für fast jede Fragestellung, die Sie untersuchen wollen, müssen Sie Ihre Aufmerksamkeit auf eine bestimmte Gruppe von Einheiten richten, wie z.B. eine bestimmte Personengruppe, eine Gruppe von Städten, eine Gruppe von Tieren, von Steinen, von Examensergebnissen etc. Nachfolgend finden Sie ein paar Beispiele für Fragestellungen:

- ✔ Was halten die Deutschen von der Außenpolitik der aktuellen Regierung?
- ✔ Welcher Prozentsatz der neu gepflanzten Kulturpflanzen wurde in Rheinland-Pfalz im letzten Jahr durch Rotwild zerstört?
- ✔ Wie lautet die Prognose für Brustkrebspatientinnen, die ein neues Arzneimittel testen?
- ✔ Welcher Prozentsatz aller Zahnpastatuben wird gemäß den Verpackungsangaben gefüllt?

In allen Beispielen wird eine Frage gestellt. Und in jedem Fall lässt sich eine bestimmte Gruppe von Objekten spezifizieren, die untersucht werden müssen: die Deutschen, alle neu gepflanzten Kulturpflanzen in Rheinland-Pfalz, alle Brustkrebspatientinnen und alle Zahnpastatuben. Die Menge aller Einheiten, die untersucht werden sollen, um die Forschungsfrage zu beantworten, wird als *Grundgesamtheit* oder *Population* bezeichnet. Es ist jedoch nicht immer leicht, die Grundgesamtheit zu definieren. Gute Studien unterscheiden sich von schlechten beispielsweise dadurch, dass die Grundgesamtheit in guten Studien sehr klar definiert ist.

Die Frage, ob Babys mit Musik besser schlafen als ohne, ist ein gutes Beispiel dafür, wie schwierig die Definition der Grundgesamtheit sein kann. Wie sollte ein Baby definiert werden? Sollte es bis zu drei Monaten oder bis zu einem Jahr alt sein? Und wollen Sie nur die Babys in Deutschland oder alle Babys weltweit untersuchen? Je nachdem, ob Sie ältere oder jüngere Babys, deutsche, europäische oder afrikanische Babys untersuchen, können die Ergebnisse stark voneinander abweichen.

Wissenschaftler versuchen häufig, eine breite Grundgesamtheit zu untersuchen. Letztendlich läuft es dann jedoch aus Zeit- oder Geldmangel oder weil sie es nicht besser wissen, auf eine eng begrenzte Grundgesamtheit hinaus. Das kann beim Ziehen von Schlussfolgerungen große Probleme verursachen. Angenommen, ein Professor möchte untersuchen, wie sich Fernsehwerbung auf das Kaufverhalten von Kunden auswirkt. Die Studie basiert auf einer Gruppe von Studenten, die für ihre Teilnahme Pluspunkte erhalten. Das mag zwar für den Wissenschaftler sehr bequem sein, die Ergebnisse lassen sich jedoch nicht auf die Allgemeinheit übertragen, weil die Grundgesamtheit der Studie nur aus Studenten besteht.

Die Stichprobe

Wenn Sie beim Kochen die Suppe probieren, was genau machen Sie da? Sie rühren im Topf, greifen mit einem Löffel hinein, nehmen etwas Suppe heraus und kosten sie. Dann schließen Sie aus der Kostprobe auf den Inhalt des Suppentopfes, ohne dass Sie die gesamte Suppe gekostet haben. Wenn die Stichprobe angemessen ist, das heißt, wenn Sie nicht absichtlich nur die Leckerbissen herausgepickt haben, können Sie sich anhand der Kostprobe einen guten Eindruck vom Geschmack der Suppe bilden, ohne die gesamte Suppe essen zu müssen. Und genau so wird es auch in der Statistik gemacht. Wissenschaftler wollen etwas über eine Grundgesamtheit wissen, haben jedoch nicht die Zeit oder das Geld, jede einzelne Person oder jedes einzelne Objekt zu untersuchen. Und was tun sie also? Sie wählen eine kleine Gruppe von Personen oder Objekten aus, untersuchen diese und ziehen anhand der gewonnenen Daten Schlüsse über die Grundgesamtheit. Die ausgewählte Personengruppe oder Gruppe von Objekten wird als *Stichprobe* bezeichnet.

Das klingt schön sauber, nicht wahr? Leider ist es das nicht. Beachten Sie, dass ich sagte: »Wählen Sie eine Stichprobe.« Die Art und Weise, in der die Stichprobe aus der Grundgesamtheit ausgewählt wird, kann sich erheblich darauf auswirken, ob die Ergebnisse korrekt und angemessen oder völlig unbrauchbar sind. Angenommen, Sie wollen anhand einer Stichprobe erheben, ob Jugendliche glauben, zu viel im Internet zu verbringen. Wenn Sie eine Umfrage per E-Mail verschicken, repräsentieren die Ergebnisse nicht die Meinung aller Teenager, was Sie jedoch eigentlich beabsichtigt hatten. Die Ergebnisse repräsentieren nur die Jugendlichen, die Zugang zum Internet haben und eine eigene E-Mail-Adresse besitzen. Kommt eine solche Unausgewogenheit in der Statistik häufig vor? Raten Sie mal.

Zu den wichtigsten Vertretern statistischer Fehlinterpretationen gehören Umfragen, die über das Internet durchgeführt werden. Sie finden Tausende von Beispielen für Umfragen im Internet, bei denen sich die Teilnehmer bei einer bestimmten Website anmelden und dann ihre Meinung abgeben müssen. Selbst wenn an einer Internet-Umfrage 50.000 Personen teilnehmen, repräsentieren diese nicht alle Bewohner eines Landes, sondern nur diejenigen, die einen Internet-Zugang besitzen, die Webseite besuchen und genügend Interesse mitbringen, um sich an der Umfrage zu beteiligen (was in der Regel bedeutet, dass sie eine ausgeprägte Meinung zum in Frage gestellten Thema haben).

Wenn Sie das nächste Mal mit den Ergebnissen einer Studie konfrontiert sind, sollten Sie versuchen, mehr über die Zusammensetzung der Stichprobe herauszufinden und sich fragen, ob die Stichprobe die beabsichtigte Grundgesamtheit repräsentiert. Seien Sie vorsichtig mit Schlussfolgerungen, die sich auf eine breitere Grundgesamtheit erstrecken als die, die tatsächlich anhand der Stichprobe untersucht wurde. (Mehr hierzu in Kapitel 16.)

Die Zufallsstichprobe

Die Zufallsstichprobe ist eine gute Sache. Sie bietet jedem Mitglied der Grundgesamtheit die gleiche Chance, ausgewählt zu werden, und für die Auswahl kommt der Mechanismus der Zufallsauswahl zum Einsatz. Das heißt, die Teilnehmer beschließen nicht selbst, an der Studie teilzunehmen, und im Auswahlprozess werden keine Personengruppen oder Objekte bevorzugt.

Um Ihnen einen Eindruck davon zu vermitteln, wie Experten ihre Zufallsstichproben erhalten, wird nun die Vorgehensweise des amerikanischen Meinungsforschungsinstituts The Gallup Organization beschrieben. Das Unternehmen beginnt mit einer computerbasierten Liste aller Telefonvermittlungsstellen in den USA und einem Schätzwert für die Anzahl der Haushalte innerhalb der einzelnen Wohnbezirke, die die Vermittlungsstelle nutzen. Der Computer nutzt dann ein Verfahren zur zufallsgesteuerten Wahl von Ziffern (Random Digit Dialing – RDD), um anhand der Vermittlungsstellen zufallsgesteuert Telefonnummern zu erzeugen, aus denen dann per Zufallsauswahl Stichproben mit Telefonnummern ausgewählt werden. Der Computer erzeugt also eine Liste aller möglichen Telefonnummern in den USA und wählt dann eine Teilmenge der Nummern als Zufallsstichprobe aus. (Beachten Sie, dass einige dieser Nummern möglicherweise noch gar keinem Haushalt zugewiesen wurden, was ein gewisses logistisches Problem darstellt, auf das Sie achten sollten.)

Ein weiteres Beispiel für Zufallsstichproben finden Sie im produzierenden Gewerbe und im Konzept der Qualitätskontrolle. Die meisten Hersteller besitzen strenge Spezifikationen für die Produkte, die sie herstellen, und Fehler im Herstellungsprozess können Geld, Zeit und Vertrauen kosten. Viele Unternehmen versuchen, Probleme abzufangen, bevor sie zu groß werden, indem sie ihre Produktionsprozesse überwachen und Statistik einsetzen, um festzustellen, ob der Produktionsprozess korrekt verläuft oder gestoppt werden muss. Mehr zum Einsatz von Statistik in der Qualitätskontrolle finden Sie in Kapitel 19.

Beispiel für Stichproben, die nicht per Zufallsauswahl erstellt wurden, finden Sie in telefonisch durchgeführten Meinungsumfragen. Es handelt sich dabei nicht um echte Zufallsstichproben, weil nicht jeder Bürger, also jedes Mitglied der Grundgesamtheit, die gleiche Chance hat, an der Umfrage teilzunehmen. (Falls Sie sich eine bestimmte Zeitung kaufen oder eine bestimmte Fernsehsendung ansehen müssen und sich dann auch noch bereit erklären müssen, einen Fragebogen auszufüllen und zu versenden oder Ihre Meinung per Telefon abzugeben, kann der Auswahlprozess nicht zufallsgesteuert sein.) Mehr zur Stichprobenauswahl und zum Thema Meinungsumfragen finden Sie in Kapitel 16.

Wenn Sie das Ergebnis einer Studie betrachten, das auf einer Stichprobe basiert, sollten Sie zunächst das Kleingedruckte lesen und nach dem Begriff »Zufallsstichprobe« Ausschau halten. Falls Sie auf den Begriff stoßen, sollten Sie näher hinsehen, um festzustellen, wie die Stichprobe ausgewählt wurde, und anhand der obigen Definition überprüfen, ob sie tatsächlich zufällig ausgewählt wurde.

Die Verzerrung (Bias)

Der Begriff »Verzerrung«, »Bias« oder »systematischer Fehler« kommt sehr häufig vor und Sie wissen vielleicht bereits, dass er nichts Gutes bedeutet. Aber woraus besteht die Verzerrung eigentlich? Eine Verzerrung besteht in einem systematischen Fehler im Datenauswahlverfahren, der zu einseitigen, irreführenden Ergebnissen führt.

Ein systematischer Fehler kann an verschiedenen Stellen entstehen:

- ✔ **Bei der Stichprobenauswahl:** Wenn Sie beispielsweise eine Einschätzung dafür bekommen wollen, wie viele Weihnachtseinkäufe die Bewohner Ihrer Gemeinde in diesem Jahr tätigen wollen, und Sie dafür die Besucher eines bestimmten Einkaufszentrums am ersten Adventswochenende befragen, ist Ihre Stichprobenauswahl verzerrt. Ihre Stichprobe wird vorwiegend die hartgesottenen Käufer enthalten, die bereit sind, an einem solchen Tag den Menschenmassen zu trotzen.

- ✔ **Beim Sammeln der Daten:** Die Fragen, die in Meinungsumfragen verwendet werden, sind eine wesentliche Quelle für systematische Fehler. Wissenschaftler suchen häufig nach einem ganz bestimmten Ergebnis, was sich häufig in den Fragen widerspiegelt. In den USA werden die Wähler beispielsweise häufiger mit der Frage konfrontiert, ob sich das Bildungssystem durch Steuererhöhungen verbessern lässt. Eine Frage wie »Glauben Sie nicht, dass es eine sinnvolle Investition in die Zukunft wäre, das Bildungswesen zu verbessern?« hat einen gewissen Bias. Das Gleiche gilt jedoch auch für Fragen wie: »Sind Sie es nicht leid, die Ausbildung anderer zu bezahlen?« Die genaue Formulierung der Fragen kann sich sehr stark auf die Ergebnisse auswirken. Mehr zur Gestaltung von Meinungsumfragen finden Sie in Kapitel 16.

Wenn Sie Umfrageergebnisse überprüfen, die für Sie wichtig sind oder die Sie besonders interessieren, sollten Sie versuchen, den genauen Wortlaut der Fragen herauszufinden, bevor Sie Schlussfolgerungen aus den Ergebnissen ziehen.

Daten

Daten sind Messwerte, die im Rahmen von Studien erhoben werden. Daten sind in der Regel entweder numerisch oder kategorial (siehe Kapitel 5 für Zusatzinformationen).

- ✔ Numerische Daten sind Daten, die eine Bedeutung als Messwert haben, wie z.B. die Größe oder das Gewicht einer Person, der Intelligenzquotient oder der Blutdruck, die Anzahl der Aktien, die eine Person besitzt, die Anzahl der Zähne, die ein Hund hat, oder sonstige zählbare Dinge. (Statistiker bezeichnen numerische Daten als quantitative Daten oder Messdaten.)

- ✔ Kategoriale Daten repräsentieren Merkmale, wie z.B. das Geschlecht, die Meinung, die Rasse oder sogar die Ausrichtung des Bauchnabels (nach innen oder nach außen gerichtet – ist etwa nichts mehr heilig?). Die Merkmale können zwar numerische Werte haben, wie z.B. eine »1« als Kennzeichen für männlich und eine »2« als Kennzeichen für weiblich, die Zahlen an und für sich haben jedoch keine spezielle Bedeutung. Sie lassen sich beispielsweise nicht addieren. (Beachten Sie, dass Statistiker diese Art von Daten als qualitative Daten bezeichnen).

Daten werden auf sehr unterschiedliche Weisen erhoben. Wenn Sie herausfinden, wie die Daten gesammelt wurden, hilft Ihnen das sehr bei der Beurteilung dessen, wie die Ergebnisse zu gewichten sind und welche Schlussfolgerungen sie zulassen.

Datensätze

Ein Datensatz ist eine Sammlung aller Daten aus einer Stichprobe. Wenn Sie beispielsweise das Gewicht von fünf Paketen gemessen haben, von denen eines 5 kg, eines 7 kg, eines 10 kg, eines 31 kg und eines 1,5 kg wiegt, bilden diese fünf Zahlenwerte (5, 7, 10, 31 und 1,5) einen Datensatz. Die meisten Datensätze sind jedoch erheblich größer als dieser.

Statistik

Eine Statistik ist eine Maßzahl, die Daten zusammenfasst, die anhand einer Stichprobe erhoben wurden. Zur Zusammenfassung von Daten sind die verschiedensten Statistiken im Einsatz. Daten können beispielsweise zu Prozentwerten zusammengefasst werden – 60% der ausgewählten Haushalte in den USA besitzen mehr als zwei Autos –, es kann der Durchschnittswert der Daten ermittelt werden – der Durchschnittspreis für Eigenheime liegt in dieser Stichprobe bei ... –, es kann der Median oder der Mittelwert ermittelt werden – das Durchschnittsgehalt lag bei den 1.000 Computerspezialisten der Stichprobe bei ... – oder es kann ein Percentil angegeben werden – das Gewicht Ihres Babys liegt diesen Monat basierend auf Daten, die von mehr als 10.000 Babys erhoben wurden, auf dem 90%-Percentil ....

Nicht alle Statistiker arbeiten angemessen und korrekt. Wenn Ihnen jemand eine Statistik in die Hand drückt, haben Sie noch lange keine Garantie dafür, dass die Ergebnisse wirklich wissenschaftlich untermauert oder seriös sind!

Statistiken basieren auf den Daten aus einer Stichprobe, nicht auf Daten aus der Grundgesamtheit. Wenn Daten von der gesamten Grundgesamtheit erhoben werden, wird dies als Vollerhebung bezeichnet. Werden die Daten der Vollerhebung dann in eine Größe umgewandelt, handelt es sich bei ihr um einen Parameter, nicht um eine statistische Größe. Wissenschaftler versuchen die meiste Zeit, Parameter mittels statistischer Größen zu schätzen. Um zu wissen, wie viele Bundesbürger es gibt, werden hin und wieder Volkszählungen durchgeführt. Wegen der logistischen Probleme, die sich bei einer solch umfangreichen Aufgabe stellen, wie z.B. die Zählung von Obdachlosen, handelt es sich bei den erhobenen Daten letztendlich um Schätzwerte. Sie werden in der Regel nach oben angepasst, um diejenigen Personen mit aufzunehmen, die nicht gezählt wurden.

Das arithmetische Mittel (Mittelwert)

Das arithmetische Mittel wird häufig auch als Mittelwert oder Durchschnitt bezeichnet und ist die statistische Größe, die am häufigsten eingesetzt wird, um dem Mittelpunkt eines numerischen Datensatzes, d.h. seine zentrale Tendenz, zu bemessen. Das arithmetische Mittel berechnet sich aus der Summe aller Werte dividiert durch ihre Anzahl. Mehr zum arithmetischen Mittel erfahren Sie in Kapitel 5.

Das arithmetische Mittel repräsentiert die Daten möglicherweise nicht angemessen, weil es leicht von Ausreißerwerten beeinflusst wird, d.h. von sehr kleinen oder sehr großen Werten im Datensatz, die für den Datensatz nicht typisch sind.

Der Median

Der Median ist wie das arithmetische Mittel ein Maß für den Mittelpunkt eines numerischen Datensatzes oder die zentrale Tendenz. Ein statistischer Median entspricht dem Mittelstreifen auf der Autobahn. Er verläuft immer in der Straßenmitte und auf jeder Seite gibt es die gleiche Anzahl an Spuren. Bei einem numerischen Datensatz ist der Median der Punkt, an dem oberhalb und unterhalb gleich viele Datenpunkte liegen. Somit ist der Median der eigentliche Mittelpunkt eines Datensatzes. Mehr hierzu finden Sie in Kapitel 5.

Wenn das nächste Mal von einem Durchschnittswert die Rede ist, sollten Sie prüfen, ob auch der Median oder das arithmetische Mittel genannt sind. Falls nicht, sollten Sie sich unbedingt danach erkundigen! Das arithmetische Mittel und der Median sind zwei verschiedene Maße für die zentrale Tendenz eines Datensatzes und bieten häufig einen ganz unterschiedlichen Blickwinkel auf die Daten.

Die Standardabweichung

Haben Sie schon einmal gehört, dass ein bestimmtes Ergebnis »zwei Standardabweichungen über dem Mittel« lag? Immer mehr Menschen möchten wissen, wie signifikant ihre Ergebnisse sind und die Bemessung in Form von der Anzahl an Standardabweichungen über oder unter dem Durchschnitt eignet sich hierfür hervorragend. Aber was genau ist eine Standardabweichung?

Die Standardabweichung ist ein Maß für die Schwankungen oder die Streubreite der Werte in einer Stichprobe. Wie der Name schon sagt, ist eine Standardabweichung eine Abweichung vom Mittelwert, oder, wie Statistiker zu sagen pflegen, vom arithmetischen Mittel, in üblicher Höhe. Die Standardabweichung ist also, grob gesagt, die durchschnittliche Entfernung bzw. der durchschnittliche Abstand vom arithmetischen Mittel. Mehr zur Standardabweichung und zu ihrer Berechnung finden Sie in Kapitel 5.

Die Standardabweichung wird auch eingesetzt, um zu beschreiben, in welchem Bereich die meisten Werte im Verhältnis zum Durchschnitt liegen sollten. In den meisten Fällen liegen 95% der Daten im Bereich zwischen zwei Standardabweichungen vom arithmetischen Mittel. (Diese Tatsache wird auch als empirische Gesetz der großen Zahl bezeichnet. Mehr hierzu erfahren Sie in Kapitel 8.)

Die Berechnungsformel für die Standardabweichung lautet wie folgt:

$$s = \sqrt{\frac{\sum(x - \bar{x})^2}{n-1}}$$

n = Anzahl der Werte in der Stichprobe

$\bar{x}$ = Stichprobenmittel

x = Einzelner Wert in der Stichprobe

Eine ausführliche Anleitung zur Berechnung der Standardabweichung finden Sie in Kapitel 5.

Die Standardabweichung ist zwar ein wichtiges statistisches Maß. Sie wird jedoch in vielen Statistiken nicht angegeben. Ohne dieses Maß können Sie sich jedoch keinen Gesamteindruck von den Daten machen. Statistiker erzählen gerne die Geschichte vom Mann, der mit einem Fuß in einem Eimer mit eiskaltem und mit dem anderen Fuß in einem Eimer mit kochendem Wasser stand. Er sagte, im Durchschnitt fühle er sich großartig! Bedenken Sie jedoch einmal, wie stark die beiden Temperaturen voneinander abweichen. Um ein etwas realitätsnäheres Beispiel zu nennen: Der Durchschnittspreis für Häuser sagt nichts über die Bandbreite an Preisen aus, auf die Sie bei der Haussuche stoßen werden. Das Durchschnittsgehalt ist kein sehr gutes Abbild für das, was in einem Unternehmen los ist, wenn die Gehälter sehr stark voneinander abweichen.

Geben Sie sich nicht mit Durchschnittswerten zufrieden. Fragen Sie immer auch nach der Standardabweichung. Ohne sie haben Sie keine Möglichkeit, herauszufinden, wie stark die Werte voneinander abweichen. (Bei der Verhandlung des Einstiegsgehalts könnte das eine große Rolle spielen!)

Das Percentil

Sie haben sehr wahrscheinlich schon einmal etwas von Percentilen gehört. Wenn Sie bereits einmal an einem standardisierten Test teilgenommen haben, wissen Sie, dass das Ergebnis immer zusammen mit einem Maß dafür präsentiert wird, wie der Teilnehmer im Vergleich zu den anderen Testteilnehmern abschnitt. Ein solcher Vergleichswert ist das *Percentil*. Das Percentil gibt den Prozentsatz der Stichprobe wieder, deren Ergebnis schlechter war als das Ihrige. Wenn Ihr Ergebnis auf dem 90sten Percentil lag, bedeutet dies, dass 90% der Testteilnehmer schlechter abschnitten als Sie – und 10% der Testteilnehmer besser. Mehr zu Percentilen erfahren Sie in Kapitel 5.

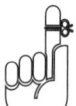
Percentile werden in unterschiedlichster Weise eingesetzt, um Werte vergleichen und die relative Lage innerhalb einer Stichprobe ermitteln zu können und so festzustellen, wie die Werte einer Person im Vergleich zur Gruppe zu interpretieren sind. Das Gewicht von Babys wird beispielsweise häufig in Form von Percentilen wiedergegeben. Percentile werden auch von Unternehmen eingesetzt, um festzustellen, wie die Verkaufszahlen, die Gewinne, die Kundenzufriedenheit und Ähnliches im Vergleich zu anderen Unternehmen zu bewerten ist.

Der Standardwert

Der Standardwert eignet sich hervorragend, um Ergebnisse darzustellen, ohne viele Details angeben zu müssen. Der Standardwert repräsentiert die Anzahl der Standardabweichungen über oder unter dem arithmetischen Mittel – ohne dabei die Standardabweichung oder das arithmetische Mittel berücksichtigen zu müssen.

Nehmen Sie als Beispiel an, ein Junge namens Jakob habe in einem landesweit durchgeführten Schultest 400 Punkte erreicht. Was bedeutet das? Sie können möglicherweise nichts mit dem Wert anfangen, weil Sie die 400 Punkte nicht in ein Verhältnis zu etwas setzen können. Wissen Sie jedoch, dass Jakobs Standardwert im Test +2 beträgt, wissen Sie Bescheid. Sie wissen dann nämlich, dass Jakobs Testergebnis 2 Standardabweichungen über dem arithmetischen Mittel liegt. (Bravo, Jakob!) Nehmen Sie nun einmal an, Jakobs Standardwert läge bei – 2. Das wäre nicht gut für Jakob, da es bedeuten würde, dass sein Ergebnis 2 Standardabweichungen unter dem arithmetischen Mittel liegt.

Der Standardwert wird mit folgender Formel berechnet:

$$\text{Standardwert} = \frac{(\text{Messwert} - \bar{x})}{s}, \text{ wobei}$$

$\bar{x}$ = Durchschnitt aller Werte

s = Standardabweichung aller Werte

Einzelheiten zur Berechnung und Interpretation von Standardwerten finden Sie in Kapitel 8.

Die Normalverteilung

Wenn numerische Daten organisiert sind, sind sie häufig vom kleinsten bis zum größten Wert unterteilt nach Gruppen einer vernünftigen Größe geordnet. Das Ganze wird dann in ein Diagramm umgewandelt, um die Form oder Verteilung der Daten zu prüfen. Die gebräuchlichste Art der Verteilung ist die Glockenkurve, in der die meisten Daten um den Mittelpunkt angeordnet sind. Je weiter Sie sich vom Mittelpunkt entfernen, desto weniger Datenpunkte finden Sie. Abbildung 3.1 zeigt eine solche Verteilung. Beachten Sie, dass die Form der Kurve der einer Kirchturmglocke ähnelt.

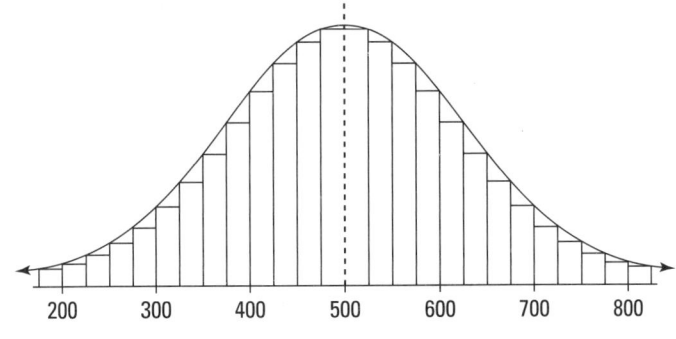

Abbildung 3.1: Die Normalverteilung

Statistiker benutzen für die Glockenkurve einen anderen Namen, falls viele mögliche Werte für die Daten existieren: Sie nennen sie die Normalverteilung. Die Verteilung wird eingesetzt, um Daten zu beschreiben, die einen glockenförmigen Verlauf haben, deren erwarteter Wertebereich bekannt ist und bei denen ein Einzelwert in Relation zu den anderen Werten steht. Wenn die Daten eine Normalverteilung annehmen, können Sie davon ausgehen, dass die meisten Werte innerhalb einer Spannweite von zwei Standardabweichungen vom Mittelwert liegen. Weil jede Datenmenge einen anderen Mittelwert und eine andere Standardabweichung hat, gibt es unzählige Normalverteilungen, die alle durch einen ihnen eigenen Mittelwert und eine ihnen eigene Standardabweichung charakterisiert sind. Mehr zur Normalverteilung finden Sie in Kapitel 8.

Die Normalverteilung wird auch eingesetzt, um die Genauigkeit von statistischen Größen zu bemessen. Bei der Betrachtung des arithmetischen Mittels ergibt sich beispielsweise ein wichtiges Ergebnis, das in der Statistik unter dem Namen *zentraler Grenzwertsatz* bekannt ist. Mit dem zentralen Grenzwertsatz haben Sie die Möglichkeit, zu bemessen, wie stark der Mittelwert Ihrer Stichprobe abweichen wird, ohne die Mittelwerte anderer Stichproben zum Vergleich heranziehen zu müssen. Der zentrale Grenzwertsatz besagt im Wesentlichen, dass die Stichprobenmittelwerte mehrerer Stichproben, die aus einer Grundgesamtheit gezogen werden, unabhängig von der Verteilung des Merkmals in der Grundgesamtheit eine Normalverteilung aufweisen, sofern der Stichprobenumfang groß genug ist. Mehr zum zentralen Grenzwertsatz, der von Statistikern auch als das »Kronjuwel der Statistik« bezeichnet wird, erfahren Sie in Kapitel 9.

Wenn ein Datensatz eine Normalverteilung aufweist und Sie alle Daten standardisieren, um Standardwerte zu erhalten, werden diese Standardwerte als Z-Werte bezeichnet. Z-Werte weisen das auf, was als Normalverteilung (oder Z-Verteilung) bezeichnet wird. Die Standardnormalverteilung ist eine spezielle Form der Normalverteilung, bei der der Mittelwert bei null liegt und eine Standardabweichung den Wert »Eins« hat. Die Standardnormalverteilung ist nützlich, um Daten zu untersuchen und statistische Größen wie Percentile zu ermitteln oder den Prozentsatz der Daten, die zwischen zwei Werten liegen. Wenn Wissenschaftler feststellen, dass die Daten eine Normalverteilung aufweisen, werden sie die Daten in der Regel als Erstes standardisieren, indem sie sie in Z-Werte umwandeln, und die Daten dann anhand der Standardnormalverteilung ausführlicher erkunden.

Experimente

Ein Experiment ist eine Studie, in der die untersuchten Objekte und ihre Umgebung einer gewissen Kontrolle ausgesetzt sind, indem z.B. die Essgewohnheiten beschränkt werden, indem ihnen eine bestimmte Dosierung eines Medikaments oder eines Placebos vorgegeben wird oder indem sie gebeten werden, eine bestimmte Zeitdauer wach zu bleiben. Der Zweck der meisten Experimente besteht darin, die Ursache-Wirkungs-Beziehung zwischen zwei Variablen zu ermitteln, wie z.B. Alkoholkonsum und Beeinträchtigung des Sehvermögens. Nachfolgend finden Sie einige Fragestellungen, die eventuell durch Experimente beantwortet werden können:

3 ➤ Das Handwerkszeug des Statistikers

- ✔ Hilft die Einnahme von Zink, die Dauer einer Erkältung zu verringern? Einige Studien belegen dies.
- ✔ Beeinflusst die Form und Lage Ihres Kissens, wie gut Sie nachts schlafen? Auch hierfür gibt es Studien, die dies belegen.
- ✔ Beeinflusst die Absatzhöhe den Gehkomfort? Eine Studie der Universität von Kalifornien in Los Angeles (UCLA) belegt, dass Absätze bis zu 2,54 Zentimetern besser sind als flache Sohlen.

In diesem Abschnitt erfahren Sie mehr darüber, wie Experimentalstudien durchgeführt werden oder durchgeführt werden sollten. Und Kapitel 17 ist ausschließlich diesem Thema gewidmet. Konzentrieren Sie sich im Augenblick auf den Fachjargon, der im Zusammenhang mit Experimenten verwendet wird.

Versuchs- und Kontrollgruppe

In den meisten Experimenten wird versucht, festzustelen, ob eine bestimmte Art von Behandlung oder ein wichtiger Faktor sich auf das Ergebnis auswirkt. Hilft Zink beispielsweise, die Dauer einer Erkältung zu verkürzen? Testpersonen, die für die Teilnahme an einem Experiment ausgewählt werden, werden normalerweise in zwei Gruppen unterteilt: eine Versuchs- und eine Kontrollgruppe. Die Versuchsgruppe besteht aus den Testpersonen, die die Behandlung erhalten, die sich mit hoher Wahrscheinlichkeit auf das Ergebnis auswirkt, in diesem Fall die Einnahme von Zink. Die Kontrollgruppe besteht aus den Testpersonen, die keine oder eine altbekannte Standardbehandlung erhalten. In der Zink-Studie wird den Testpersonen der Kontrollgruppe beispielsweise Vitamin B statt Zink verabreicht.

Placebo

Ein Placebo ist eine vorgetäuschte Behandlung, wie z.B. die Behandlung mit Zuckerpillen. Sie wird häufig mit den Testpersonen der Kontrollgruppe durchgeführt, damit die Testpersonen nicht wissen, ob sie die Behandlung, im Beispiel Zinktabletten, oder keine Behandlung erhalten. Placebos werden den Testpersonen der Kontrollgruppe verabreicht, um ein Phänomen namens Placebo-Effekt zu überwachen, bei dem die Patienten allein aufgrund eines psychologischen Effekts bei der Einnahme einer Pille eine positive oder negative Veränderung berichten, die sich in Aussagen wie »Ja, ich fühle mich schon besser« oder »Whow, ich fühle mich schon etwas benommen« niederschlägt, auch wenn es sich dabei nur um eine Zuckerpille handelt. Ohne ein Placebo könnten die Wissenschaftler nicht sicher sein, ob die Ergebnisse durch die Behandlung bedingt sind oder ob die beobachteten Ergebnisse auch durch den Placebo-Effekt hätten hervorgerufen werden können.

Blindstudien und Doppel-Blind-Studien

Eine Blindstudie ist ein Studie, in der die Testpersonen nicht wissen, ob sie Teilnehmer in der Versuchs- oder in der Kontrollgruppe sind. Im Beispiel der Zinkbehandlung würde ein Placebo eingesetzt werden, das wie eine Zinkpille aussieht, und den Patienten würde nicht mitgeteilt werden, welche Art von Pille sie einnehmen. In der Blindstudie wird versucht, jede Form von Verzerrung aus den Berichten der Testpersonen herauszunehmen.

Eine Doppel-Blind-Studie soll vor potenziellen Verzerrungen seitens der Patienten und der Wissenschaftler schützen. Weder die Patienten noch die Wissenschaftler, die die Daten sammeln, wissen, welche Testpersonen eine echte Behandlung erhalten haben und welche nicht. Eine Doppel-Blind-Studie ist am besten, denn auch wenn viele Wissenschaftler vorgeben, unvoreingenommen zu sein, haben sie doch ein spezielles Interesse an ihren Ergebnissen – andernfalls würden sie die Studie wohl kaum durchführen!

Meinungsumfragen

Eine Meinungsumfrage ist ein Werkzeug, das meistens eingesetzt wird, um die Meinung der Bürger in Zusammenhang mit bestimmten relevanten demografischen Angaben zu erheben. Weil so viele Politiker, Marketing-Strategen und andere versuchen, »den Puls der breiten Masse« zu fühlen und herauszufinden, was der Durchschnittsbürger denkt und fühlt, können sich viele vor Meinungsumfragen kaum retten. Sie haben sehr wahrscheinlich schon viele Anfragen für die Teilnahme an einer Meinungsumfrage erhalten und sind vielleicht schon so abgestumpft dagegen, dass Sie Umfragen, die per Post verschickt werden, einfach wegschmeißen oder »Nein« sagen, wenn Sie gebeten werden, an einer telefonischen Meinungsumfrage teilzunehmen.

Wenn eine Meinungsumfrage gut gemacht ist, kann sie sehr informativ sein. Meinungsumfragen werden eingesetzt, um herauszufinden, welche Fernsehprogramme der Durchschnittsbürger mag, was die Konsumenten von Internet-Shopping halten und ob die Bundesrepublik Nuklearwaffen zu ihrer Verteidigung besitzen sollte. Umfragen werden von Firmen eingesetzt, um die Kundenzufriedenheit zu ermitteln, um herauszufinden, welche Produkte sich die Kunden wünschen, und um festzustellen, wer ihre Produkte kauft. Fernsehsender setzen Umfragen ein, um Rückmeldungen zu ihren neuesten Geschichten und Fernsehereignissen zu erhalten, und Filmproduzenten setzen sie ein, um das Filmende zu bestimmen.

Wenn ich den allgemeinen Status von Umfragen in den heutigen Medien mit einem Wort charakterisieren müsste, müsste ich eher von Quantität als von Qualität sprechen. Das heißt, es gibt keinen Mangel an schlechten Umfragen. Es lässt sich bereits anhand weniger grundlegender Fragen feststellen, ob eine Umfrage korrekt durchgeführt wurde. Dieses Thema ist Gegenstand von Kapitel 16.

Schätzwerte

Ein beliebter Einsatzbereich der Statistik ist die Abgabe von Schätzwerten wie in den folgenden Beispielen:

✔ Wie hoch ist das Durchschnittseinkommen in der Bundesrepublik?

✔ Welcher Prozentsatz der Haushalte hat dieses Jahr die Bambi-Verleihung am Bildschirm verfolgt?

✔ Wie hoch ist die durchschnittliche Lebenserwartung eines Babys heute?

✔ Wie wirksam ist ein neues Medikament?

✔ Wie sauber ist die Luft heute im Vergleich zu vor zehn Jahren?

Um derartige Fragen zu beantworten, muss ein numerischer Schätzwert abgegeben werden. Es kann jedoch eine große Herausforderung sein, faire und genaue Schätzwerte zu ermitteln. Die folgenden Abschnitte decken die wichtigsten Elemente in diesem Prozess ab. Weitere Angaben zur Interpretation von Schätzwerten finden Sie in Kapitel 11.

Die Fehlergrenze

Sie haben vielleicht schon einmal gehört, wie jemand sagte, »diese Umfrage hatte eine Fehlergrenze von plus/minus 3 Prozentpunkten.« Was bedeutet das? Alle Umfragen basieren auf Daten, die anhand von Stichproben gesammelt wurden, nicht auf Daten aus der gesamten Grundgesamtheit. Notgedrungen schleichen sich dadurch gewisse Fehler ein. Es handelt sich dabei jedoch nicht um Fehler im Sinne von Rechenfehlern, wobei diese selbstverständlich auch auftreten können, sondern um Fehler, die ganz einfach deshalb auftreten, weil nicht jeder Bürger befragt wird, sondern nur die Personen aus einer Stichprobe. Die so genannte *Fehlergrenze* (margin of error) soll die maximale Abweichung der Stichprobenergebnisse von den Werten in der Grundgesamtheit bemessen. Weil die Ergebnisse der meisten Meinungsumfragen als Prozentsätze dargestellt werden, wird auch die Fehlergrenze meistens als Prozentwert angegeben. Die Aussage »diese Umfrage hatte eine Fehlergrenze von plus/minus 3%« besagt also, dass der Anteil innerhalb der Grundgesamtheit mit einer hohen Wahrscheinlichkeit innerhalb der Fehlergrenze von plus/minus 3% vom Stichprobenanteil liegt.

Angenommen, 51% der Befragten (Stichprobe) sagen aus, dass sie in der kommenden Wahl eine bestimmte Partei wählen werden. Um dieses Ergebnis auf die Grundgesamtheit der Wahlberechtigten übertragen zu können, müssen Sie einen Wertebereich (die Fehlergrenze) berechnen, bei dem Sie davon ausgehen können, dass er die Abweichung der Stichprobe von der Grundgesamtheit abdeckt. Für den Fall, dass die Fehlergrenze bei plus/minus 3% liegt, können Sie im Beispiel ziemlich sicher sein, dass der Anteil der Wahlberechtigten, die die Partei bei der nächsten Wahl wählen werden, zwischen 48% und 54% beträgt. Je nachdem, wie hoch der Anteil genau ausfällt, erhält die Partei etwas mehr oder etwas weniger als die Mehrzahl der Wählerstimmen und gewinnt oder verliert die Wahl knapp. Mehr zur Fehlergrenze erfahren Sie in Kapitel 10.

 Die Fehlergrenze gibt die Genauigkeit eines Stichprobenergebnisses wider. Sie sagt nichts über den systematischen Fehler aus, der eventuell in den Stichprobendaten enthalten ist. Daten, die zwar auf den ersten Blick wissenschaftlich korrekt und genau wirken, haben keinerlei Aussagekraft, wenn bei ihrer Erhebung ein systematischer Fehler auftrat.

Das Konfidenzintervall

Wenn Sie Ihre Schätzwerte mit dem Stichprobenfehler kombinieren, erhalten Sie ein Konfidenzintervall. Angenommen, Sie benötigen durchschnittlich 35 Minuten, um zur Arbeit zu fahren, wobei der Stichprobenfehler bei plus oder minus fünf Minuten liegt. Die durchschnittliche Fahrtzeit läge dann irgendwo zwischen 30 und 40 Minuten. Dieser geschätzte Wertebereich wird als Konfidenzintervall bezeichnet. Mit dem Konfidenzintervall wird die Tatsache berücksichtigt, dass die Stichprobenergebnisse voneinander abweichen können. Das Konfidenzintervall gibt Ihnen einen Hinweis darauf, wie hoch die Abweichung erwartungsgemäß ausfallen wird. Mehr zu Konfidenzintervallen erfahren Sie in Kapitel 11.

Konfidenzintervalle sind nicht alle gleich breit. Breite Konfidenzintervalle sind jedoch ungünstig, weil sie mit einer geringeren Genauigkeit gleichgesetzt werden können. Die Breite eines Konfidenzintervalls wird durch verschiedene Faktoren beeinflusst, wie z.B. den Stichprobenumfang, die Schwankungen in der Grundgesamtheit und dadurch, wie zuverlässig die Ergebnisse sein sollen. (Die meisten Wissenschaftler sind zufrieden, wenn ihre Ergebnisse eine 95%ige Zuverlässigkeit aufweisen.) Weitere Einflussfaktoren für Konfidenzintervalle finden Sie in Kapitel 12.

 In der Forschung werden verschiedene Arten von Konfidenzintervallen benutzt, wie z.B. Konfidenzintervalle für Mittelwerte, für Verhältnisse oder für gepaarte Unterschiede. Mehr zu Hypothesentests finden Sie in Kapitel 13.

Wahrscheinlichkeit und Gewinnchancen

Die Wahrscheinlichkeit ist ein Maß dafür, wie wahrscheinlich es ist, dass ein Ereignis eintritt. Mit anderen Worten ist die Wahrscheinlichkeit die Chance, dass etwas eintreten wird. Wenn die Chancen, dass es morgen regnen wird, bei 30% liegen, ist es weniger wahrscheinlich, dass es morgen regnet, als dass es nicht regnet. Die Chance, dass es regnet, liegt bei 3 von 10. (Werden Sie bei der Wahrscheinlichkeit morgen einen Regenschirm mitnehmen?) Eine Wahrscheinlichkeit für Regen von 30% bedeutet auch, dass es über viele Tage hinweg, die dieselben Bedingungen aufweisen, wie für morgen vorhergesagt, 30% der Zeit regnete.

Wahrscheinlichkeitswerte lassen sich auf unterschiedliche Arten berechnen:

- ✔ Mathematik wird eingesetzt, um die Zahlen herauszubekommen, wie z.B. die Gewinnchancen bei der Lotterie.

✔ Daten werden gesammelt und anschließend werden die Wahrscheinlichkeiten auf der Grundlage der Daten geschätzt (z.B. um das Wetter vorherzusagen).

✔ Komplexe Mathematik und Computermodelle werden eingesetzt, um zu versuchen, zukünftiges Verhalten und das Auftreten von Naturkatastrophen wie Hurrikanen und von Erdbeben vorherzusehen.

Die Gesetze der Wahrscheinlichkeit laufen der Intuition und dem, was Sie glauben, was passieren könnte, häufig zuwider (deshalb gibt es noch immer Spielkasinos). Mehr zum Thema Wahrscheinlichkeit finden Sie in Kapitel 6.

Wahrscheinlichkeiten und Gewinnchancen sind nicht dasselbe. Dieser Unterschied lässt sich am besten anhand eines Beispiels beschreiben. Angenommen, die Wahrscheinlichkeit, dass ein bestimmtes Rennpferd gewinnt, liegt bei 1 zu 10. Das bedeutet, dass die Gewinnwahrscheinlichkeit 1/10 oder 0,10 ist. Wie stehen für diese Pferd jedoch die Chancen, zu gewinnen? Sie stehen bei 0 zu 1. Das liegt daran, dass die Chancen eigentlich die Möglichkeit zu verlieren im Verhältnis zur Möglichkeit zu gewinnen widerspiegeln. Für dieses Pferd liegen die Chancen, zu verlieren, bei 9 zu 10 und die Chancen, zu gewinnen, bei 1 zu 10. Wenn Sie die beiden Werte 9/10 und 1/10 betrachten und die 10 kürzen, bleibt das Verhältnis 9/1 übrig, was im üblichen Sprachgebrauch mit »9 zu 1« wiedergegeben wird. Mehr zu Wetten finden Sie in Kapitel 7.

Das Gesetz der Serie

Sie haben möglicherweise schon einmal vom Gesetz der Serie gehört. Möglicherweise war es ein Sportreporter, der darüber lamentierte, dass sein Team, das in den ersten drei Monaten der Saison bereits 50 Spiele gewonnen und nur zwölf verloren hat, nun begonnen hat, zu verlieren und damit dem Gesetz der Serie folgt. Oder möglicherweise ist Ihnen dieses Gesetz im Zusammenhang mit Glücksspielen begegnet (»jetzt hat mich das Gesetz der Serie erwischt – ich habe eine Gewinnsträhne!«). Was besagt das Gesetz der Serie genau und wird der Begriff im Alltag korrekt gebraucht?

Das Gesetz der Serie ist eine Wahrscheinlichkeitsregel. Es besagt, dass sich die Ergebnisse langfristig auf ihrem Erwartungswert herausmitteln werden, kurzfristig gesehen weiß jedoch niemand, was geschehen wird. Spielkasinos sind beispielsweise alle so ausgerichtet, dass die Gewinnchancen langfristig im Durchschnitt zugunsten der Bank ausfallen. Dies bedeutet, dass die Banken langfristig im Durchschnitt gewinnen werden, so lange die Besucher weiterspielen. Selbstverständlich gibt es auch hohe Gewinne, was die Besucher dazu bewegt, weiterzuspielen, da sie ja wissen, dass es auch sie treffen kann. Langfristig gesehen überwiegen die Verluste die Gewinne (nicht zu vergessen, dass viele Spieler das, was sie gewinnen, erneut einsetzen und so am Ende verlieren). Mehr zum Gesetz der Serie finden Sie in Kapitel 7.

Hypothesentest

Dem Begriff »Hypothesentest« sind Sie sehr wahrscheinlich in Ihrem alltäglichen Kontakt mit Zahlen und mit Statistik noch nicht begegnet. Aber ich garantiere Ihnen, dass Hypothesentests einen Großteil Ihres Lebens und Ihrer Arbeitswelt beeinflussen, da sie in der Industrie, in der Medizin, in der Landwirtschaft, in der Politik und in vielen anderen Bereichen eine maßgebliche Rolle spielen. Immer, wenn Sie jemanden sagen hören, dass seine Ergebnisse »statistisch signifikant« sind, haben Sie es mit einem Hypothesentest zu tun. Ein Hypothesentest ist im Wesentlichen ein statistisches Verfahren, bei dem Daten im Hinblick auf eine Behauptung über die Grundgesamtheit gesammelt und ausgewertet werden. Wenn eine Pizza-Kette beispielsweise behauptet, Pizzas spätestens 30 Minuten nach Aufgabe der Bestellung auszuliefern, könnten Sie über eine bestimmte Zeitperiode hinweg eine Zufallsauswahl an Lieferzeiten treffen und die durchschnittliche Lieferzeit dieser Auswahl berechnen, um festzustellen, ob die Behauptung zutrifft.

Weil Ihre Entscheidung auf einer Stichprobe basiert und nicht auf der Grundgesamtheit, kann der Hypothesentest manchmal zu falschen Schlussfolgerungen führen. Ihnen bleibt jedoch letztendlich nur die Statistik und wenn ein Hypothesentest korrekt durchgeführt wird, können Sie damit der Wahrheit sehr nahe kommen, ohne sie zu kennen. Mehr zu den Grundlagen des Hypothesentestens finden Sie in Kapitel 14.

In der wissenschaftlichen Forschung wird eine Vielzahl an Hypothesentests durchgeführt, wie z.B. t-Tests, zweiseitige t-Tests und Tests auf Quoten oder Mittelwerte in einer oder in mehreren Grundgesamtheiten. Mehr zum Testen von Hypothesen finden Sie in Kapitel 15.

Der p-Wert

Hypothesentests werden eingesetzt, um eine Annahme über die Grundgesamtheit zu bestätigen oder zu verwerfen. Die Annahme, die geprüft werden soll, wird als *Nullhypothese* bezeichnet. Den Beweis liefern Ihre Daten und die statistischen Verfahren, die Sie benutzen. Alle Hypothesentests nutzen letztendlich einen *p*-Wert, um das Gewicht des Beweises zu bemessen, das heißt, um zu ermitteln, was die Daten über die Grundgesamtheit aussagen. Der *p*-Wert ist eine Zahl zwischen 0 und 1, der die Aussagekraft der Daten widerspiegelt, die eingesetzt werden, um die Nullhypothese zu bewerten. Ist der *p*-Wert klein, spricht dies gegen die Nullhypothese. Ein großer p-Wert spricht hingegen nur schwach gegen die Nullhypothese. Wenn eine Pizza-Kette beispielsweise behauptet, ihre Pizzas in weniger als 30 Minuten zuzustellen – dies ist die Nullhypothese –, und in der Zufallsstichprobe von 100 Zustellungen eine durchschnittliche Lieferzeit von 40 Minuten gemessen wird – was mehr als zwei Standardabweichungen über der durchschnittlich zu erwartenden Lieferzeit liegt –, ist der *p*-Wert klein und Sie würden sagen, dass Sie starke Beweise gegen die Behauptung der Pizzakette besitzen.

Statistische Signifikanz

Immer, wenn Daten gesammelt werden, um eine Hypothese zu testen, suchen Wissenschaftler nach einem signifikanten Ergebnis. In der Regel bedeutet dies, dass die Wissenschaftler etwas gefunden haben, was sich von der Normalität abhebt. (Forschung, die einfach nur Bekanntes bestätigt, sorgt leider nicht für Schlagzeilen.) Ein statistisch signifikantes Ergebnis ist ein Ergebnis, bei dem die Wahrscheinlichkeit sehr gering ist, dass es nur zufällig auftrat. Der p-Wert spiegelt diese Wahrscheinlichkeit wider.

Wenn beispielsweise festgestellt wurde, dass mit einem bestimmten Medikament Brustkrebs wirksamer bekämpft werden kann als mit der herkömmlichen Behandlung, sagen Wissenschaftler, dass das Medikament die Überlebensrate von Brustkrebspatientinnen statistisch signifikant verbessert. Das bedeutet, dass die Unterschiede, die sich bei der Behandlung mit dem neuen Medikament im Vergleich zu der herkömmlichen Behandlung ergeben, so groß sind, dass dies kaum als Zufall bezeichnet werden kann.

Manchmal repräsentiert eine Stichprobe die Grundgesamtheit zufällig nicht, was zu falschen Schlussfolgerungen führt. So können die positiven Ergebnisse bei der neuen Behandlungsform einfach nur Glückstreffer gewesen sein. (Vorausgesetzt natürlich, dass Sie wissen, dass die Daten nicht erfunden wurden oder es sich um eine Übertreibung handelt.) Das Schöne an medizinischer Forschung ist, dass, sobald irgendwo behauptet wird, dass etwas signifikant sei, andere versuchen, die Ergebnisse zu replizieren. Und wenn die Ergebnisse nicht replizierbar sind, kommt die Frage auf, ob die ursprünglichen Ergebnisse aus irgendeinem Grund falsch waren. Leider erhalten Wissenschaftler mit der Ankündigung, einen »wichtigen Durchbruch« geschafft zu haben, sehr viel Aufmerksamkeit in der Presse, die Folgestudien, die diese Ergebnisse dann nicht widerlegen, kommen nicht mehr auf die Titelseite.

Ein statistisch signifikantes Ergebnis sollte keine vorschnellen Entscheidungen bedingen. In der Wissenschaft zählt nicht unbedingt eine einzelne bemerkenswerte Studie, sondern eine Vielzahl an Beweisen, die über eine gewisse Zeitdauer aufgebaut werden zusammen mit einer Vielzahl an wohl definierten Folgestudien. Nehmen Sie sich einen beliebigen wichtigen Durchbruch zur Hand, von dem Sie hören, und warten Sie, bis Folgestudien durchgeführt wurden, bevor Sie auf der Grundlage der Ergebnisse einer einzigen Studie wichtige Entscheidungen für Ihr Leben treffen.

Korrelation und Kausalzusammenhang

Von allen Missbräuchen im Bereich der Statistik ist der der Postulierung von Kausalzusammenhängen der problematischste.

Korrelation bedeutet, dass zwischen zwei numerischen Variablen ein linearer Zusammenhang besteht, auch Kausalzusammenhang genannt. Wie häufig Grillen pro Sekunde zirpen, hängt beispielsweise mit der Temperatur zusammen. Wenn es draußen kalt ist, zirpen sie seltener, als wenn es warm ist. (Das stimmt tatsächlich!). Ein weiteres Beispiel für Korrelation hat mit der Personalausstattung der Polizei zu tun. Die Anzahl der Pro-Kopf-Verbrechen hängt häufig mit der Anzahl der Streifenpolizisten zusammen, die in einem Bezirk eingesetzt werden. Wenn in einem Bezirk mehr Polizisten Streife fahren, sinkt die Kriminalitätsrate in der Regel. Manchmal kann jedoch auch zwischen zwei Ereignissen, die scheinbar nichts miteinander zu tun haben, eine Korrelation gefunden werden. Ein Beispiel hierfür wäre die Korrelation zwischen dem Eiscreme-Konsum in einem bestimmten Bezirk und der Anzahl der Gewaltverbrechen. Wenn mehr Polizisten auf Streife gehen, sinkt zwar die Kriminalitätsrate, aber lassen sich Verbrechen wirklich dadurch verhindern, dass die Bewohner des Bezirks mehr Eiscreme essen? Worin besteht der Unterschied? Bei der Korrelation wurde eine Verbindung zwischen den beiden Variablen x und y entdeckt. Beim Kausalzusammenhang wird ein Sprung gemacht und gesagt »eine Veränderung von x wird eine bestimmte Veränderung bei y bewirken«. In der Wissenschaft, in den Medien und auch in der öffentlichen Meinung kommt es leider allzu häufig zu solch unzulässigen Sprüngen. Wann sind solche Schlussfolgerungen zulässig? Wenn eine wohl durchdachte Studie durchgeführt wird, bei der alle anderen Faktoren eliminiert werden, die mit dem Ergebnis zusammenhängen könnten. Mehr zur Korrelation und zu Kausalzusammenhängen finden Sie in Kapitel 18.

Teil II

Grundlagen des Zahlenknackens

»Mach dich bereit. Ich glaube, sie beginnen abzuschweifen.«

In diesem Teil ...

Zahlenknacken ist eine schmutzige Tätigkeit, aber jemand muss es ja schließlich tun. Warum also nicht Sie? Selbst wenn Zahlen und Berechnungen nicht unbedingt Ihr Ding sind, sind die Schritt-für-Schritt-Anleitungen in diesem Teil vielleicht genau das, was Sie benötigen, um Vertrauen in Ihre Fähigkeiten und ein echtes Verständnis für Statistik zu entwickeln.

Dieser Teil führt Sie in die Grundlagen des Zahlenknackens ein. Sie erfahren, wie Sie Diagramme erstellen und interpretieren, was ein Mittelwert, ein Median oder eine Standardabweichung ist und vieles mehr. Sie entwickeln außerdem Kritikfähigkeit im Hinblick auf die statistischen Informationen, die Sie von anderen erhalten, und Sie finden heraus, was sich wirklich hinter den Daten verbirgt.

Grafiken und Diagramme

In diesem Kapitel

▶ Grafiken kennen lernen, denen Sie ständig begegnen werden
▶ Den Zweck hinter den Bildern erkennen
▶ Diagramme und Grafiken interpretieren und kritisch hinterfragen
▶ Nach irreführenden Grafiken Ausschau halten

Es gibt den Spruch, dass ein Bild mehr wert sei als tausend Worte. In der Statistik ist ein Bild möglicherweise tausend Datenpunkte wert – so lange das Bild korrekt erstellt wurde. Im heutigen Alltag begegnen Sie überall grafischen Darstellungen von Daten, wie z.B. Diagrammen oder Graphen. Mit ihnen werden Wahlergebnisse nach allen möglichen Merkmalen analysiert und dargestellt, die Entwicklung des Aktienmarktes veranschaulicht und vieles mehr. Wir leben heute nicht nur in einer Fast-Food-Gesellschaft, sondern auch in einer Gesellschaft der schnellen Informationen. Jeder möchte das Ergebnis wissen und wünscht sich, dass ihm Details erspart bleiben. Der Haupteinsatzbereich der Statistik besteht darin, Daten zusammenzufassen, und die grafische Darstellung von Daten eignet sich hierfür von Natur aus. Aber erhalten Sie mittels einer grafischen Darstellung einen Eindruck von dem, was die Daten tatsächlich aussagen? Dies hängt von der Qualität der grafischen Darstellung und davon ab, was mit ihr beabsichtigt wird. Bilder können irreführend sein – manchmal beabsichtigt, manchmal per Zufall – und nicht jede Grafik, die Sie zu Gesicht bekommen, ist korrekt. Dieses Kapitel dient dazu, Ihr Verständnis für den Einsatz von Graphen und von Diagrammen in den Medien und am Arbeitsplatz zu verbessern. Sie lernen, grafische Darstellungen zu lesen und zu interpretieren. Außerdem erhalten Sie einige Tipps, wie Sie irreführende Grafiken ermitteln können, von denen es leider nur allzu viele gibt.

Statistik grafisch darstellen

Der Hauptzweck der grafischen Darstellung besteht darin, einen Punkt in bestimmter Weise darzustellen oder einen Punkt zu verdeutlichen. Diagramme und Graphen werden beispielsweise eingesetzt, um die Bedeutung bestimmter Merkmale deutlich zu machen, um Veränderungen im Zeitverlauf hervorzuheben, um Meinungen oder demografische Daten zu vergleichen oder gegenüberzustellen, oder um Verbindungen zwischen Daten aufzuzeigen. Die grafische Darstellung schlüsselt einen statistischen Sachverhalt so auf, dass der Leser den wichtigen Punkt auf einen Blick sieht und seine Schlüsse daraus ziehen kann. Grafische Darstellungen sind deshalb so schlagkräftig, weil sie – richtig eingesetzt – informativ und effektiv sein können. Werden sie hingegen falsch eingesetzt, können sie irreführend und destruktiv sein.

Grafische Darstellungen können Ihr Leben im Großen und im Kleinen beeinflussen. Wenn Sie kritisch auf sie reagieren und lernen, was grafische Darstellungen aussagen und was nicht, entwickeln Sie sich zu einem klugen Datenkonsumenten. Sie werden sich nun mit den Formen von grafischer Darstellung vertraut machen, auf die Sie sehr wahrscheinlich in den Medien und auch an Ihrem Arbeitsplatz häufiger stoßen werden.

Wissenschaftler und Journalisten verwenden unterschiedliche Techniken zur Darstellung von qualitativen Daten wie dem Geschlecht oder der Wahl einer politischen Partei und von quantitative Daten wie der Körpergröße oder dem Einkommen.

Für qualitative Daten werden in erster Linie die folgenden Arten von grafischer Darstellung benutzt:

- Kreisdiagramme (siehe der Abschnitt *Ein Stück vom Kuchen abbekommen*)
- Balkendiagramme (siehe der Abschnitt *Balkendiagramme im Einsatz*)
- Tabellen (siehe der Abschnitt *Statistiken in Tabellen darstellen*)
- Liniendiagramme (siehe der Abschnitt *Liniendiagramme optimal nutzen*)

Quantitative Daten werden in aller Regel mit Hilfe von Tabellen dargestellt. Manchmal kommen auch Histogramme zum Einsatz, weshalb ich sie mit dem Abschnitt *Daten mit einem Histogramm veranschaulichen* in das Buch aufgenommen habe.

In diesem Kapitel zeige ich Ihnen Beispiele für jede Form der grafischen Darstellung, und Sie erhalten Hinweise zu ihrer Interpretation und zur kritischen Bewertung.

Ein Stück vom Kuchen abbekommen

Das Kreisdiagramm kommt am häufigsten zum Einsatz, weil es leicht lesbar ist und weil damit die gewünschten Punkte rasch verdeutlicht werden können. Kreisdiagramme haben Sie bestimmt schon gesehen – sie sehen so einfach aus. Kann bei dem so unschuldig wirkenden Kreisdiagramm etwas schief gehen? Leider ja.

Kreisdiagramme enthalten qualitative Daten, die in Gruppen unterteilt werden. Es soll gezeigt werden, welcher Prozentsatz der Untersuchungseinheiten den einzelnen Gruppen zuzuordnen ist. Weil Kreisdiagramme kreisförmig sind, lassen sich die Segmente oder »Tortenstücke«, die die einzelnen Gruppen repräsentieren, leicht miteinander vergleichen oder gegenüberstellen. Und da jede Untersuchungseinheit nur einer Kategorie zugeordnet wird, ergibt die Summe aller Kreissegmente 100% oder, bedingt durch den Rundungsfehler, annähernd 100%.

Private Ausgaben

Wenn Sie Geld ausgeben, fragen Sie sich sicher, wofür. Welche Posten sind die wichtigsten? In den USA wurde 1994 von privaten Haushalten laut der amerikanischen Bundesbehörde für Arbeitsmarktstatistik am meisten Geld für die Posten Wohnen (32%), Fahrtkosten (19%) und

Ernährung (14%) ausgegeben. Abbildung 4.1 zeigt die Ergebnisse in einem Kreisdiagramm. (Beachten Sie, dass die Kategorie »Sonstige« in diesem Diagramm ziemlich groß ausfällt. Es wäre jedoch relativ schwierig, zu entscheiden, welcher Teil der Kategorie »Sonstige« noch als eigenes Tortenstück ausgewiesen werden sollte, weil so viele verschiedene Ausgaben denkbar sind, die in dieser Kategorie enthalten sein können.)

Wie kommt die US-Behörde an diese Daten? Indem sie die Verbraucherausgaben erhebt. In den USA sind viele Bundesbehörden mit dem Sammeln von Daten beauftragt. Häufig werden dazu Erhebungen durchgeführt. Die Daten werden anschließend in Form von schriftlichen Berichten veröffentlicht. (Die US-Regierung ist eine gute Quelle für Informationen über viele Aspekte des Lebensalltags in den USA.)

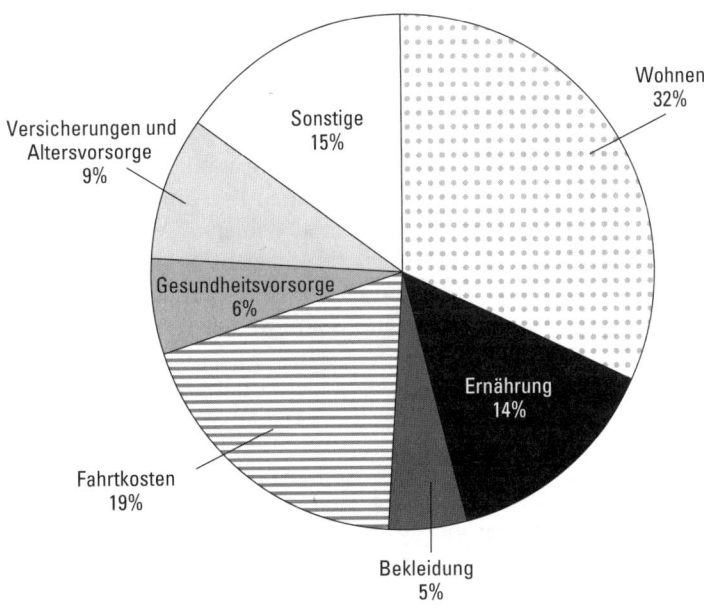

Abbildung 4.1: Ausgaben der Privathaushalte in den USA im Jahr 1994

Mehr zu den Einnahmen und Ausgaben der staatlichen US-Lotterie

Die staatliche Lotterie der USA erzielt hohe Einnahmen. Ein Großteil davon wird wieder ausgegeben und ein Teil wird zur Finanzierung staatlicher Programme eingesetzt, wie z.B. von Programmen im Bildungsbereich. Woher stammt das Geld? Abbildung 4.2 zeigt ein Kreisdiagramm mit verschiedenen Arten von Lottospielen und deren prozentualen Gewinnanteilen für die staatliche Lotterie des US-Bundesstaats Ohio.

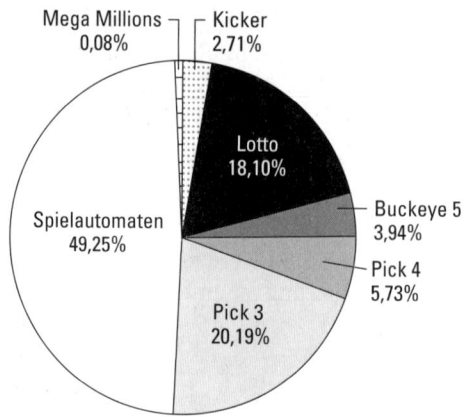

Abbildung 4.2: Einnahmen der staatlichen Lotterie im US-Bundesstaat Ohio (1993–2002)

Dem Kreisdiagramm können Sie entnehmen, dass ein Großteil der Einnahmen (49,25%) aus dem Bereich »Spielautomaten« stammt. Die restlichen Einnamen kommen aus verschiedenen Lotteriespielen, bei denen die Spieler bestimmte Zahlen auswählen und gewinnen, wenn diese Zahlen gezogen werden. Warum nehmen die »Spielautomaten« einen so hohen Stellenwert bei den Einnahmen der staatlichen Lotterie ein? Eine mögliche Ursache könnte sein, dass bei Spielautomaten häufiger Gewinne ausgezahlt werden als bei anderen Lotteriespielen, auch wenn die einzelnen Ausschüttungen nicht sehr hoch sind. Außerdem wissen Sie sofort, ob Sie gewonnen haben, während Sie bei den anderen Lotteriespielen die nächste Ziehung abwarten müssen. Möglicherweise empfinden viele Menschen auch ein Gefühl der Zufriedenheit, vor diesen Kisten zu sitzen!

Beachten Sie, dass Sie dem Kreisdiagramm nicht entnehmen können, *wie hoch* die Einnahmen insgesamt waren. Sie erfahren nur, welcher *prozentuale Anteil* der Gesamtsumme aus den einzelnen Spieltypen stammt. Das heißt also, Sie wissen, wie der Kuchen aufgeteilt ist, jedoch nicht, wie groß er insgesamt ist. Als Konsument dieser Informationen werden Sie sich jedoch vielleicht dafür interessieren. Ungefähr die Hälfte des Geldes (49,25%) stammt aus den Automatenspielen. Stehen diese 49,25% für eine Million Dollar, für zwei Millionen, für zehn Millionen oder sogar für mehr? Das Kreisdiagramm in Abbildung 4.2 sagt nichts darüber aus, und ohne zu wissen, wie hoch die Einnahmen insgesamt waren, können Sie keine weiteren Analysen durchführen. Die Höhe der Gesamteinnahmen wird allerdings in einem anderen Diagramm der staatlichen Lotterie von Ohio genannt: Die Einnahmen belaufen sich auf 1.983,1 Millionen US-Dollar, also rund 1,983 Milliarden US-Dollar. Die 49,25% der Einnahmen aus Automatenspielen entsprechen einer Summe von $ 976.676.750 über einen Zeitraum von zehn Jahren. Das ist eine Menge Geld!

 Kreisdiagramme zeigen häufig eine Aufgliederung der prozentualen Anteile des Gesamtvolumens nach Gruppen oder Kategorien. Häufig enthalten sie jedoch nicht die ursprünglichen Werte in einer Gruppe oder Kategorie als Geldwert, als Anzahl der Personen oder Ähnliches. Dadurch gehen Informationen verloren. Sie

erfahren nicht die ganze Wahrheit über die Daten und Sie fragen sich sehr wahrscheinlich, wie hoch die Gesamtsumme ist, deren Verteilung veranschaulicht wird. Aus Beträgen lassen sich leicht Prozentsätze errechnen. Umgekehrt können Sie jedoch aus Prozentsätzen die ursprünglichen Beträge nicht ableiten, ohne die Gesamtsumme zu kennen. Bei Erhebungen kann dieser Informationsmangel ein echtes Problem darstellen. Häufig zeigen Kreisdiagramme, wie viel Prozent der Personen eine Frage in einer bestimmten Weise beantwortet haben, Sie erfahren jedoch nicht, wie viele Personen befragt wurden – was allerdings wichtig wäre, um die Ergebnisse richtig einschätzen zu können. (Mehr zur Korrektheit von Befragungen und zur Fehlergrenze finden Sie in Kapitel 10.)

Suchen Sie bei grafischen Darstellungen von Daten immer nach der Gesamtanzahl der Untersuchungseinheiten. Wenn diese Angabe nicht direkt verfügbar ist, sollten Sie nach ihr fragen!

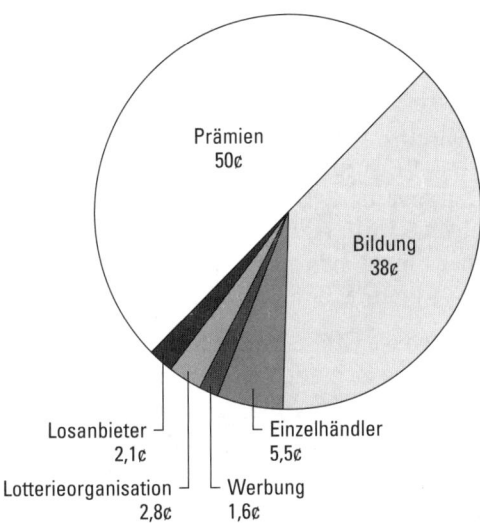

Abbildung 4.3: Ausgaben der staatlichen Lotterie des US-Bundesstaats Florida im Geschäftsjahr 2001–2002

Die staatliche Lotterie des US-Bundesstaats Florida stellt mittels eines Kreisdiagramms dar, wohin das Geld fließt, wenn Sie ein Lotterielos kaufen (siehe Abbildung 4.3). Dem Diagramm können Sie entnehmen, dass die Hälfte der Lotterieeinnahmen von Florida (50 Cent pro investiertem Dollar) als Prämien ausgeschüttet werden, und 38 Cent pro Dollar in Bildungsprogramme fließen. Das Kreisdiagramm zeigt also genau, wie jeder eingenommene Dollar aufgeteilt wird. Vielleicht würden Sie jedoch gerne erfahren, wie viel Geld die Bürger für Lotterielose ausgeben. Die staatliche Lotterie von Florida verkaufte im Jahr 2001 Lotterielose im Wert von $ 2.360,6 Millionen (oder $ 2,36 Milliarden). Auf die Pro-Kopf-Ausgabe umgerechnet, hat also jeder Bürger $ 147,70 in Lotterielose investiert (siehe Tabelle 4.1).

Reihen-folge	Lotterie	Einwohner (in Mio)	Losver-käufe (in Mio)	Prämien (in Mio)	Nettoein-nahmen (in Mio)	Prämien (% am Gewinn)	Investition in Lotterielose pro Kopf ($)
1	New York	18,976	4.178	2.274	1.447	54,4%	220,16
2	Mass.	6,349	3.923	2.774	865	70,7%	617,85
3	Kalifornien	33,872	2.896	1.492	1.048	51,5%	85,49
4	Texas	20,852	2.826	1.639	865	58,0%	135,50
5	Florida	15,982	2.361	1.180	862	50,0%	147,70
6	Georgia	8,186	2.194	1.142	692	52,0%	267,98
7	Ohio	11,353	1.920	1.113	637	58,0%	169,11
8	New Jersey	8,414	1.807	991	695	54,8%	214,72
9	Pennsylvania	12,281	1.780	996	627	55,9%	144,93
10	Michigan	9,938	1.615	874	586	54,1%	162,49

Tabelle 4.1: Top Ten der US-amerikanischen Lotterien im Jahr 2001

Interessanterweise ist der Website für die staatliche Lotterie des US-Bundesstaates Michigan die Dollarsumme zu entnehmen, die jährlich in Bildung investiert wird, nicht jedoch der prozentuale Anteil. Im Jahr 2001 wurden von der staatlichen Lotterie Michigan beispielsweise $ 587 Millionen in Bildung investiert. Da Sie aus Tabelle 4.1 wissen, dass die Lotterieeinnahmen des Staates Michigan $ 1.615 Millionen (oder $ 1,6 Milliarden) betrugen, können Sie den prozentualen Anteil der Einnahmen ausrechnen, der in diesem US-Bundesstaat für Bildung ausgegeben wurde. Es waren ca. 36% ($ 587 Millionen / $ 1.615 Millionen x 100%).

Mit Kreisdiagrammen lässt sich die Größe der einzelnen Segmente innerhalb des Diagramms leicht vergleichen. Sie können jedoch auch eingesetzt werden, um Vergleiche mit anderen Grundgesamtheiten zu ziehen. Die New-York-Lotterie stellt die Aufteilung ihrer Ausgaben beispielsweise ebenfalls mit einem Kreisdiagramm dar (siehe Abbildung 4.4).

Wenn Sie Abbildung 4.3 und Abbildung 4.4 miteinander vergleichen, werden Sie feststellen, dass bei der New-York-Lotterie 56% der Einnahmen für Prämien ausgegeben werden, also etwas mehr als in Florida, und 33% in Bildung fließen, also etwas weniger als in Florida. Neben den Kreisdiagrammen enthalten die Grafiken der New-York-Lotterie jeweils eine Tabelle, die die Ausgaben in Dollar zeigt. So können Sie sich insgesamt einen besseren Eindruck bilden, als bei den Darstellungen der Lotterie von Florida und von Ohio. (Die Summe der Ausgaben müssen Sie jedoch selbst ausrechnen. Sie beläuft sich auf mehr als $ 4,5 Mrd. Dollar.)

Der US-Bundesstaat New York möchte Ihnen mitteilen, wie viel Geld die Lotterie gemessen an anderen Geldgebern in Bildungsprogramme investiert, was politisch gesehen ein sehr kluger Schachzug ist. Abbildung 4.5 zeigt, dass im Geschäftsjahr 2001–2002 4% der Schulaufwendungen im Bundesstaat New York aus Bundesmitteln und 5% aus der New-York-Lotterie stammten. Auch hier wird das Kreisdiagramm zusammen mit einer Tabelle gezeigt, die die Dollarsummen angibt. (Tatsächlich benötigen Sie jedoch nur die Gesamtsumme, weil Sie sich aus ihr und den Prozentsätzen aus dem Kreisdiagramm die Zahlen selbst ableiten können. Selbstverständlich ist es jedoch angenehmer, alles fertig präsentiert zu bekommen.)

Prämien	56%	$2.664 Mrd.
Ausgaben für Bildung	33%	$1.58 Mrd.
Händlerprovisionen	6%	$284 Mrd.
Gebühren für Vertragspartner	3%	$119 Mrd.
Verwaltungskosten	2%	$107 Mrd.

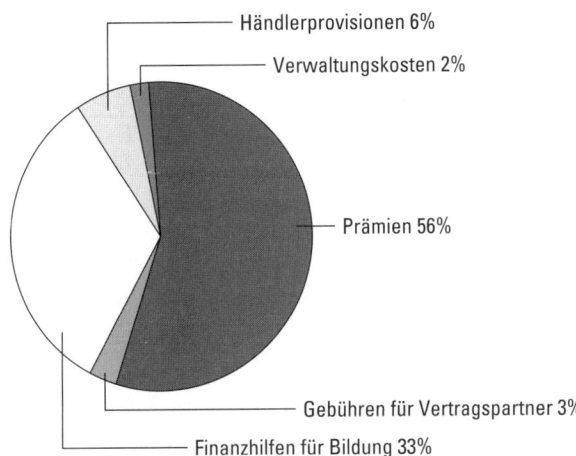

Abbildung 4.4: Ausgaben der New York-Lotterie (2001–2002)

Transparenz der Steuereinnahmen

Die Einkommenssteuerbehörde der USA, IRS (Internal Revenue Service), lässt Sie wissen, wohin Ihre Steuergelder fließen. Wenn Sie angeben, wie viel Steuern Sie im letzten Jahr bezahlt haben, erfahren Sie ganz genau, wofür Ihre Steuern jeweils aufgewendet wurden. Abbildung 4.6 zeigt, wie eine Information der IRS aussehen könnte, wenn Sie der Behörde mitteilen, dass Sie im letzten Jahr $ 10.000 an Steuern bezahlt haben.

Die Darstellung ist zwar kreativ, aber auch etwas ungewohnt. Erstens sieht das Diagramm eher wie ein Pizza- als wie ein Kreisdiagramm aus. Sie müssen sich fragen, was die Pizza soll, wenn sie gar nicht aufgeteilt wird, um Ihnen zu veranschaulichen, wohin Ihr Geld fließt. Informationen über die prozentuale Verteilung finden Sie in der Tabelle rechts neben der Pizza. Die Informationen sind also verfügbar. Die Darstellung wäre aussagekräftiger, wenn die IRS die Prozentsätze aus der Tabelle zusätzlich als Kreisdiagramm dargestellt hätte. Schön an dieser Anzeige ist jedoch, dass neben den Prozentsätzen auch die tatsächlichen Geldwerte angegeben werden, die für jeden einzelnen Bereich ausgegeben wurden. (Übrigens spielt es keine Rolle, wie viel Steuern Sie bezahlt haben. Die prozentuale Verteilung fällt immer gleich aus. Was sich ändert, ist lediglich die Summe, die Sie bezahlen.)

Abbildung 4.6 können Sie entnehmen, dass der größte Teil der Steuergelder in die Sozialversicherung fließt (23%) und der zweitgrößte Posten die Landesverteidigung ist (17%). Es wirkt etwas seltsam, dass die IRS bestimmte Kategorien explizit darstellt, obwohl auf sie nur einstellige Prozentsätze entfallen, wie z.B. die 7% Ausgaben für die medizinische Hilfe für Bedürftige (Medicaid), der drittgrößte Posten von 16% jedoch nur unter »Sonstige Ausgaben« geführt wird.

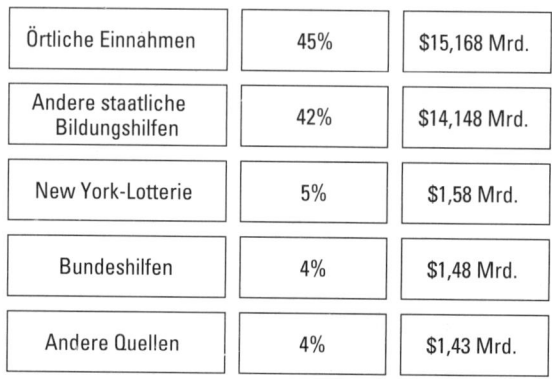

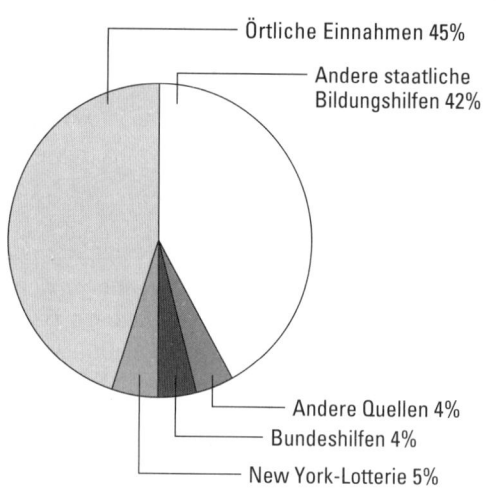

Abbildung 4.5: Bildungsaufwendungen des Staates New York unterteilt nach Geldgebern (2001–2002)

Staatliche Ausgaben

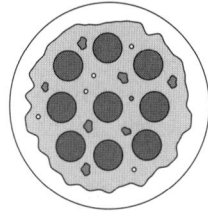

Ihr Geld wird investiert in	Ihr Beitrag	Proz. Anteil
Landesverteidigung	$1.700,00	17%
Medicaid*	$700,00	7%
Medicare**	$1.200,00	12%
Arbeitslosenhilfe, Erwerbsunfähigkeitsrenten und andere	$1.400,00	14%
Sozialversicherung	$2.300,00	23%
Zinszahlungen	$1.100,00	11%
Sonstige Ausgaben	$1.600,00	16%
Summe	**$10.000,00**	**100%**

* Gesundheitsdienst für Bedürftige
** Gesundheitsdienst für Menschen ab 65

Abbildung 4.6: Investition der Steuergelder (2002)

Im Idealfall besteht ein Kreisdiagramm aus nicht allzu vielen Tortenstücken, weil der Leser bei einer zu starken Untergliederung zu stark von dem abgelenkt wird, was das Diagramm vermitteln soll. Wenn jedoch alle verbleibenden Kategorien einfach in einer Kategorie »Sonstige« zusammengefasst werden, die zu den größten im ganzen Kreisdiagramm gehört, fragt sich der Leser sehr wahrscheinlich, was diese Kategorie alles beinhaltet.

Falls Sie sich fragen, was sich im IRS-Diagramm hinter den sonstigen Ausgaben verbirgt, können Sie es einmal bei der Website der IRS versuchen. Hier erfahren Sie, dass »Sonstige Ausgaben« Ausgaben wie »Staatliche Rentenzahlungen, Zahlungen an Landwirte und andere Aktivitäten« beinhalten. Das ist zwar nicht sehr aufschlussreich, aber vielleicht wollten Sie auch gar nicht viel mehr darüber wissen. Um nicht unfair gegenüber der IRS zu sein: Ich bin sicher, dass alle Einzelheiten in einem hübschen Regierungsbericht sauber aufgeführt sind.

Bevölkerungstrends vorhersagen

Die Bundesbehörde zur Durchführung von Volkszählungen der USA bietet in ihrem Bericht über die US-Bevölkerungsentwicklung zahlreiche grafische Darstellungen. Abbildung 4.7

zeigt zwei Kreisdiagramme, in denen die Verteilung der US-Bevölkerung für die Jahre 1995 (echte Zahlen) und 2050 (fiktive Zahlen) nach Rassen dargestellt wird, falls die derzeitigen Trends anhalten. Der Abbildung können Sie entnehmen, dass 1995 ungefähr 73,6% aller Amerikaner weiß war, während die Schwarzen mit 12,0% die zweitgrößte Bevölkerungsgruppe darstellten, dicht gefolgt von den Lateinamerikanern mit 10,2%. (Beachten Sie, dass die Lateinamerikaner zwar ebenfalls schwarz oder weiß sind, dass sie jedoch unabhängig von ihrem rassischen Hintergrund als separate Kategorie dargestellt werden.) Die Bundesbehörde zur Durchführung von Volkszählungen sagt voraus, dass der Anteil der Weißen an der US-Bevölkerung immer stärker abnehmen wird, wohingegen der Anteil der Bürger lateinamerikanischen Ursprungs schneller wächst als der von Bürgern anderer Gruppen, wie z.B. dem der schwarzen Bevölkerung. Dies geht aus den zwei Kreisdiagrammen sehr deutlich hervor. Mit Tabellen, in denen lediglich Prozentsätze angezeigt werden, hätte das nicht geleistet werden können.

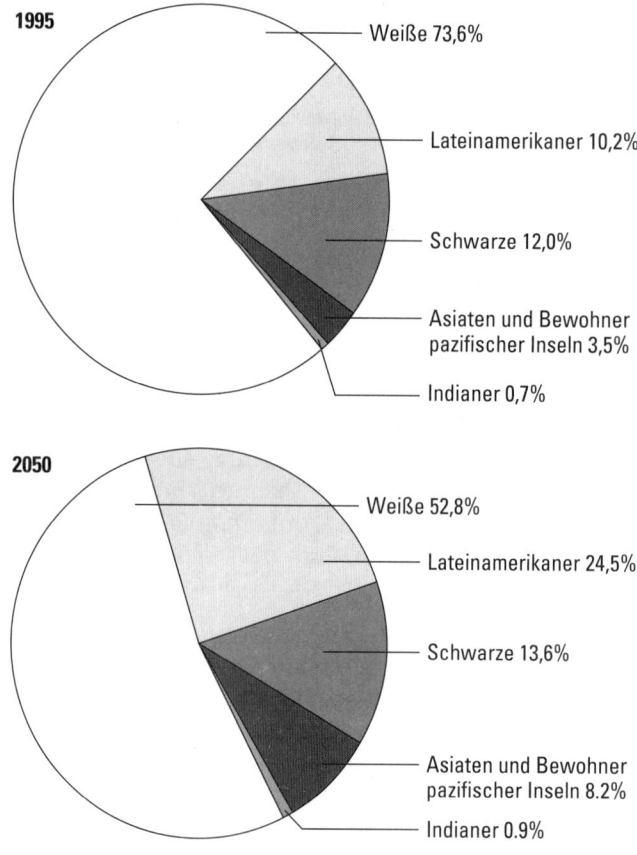

Abbildung 4.7: Ethnische Trends in den USA

Bewertung von Kreisdiagrammen

 Um ein Kreisdiagramm auf statistische Korrektheit zu überprüfen, gehen Sie wie folgt vor:

- ✔ Prüfen Sie, ob die Gesamtsumme der Prozentsätze 100% oder annähernd 100% ergibt (Rundungsfehler sollten möglichst klein sein).
- ✔ Vorsicht bei Kreissegmenten mit der Bezeichnung »Sonstige«, die größer als die meisten anderen Kreissegmente sind!
- ✔ Suchen Sie nach einer Gesamtzahl der Untersuchungseinheiten, um feststellen zu können, wie groß der Kuchen war, bevor er in die Stücke unterteilt wurde, die Sie nun betrachten.

Balkendiagramme im Einsatz

Das Balkendiagramm ist das Lieblingsdiagramm der Medien. Wie beim Kreisdiagramm werden kategoriale Daten in Gruppen unterteilt und es wird dargestellt, wie viele Einheiten jede Gruppe enthält. Das Balkendiagramm repräsentiert die Gruppen jedoch mit Balken unterschiedlicher Länge, nicht mit Tortenstücken unterschiedlicher Größe. Und während im Kreisdiagramm die Summe in jeder Gruppe meistens als Prozentsatz ausgedrückt wird, werden im Balkendiagramm die Anzahl der Untersuchungseinheiten pro Gruppe oder der prozentuale Anteil jeder Gruppe an der Gesamtsumme benutzt. Die Länge der Balken gibt den Zahlenwert oder den prozentualen Anteil jeder Gruppe an.

Aufwendungen für Fahrkosten unter der Lupe

Welchen Anteil ihres Einkommens geben US-Bürger für Fahrtkosten aus? Das hängt davon ab, wie viel sie verdienen. Die US-Behörde für Statistik im Transportwesen (wussten Sie, dass es eine solche Behörde gibt?) führte 1994 in den USA eine Studie zur Erhebung der Aufwendungen für Fahrtkosten pro Haushalt durch, deren Ergebnisse häufig in Form von Balkendiagrammen wie dem in Abbildung 4.8 gezeigten dargestellt wurden.

Dieses Balkendiagramm zeigt, welche Summen in den verschiedenen Einkommensgruppen für Fahrtkosten aufgewendet werden. Es scheint so, als ob die Gesamtausgaben für Fahrtkosten mit zunehmendem Haushaltseinkommen steigen würden. Das stimmt sehr wahrscheinlich auch, weil mit steigendem Einkommen auch mehr Geld zur Verfügung steht. Würde sich das Balkendiagramm ändern, wenn statt der Ausgaben in absoluter Höhe die prozentualen Anteile der Aufwendungen für Fahrtkosten am Einkommen betrachtet würden? Die Haushalte der ersten Gruppe haben im Jahr weniger als $ 5.000 zur Verfügung und müssen davon $ 2.500 für Fahrtkosten ausgeben. Das heißt also, dass diese Haushalte 50% ihres Jahreseinkommens für Fahrtkosten aufwenden. Für diejenigen, die weniger als $ 5.000 pro Jahr zur Verfügung haben, steigt der prozentuale Anteil sogar noch. Haushalte mit einem Jahreseinkommen zwischen

$ 30.000 und $ 40.000 wenden hingegen $ 6.000 pro Jahr an Fahrtkosten auf, was 15% bis 20% ihres Einkommens entspricht. Obwohl die Haushalte mit einem höheren Einkommen also mehr Geld für Fahrtkosten aufwenden, geben sie prozentual gesehen weniger für Fahrtkosten aus als Haushalte mit einem geringeren Einkommen. Je nachdem, wie die Ausgaben betrachtet werden, verändert sich also die Aussage des Balkendiagramms.

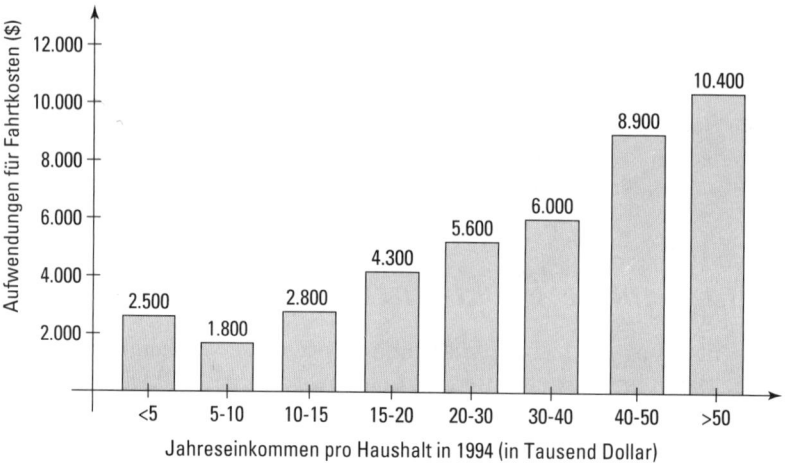

Abbildung 4.8: Aufwendungen für Fahrtkosten pro Haushalt in 1994

Das Balkendiagramm aus Abbildung 4.8 zeichnet sich noch durch eine weitere Besonderheit aus. Die Kategorien für das Jahreseinkommen pro Haushalt sind nicht gleichwertig. Die ersten vier Balken repräsentieren beispielsweise jeweils ein Intervall von $ 5.000, die nächsten drei Gruppen ein Intervall von $ 10.000, und die letzte Gruppe enthält alle Haushalte mit einem Jahreseinkommen von mehr als $ 50.000, was bereits 1994 einen großen Prozentsatz der Haushalte ausmachte. Balkendiagramme, deren Kategorien eine unterschiedliche Breite aufweisen, wie z.B. das in Abbildung 4.8 gezeigte, erschweren Vergleiche zwischen Gruppen.

Die Bedeutung von Müttern im Arbeitsprozess

Balkendiagramme werden häufig eingesetzt, um zwei Gruppen miteinander zu vergleichen, indem die Kategorien für beide Gruppen nebeneinander gestellt werden. Ein Beispiel hierfür sehen Sie in Abbildung 4.9. Ausgangspunkt des Diagramms ist die Fragestellung, ob sich der Prozentsatz der erwerbstätigen Mütter im Laufe der Zeit einer Veränderung unterzog. Die Antwort lautet Ja. Abbildung 4.9 zeigt, dass der Prozentsatz der erwerbstätigen Mütter zwischen 1975 und 1998 von 47% auf 72% kletterte. Wird zusätzlich das Alter der Kinder berücksichtigt, stellt sich heraus, dass nur wenige Mütter arbeiten, während ihre Kinder noch nicht schulpflichtig sind. Die Unterschiede innerhalb der einzelnen Kategorien betragen aber trotzdem zwischen 1975 und 1998 jeweils mehr als 25%, was Sie den nebeneinander liegenden Balken entnehmen können.

4 ➤ Grafiken und Diagramme

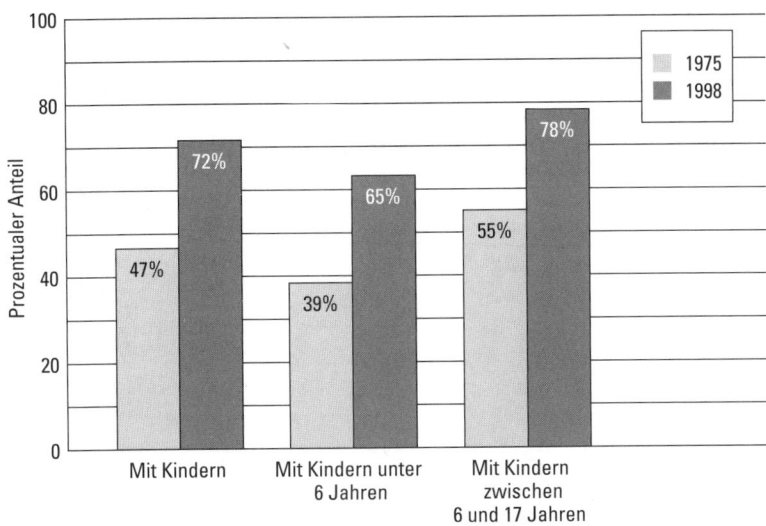

Abbildung 4.9: Prozentsatz erwerbstätiger Mütter 1975 und 1998 allgemein und geordnet nach dem Alter der Kinder

Die Lotterie von Ohio

Die Lotterie von Ohio zeigt ihre Umsätze und Ausgaben für 2002 mit Hilfe eines Balkendiagramms (siehe Abbildung 4.10). Um das Balkendiagramm verstehen zu können, müssen Sie etwas mehr wissen. Das erste Problem dieses Balkendiagramms besteht darin, dass die Balken selbst keine gleichartigen Einheiten repräsentieren. Der erste Balken repräsentiert die Umsätze und der zweite Balken die Ausgaben. Das Balkendiagramm wäre wesentlich klarer, wenn der erste Balken weggelassen würde. Der Gesamtumsatz könnte beispielsweise in einer Fußnote angegeben werden. Die Ausgaben könnten außerdem als Kreisdiagramm dargestellt werden, wie es auch von anderen staatlichen Lotterien gemacht wird (siehe die Abbildungen 4.3 und 4.4). Das nächste Problem besteht darin, dass die Summe aller Ausgaben ($ 2.013,2 Millionen oder $ 2,0132 Mrd.) größer ist als der Gesamtumsatz ($ 1,9831 Mrd.). Zusatzerträge werden in diesem Balkendiagramm jedoch nicht ausgewiesen (oder aber die Lotterie von Ohio ist demnächst zahlungsunfähig!). Bei genauerer Betrachtung der Website der Lotterie von Ohio fand ich heraus, dass Zusatzerträge in Höhe von $ 124,1 Millionen durch Zinseinnahmen und andere Erträge anfallen. Insgesamt beläuft sich der Umsatz also in 2002 auf 2,1072 Mrd. ($ 1,9831 Mrd. + $ 124,1 Mio. = $ 2,1072 Mrd.). Der Gewinn beläuft sich auf $ 2,1072 Mrd. - $ 2,0132 Mrd. = $ 0,094 Mrd. oder $ 94.000.000.

 Beachten Sie, dass im gesamten Beispiel die Einheit Million verwendet wird. Deshalb sehen Sie so seltsame Zahlen wie $1.983,1 Millionen, was $1,9831 Milliarden entspricht. Warum setzt die Lotterie von Ohio die Million als Einheit ein? Vielleicht, damit es so aussieht, als bringe die Lotterie gar nicht so viel ein, wie sie es tatsächlich tut. In Abbildung 4.10 sehen die Zahlen etwas geordneter aus. Glauben

Sie jedoch nicht, den Lotterien würde es an Raffinesse mangeln. Darin sind sie Meister. (Machen Sie sich Folgendes klar: Um mehr über die Gewinne zu erfahren, müssen Sie selbst einige Berechnungen anstellen und Sie müssen sich an zwei verschiedene Stellen wenden, um die für die Berechnungen benötigten Zahlen zu erhalten. Die Lotterien machen es Ihnen also nicht leicht!)

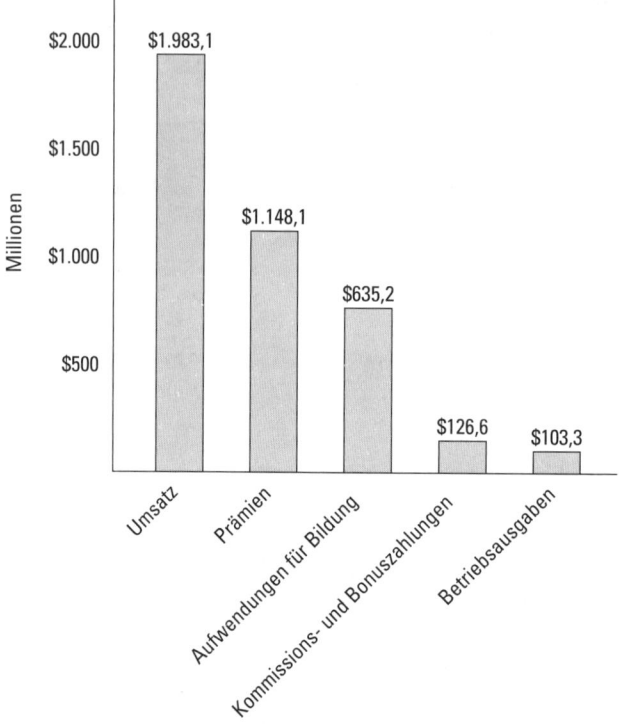

Abbildung 4.10: Einnahmen und Ausgaben der Lotterie von Ohio in 2002

 Gehen Sie nicht davon aus, dass die Informationen, die hier präsentiert werden, alles zeigen, was Sie wissen müssen. Machen Sie sich darauf gefasst, dass Sie tiefer graben müssen, um an die fehlenden Informationen zu kommen. In der Regel dauert es nicht allzu lange, bis Sie das Gesuchte finden (oder zumindest etwas, was Ihnen weiterhilft, um die Informationen, die Ihnen präsentiert werden, richtig einschätzen zu können, falls Sie Verzerrungen oder Ungenauigkeiten feststellen).

 Balkendiagramme bieten dem, der sie erstellt, großen Spielraum. Das liegt daran, dass die Person, die das Diagramm erstellt, entscheiden kann, welchen Maßstab sie benutzen möchte. Das wiederum bedeutet, dass die Darstellung irreführend sein kann. Indem Sie den Maßstab verkleinern, können Sie die Wahrheit strecken, Unterschiede dramatischer wirken lassen oder Werte übertrieben darstellen. Ver-

wenden Sie hingegen einen größeren Maßstab, lassen sich Unterschiede herunterspielen, Ergebnisse wirken weniger dramatisch, als sie tatsächlich sind, und kleinere Unterschiede scheinen sogar ganz zu entfallen. (Beispiele hierfür finden Sie in Kapitel 2.)

Beachten Sie, dass es beim Kreisdiagramm nicht möglich ist, durch eine Maßstabsveränderung Ergebnisse stärker zu betonen oder herunterzuspielen. Ganz egal, wie Sie ein Kreisdiagramm aufteilen, Sie schneiden immer Stücke aus einem Kreis, und der prozentuale Anteil am Ganzen ändert sich nicht, wenn Sie die Größe des Kreises anpassen.

Bewertung des Balkendiagramms

Um die statistische Latte an Balkendiagramme anzulegen, sollten Sie folgende Punkte überprüfen:

- ✔ Balken, die die Ausprägungen einer numerischen Variablen repräsentieren, wie z.B. das Jahreseinkommen, sollten die gleiche Breite aufweisen, um einen fairen Vergleich zuzulassen.
- ✔ Prüfen Sie den Maßstab des Balkendiagramms, d.h. die Einheiten, mit denen die Balkenhöhe dargestellt wird, und fragen Sie sich, ob die Daten damit angemessen repräsentiert werden.
- ✔ Gehen Sie nicht davon aus, dass die Informationen, die Ihnen in Form eines Balkendiagramms präsentiert werden, alles beinhalten, was Sie wissen müssen. Stellen Sie sich darauf ein, dass Sie tiefer graben müssen.

Statistiken mit Hilfe von Tabellen darstellen

Eine *Tabelle* ist eine Möglichkeit, die Informationen aus einem Datensatz im Zeilen- und Spaltenformat zusammenzufassen. Manche Tabellen sind übersichtlich und einfach zu lesen, andere hingegen lassen einiges zu wünschen übrig. Während im Kreis- oder im Balkendiagramm meistens nur ein oder zwei Punkte hervorgehoben werden, kann eine Tabelle gleichzeitig mehrere Punkte verdeutlichen (was je nach Auswirkung auf den Leser gut oder schlecht sein kann).

Statistische Daten werden von Wissenschaftlern nicht nur für ihre eigenen Berichte zusammengestellt, sondern auch, um anderen die Möglichkeit zu bieten, sie für eigene wissenschaftliche Zwecke zu benutzen oder eigene Fragen zu beantworten. In solchen Situationen werden häufig Tabellen eingesetzt.

Geburtsstatistiken näher betrachtet

Die Gesundheitsbehörde des amerikanischen Bundesstaats Colorado führt Geburtsstatistiken für ihre Bewohner. Tabelle 4.2 zeigt die Anzahl aller Lebendgeburten in den Jahren 1975 bis 2000, geordnet nach Geschlecht des Kindes, und ob es sich um eine Einzel- oder Mehrlingsgeburt handelt. Mit dieser Tabelle lassen sich Fragen wie die folgenden beantworten: Wie viele männliche Kinder werden im Verhältnis zu weiblichen Kindern geboren? Zeigt sich eine Veränderung bei der Geburtenrate von Mehrlingsgeburten? Der Tabelle können Sie entnehmen, dass der prozentuale Anteil weiblicher Kinder über einen Zeitraum von 25 Jahren hinweg immer unter 49% bleibt, wohingegen der Anteil männlicher Kinder konstant bei mehr als 51% liegt. (Sie fragen sich vielleicht, warum diese beiden Prozentsätze nicht näher bei 50% liegen. Das ist eine Frage für Demografen – d.h. Wissenschaftler, die Bevölkerungstrends untersuchen – und Biologen, nicht jedoch für Statistiker.) Die Tabelle legt außerdem den Schluss nahe, dass sich die Rate der Mehrlingsgeburten im Lauf der Jahre verändert hat. Es scheint so, als ob der prozentuale Anteil an Mehrlingsgeburten wachsen würde. Aber welche Spalte müssen Sie hierzu betrachten? Die mit der Anzahl oder die mit dem Prozentsatz der Mehrlingsgeburten? Spielt das überhaupt eine Rolle? Ja, das tut es!

Prozentsätze im Vergleich zu absoluten Werten

Wie lassen sich aus den statistischen Angaben in Tabelle 4.2 Schlussfolgerungen über Trends bei Mehrlingsgeburten ziehen? Wenn Sie die Anzahl der Mehrlingsgeburten im Jahr 1975 und im Jahr 2000 betrachten, stellen Sie fest, dass die Anzahl von 763 auf 1.982 angestiegen ist. Dies stellt einen Anstieg von 160% dar. Anders ausgedrückt, gibt es im Jahr 2000 1,6 Mal so viele Mehrlingsgeburten wie im Jahr 1975 ([1.982 - 763] / 763). Sehen Sie jedoch etwas genauer hin, stellen Sie fest, dass sich nicht nur die Anzahl der Mehrlings- sondern auch die der normalen Geburten erhöht hat. Die beiden Statistiken lassen sich also nur vergleichen, wenn die prozentualen Anteile der Einzel- und der Mehrlingsgeburten berechnet und anschließend die Prozentsätze miteinander verglichen werden. Tabelle 4.2 können Sie entnehmen, dass der Anteil der Mehrlingsgeburten 1975 bei 1,9% und 2000 bei 3,0% lag. Sie können außerdem den Schluss ziehen, dass sich der Prozentsatz der Mehrlingsgeburten auch unter Berücksichtigung der steigenden Geburtenzahlen insgesamt über die Jahre erhöht hat. Der Anstieg liegt jedoch nicht bei 160%, sondern eher bei 58%, was sich wie folgt berechnet: ([3,0 - 1,9]) / 1.9) x 100%.

Hüten Sie sich vor Schlussfolgerungen aus Datendarstellungen, in denen die *Anzahl* mit dem *Prozentsatz* der untersuchten Einheiten verglichen wird. Prozentsätze stellen ein relatives Vergleichsmaß für Mengen dar – häufig auch im Zeitverlauf –, was zu einem genauen Vergleich führt, insbesondere wenn die Gesamtanzahl der Untersuchungseinheiten oder Ereignisse sich im Lauf der Zeit verändert. Bei der Betrachtung der prozentualen Veränderung wird gleichzeitig berücksichtigt, dass sich die Gesamtanzahl ebenfalls verändert hat. (Wenn Sie jedoch genau wissen möchten, wie sich die *Anzahl* jeder Untersuchungseinheit verändert hat, müssen Sie natürlich die absoluten Zahlen und nicht die Prozentsätze betrachten.)

4 ▶ Grafiken und Diagramme

Jahr	Gesamt-anzahl	Geburten Weibliche Anzahl	%	Männliche Anzahl	%	Normale Anzahl	%	Mehrlings- Anzahl	%
1975	40.148	19.447	48,4	20.701	51,6	39.385	98,1	763	1,9
1980	49.716	24.282	48,8	25.434	51,2	48.771	98,1	945	1,9
1985	55.115	26.925	48,9	28.190	51,1	53.949	97,9	1.166	2,1
1990	53.491	26.097	48,8	27.394	51,2	52.245	97,7	1.246	2,3
1995	54.310	26.431	48,7	27.879	51,3	52.669	97,0	1.641	3,0
2000	65.429	31.953	48,8	33.476	51,2	63.447	97,0	1.982	3,0

Tabelle 4.2: Geburtenanzahl und -rate nach Geschlecht und Einzel-/Mehrlingsgeburt im US-Bundesstaat Colorado

Tabelle 4.3 zeigt die Anzahl der Lebendgeburten von 1975 bis 2000 im US-Bundesstaat Colorado geordnet nach dem Alter der Mutter. Das Alter ist in Intervalle von jeweils fünf Jahren unterteilt, die sich gegenseitig nicht überlappen. Dies ermöglicht einen fairen, gleichberechtigten Vergleich der Altersgruppen. Die Tabelle bietet jedoch nur einen Überblick über die Anzahl der Geburten. Sie können ihr also keinen Trend entnehmen, was das Alter der Mütter betrifft. Dieses Problem lässt sich lösen, indem die Prozentsätze zu jeder Kategorie in Klammern angegeben werden. Eine weitere Möglichkeit zur Darstellung der Informationen bietet das Kreisdiagramm, wobei die einzelnen Kreissegmente dem prozentualen Anteil der Geburten in jeder einzelnen Altersstufe entsprechen.

Jahr	Gesamtanzahl der Geburten*	Alter der Mutter (Jahre) 10–14	15–19	20–24	25–29	30–34	35–39	40–44	45–49
1975	40.148	88	6.627	14.533	12.565	4.885	1.211	222	16
1980	49.716	57	6.530	16.642	16.081	8.349	1.842	198	12
1985	55.115	90	5.634	16.242	18.065	11.231	3.464	370	13
1990	53.491	91	5.975	13.118	16.352	12.444	4.772	717	15
1995	54.310	134	6.462	12.935	14.286	13.186	6.184	1.071	38
2000	65.429	117	7.546	15.865	17.408	15.275	7.546	1.545	93

Hinweis: Die Summe der Geburten entspricht möglicherweise nicht der Gesamtanzahl, weil das Alter der Mutter in einigen Fällen nicht bekannt war oder die Mutter älter als 50 Jahre alt war.

Tabelle 4.3: Lebendgeburten im US-Bundesstaat Colorado nach Alter der Mutter

Da in dieser Tabelle die Gesamtanzahl der Geburten pro Jahr angegeben wird, können Sie die Prozentsätze bei Bedarf selbst ausrechnen. (Enthielte die Tabelle hingegen nur Prozentsätze ohne Gesamtanzahl, könnten Sie die Werte zwar einfacher vergleichen, Sie wären jedoch in den Schlussfolgerungen, die Sie ziehen können, beschränkt, weil Ihnen die Gesamtanzahl nicht bekannt wäre.) Um Zeit zu sparen, habe ich die Prozentsätze für die Gruppe der Mütter zwischen 40 und 49 Jahren für Sie ausgerechnet (siehe Tabelle 4.4). Der Tabelle können Sie entnehmen, dass es einen Trend zu Spätgeburten gibt. Es gibt immer mehr Frauen, die erst mit 40 oder älter ein Baby bekommen, und der prozentuale Anteil wächst ständig.

Die Fußnote zu Tabelle 4.3, bei der es sich um eine Umschreibung der Originalfußnote handelt, weist darauf hin, dass Geburten von Müttern über 50 Jahre nicht berücksichtigt wurden. Es gibt Studien, die darauf hinweisen, dass ein wachsender – wenngleich noch immer kleiner – Anteil der Frauen erst mit Anfang 50 ein Baby bekommt. Die Datenbasis müsste also eventuell um diese Gruppe erweitert werden.

Jahr	Gesamtanzahl der Geburten	Anzahl der Geburten bei Müttern zwischen 40 und 49	% der Geburten bei Müttern zwischen 40 und 49
	1975	40.148	238 0,59%
1980	49.716	210	0,42%
1985	55.115	383	0,69%
1990	53.491	732	1,4%
1995	54.310	1.109	2,0%
2000	65.429	1.638	2,5%

Tabelle 4.4: Prozentsatz der Lebendgeburten von Müttern zwischen 40 und 49 im US-Bundesstaat Colorado

Prozentsätze aus dem richtigen Blickwinkel betrachtet

Lassen Sie sich nicht dadurch täuschen, dass bestimmte Prozentsätze klein sind. Das bedeutet nicht, dass sie unbedeutend oder nicht vergleichbar wären. Alle Prozentsätze in Tabelle 4.4 sind klein, d.h. kleiner oder gleich 2,5%, aber der prozentuale Anteil im Jahr 2000 (2,5%) ist mehr als vier Mal so hoch wie der prozentuale Anteil im Jahr 1975 (0,59%). Und das stellt, relativ gesehen, einen sehr großen Zuwachs dar. Ähnliches gilt auch für sehr große Prozentsätze. Gehen Sie nicht davon aus, dass es sich um eine große Anzahl an Personen handelt, wenn über einen großen prozentualen Anstieg berichtet wird. Angenommen, jemand kündigt an, dass sich die Erkrankungsrate für eine bestimmte Krankheit in den letzten Jahren vervierfacht hat. Dies bedeutet jedoch nicht, dass ein großer Prozentsatz an Menschen erkrankt wäre, sondern nur, dass der Prozentsatz vier Mal so hoch ist als früher. Der Prozentsatz an Menschen, die von der fraglichen Erkrankung betroffen sind, kann am Anfang sehr klein gewesen sein. Ein Anstieg ist immer ein Anstieg. In einigen Situationen kann die ausschließliche Angabe von Prozentsätzen jedoch irreführend sein. Die Verbreitung der Krankheit muss ins richtige Verhältnis zur Gesamtanzahl der betroffenen Personen gesetzt werden.

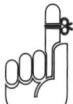 Ein Prozentsatz ist ein relatives Maß. Um den richtigen Blickwinkel auf die Bedeutung von Prozentsätzen zu bekommen, sollten Sie auf jeden Fall die Gesamtanzahl betrachten.

Die Einheiten im Auge behalten

Zuweilen können Tabellen etwas verwirrend sein, wenn Sie sie nicht sehr genau betrachten. In Tabelle 4.5 sehen Sie statistische Kennzahlen für amerikanische Steuerzahler, die die amerikanische Steuerbehörde IRS auf ihrer Website unter der Bezeichnung »Tax Stats at a Glance« bereitstellt.

Anzahl Steuererklärungen (GJ 2001)	129.783.221
Bruttoeinnahmen (GJ 2001 in Millionen Dollar)	1.178.210
Bereinigtes Bruttoeinkommen obere 1% (SJ 1999)	$ 293.415
Bereinigtes Bruttoeinkommen obere 10% (SJ 1999)	$ 87.682
Bereinigtes Bruttoeinkommen untere 10% (SJ 1999)	$ 4.718
Median bereinigtes Bruttoeinkommen (SJ 2000)	$ 27.355
Prozentsatz der Standardabzüge (SJ 2000)	66,2%
Prozentsatz der aufgeschlüsselten Abzüge (SJ 2000)	32,9%
Prozentsatz der per Formularvordruck ausgefüllten Erklärungen (SJ 2000)	53,4%
Prozentsatz der per E-Mail eingesendeten Erklärungen (SJ 2001) bis 3.5.2002	38,3%
Anzahl der Gewinne mit einem bereinigten Bruttoeinkommen > $ 1 Million (SJ 2000)	241.068
Anzahl der Rückerstattungen (SJ 2000 in Millionen)	93,0
Summe der Rückerstattungen (SJ 2000 in Mrd. Dollar)	167,6

Tabelle 4.5: Statistik der US-amerikanischen Steuerbehörde IRS zur Einkommenssteuerrückzahlung bei Einzelpersonen

Zwei Merkmale stechen in dieser Tabelle sofort hervor. Erstens stellt die IRS statistische Kennzahlen für verschiedene Berichtsjahre in einer Tabelle dar, wie z.B. das Geschäftsjahr 2001 (GJ 2001), das die Zeit vom 1. Juli 2000 bis zum 30. Juni 2001 umfasst), das Steuerjahr oder Kalenderjahr 1999 (SJ 1999) und das Steuerjahr 2000 (SJ 2000). Beachten Sie, dass sich das Steuer- und das Geschäftsjahr überlappen, und dass die Steuerrückzahlungen für das Steuerjahr 2000 beispielsweise laut IRS im April 2001 fällig sind, also im Geschäftsjahr 2001. Finden Sie das nicht verwirrend? Beachten Sie außerdem, dass der Median des bereinigten Bruttoeinkommens nicht mit den oberen 1% oder den oberen 10% des bereinigten Bruttoeinkommens verglichen werden kann, weil die Werte nicht aus demselben Jahr stammen (GJ 2000 und GJ 1999).

Auch die Art und Weise, in der das IRS die Geldwerte darstellt, kann irreführend sein. So werden beispielsweise die Bruttoeinnahmen, die in Millionen Dollar angegeben werden, auf 1.178.210 beziffert. Dies bedeutet, dass die Steuereinnahmen aus Privathaushalten $ 1.178.210 *Millionen* betrugen. Üblicherweise werden Summen dieser Größe jedoch anders dargestellt. Um Ihnen einen besseren Eindruck zu vermitteln: $ 1.178.210 Millionen sind $ 1.178.210.000.000, also $ 1,178 Billionen. Kein Wunder, dass die IRS diese Zahl nicht angibt. Sie ist einfach unfassbar groß!

 Wenn Sie eine Tabelle betrachten, sollten Sie prüfen, ob Ihnen alle benutzten Einheiten bekannt sind, und Sie sollten auf Änderungen in den Einheiten achten, wie z.B. auf Änderungen in der Verwendung des Jahreszeitraums.

Tabelle 4.5 soll einige Punkte verdeutlichen, die nachfolgend beschrieben werden. Im Steuerjahr 2000 lag das Verhältnis der Bürger, die eine Standardbehandlung beanspruchten, im Vergleich zu denen, die eine Aufschlüsselung wünschten, bei 2 zu 1. (Ein Kreisdiagramm würde dies sehr schön zeigen.) Ungefähr die Hälfte aller Bürger, die ihre Steuererklärung für das Steuerjahr 2000 ablieferten, benutzten Formularvordrucke. Der Prozentsatz der Bürger, die ihre Steuererklärung per E-Mail einschickten, lag bei 38% (ein Prozentsatz, den die IRS sehr wahrscheinlich im Laufe der Zeit gerne erhöhen würde). Die durchschnittliche Rückzahlung für das Steuerjahr 2000 lag bei $ 1.802,15 (die Gesamtsumme der Rückzahlungen geteilt durch die Gesamtanzahl der Rückzahlungen in Millionen). (Wäre es nicht beeindruckender, die absolute Summe der Rückzahlungen statt die durchschnittlichen Summe zu kennen?) Beachten Sie außerdem, dass die IRS die Gesamtanzahl der im Steuerjahr 2000 eingereichten Steuererklärungen nicht angibt und auch nicht den Prozentsatz der Steuerzahler, die für dieses Steuerjahr eine Rückzahlung erhielten. Es wäre wesentlich nützlicher, diesen Prozentsatz statt der Gesamtsumme der Rückzahlungen in einem bestimmten Steuerjahr zu kennen. Schließlich erhielt nicht jeder Steuerzahler eine Rückzahlung – viele Bürger mussten auch eine Nachzahlung leisten oder hatten bereits die korrekte Summe bezahlt.

Tabellen dienen dazu, bestimmte Punkte herauszustreichen und andere Punkte in den Hintergrund zu stellen. Manchmal sagen jedoch die Daten, die extra nicht betont werden oder sogar weggelassen wurde, am meisten aus.

Bewertung von Tabellen

Um herauszufinden, ob eine Tabelle aus statistischer Sicht Hand und Fuß hat, gehen Sie wie folgt vor:

- ✔ Stellen Sie sicher, dass Sie den Unterschied zwischen Prozentsätzen und der Gesamtanzahl kennen und wissen, wie diese beiden statistischen Größen eingesetzt werden, um die Ergebnisse zu interpretieren. Prozentsätze eignen sich meistens am besten, um Ergebnisse miteinander zu vergleichen.

- ✔ Bei numerischen Daten sollten Sie sich vergewissern, dass sich die Gruppen in der Tabelle nicht überlappen und dass die Gruppen gleichmäßig verteilt sind. Denn nur so ist ein fairer Vergleich möglich.

- ✔ Nehmen Sie die Einheiten und die Art und Weise unter die Lupe, wie sie in der Tabelle präsentiert werden.

- ✔ Prüfen Sie, wie die Daten präsentiert werden. Häufig sind Tabellen so gestaltet, dass bestimmte Punkte heruntergespielt und andere Punkte, die die Wissenschaftler oder Reporter zur Kenntnis bringen möchten, hervorgehoben werden.

Das Liniendiagramm

Liniendiagramme eignen sich besonders gut, um Trends im Zeitverlauf zu überprüfen. In der Regel sind im Liniendiagramm auf der x-Achse (horizontale Achse) Zeiteinheiten wie Jahre, Tage oder Monate eingetragen und auf der y-Achse (vertikale Achse) gemessene quantitative Werte wie das durchschnittliche Einkommen pro Haushalt, die Geburtenrate, der Gesamtumsatz, der Prozentsatz der Befürworter des Bundeskanzlers usw. Für jede Zeiteinheit wird die Menge als Punkt eingetragen und die Punkte werden dann zu einer Linie miteinander verbunden.

Analyse von Gehaltstrends

Im Jahr 1999 gab die amerikanische Bundesbehörde für Arbeitsmarktstatistik einen Bericht über die Arbeitstrends in den USA und die Ausblicke in die Zukunft in Auftrag. Der Bericht enthält zahlreiche Diagramme, von denen zwei in den Abbildungen 4.11 und 4.12 gezeigt werden. Abbildung 4.11 zeigt den Trend für den durchschnittlichen Stundenlohn bei Angestellten in der Produktion zwischen 1947 und 1998. (Wegen der Inflation wäre es sinnlos, die tatsächlichen Stundenlöhne in dieser Zeit zu zeigen. Sie wollen die Entwicklung für die »wahren Löhne« ablesen, d.h. etwas, das über die Zeit vergleichbar ist. Die Bundesbehörde zeigt hier alle Werte im Hinblick auf den Dollarwert 1998, um sie vergleichbar zu machen.) Abbildung 4.11 können Sie entnehmen, dass sich die Löhne für Industriearbeiter zwischen 1947 und Anfang der 1970er erhöht haben, dann in den 1970ern wieder sanken und bis Ende der 1990er ungefähr gleich blieben. Dann setzte wieder ein kleiner Anstieg ein.

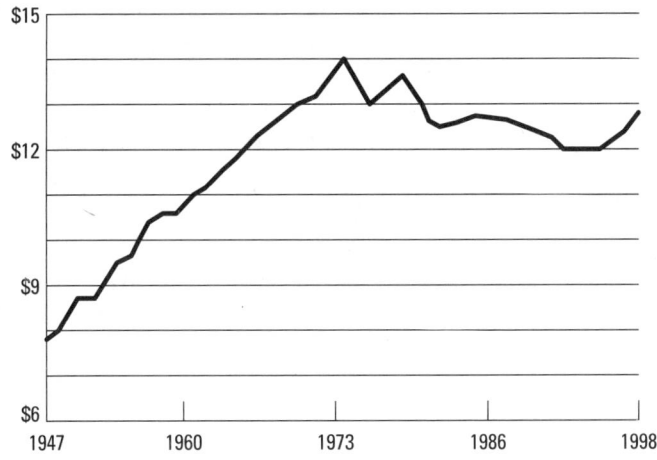

Abbildung 4.11: Durchschnittlicher Stundenlohn für Fabrikarbeiter 1947–1998 (im Dollarwert von 1998)

In Abbildung 4.12 soll deutlich gemacht werden, dass sich das Lohngefälle zwischen Arbeitnehmern mit und ohne Abschluss zwischen 1979 und 1997 vergrößert hat.

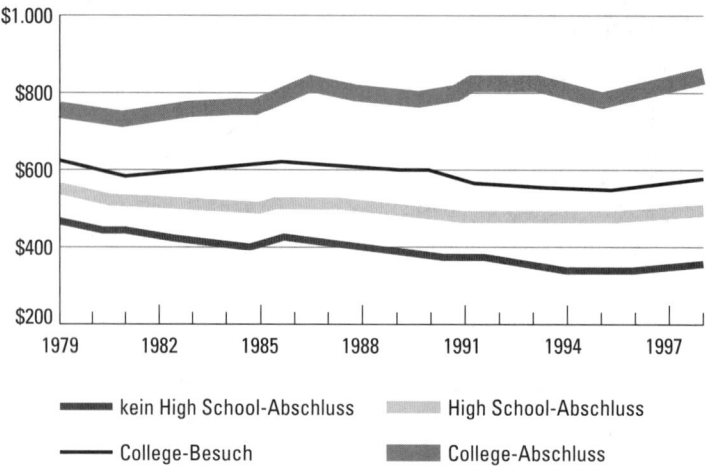

Abbildung 4.12: Durchschnittlicher Wochenlohn nach Bildungsniveau 1979–1997 (im Dollarwert von 1998)

Statistiken nennen Fakten, das heißt, sie zeigen, was sich ereignet. Sie erklären jedoch nicht, warum bestimmte Ereignisse in einer bestimmten Weise auftreten. Der Bericht der Bundesbehörde für Arbeitsmarktstatistik stellt nicht nur Daten dar, die Lohntrends zeigen, sondern versucht, Ursachen dafür zu erkunden, warum der Durchschnittslohn von Ende der 1970er bis Mitte der 1990er stagnierte und warum die Lücke zwischen dem Gehalt von Angestellten mit und ohne Abschluss wächst. Die Beantwortung von »Warum«-Fragen ist erheblich komplexer als die von »Was«-Fragen. Die Bundesbehörde für Arbeitsmarktstatistik besitzt andere Statistiken, die bei einer Einschätzung helfen können, warum die gefundenen Trends vorhanden sind. Dies ist jedoch nicht immer üblich.

Es kommt relativ häufig vor, dass versucht wird, anhand einfacher Datendarstellungen nicht nur zu beschreiben, was vor sich geht, sondern auch zu erklären, warum bestimmte Dinge passieren. Ohne ausreichende Daten werden jedoch unweigerlich die falschen Schlussfolgerungen gezogen. Wenn Sie vermuten, dass jemand mit seinen Schlussfolgerungen zu weit geht, müssen Sie in Frage stellen, ob die Schlussfolgerungen gerechtfertigt sind.

Die Entwicklung von Mehrlingsgeburten im Liniendiagramm

Um den Trend für Mehrlingsgeburten im Zeitverlauf zu überprüfen, kann ein Liniendiagramm herangezogen werden. Ein solches Diagramm kann wie in Abbildung 4.13 aussehen. Diesem Diagramm können Sie entnehmen, dass die Anzahl der Mehrlingsgeburten ständig angewachsen ist, insbesondere, wenn Sie die Jahre 1975 und 2000 miteinander vergleichen.

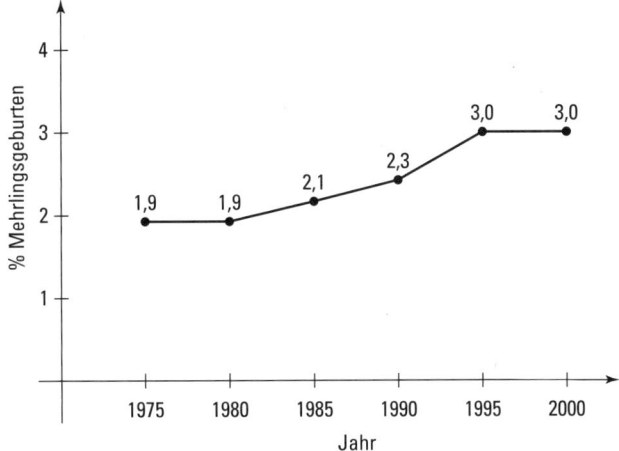

Abbildung 4.13: Entwicklung des prozentualen Anteils an Mehrlingsgeburten im US-Bundesstaat Colorado 1975–2000

 Wie beim Balkendiagramm lassen sich Unterschiede im Liniendiagramm durch die Veränderung des Maßstabs der vertikalen Achse (y-Achse) herauf- oder herabspielen. Denken Sie also bei der Interpretation der Ergebnisse eines Liniendiagramms an den Maßstab.

Im Beispiel der Mehrlingsgeburten kann der Anstieg dramatisiert werden, indem die Intervalle auf der vertikalen Achse von 1% auf 0,2% verringert werden. Denn dadurch würde sich die Grafik vertikal strecken. In ähnlicher Weise könnte dafür gesorgt werden, dass der Trend gar nicht deutlich wird, indem die Intervalle auf der vertikalen Achse vom 1% auf 5% erhöht werden. Eine vernünftige Lösung liegt zwischen 0,2% und 5%. Ich wähle für meine Version des Diagramms ein Intervall von 1%.

Ein weiterer Faktor, der bei Liniendiagrammen berücksichtigt werden muss, ist die Gestaltung der horizontalen Achse (x-Achse). Hier stellt sich die Frage, wie eng die Datenpunkte zusammenliegen. Wenn die Datenpunkte sehr dicht aufeinander folgen, die Datenwerte sich jedoch stark unterscheiden, wird das Diagramm zerklüftet. Dies ist üblicherweise bei Liniendiagrammen der Fall, die unbeständige Daten repräsentieren wie Aktienkurse im Tagesverlauf, die Sie möglicherweise schon einmal in den Wirtschaftsnachrichten im Fernsehen gesehen haben. Andere Liniendiagramme wie das in Abbildung 4.13 zeigen langfristigere Veränderungen. Hier wurde nicht für jedes Jahr, sondern nur für alle fünf Jahre ein Datenpunkt eingetragen. Auch die Entscheidung über die Unterteilung der x-Achse hängt vom Eindruck ab, den derjenige erwecken möchte, der das Diagramm entwickelt. Sie müssen sich wirklich Gedanken darüber machen, wie das Diagramm erstellt wurde, und eventuell ein paar Zusatzfragen stellen, um jede Verwirrung zu klären.

Sie können auch auf Probleme stoßen, bei denen ein Liniendiagramm Daten in unfairer Weise darstellt, wie z.B., wenn die Anzahl der Verbrechen im Zeitverlauf dargestellt wird statt der Kriminalitätsrate (Anzahl der Verbrechen pro Kopf). Vergewissern Sie sich, dass Ihnen klar ist, welche statistischen Größen im Diagramm dargestellt werden, und prüfen Sie sie dann auf Fairness und Angemessenheit (mehr hierzu finden Sie in Kapitel 2).

Bewertung eines Liniendiagramms

Um zu sehen, ob ein Liniendiagramm statistisch korrekt ist, prüfen Sie Folgendes:

- ✔ Prüfen Sie den Maßstab der vertikalen (y-Achse) und den der horizontalen Achse (x-Achse). Durch eine Maßstabsveränderung können Ergebnisse mehr oder weniger dramatisch dargestellt werden, als sie tatsächlich sind.

- ✔ Beachten Sie die Einheiten, die im Diagramm verwendet werden, und vergewissern Sie sich, dass sie sich für Vergleiche im Zeitverlauf eignen. Bei Geldwerten können Sie beispielsweise prüfen, ob sie inflationsbereinigt sind.

- ✔ Hüten Sie sich vor Personen, die versuchen, Ihnen zu erklären, warum ein Trend vorhanden sei, ohne ihre Behauptungen mit zusätzlichen statistischen Daten belegen zu können. Das Liniendiagramm zeigt nur, was geschieht. Warum es geschieht, ist eine ganz andere Geschichte!

Daten mit einem Histogramm veranschaulichen

Numerische Daten in ihrer nicht geordneten Rohform sind schwer konsumierbar. Betrachten Sie beispielsweise Tabelle 4.6, in der die geschätzten Einwohnerzahlen für alle 50 Bundesstaaten der USA und den Distrikt Columbia im Jahr 2000 aufgeführt werden. Betrachten Sie die Tabelle 30 Sekunden lang. Versuchen Sie dann, so schnell wie möglich die folgenden Fragen zu beantworten:

- ✔ Welche Staaten sind am bevölkerungsreichsten oder -ärmsten?

- ✔ Wie viele Bürger leben im Durchschnitt in einem Bundesstaat?

- ✔ Welche Abweichungen gibt es zwischen den einzelnen Bundesstaaten? (Ähneln sich die Bundesstaaten oder unterscheiden sie sich in Hinblick auf ihre Gesamtbevölkerung stark?)

Diese Fragen lassen sich nur schwer beantworten, wenn Sie die Daten nicht organisieren. Während die Medien numerische Daten am liebsten in Tabellen anordnen, bevorzugen Statistiker für diese Art von Daten Histogramme. Nun werden Sie sich sicher fragen, was ein Histogramm ist.

up ...

... up ... update

Nutzen Sie den UPDATE-SERVICE des mitp-Teams bei vmi-Buch. Registrieren Sie sich jetzt!

Unsere Bücher sind mit großer Sorgfalt erstellt. Wir sind stets darauf bedacht, Sie mit den aktuellsten Inhalten zu versorgen, weil wir wissen, dass Sie gerade darauf großen Wert legen. Unsere Bücher geben den topaktuellen Wissens- und Praxisstand wieder.

Möchten Sie über das gesamte Programm des mitp-Verlags informiert werden? Dafür haben wir einen besonderen Leser-Service eingeführt.

Lassen Sie sich professionell, zuverlässig und fundiert auf den neuesten Stand bringen.

Registrieren Sie sich jetzt auf www.mitp.de oder **www.vmi-buch.de** und Sie erhalten zukünftig einen E-Mail-Newsletter mit Hinweisen auf Aktivitäten des Verlages wie zum Beispiel unsere aktuellen, kostenlosen Downloads.

Ihr Team von mitp

Bundesstaat	Anzahl der Einwohner im Jahr 2000
Alabama	4.447.100
Alaska	626.932
Arizona	5.130.632
Arkansas	2.673.400
Kalifornien	33.871.648
Colorado	4.301.261
Connecticut	3.405.565
Delaware	783.600
District of Columbia	572.059
Florida	15.982.378
Georgia	8.186.453
Hawaii	1.211.537
Idaho	1.293.953
Illinois	12.419.293
Indiana	6.080.485
Iowa	2.926.324
Kansas	2.688.418
Kentucky	4.041.769
Louisiana	4.468.976
Maine	1.274.923
Maryland	5.296.486
Massachusetts	6.349.097
Michigan	9.938.444
Minnesota	4.919.479
Mississippi	2.844.658
Missouri	5.595.211
Montana	902.195
Nebraska	1.711.263
Nevada	1.998.257
New Hampshire	1.235.786
New Jersey	8.414.350
New Mexico	1.819.046
New York	18.976.457
North Carolina	8.049.313
North Dakota	642.200
Ohio	11.353.140

Bundesstaat	Anzahl der Einwohner im Jahr 2000
Oklahoma	3.450.654
Oregon	3.421.399
Pennsylvania	12.281.054
Rhode Island	1.048.319
South Carolina	4.012.012
South Dakota	754.844
Tennessee	5.689.283
Texas	20.851.820
Utah	2.233.169
Vermont	608.827
Virginia	7.078.515
Washington	5.894.121
West Virginia	1.808.344
Wisconsin	5.363.675
Wyoming	493.782
USA insgesamt	281.421.906

Tabelle 4.6: Geschätzte Einwohnerzahlen nach Bundesstaat (Volkszählung 2000)

Ein *Histogramm* ist ein Balkendiagramm, das auf numerische Daten angewendet wird. Weil die Daten numerisch sind, sind die Kategorien vom kleinsten zum größten Wert geordnet – im Gegensatz zu kategorialen Daten wie dem Geschlecht, bei denen es keine bestimmte Reihenfolge gibt. Und weil Sie sicher sein wollen, dass jede Zahl nur einer Gruppe zugeordnet wird, berühren sich die Balken im Histogramm, überlappen sich jedoch nicht. Jeder Balken auf der x-Achse wird durch den Mittelpunkt der Gruppe repräsentiert. Angenommen, ein Histogramm, das die Haltbarkeit eines Autoteils veranschaulichen soll, besteht aus zwei nebeneinander liegenden vertikalen Balken, jeweils an der Markierung 1.000 und 2.000 eingetragen und jeder Balken ist 500 Stunden breit. Das bedeutet, dass der erste Balken Autoteile repräsentiert, die zwischen 500 und 1.500 Stunden halten, und der zweite Balken Autoteile, die zwischen 1.500 und 2.500 Stunden halten. (Grenzwerte können jeweils einer Seite zugeschlagen werden, so lange Sie für alle Grenzwerte gleich verfahren.)

Die Balkenhöhe repräsentiert im Histogramm die Anzahl der Einheiten in der Gruppe – auch *Häufigkeit* genannt – oder den Prozentsatz der Einheiten in der Gruppe – auch *relative Häufigkeit* genannt. Wenn beispielsweise 50% der Autoteile 500 bis 1.500 Stunden halten würden, würde der erste Balken eine relative Häufigkeit von 50% repräsentieren und seine Höhe würde dies zum Ausdruck bringen.

In Abbildung 4.14 sehen Sie ein Histogramm über die Bevölkerungszahlen für die einzelnen Bundesstaaten. Anhand dieses Diagramms lassen sich die meisten Fragen, die am Anfang dieses Abschnitts gestellt wurden, ganz leicht beantworten. Und meiner Meinung nach bietet ein

Histogramm in vielen Situationen eine interessantere Zusammenfassung einer Datenmenge als eine Tabelle.

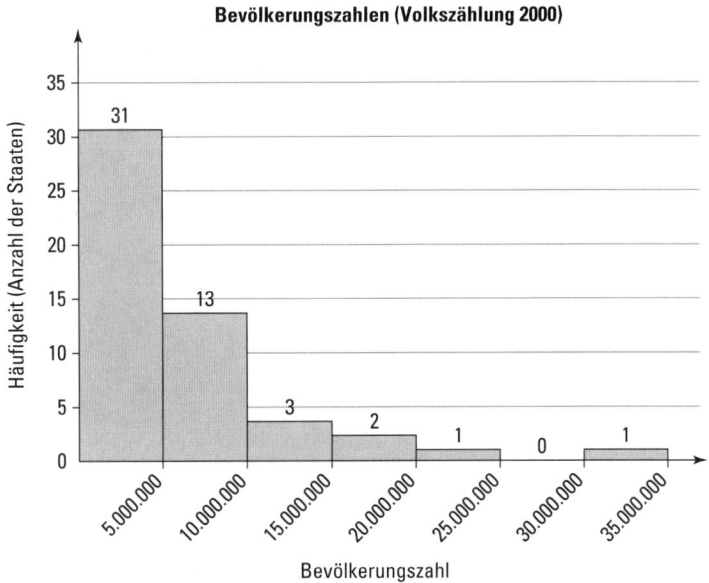

Abbildung 4.14: Bevölkerungszahlen der einzelnen US-Bundesstaaten (Volkszählung 2000)

Die Mehrheit der US-Bundesstaaten und der Distrikt Columbia (31 von 51 oder 60,8%) hat mehr als 5 Millionen Einwohner. 25,5% werden von 5 bis 10 Millionen Menschen bewohnt. Dies bedeutet, dass 86,3% der Staaten jeweils weniger als 10 Millionen Einwohner haben. Die verbleibenden sieben Staaten sind jeweils sehr bevölkerungsreich, weshalb das Diagramm etwas rechtslastig ist, das heißt, es ist nach rechts verzerrt. Bis auf die extrem bevölkerungsreichen Staaten sind die Bevölkerungszahlen gar nicht so variabel, wie Sie vielleicht denken mögen. Das Histogramm gibt keine Auskunft über den Bevölkerungsreichtum der einzelnen Staaten. Dies lässt sich anhand der ursprünglichen Messwerte jedoch schnell herausfinden. Die fünf bevölkerungsreichsten Staaten sind Kalifornien, Texas, New York, Florida und Illinois (dicht gefolgt von Pennsylvania). Der bevölkerungsärmste Staat ist Wyoming mit nur rund 494.000 Einwohnern.

 Wenn Fragen aufkommen, während Sie eine grafische Darstellung von Daten betrachten, sollten Sie versuchen, Zugriff auf die Originaldaten zu erhalten. Wissenschaftler sollten immer in der Lage sein, ihre Daten bereitzustellen, wenn Sie danach fragen.

Analyse des Alters von Müttern

In einem Beispiel für eine Geburtsstatistik (siehe Tabelle 4.3) wird das Alter der Mütter für die Jahre 1975 bis 2000 aufgeführt. Die Variable »Alter« ist dabei in Gruppen unterteilt und Ihnen wird nur die Anzahl der Mütter pro Gruppe präsentiert. Weil die Gesamtanzahl angegeben wird, können Sie ein Histogramm vom Alter der Mütter erstellen, das je nach beabsichtigtem Verwendungszweck Häufigkeiten oder relative Häufigkeiten zeigt.

Angenommen, Sie möchten das Alter der Mütter in den Jahren 1975 und 2000 vergleichen. Sie können zu diesem Zweck für jedes Jahr ein Histogramm erstellen und die Ergebnisse vergleichen. Abbildung 4.15 zeigt zwei solche Histogramme für die Jahre 1975 (oben) und 2000 (unten). Beachten Sie, dass die relativen Häufigkeiten (oder Prozentsätze) auf der vertikalen Achse eingetragen sind und die Altersgruppen für Mütter auf der horizontalen Achse.

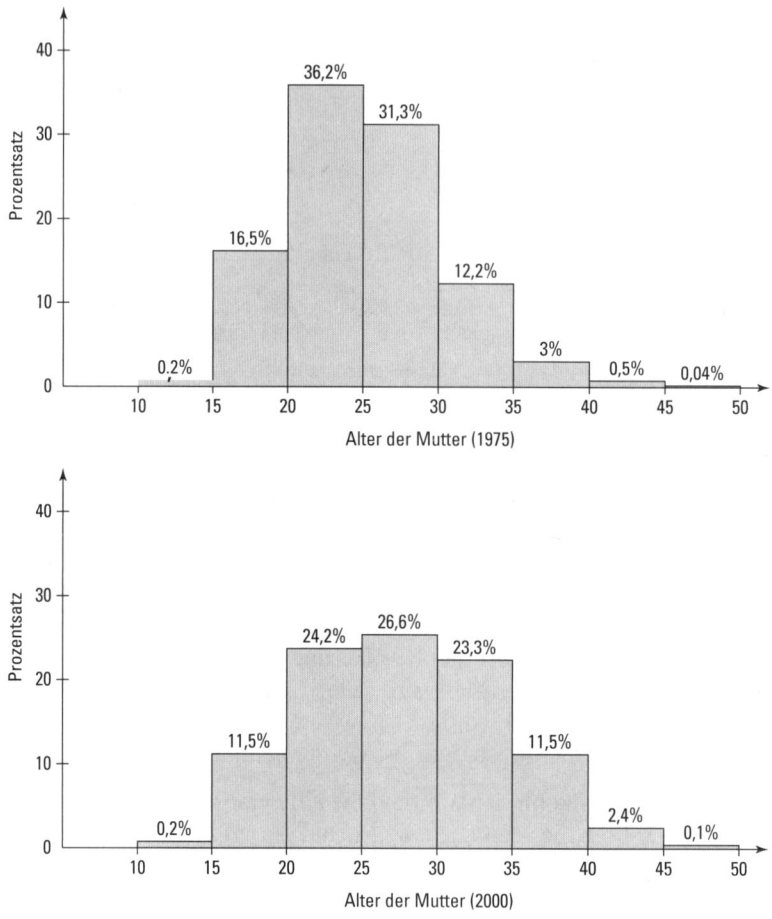

Abbildung 4.15: Lebendgeburten in Colorado für die Jahre 1975 und 2000 geordnet nach dem Alter der Mutter

Ein Histogramm eignet sich hervorragend, um die Merkmale numerischer Daten darzustellen. Eines der Merkmale, das ein Histogramm verdeutlichen kann, ist die so genannte *Form* der Daten, d.h. die Art und Weise, in der die Daten in Gruppen unterteilt sind. Sind die Daten gleichmäßig verteilt? Sind sie *symmetrisch*, das heißt, ist die linke Seite des Histogramms ein Spiegelbild der rechten Seite? Oder verläuft das Histogramm *U*-förmig mit vielen Daten an beiden Enden, jedoch ganz wenigen in der Mitte? Hat das Histogramm eine *Glockenform*, das heißt, die große Datenmenge liegt in der Mitte, während die beiden Seiten auslaufen? Oder ist das Histogramm schief, das heißt, die meisten Daten liegen am rechten oder linken Ende und das Histogramm ist somit *links-* oder *rechtsschief*?

Das Alter der Mütter in Abbildung 4.15 für die Jahre 1975 und 2000 scheint im Wesentlichen eine Hügelform zu haben, obwohl die Daten für das Jahr 1975 leicht linksschief sind. Dies deutet an, dass Frauen mit zunehmendem Alter gemessen am Jahr 2000 seltener Babys bekamen. Anders ausgedrückt war der Anteil der älteren Mütter im Jahr 2000 höher als im Jahr 1975.

Wenn Sie ein Histogramm betrachten, erhalten Sie auch einen Eindruck von der Schwankungsbreite der Daten. Ist das Histogramm ziemlich flach und sind alle Balken annähernd gleich hoch, nehmen Sie möglicherweise an, dass die Schwankungsbreite gering ist. Das Gegenteil ist jedoch der Fall. Das liegt daran, dass zwar jeder Balken dieselbe Höhe hat, jedoch einen anderen Wertebereich repräsentiert. Die Datenmenge selbst hat also eine große Schwankungsbreite. Wenn bei einem Histogramm die Balken in der Mitte hoch, am Rand jedoch ganz niedrig sind, befinden sich mehr Daten in den inneren als in den äußeren Balken. Die Daten liegen also enger nebeneinander. Wenn Sie das Alter der Mütter in den Jahren 1975 und 2000 vergleichen, sehen Sie, dass die Daten im Jahr 2000 mehr Veränderung aufweisen als im Jahr 1975. Dies deutet auf eine Veränderung hin. Heutzutage warten mehr Frauen mit dem Kinderkriegen. 1975 hatten die meisten Frauen spätestens mit 30 ein Kind. (In Kapitel 5 erfahren Sie, wie Sie die Schwankungsbreite in einer Datenmenge messen.)

Die Schwankungsbreite in einem Histogramm sollte nicht mit der in einem Liniendiagramm verwechselt werden. Wenn sich die Werte im Lauf der Zeit verändern, werden sie im Liniendiagramm durch Höhen und Tiefen repräsentiert und viele Veränderungen in der Höhe sind ein Kennzeichen für starke Schwankungen. Im Liniendiagramm ist also die flache Linien ein Anzeichen dafür, dass es keine Änderungen und Schwankungen im Zeitverlauf gibt. Wenn die Balken im Histogramm hingegen flach wirken, zeigt dies genau das Gegenteil – die Werte verteilen sich gleichmäßig über viele Gruppen, was zeigt, dass zu einem bestimmten Zeitpunkt große Schwankungen in den Werten vorhanden sind.

Ein Histogramm kann Ihnen auch einen Eindruck davon vermitteln, wo das Zentrum der Daten liegt. Es wird auf unterschiedliche Arten gemessen (mehr hierzu in Kapitel 5). Betrachten Sie noch einmal Abbildung 4.15, in der das Alter von Müttern in den Jahren 1975 und 2000 gezeigt wird, und beachten Sie, dass der Mittelpunkt im Jahr 1975 bei 25 Jahren und im Jahr 2000 bei 27,5 Jahren liegt. Dies lässt vermuten, dass die Frauen im Jahr 2000 im Durchschnitt später Kinder bekommen haben als im Jahr 1975.

Histogramme werden in den Medien nicht so häufig eingesetzt, wie sie sollten. Warum das so ist, ist nicht klar. Tabellen werden im Zusammenhang mit numerischen Daten erheblich häufiger eingesetzt als Histogramme. Histogramme können jedoch sehr informativ sein, insbesondere, wenn sie eingesetzt werden, um zwei Gruppen oder Zeiträume miteinander zu vergleichen. Wenn Sie Daten grafisch veranschaulichen möchten, können Sie die Daten aus einer Tabelle in ein entsprechendes Diagramm umwandeln.

Seien Sie vorsichtig bei Histogrammen, in denen unübliche Maßstäbe verwendet werden, um die Leser irrezuführen. Wie bei Balkendiagrammen lassen sich mit einem kleineren Maßstab für die y-Achse Unterschiede übertrieben darstellen und mit einem größeren Maßstab herunterspielen.

Mit Histogrammen lassen sich Leser in einer Weise irreführen, die mit einem Balkendiagramm nicht möglich ist. Wie Sie wissen, repräsentieren Histogramme numerische und nicht kategoriale Daten. Dies bedeutet, dass Sie die Gruppen festlegen müssen, in die die Daten auf der x-Achse (horizontale Achse) unterteilt werden. Je nach Gruppierung können sich Diagramme erheblich unterscheiden.

Mit einem Baby krabbeln

Wie weit kann ein acht Monate altes Baby krabbeln? Abbildung 4.16 zeigt zwei Histogramme, die dieselbe Datenmenge repräsentieren, nämlich die Distanzen, die mein Baby in einem Testzeitraum von sechs Stunden zurücklegte. Die Distanzen wurden immer auf die nächsten 30 Zentimeter auf- oder abgerundet. Im oberen Diagramm wurde eine Unterteilung in 1,5-Meter-Schritte gewählt und die Daten scheinen gleichmäßig verteilt zu sein. Das heißt, das Baby ist alle drei Distanzen (1,5 Meter, 3 Meter und 4,5 Meter) ungefähr gleich häufig gekrabbelt. Die Daten sehen nicht sehr interessant aus. Im unteren Diagramm wurden die Daten in kleinere Distanzen gruppiert. Die Achse ist in 30-Zentimeter-Intervalle unterteilt und das Histogramm sieht ganz anders aus als das erste. Es wirkt wesentlich interessanter.

In diesem Histogramm sehen Sie zwei Gruppierungen von Distanzen, was dafür spricht, dass das Baby entweder kürzere Distanzen von 1,5 Metern oder längere Distanzen um die 3 Meter krabbelte, um zu einem bestimmten Ziel zu gelangen. Das macht Sinn, denn zu dem Zeitpunkt, als ich die Daten sammelte, stand die Spielzeugkiste meines Babys ungefähr 1,5 Meter vom Startpunkt entfernt und der Zeitungsstapel – eine weitere Attraktion – war ca. 3,5 Meter entfernt. Das zweite Histogramm repräsentiert die Daten also erheblich besser als das erste, nämlich, wie weit das Baby in einem vorgegebenen Rahmen krabbelte.

Und wie weit ist das Baby in den sechs Stunden gekrabbelt? Der unteren Grafik in der Abbildung können Sie dies wegen der verwendeten 30-Zentimeter-Schritte leicht entnehmen. Wenn Sie die Höhe jedes einzelnen Balkens mit der Distanz multiplizieren und dann alle Ergebnisse summieren, stellt sich heraus, dass das Baby im Zeitraum von sechs Stunden 121,31 Meter gekrabbelt ist – mehr als die Länge eines Fußballfelds!

Sie hätten die Distanzen auch in kleinere Intervalle unterteilen können. Dadurch hätte jedoch das Histogramm nur etwas unordentlicher ausgesehen, Sie hätten jedoch keinen zusätzlichen Informationsgewinn gehabt. Es sollte also immer eine gute Mischung zwischen der Anzahl der Gruppierungen und dem dargestellten

Wertebereich gefunden werden. Histogramme unterscheiden sich zwar immer etwas voneinander, der Einsatz von sechs bis zwölf Gruppierungen hat sich jedoch bewährt. Enthält das Histogramm zu wenig Balken, zeigen die Daten gar nichts. Sind zu viele Balken vorhanden, ist kein Muster mehr zu erkennen.

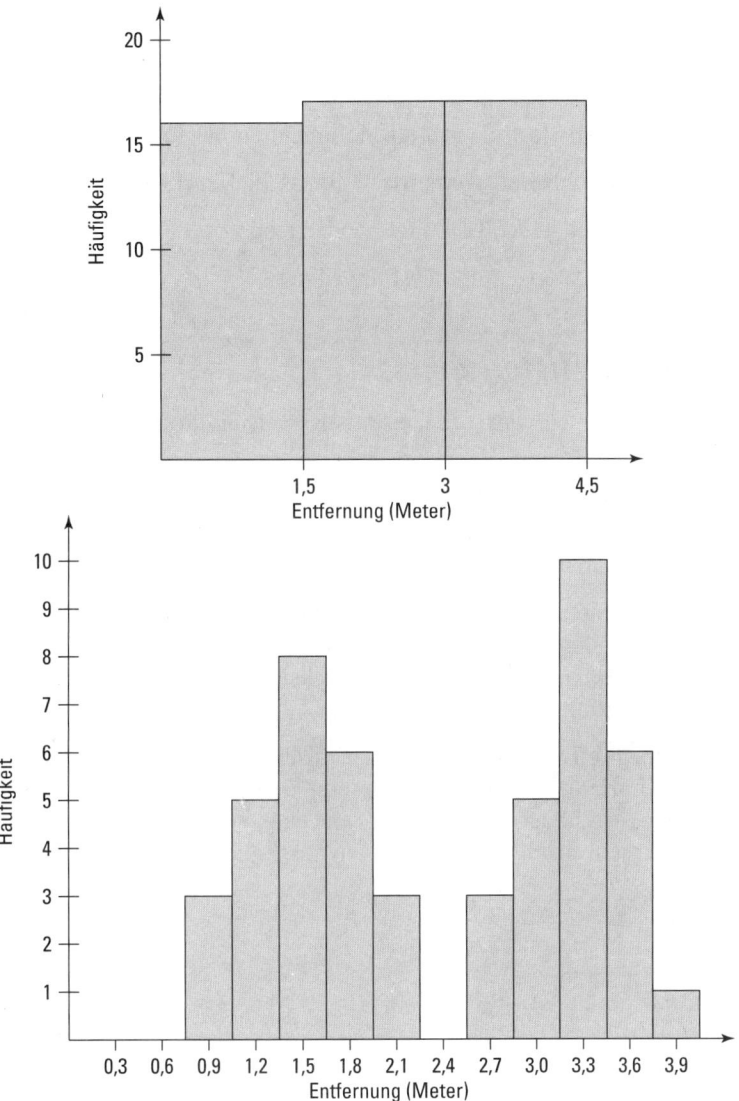

Abbildung 4.16: Krabbeldistanzen eines Babys

Denken Sie an die Maßstäbe, die für die x- und die y-Achse verwendet wurden, wenn Sie die Ergebnisse betrachten, die in einem Histogramm präsentiert werden. Je nachdem, wie Daten gruppiert werden (z.B. mehr oder weniger Gruppen) und welcher Maßstab für die y-Achse verwendet wird, können die Daten ganz anders aussehen.

Histogramme interpretieren

Mit Histogrammen können Sie drei wichtige Merkmale numerischer Daten deutlich machen:

- ✔ Die Verteilung der Daten, d.h. symmetrisch, linksschief, rechtsschief, glockenförmig usw.
- ✔ Die Schwankungen, die in den Daten vorhanden sind
- ✔ Den Mittelpunkt der Daten – zumindest ungefähr

Bewertung eines Histogramms

Gehen Sie wie folgt vor, um die statistische Qualität eines Histogramms zu überprüfen:

- ✔ Prüfen Sie den Maßstab, der für die y-Achse (vertikale Achse) verwendet wird, und hüten Sie sich vor Ergebnissen, die durch den Einsatz eines unangemessenen Maßstabs übertrieben dargestellt oder heruntergespielt werden.

- ✔ Prüfen Sie die Einheiten, die für die vertikale Achse verwendet werden, um festzustellen, ob Häufigkeiten (Zahlenwerte) oder relative Häufigkeiten (Prozentsätze) angezeigt werden. Berücksichtigen Sie dies bei der Bewertung der Informationen.

- ✔ Betrachten Sie den Maßstab, der für die Gruppierung numerischer Werte auf der horizontalen Achse eingesetzt wird. Wenn der Wertebereich für jede Gruppe sehr klein ist, wirken die Daten sehr unbeständig. Ist der Wertebereich sehr groß, wirken die Daten ausgeglichener, als sie tatsächlich sind.

Von Mittelwerten und Medianen

In diesem Kapitel

▶ Daten schnell zusammenfassen
▶ Häufig benutzte Statistiken interpretieren
▶ Erkennen, was Statistiken aussagen und was nicht

Eine *statistische Größe* ist eine Zahl, die Merkmale eines Datensatzes zusammenfasst. Von den mehreren Hundert statistischen Größen, die es gibt, werden nur einige wenige so häufig benutzt, dass Sie darauf an Ihrem Arbeitsplatz oder in Ihrem Alltag stoßen werden. In diesem Kapitel erfahren Sie, welche statistischen Größen am häufigsten eingesetzt werden, was sie bedeuten und wie sie missbraucht werden.

Jeder Datensatz hat eine Geschichte, und wenn statistische Größen korrekt eingesetzt werden, können sie viel über diese Geschichte aussagen. Werden statistische Größen jedoch unangemessen eingesetzt, können sie etwas ganz anderes oder nur einen Teil dessen aussagen, was die Daten tatsächlich hergeben. Um auf der Grundlage der Daten, die Ihnen zur Verfügung stehen, gute Entscheidungen treffen zu können, ist es deshalb wichtig, mehr über statistische Größen zu wissen. In diesem Kapitel lernen Sie die wichtigsten statistischen Größen zur Beschreibung der zentralen Tendenz kennen. Sie erfahren, was die statistischen Größen über qualitative und quantitative Daten aussagen und was nicht.

Daten mit statistischen Größen beschreiben

Statistische Größen werden eingesetzt, um die wichtigsten Informationen zu beschreiben, die in einem Datensatz enthalten sind. Solche Informationen können ganz unterschiedlichen Zwecken dienen. Stellen Sie sich beispielsweise vor, Ihr Chef käme zu Ihnen und stellte Ihnen die Frage:»Wie sieht unsere Kundenbasis aus und wer kauft unsere Produkte?« Wie würden Sie die Frage gerne beantworten? Mit einer umfangreichen, komplizierten Folge von Zahlen und statistischen Größen, die ganz sicher für den Betrachter völlig leblos zu sein scheinen? Sehr wahrscheinlich nicht. Sie möchten die Zahlen bestimmt so aufbereiten und präsentieren, dass sie die Kundenbasis klar und prägnant beschreiben, dass jeder sehen kann, wie brillant Sie sind, und Sie sofort losgeschickt werden, um festzustellen, wie Sie die Kundenbasis vergrößern können. (Das ist die Belohnung für Ihre Effizienz.) Statistische Größen werden also häufig eingesetzt, um Informationen in leicht verständlicher Form bereitzustellen, die gleichzeitig bestimmte Fragen beantworten (falls dies überhaupt möglich ist).

Die beschreibende Statistik verfolgt auch noch andere Zwecke. Nachdem alle Daten mit einer Umfrage oder einer anderen Art von Datenerhebung gesammelt wurden, besteht der nächste

Schritt darin, die Daten so aufzubereiten, dass sie eine Aussage zu einer bestimmten Frage ermöglichen. In der Regel versuchen Wissenschaftler als Erstes, grundlegende statistische Kenngrößen zu ermitteln und sich so einen groben Eindruck von den Daten zu bilden. Später können Wissenschaftler weitere Analysen durchführen, um Aussagen über die Grundgesamtheit zu formulieren oder zu testen, um bestimmte Merkmale in der Grundgesamtheit einzuschätzen, um nach Verbindungen zwischen Merkmalen zu suchen, die erhoben wurden, usw.

Ein weiterer Bestandteil der Forschung besteht darin, die Ergebnisse nicht nur Kollegen, sondern auch den Medien oder der Öffentlichkeit vorzustellen. Während die Forscherkollegen etwas über die komplexen Analysen hören möchten, die auf einen Datensatz angewendet wurden, ist die Öffentlichkeit weder in der Lage, mit solchen Analysen umzugehen, noch ist sie daran interessiert. Was möchte die Öffentlichkeit wissen? Grundlegende Informationen. Um den Medien und der Öffentlichkeit Informationen mitzuteilen, werden deshalb statistische Größen verwendet, die einen bestimmten Punkt klar und prägnant herausstellen.

Häufig werden statistische Größen eingesetzt, um eine Situation grob zu beschreiben, die eigentlich ziemlich kompliziert ist. In einer solchen Situation ist weniger nicht mehr, und manchmal kann die eigentliche Aussage der Daten in dem ganzen Durcheinander verloren gehen. Sie müssen zwar akzeptieren, dass heutzutage die Grundanforderung besteht, stimmige Informationen zu erhalten, trotzdem sollten Sie jedoch darauf achten, dass die Gruppe, die die Daten zusammenstellt, sie nicht gleichzeitig verwässert. Achten Sie darauf, welche statistischen Größen genannt werden, was sie wirklich bedeuten und welche Angaben fehlen. Dieses Kapitel konzentriert sich auf derartige Fragestellungen.

Qualitative Daten beschreiben

Qualitative Daten umfassen Merkmale oder Ausprägungen eines Individuums wie die Augenfarbe, das Geschlecht, die Wahl einer politischen Partei oder die Meinung zu einem bestimmten Thema, die mit Kategorien wie »Zustimmung«, »Ablehnung« oder »Keine Meinung« gemessen wird. Qualitative Daten lassen sich fast selbstverständlich bestimmten Gruppen oder Kategorien zuordnen. Für die »Wähler einer politischen Partei« existieren, wenn nur die großen Parteien berücksichtigt werden, fünf Kategorien: CDU/CSU, SPD, Grüne, FDP und PDS. Qualitative Daten werden häufig mit Hilfe von Umfragen erhoben, sie können aber auch in Experimenten gesammelt werden. In einem Experimentaltest einer neuartigen medizinischen Behandlung setzen Wissenschaftler beispielsweise drei Kategorien ein, um das Ergebnis zu bewerten: Ging es dem Patienten nach der Behandlung besser, schlechter oder gleich wie zuvor?

Qualitative Daten werden häufig mit einer Angabe der Prozentsätze der Testpersonen beschrieben, die in jede Kategorie fallen, wie z.B. der Prozentsatz der CDU/CSU-, der SPD-, der Grünen- und der FDP-Wähler. Um die Prozentwerte zu berechnen, muss die Anzahl der Personen in der Kategorie durch die Anzahl der Testpersonen insgesamt geteilt werden. Das Ergebnis muss dann mit 100% multipliziert werden. Wenn eine Erhebung bei 2.000 Teenagern beispielsweise 1.200 weibliche und 800 männliche Teenager umfasst, resultieren die folgenden Prozentsätze: (1.200/2.000) x 100% = 60% weibliche Teenager und (800/2.000) x 100% = 40% männliche Teenager.

Diese Kategorien lassen sich mit einem so genannten *Tabellenvergleich* weiter unterteilen. Tabellenvergleiche sind Tabellen, die die Daten von zwei qualitativen Variablen gleichzeitig darstellen, wie z.B. das Geschlecht und die Zugehörigkeit zu einer politischen Partei, so dass Sie die Prozentsätze der Testpersonen in jeder Kategorienkombination leicht ablesen können. Wenn Sie beispielsweise Daten über das Geschlecht und die Präferenz einer politischen Partei hätten, können Sie betrachten, wie viel Prozent der Frauen CDU/CSU wählen, wie viele Männer SPD wählen etc. In diesem Beispiel würden sich insgesamt 2 x 5 = 10 mögliche Kombinationen ergeben, da zwei Geschlechter mit fünf möglichen Parteien kombiniert werden könnten.

Die amerikanische Regierung nutzt sehr häufig Tabellenvergleiche zur Beschreibung qualitativer Daten. Die amerikanische Bundesbehörde zur Durchführung von Volkszählungen zählt beispielsweise nicht nur die Bevölkerung, sondern sammelt auch Daten zu verschiedenen demografischen Merkmalen wie dem Geschlecht und dem Alter. Ein typisches Beispiel für einen Tabellenvergleich zu einer Umfrage, die die amerikanische Bundesbehörde zur Durchführung von Volkszählungen 2001 durchführte, sehen Sie in Tabelle 5.1. (Normalerweise wird das Alter als numerische Variable behandelt, hier jedoch wurde das Alter in Kategorien unterteilt und so in eine qualitative Variable umgewandelt. Mehr zu numerischen Variablen finden Sie im nächsten Abschnitt.)

Alter	Personen insgesamt	%	Männliche Personen insgesamt	%	Weibliche Personen insgesamt	%
Unter 5 Jahre	19.369.341	6,80	9.905.282	7,08	9.464.059	6,53
5 bis 9 Jahre	20.184.052	7,09	10.336.616	7,39	9.847.436	6,79
10 bis 14 Jahre	20.881.442	7,33	10.696.244	7,65	10.185.198	7,03
15 bis 19 Jahre	20.267.154	7,12	10.423.173	7,46	9.843.981	6,79
20 bis 24 Jahre	19.681.213	6,91	10.061.983	7,20	9.619.230	6,63
25 bis 29 Jahre	18.926.104	6,65	9.592.895	6,86	9.333.209	6,44
30 bis 34 Jahre	20.681.202	7,26	10.420.677	7,45	10.260.525	7,08
35 bis 39 Jahre	22.243.146	7,81	11.104.822	7,94	11.138.324	7,68
40 bis 44 Jahre	22.775.521	8,00	11.298.089	8,08	11.477.432	7,92
45 bis 49 Jahre	20.768.983	7,29	10.224.864	7,31	10.544.119	7,27
50 bis 54 Jahre	18.419.209	6,47	9.011.221	6,45	9.407.988	6,49
55 bis 59 Jahre	14.190.116	4,98	6.865.439	4,91	7.324.677	5,05
60 bis 64 Jahre	11.118.462	3,90	5.288.527	3,78	5.829.935	4,02
65 bis 69 Jahre	9.532.702	3,35	4.409.658	3,15	5.123.044	3,53
70 bis 74 Jahre	8.780.521	3,08	3.887.793	2,78	4.892.728	3,37
75 bis 79 Jahre	7.424.947	2,61	3.057.402	2,19	4.367.545	3,01

Alter	Personen insgesamt	%	Männliche Personen insgesamt	%	Weibliche Personen insgesamt	%
80 bis 84 Jahre	5.149.013	1,81	1.929.315	1,38	3.219.698	2,22
85 bis 89 Jahre	2.887.943	1,01	926.654	0,66	1.961.289	1,35
90 bis 94 Jahre	1.175.545	0,41	303.927	0,22	871.618	0,60
95 bis 99 Jahre	291.844	0,10	58.667	0,04	233.177	0,16
100 Jahre und älter	48.427	0,02	9.860	0,01	38.567	0,03
Insgesamt	**284.796.887**	**100**	**139.813.108**	**100**	**144.983.779**	**100**

Tabelle 5.1: US-Bevölkerung unterteilt nach Alter und Geschlecht (2001)

Anhand der Zahlen aus Tabelle 5.1 lassen sich unterschiedlichste Facetten der Bevölkerung näher untersuchen. Wenn Sie beispielsweise das Geschlecht näher betrachten, stellen Sie fest, dass der Anteil der Frauen etwas größer ist als der der Männer, weil die Bevölkerung im Jahr 2001 aus 51% Frauen (Gesamtanzahl der Frauen geteilt durch die Anzahl der Bürger insgesamt multipliziert mit 100%) und 49% Männern bestand (Anzahl der Männer insgesamt geteilt durch die Gesamtanzahl der Bürger multipliziert mit 100%). Sie können auch das Alter näher betrachten: Der Prozentsatz der Gesamtbevölkerung, die unter 5 Jahre alt war, lag bei 6,8%. Die größte Bevölkerungsgruppe bildeten die 40- bis 44-jährigen mit 8%. Als Nächstes können Sie eine mögliche Verbindung zwischen dem Geschlecht und dem Alter näher untersuchen, indem Sie die entsprechenden Teile der Tabelle miteinander vergleichen. Sie können beispielsweise den Prozentsatz der Frauen und den der Männer in der Gruppe der über 80-jährigen vergleichen. Weil die Daten jedoch in 5-Jahres-Schritte unterteilt sind, müssen Sie ein bisschen rechnen, um die Antwort zu erhalten. Der Prozentsatz der weiblichen Bevölkerung, die 80 Jahre und älter ist, liegt bei 2,22% + 1,35% + 0,6% + 0,16% + 0,03% = 4,36%. Der Prozentsatz der Männer, die 80 Jahre und älter sind, liegt bei 1,38% + 0,66% + 0,22% + 0,04% + 0,01% = 2,31%. Dies zeigt, dass die Gruppe der Bürger ab 80 fast doppelt so viele Frauen wie Männer enthält. Diese Daten scheinen die allgemeine Auffassung zu bestätigen, dass Frauen in der Regel länger leben als Männer.

Wenn Sie die Anzahl der Personen in jeder Gruppe kennen, können Sie die Prozentsätze selbst ausrechnen. Kennen Sie hingegen nur die Prozentsätze, haben Sie keine Möglichkeit, etwas über die Anzahl der Personen in jeder Gruppe herauszufinden. So könnten Sie beispielsweise hören, dass 80% der Testpersonen lieber Käse- als Sesamkräcker essen. Wie viele Personen wurden jedoch befragt? Möglicherweise nur zehn Personen, denn alles, was Sie wissen, ist, dass 80% der Testpersonen eine Kräcker-Sorte bevorzugen. Das können acht von zehn oder 800 von 1.000 gewesen sein. Beides ergibt 80%. Statistisch gesehen hat es jedoch eine völlig andere Bedeutung, wenn acht von zehn Personen oder 800 von 1.000 Personen etwas bevorzugen. Im ersten Fall basiert die statistische Größe auf einer sehr kleinen Datenmenge, im zweiten Fall hingegen auf einer großen. (Mehr zur Genauigkeit von Stichprobenergebnissen und zum Stichprobenfehler finden Sie in Kapitel 10.)

 Wenn Ihnen ein Tabellenvergleich vorliegt, in dem die Daten für zwei qualitative Variablen gezeigt werden, können Sie statistische Tests durchführen, um festzustellen, ob eine signifikante Beziehung zwischen den zwei Variablen existiert. (Mehr zu diesen statistischen Tests finden Sie in Kapitel 18.)

Quantitative Daten beschreiben

Mit numerischen oder quantitativen Daten lassen sich messbare Merkmale wie die Körpergröße, das Körpergewicht, der IQ, das Alter und das Einkommen mit Zahlen darstellen. Weil die Daten eine numerische Bedeutung haben, können Sie wesentlich mehr mathematische Berechnungen mit ihnen durchführen als mit qualitativen Daten. Es gibt verschiedene Merkmale numerischer Datensätze, die sich mit statistischen Größen beschreiben lassen, wie z.B. wo der Mittelwert liegt, wie weit die Daten verstreut liegen und wo bestimmte wichtige Kennwerte liegen. Diese Art von Datenbeschreibung finden Sie in den Medien häufiger. Wenn Sie wissen, was derartige statistische Größen aussagen und was nicht, können Sie die Forschungsergebnisse erheblich besser verstehen, die Ihnen in Ihrem Alltag begegnen.

Maße der zentralen Tendenz

Das häufigste Maß zur Beschreibung numerischer Daten ist die Angabe des Mittelpunkts. Es gibt jedoch verschiedene Sichtweisen dessen, was der Mittelpunkt des Datensatzes sein könnte. Eine Möglichkeit besteht beispielsweise darin, zu fragen, »was der typische Wert ist« oder »wo der Mittelwert liegt«. Der Mittelpunkt eines Datensatzes kann in der Tat auf unterschiedliche Arten bemessen werden, und die gewählte Methode kann die Schlussfolgerungen stark beeinflussen, die aus den Daten gezogen werden.

Die NBA-Gehälter im Durchschnitt

Basketballspieler, die es bis in die amerikanische Profi-Liga NBA geschafft haben, verdienen eine Menge Geld, nicht wahr? Im Vergleich zum Durchschnittsbürger mit Sicherheit. Aber wie viel verdienen sie wirklich und ist das Gehalt wirklich so hoch, wie Sie geglaubt haben? Die Antwort hängt davon ab, wie Sie die Gehaltsangaben beschreiben. Wie häufig hören Sie von Spielern wie Shaquille O'Neal, der in der Spielzeit 2001–2003 $ 21,4 Millionen verdiente? Entspricht dies dem Durchschnittsgehalt des NBA-Spielers? Nein. Shaquille O'Neal war in dieser Spielzeit der höchstbezahlte NBA-Spieler.

Wie viel verdient also ein NBA-Spieler im Durchschnitt? Um dies herauszufinden, könnten Sie das Durchschnittsgehalt betrachten. Der Durchschnitt ist sehr wahrscheinlich die statistische Größe, die am häufigsten überhaupt zum Einsatz kommt. Sie stellt eine Möglichkeit dar, den »Mittelpunkt« der Daten zu bestimmen.

Und nun erfahren Sie, welche Angaben Sie benötigen, um den Durchschnittswert für einen Datensatz zu bestimmen:

1. **Addieren Sie alle Daten, die in dem Datensatz enthalten sind.**
2. **Teilen Sie die Summe durch die Gesamtanzahl der Daten im Datensatz, n.**

Die Spielergehälter für die Spielzeit 2001–2002 für 13 Spieler der Los Angeles Lakers finden Sie in Tabelle 5.2. (Nicht berücksichtigt sind Spieler, deren Vertrag vorzeitig gekündigt wurde.)

Spieler	Gehalt ($)
Shaquille O'Neal	$ 21.428.572
Kobe Bryant	$ 11.250.000
Robert Horry	$ 5.300.000
Rick Fox	$ 3.791.250
Lindsey Hunter	$ 3.425.760
Derek Fisher	$ 3.000.000
Samaki Walker	$ 1.400.000
Mitch Richmond *	$ 1.000.000
Brian Shaw *	$ 963.415
Devean George	$ 834.250
Mark Madsen	$ 759.960
Jelani McCoy	$ 565.850
Stanislav Medvedenko	$ 465.850
Gesamtsumme	**$ 54.184.907**

Ohne festgelegte Obergrenze

Tabelle 5.2: NBA-Gehälter der Basketballspieler der Los Angeles Lakers in der Spielzeit 2001–2002

Insgesamt wurden $ 54.184.907 an Gehältern für dieses Team bezahlt. Wenn Sie diesen Wert durch die Gesamtanzahl der Spieler, $n=13$ teilen, erhalten Sie ein Durchschnittsgehalt von $ 4.168.069,77. Nicht schlecht, oder? Beachten Sie jedoch, dass Shaquille O'Neal mit seinem Gehalt an der Spitze liegt und sein Gehalt das höchste in der gesamten NBA war. Ohne das Gehalt von Shaquille O'Neal läge das Durchschnittsgehalt bei $ 32.756.335/12 = $ 2.729.694,58. Das ist zwar noch immer eine Menge Geld, jedoch erheblich weniger, als mit dem Gehalt von Shaquille O'Neal. (Selbstverständlich würden Fans argumentieren, dass das nur zeigt, wie wichtig er für das Team ist. Und das ist nur die Spitze des Eisbergs einer nie enden wollenden Debatte darüber, die Sportfans über statistische Kenngrößen führen.)

 Der Durchschnitt wird häufig auch als Mittelwert oder als arithmetisches Mittel bezeichnet.

5 ➤ Von Mittelwerten und Medianen

In der Spielzeit 2001–2002 lag also das Durchschnittsgehalt bei den Los Angeles Lakers bei $ 4,2 Millionen. Erfahren wir damit jedoch etwas über die Gehaltsstruktur? In einigen Fällen kann der Durchschnittswert etwas irreführend sein und der vorliegende Fall gehört auch dazu. Und zwar deshalb, weil es jedes Jahr einige wenige Spieler gibt, die erheblich mehr verdienen als alle anderen. Werte wie das Gehalt von Shaq O'Neal werden als *Ausreißerwerte* bezeichnet. Ausreißer sind Zahlen in einem Datensatz, die im Vergleich zu den restlichen Daten extrem hoch oder niedrig sind. Bedingt durch die Art und Weise, in der der Durchschnitt oder Mittelwert berechnet wird, ziehen Ausreißerwerte wie das Gehalt von Shaq O'Neal den Durchschnitt nach oben. Ausreißerwerte, die extrem niedrig sind, ziehen hingegen den Durchschnitt nach unten.

Erinnern Sie sich noch an Ihre Schulzeit, als Sie wie der Rest der Klasse schlecht abschnitten und nur ein paar Verrückte 100 Punkte erreichten? Wissen Sie noch, dass der Lehrer die Benotungsskala nicht an die schlechte Leistung des Großteils der Klasse anpasste? Ihr Lehrer griff sehr wahrscheinlich auf den Durchschnitt zu und dieser repräsentierte in keiner Weise den eigentlichen Mittelpunkt der Noten von Ihnen und Ihren Mitschülern.

Was gäbe es noch für Möglichkeiten, um zu zeigen, welches Gehalt ein »typischer« NBA-Spieler erhält oder welche Note für die Schüler in einer Klasse typisch ist? Eine weitere statistische Größe zur Bemessung der zentralen Tendenz eines Datensatzes ist der *Median*. Der Median wird als statistische Größe nicht annähernd so häufig eingesetzt wie er sollte. Er erfreut sich jedoch wachsender Beliebtheit.

Der Median als Maß für die Gehaltsstruktur

Der Median eines Datensatzes ist der Wert, der genau in der Mitte liegt. Um den Median zu finden, gehen Sie wie folgt vor:

1. **Ordnen Sie die Zahlen in aufsteigender Reihenfolge, also vom kleinsten zum größten Wert.**
2. **Wenn der Datensatz eine ungerade Anzahl an Werten enthält, wählen Sie den Wert, der genau in der Mitte liegt.**
   Dies ist der Median.
3. **Wenn der Datensatz eine gerade Anzahl an Werten enthält, nehmen Sie die zwei Zahlen, die genau in der Mitte liegen und bilden Sie deren Mittelwert. Dieser Wert ist der Median.**

Die Spielergehälter für die Los Angeles Lakers in der Spielzeit 2001–2002 sind bereits in absteigender Reihenfolge geordnet. Weil die Liste die Namen und die Gehälter von 13 Spielern beinhaltet, ist das mittlere Gehalt dasjenige des siebten Spielers von unten (oder von oben), d.h. das Gehalt von Samaki Walter, der in dieser Spielzeit bei den Lakers $ 1,4 Millionen verdiente. Dieser Wert ist der Median.

Das Median-Gehalt für die Lakers liegt deutlich unter dem Durchschnittsgehalt von $ 4,2 Millionen. Aber weil das Durchschnittsgehalt auch Ausreißerwerte beinhaltet (wie das Gehalt von

Shaquille O'Neal), ist das Median-Gehalt repräsentativer für das mittlere Gehalt des Teams. (Beachten Sie, dass nur drei Spieler mehr als das Durchschnittsgehalt von $ 4,2 Millionen verdienten, wohingegen sechs Spieler mehr als das Median-Gehalt von $ 1,4 Millionen verdienten.) Der Median wird anders als der Durchschnitt nicht von den Gehältern der Spieler beeinflusst, die sich am unteren oder am oberen Ende der Gehaltsskala befinden. (Das Gehalt des am schlechtesten bezahlten Spielers der Lakers in der Spielzeit 2001–2002 lag übrigens bei $ 465.850, was gemessen an einem Standardgehalt des US-Bürgers eine Menge Geld ist, jedoch im Verhältnis zum Gehalt der Top-Spieler doch eher bescheiden ausfällt!)

Die US-Regierung setzt den Median häufig ein, um die zentrale Tendenz von Daten zum Ausdruck zu bringen. So betrug der Median des Einkommens pro Haushalt im Jahr 2001 laut der Bundesbehörde zur Durchführung von Volkszählungen beispielsweise $ 42.228, was gegenüber dem Jahr 2000 einen Rückgang von 2,2% darstellt, in dem der Median des Einkommens pro Haushalt bei $ 43.162 lag.

Eine Frage der Interpretation: Median und Mittelwert

Angenommen, Sie sind Spieler in einem NBA-Team und versuchen, Gehaltsverhandlungen zu führen. Wenn Sie die Eigentümer repräsentieren, möchten Sie zeigen, wie viel jeder verdient und wie viel Geld Sie ausgeben. Deshalb möchten Sie das Gehalt der Superstars einbeziehen und den Mittelwert angeben. Befinden Sie sich jedoch auf der Spielerseite, möchten Sie das Gehalt lieber mit dem Median wiedergeben, weil der Median repräsentativer für das ist, was ein Spieler verdient, der in der Mitte der Gehaltsliste liegt. Das Gehalt von 50% der Spieler liegt über dem Median und das der anderen 50% liegt unter dem Median. Deshalb heißt der Wert Median, weil er genau in der Mitte liegt.

Ein Histogramm ist eine grafische Darstellung, in der numerische Daten bildlich dargestellt werden, wobei Wertegruppen zusammen mit der Anzahl oder dem Prozentsatz der Werte angegeben werden, die in jede Gruppe fallen. (Mehr zu Histogrammen und zu anderen Formen der grafischen Darstellung von Daten finden Sie in Kapitel 4.) Wenn es für die Daten Ausreißerwerte am oberen Ende gibt, ist das Histogramm *rechtsschief*, d.h. linksgipflig mit einem Ausläufer am rechten Rand, und der Mittelwert ist größer als der Median. (Siehe hierzu das obere Histogramm in Abbildung 5.1.) Liegen die Ausreißerwerte jedoch am unteren Ende der Werteskala, ist das Diagramm *linksschief*, d.h. rechtsgipflig mit einem Ausläufer am linken Rand und der Mittelwert ist kleiner als der Median. (Das mittlere Histogramm in Abbildung 5.1 zeigt ein Beispiel für ein linksschiefes Diagramm.) Sind die Daten symmetrisch, das heißt, haben sie rechts und links von der Mitte die gleiche Form, sind der Median und der Mittelwert identisch. (Das untere Histogramm in Abbildung 5.1 zeigt ein Beispiel für symmetrische Daten in einem Histogramm.)

Der Durchschnitt eines Datensatzes – auch Mittelwert oder arithmetisches Mittel genannt –, wird von Ausreißerwerten beeinflusst, nicht jedoch der Median. Wenn jemand über den Mittelwert berichtet, sollten Sie ihn auch nach dem Median befragen. Sie können die beiden statistischen Größen dann miteinander vergleichen und erhalten ein besseres Gefühl dafür, wie die Daten aussehen und was wirklich typisch für sie ist.

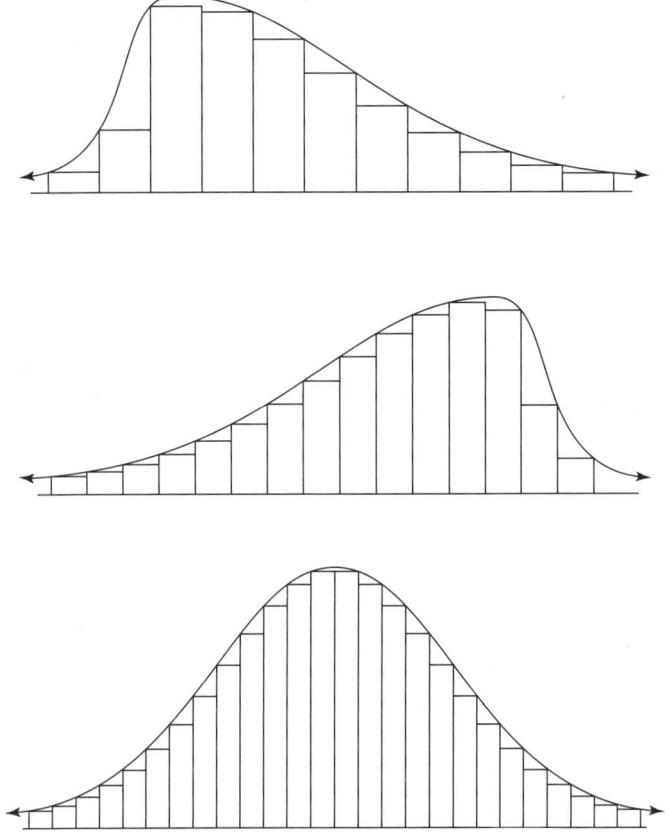

Abbildung 5.1: Beispiele für rechtsschiefe, linksschiefe und symmetrische Daten

Ursachen für Abweichungen ermitteln

In einem Datensatz gibt es unabhängig von den Merkmalen, die Sie messen, immer Abweichungen, weil Testpersonen in der Regel nie dieselben Werte bei jeder Variablen haben. Abweichungen machen die Statistik zu dem, was sie ist. So weichen beispielsweise die Preise für Häuser von Haus zu Haus, von Jahr zu Jahr und von Stadt zu Stadt voneinander ab. Das verfügbare Einkommen unterscheidet sich von Haushalt zu Haushalt, von Land zu Land und von Jahr zu Jahr. Die Zeit, die Sie benötigen, um zur Arbeit zu kommen, ändert sich von Tag zu Tag. Wenn Sie sich mit Abweichungen beschäftigen, werden Sie schnell feststellen, dass die Bemessung der Abweichung die beste Möglichkeit ist, sie einzufangen.

Was ist eine Standardabweichung?

Das häufigste Maß für die Abweichung ist die Standardabweichung. Die Standardabweichung repräsentiert die typische Abweichung eines Punktes von der Mitte. Grob geschätzt handelt es sich um die durchschnittliche Entfernung aller Punkte vom Mittelpunkt, und in diesem Fall ist der Mittelpunkt der Mittelwert (arithmetisches Mittel). Die Standardabweichung wird normalerweise nicht separat genannt. Falls sie erwähnt wird (und häufig genug geschieht das nicht), wird sie sehr wahrscheinlich im Kleingedruckten angegeben. Normalerweise ist sie in Klammern gesetzt, wie z.B. beim Wert »(s = 2,68)«.

Die Standardabweichung einer Grundgesamtheit wird üblicherweise mit dem griechischen Buchstaben s bezeichnet. Die Standardabweichung für eine Stichprobe wird hingegen mit dem Buchstaben *s* angegeben. Weil die Standardabweichung in der Grundgesamtheit in der Regel unbekannt ist, ließe sich normalerweise keine Formel, in der die Standardabweichung vorkommt, ohne einen Ersatz berechnen. Aber keine Sorge. Wenn Sie schon in Rom sind, verhalten Sie sich wie die Römer. Wenn Sie es mit Statistik zu tun haben, machen Sie es wie die Statistiker – immer, wenn sie auf einem unbekannten Wert festsitzen, schätzen sie ihn einfach und machen weiter. Die Standardabweichung für die Stichprobe, *s*, wird also immer eingesetzt, wenn die Standardabweichung für die Grundgesamtheit, s, unbekannt ist.

In diesem Buch wird mit der Standardabweichung immer die Standardabweichung in der Stichprobe bezeichnet. (Sollte einmal die Standardabweichung in der Grundgesamtheit gemeint sein, lasse ich es Sie wissen!)

Die Berechnung der Standardabweichung

Die Formel für die Standardabweichung lautet wie folgt: $s = \sqrt{\dfrac{\sum (x - \bar{x})^2}{n - 1}}$

Gehen Sie wie folgt vor, um die Standardabweichung, *s*, zu berechnen:

1. **Ermitteln Sie den Mittelwert des Datensatzes.**

    Summieren Sie dazu alle Zahlen und teilen Sie sie durch die Anzahl der Zahlen im Datensatz, *n*.

2. **Subtrahieren Sie dann den Mittelwert von jedem Zahlenwert im Datensatz.**
3. **Bilden Sie für jede dieser Differenzen das Quadrat.**
4. **Addieren Sie die Ergebnisse aus Schritt 3.**
5. **Dividieren Sie die Summe der Quadrate, die Sie in Schritt 4 berechnet haben, durch die Anzahl aller Werte im Datensatz minus 1 * (*n* - 1).**
6. **Ziehen Sie aus dem Ergebnis die Quadratwurzel.**

Statistiker teilen in der Formel durch $n-1$ statt durch n, damit die Standardabweichung für die Stichprobe Eigenschaften hat, die für alle Theorien gelten. (Glauben Sie mir, solche Details wollen Sie lieber nicht so genau wissen.) Wird die Formel durch $n-1$ geteilt, ist sichergestellt, dass die Standardabweichung nicht verzerrt ist, das heißt, dass sie nicht vom Mittelwert abweicht. Falls Sie bereits vorher schon verwirrt waren, können Sie die Verwirrung nun noch steigern: Falls Sie es jemals mit der gesamten Grundgesamtheit zu tun haben, können Sie zur Berechnung der Standardabweichung in der Grundgesamtheit die gleiche Formel wie für die Standardabweichung in der Stichprobe heranziehen. Teilen Sie jedoch durch n und nicht durch $n-1$!

Betrachten Sie das folgende kleine Beispiel. Angenommen, Ihre Stichprobe besteht aus den vier Werten 1, 3, 5 und 7. Der Mittelwert ist also 16/4 = 4. Wenn Sie den Mittelwert von jeder Zahl subtrahieren, erhalten Sie die Werte (1 - 4) = -3, (3 - 4) = - 1, (5 - 4) = 1 und (7 - 4) = 3. Bilden Sie nun das Quadrat für jeden dieser Werte, erhalten Sie die Zahlen 9, 1, 1 und 9. Addieren Sie die Werte, erhalten Sie den Wert 20. In diesem Beispiel ist $n = 4$. Deshalb ist $n - 1 = 3$. Wenn Sie 20 durch 3 teilen, erhalten Sie den Wert 6,67, dessen Quadratwurzel der Wert 2,58 ist. Und das ist die Standardabweichung dieses Datensatzes. Für den Datensatz bestehend aus den Werten 1, 3, 5, 7 ist die typische Entfernung vom Mittelwert also 2,58.

Weil die Berechnung der Standardabweichung in mehreren Schritten erfolgt, wird sie in den meisten Fällen mit dem Computer berechnet. Wenn Sie jedoch wissen, wie die Standardabweichung berechnet wird, können Sie diese statistische Größe besser interpretieren und es fällt Ihnen eher auf, wenn der Wert einmal falsch ist.

Interpretation der Standardabweichung

Es kann recht schwierig sein, die Standardabweichung als Einzelwert zu interpretieren. In der Regel bedeutet eine kleine Standardabweichung, dass die Werte im Datensatz sehr eng am Mittelwert liegen, wohingegen eine große Standardabweichung bedeutet, dass die Werte im Datensatz vom Mittelwert weiter entfernt sind.

Eine kleine Standardabweichung kann in Situationen wünschenswert sein, in denen die Ergebnisse begrenzt sind, wie z.B. in der Produktion und bei der Qualitätskontrolle. Ein spezielles Autoteil, das einen Durchmesser von wenigen Zentimetern hat, sollte besser keine allzu große Standardabweichung haben, damit es auch wirklich passt. Eine große Standardabweichung würde in diesem Fall bedeuten, dass sehr viele Teile ausgemustert werden müssen, weil sie nicht richtig passen. Werden die Teile nicht ausgemustert, werden sich die Probleme spätestens bei Betrieb der Autos zeigen.

In Situationen, in denen Sie Daten lediglich beobachten und aufzeichnen, ist eine große Standardabweichung nicht unbedingt etwas Schlechtes. Sie gibt nur wieder, dass es in der untersuchten Gruppe große Abweichungen gibt. Wenn Sie beispielsweise die Gehälter aller Mitarbeiter eines Unternehmens inklusive denen von Aushilfskräften und von der Geschäftsführung betrachten, kann die Standardabweichung sehr hoch sein. Grenzen Sie hingegen die Gruppe ein und betrachten Sie nur die Gehälter der Aushilfskräfte oder die der Führungskräfte, ist die Standardabweichung kleiner, weil die Gehälter der Personen innerhalb dieser beiden Gruppen weniger stark voneinander abweichen als in der gesamten Belegschaft.

 Wenn Sie feststellen wollen, ob eine Standardabweichung groß ist, sollten Sie unbedingt auf die Einheiten achten. Eine Standardabweichung von 2 beim Einsatz der Einheit »Jahre« entspricht beispielsweise einer Standardabweichung von 24, wenn Monate als Einheit benutzt werden. Betrachten Sie außerdem den Wert des Mittelwerts, wenn Sie die Standardabweichung aus dem richtigen Blickwinkel betrachten wollen. Wenn ein Internet-Nutzer durchschnittlich an 5,2 Internet-Newsgroups eigene Beiträge sendet, und die Standardabweichung bei 3,4 liegt, ist die Abweichung relativ hoch. Wenn Sie jedoch das Alter der Newsgroup-User betrachten, dessen Mittelwert 25,6 Jahre beträgt, wäre eine Standardabweichung von 3,4 vergleichsweise gering.

Eine weitere Möglichkeit, um die Standardabweichung zu interpretieren, besteht darin, sie zusammen mit dem Mittelwert einzusetzen, um zu beschreiben, wo die meisten Daten liegen. Sind die Daten in einer glockenförmigen Kurve verteilt, befinden sich also die meisten Werte in der Mitte und werden es immer weniger Werte, je weiter Sie sich von der Mitte entfernen, können Sie das so genannte Gesetz der großen Zahl einsetzen, um die Standardabweichung zu interpretieren. (Mehr hierzu in Kapitel 4.) Diese Regel besagt, dass ca. 68% der Daten innerhalb des Wertebereichs liegen, der durch den Mittelwert plus/minus einer Standardabweichung definiert wird, ungefähr 95% der Daten liegen innerhalb des Wertebereichs, der vom Mittelwert plus/minus zwei Standardabweichungen definiert wird und ungefähr 99% der Daten liegen innerhalb des Wertebereichs, der vom Mittelwert plus/minus drei Standardabweichungen definiert wird.

In einer Studie, in der untersucht wurde, wie Internet-Nutzer Freunde über Newsgroups finden, wurde beispielsweise festgestellt, dass das Durchschnittsalter der Newsgroup-User bei 31,65 Jahren liegt, und dass die Standardabweichung 8,61 Jahre beträgt. Die Daten waren glockenförmig verteilt. Gemäß dem Gesetz der großen Zahl lag also das Alter von 68% der Newsgroup-User innerhalb des Wertebereichs, der vom Mittelwert (31,65 Jahre) plus/minus einer Standardabweichung (8,61 Jahre) definiert wird. Das Alter von 68% der Benutzer lag also zwischen 31,65 - 8,61 und 31,65 + 8,61 bzw. zwischen 23,04 und 40,26 Jahren. Das Alter von ungefähr 95% der Benutzer lag zwischen 31,65 - 2 x 8,61 und 31,65 + 2 x 8,61, also zwischen 14,43 und 48,87 Jahren. Und das Alter von 99% der Internet-Nutzer lag zwischen 31,65 - 3 x 8,61 und 31,65 + 3 x 8,61, also zwischen 5,82 und 57,48 Jahren. (Mehr zur Anwendung des Gesetzes der großen Zahl siehe Kapitel 8.)

 Die meisten Wissenschaftler versuchen nicht, 99% der Werte eines Datensatzes abzudecken. Sie sind in der Regel mit 95% zufrieden. Eine Standardabweichung weiter vom Mittelwert abzuweichen bedeutet, lediglich zusätzliche 4% der Daten zu berücksichtigen (99% - 95%), was den meisten Wissenschaftlern gemessen an den Kosten, die dadurch verursacht werden, die Sache nicht wert zu sein scheint.

Die Eigenschaften der Standardabweichung

Nachfolgend sehen Sie einige Eigenschaften, die bei der Interpretation der Standardabweichung hilfreich sein können:

✔ Die Standardabweichung kann nie eine negative Zahl sein. (Das liegt an der Art und Weise, wie sie berechnet wird, und der Tatsache, dass sie ein Maß für die Entfernung ist und Entfernungen sind nie negative Zahlen.)

✔ Der kleinstmögliche Wert für die Standardabweichung ist 0 und dieser Wert tritt nur in äußerst gestellten Situationen auf, in denen alle Werte im Datensatz identisch sind und insofern keine Abweichung aufweisen.

✔ Die Standardabweichung wird vom Ausreißerwerten, also von extrem hohen oder niedrigen Zahlen im Datensatz, beeinflusst. Das liegt daran, dass die Standardabweichung auf der Entfernung vom Mittelwert basiert und dass der Mittelwert von Ausreißerwerten beeinflusst wird.

✔ Die Standardabweichung hat dieselbe Einheit wie die ursprünglichen Werte.

Werbung für die Standardabweichung

Die Standardabweichung ist ein Wert, der in den Medien sehr selten genannt wird, und das stellt ein echtes Problem dar. Wenn Sie lediglich herausfinden, wo der Mittelpunkt der Daten liegt, ohne ein Maß dafür zu haben, wie variabel die Daten sind, kennen Sie nur einen Teil der Wahrheit. Möglicherweise entgeht Ihnen sogar der interessanteste Teil. In der Abweichung liegt die Würze des Lebens und ohne Hinweis darauf, wie unterschiedlich die Daten sind, erfahren Sie nicht, welche Würze die Daten haben.

Ohne die Standardabweichung zu kennen, können Sie nicht sagen, ob die Daten nahe am Mittelwert liegen, wie z.B. die Durchmesser der Autoteile, die das Band verlassen, wenn alles korrekt funktioniert, oder ob die Daten weit verstreut sind, wie z.B. die Gehälter bei den NBA-Spielern. Wenn Sie beispielsweise erfahren, dass das Einstiegsgehalt bei der Firma Statistix im Durchschnitt € 70.000 beträgt, denken Sie wahrscheinlich »Wow! Das ist großartig.« Aber wenn die Standardabweichung für Einstiegsgehälter bei der Firma Statistix bei € 20.000 liegt und Sie gemäß dem Gesetz der großen Zahl davon ausgehen, dass die Verteilung der Gehälter eine Glockenform hat, also eine Normalverteilung ist, könnte Ihr Einstiegsgehalt irgendwo zwischen € 30.000 und € 110.000 liegen (€ 70.000 plus/ minus zwei Standardabweichungen von jeweils € 20.000). Bei der Firma Statistix können die Gehälter sehr stark variieren. Das Durchschnittsgehalt von € 70.000 ist also letztendlich nur wenig aussagekräftig, oder? Läge die Standardabweichung hingegen bei € 5.000, wüssten Sie genauer Bescheid, mit welchem Einstiegsgehalt Sie bei dieser Firma rechnen können.

 Ohne Kenntnis der Standardabweichung können Sie zwei Datensätze nicht effektiv vergleichen. Was wäre, wenn die beiden Datensätze den gleichen Mittelwert und den gleichen Median hätten? Würde das bedeuten, dass die Daten alle gleich sind? Nein, überhaupt nicht. Die Datensätze 199, 200, 201 und 0, 200, 400 haben

beispielsweise den Mittelwert 200 und den Median 200. Sie haben jedoch unterschiedliche Standardabweichungen. Der erste Datensatz hat eine geringe Standardabweichung als der zweite Datensatz.

Journalisten geben die Standardabweichung häufig nicht an. Der einzige Grund, der dafür denkbar wäre, ist, dass die Leser nicht danach fragen – sehr wahrscheinlich ist die breite Öffentlichkeit für einen Wert wie die Standardabweichung noch nicht bereit. Eine Bezugnahme auf die Standardabweichung wird jedoch vielleicht üblicher werden, wenn mehr Leser entdecken, was sie durch die Standardabweichung alles über die Ergebnisse erfahren. In vielen beruflichen Zusammenhängen gehört die Standardabweichung zum Alltag, weil diese statistische Größe ein Standard ist und ein anerkanntes Maß für die Bemessung der Abweichung.

Nicht im zulässigen Bereich liegen

Häufig geben die Medien die Spannweite eines Datensatzes als Maß für die Abweichung an. Die Spannweite ergibt sich aus dem größten Wert minus dem kleinsten Wert im Datensatz. Die Spannweite lässt sich leicht berechnen, da hierfür lediglich die Werte in eine aufsteigende Reihenfolge gebracht werden müssen und dann der größte vom kleinsten Wert subtrahiert werden muss. Möglicherweise wird die Spannweite deshalb so häufig angegeben. Es handelt sich jedoch ganz sicher nicht um einen Wert, der sehr viel zur Interpretation der Daten beiträgt.

Die Spannweite eines Datensatzes ist so gut wie bedeutungslos. Sie hängt lediglich von zwei Zahlen im Datensatz ab, die beide Extremwerte, also Ausreißerwerte, sein könnten. Deshalb empfehle ich, die Spannweite zu ignorieren und zu versuchen, die Standardabweichung zu ermitteln, die erheblich mehr über die Abweichungen im Datensatz aussagt.

Bei den Gehältern der NBA-Spieler gibt es, wie bereits erwähnt, große Abweichungen. Die Gehälter eines einzelnen Teams, wie z.B. den Los Angeles Lakers in der Spielzeit 2001–2002, sind ein typisches Beispiel hierfür. Eine Übersicht über die Gehälter für alle 13 Spieler finden Sie in Tabelle 5.2. Das Durchschnittsgehalt liegt bei $ 4.168.069,77 und der Median ist $ 1.400.000. Die Spannweite der Gehälter reicht von $ 21.428.572 (Shaquille O'Neal) bis zu $ 465.850 (Stanislav Medvedenko). Er beträgt also $ 21.428.572 - $ 465.850 = $ 20.962.722. Wow – das ist ja enorm! Dieser Wert spiegelt die großen Unterschiede zwischen den bestbezahlten und den gering bezahlten Spielern wider. Das ist richtig. Aber sagt er viel über die Verteilung der Gehälter im gesamten Team aus? Eigentlich nicht. Die Standardabweichung beträgt $ 5,98 Million, was ein sehr hoher Wert ist. Da die Standardabweichung jedoch auf allen Gehältern des Teams basiert und nicht nur auf dem größten und dem kleinsten, hat sie eine erheblich größere statistische Bedeutung als die Spannweite.

Wenn Sie mit Werten der zentralen Tendenz zu tun haben, sollten Sie auf die Standardabweichung achten, um festzustellen, wie stark die Daten abweichen. Wird die Standardabweichung nicht angegeben, sollten Sie danach fragen oder sich an die Quelle wenden (die Pressestelle, das Journal oder die Wissenschaftler),

Mit Percentilen die relative Position ermitteln

Jeder möchte wissen, wo er im Vergleich zu anderen steht. In der Schule war es weniger wichtig, welche Note Sie hatten, als wie Ihr Ergebnis im Vergleich zu den anderen Schülern Ihrer Klasse ausfiel. Wenn Sie beispielsweise vorhaben, in den USA zu studieren, müssen Sie den TOEFL-Test ablegen. Bei diesem Test ist die Gesamtanzahl der Punkte jedes Jahr gleich, die Leistung der Teilnehmer unterscheidet sich jedoch, da sich die Prüfungsaufgaben jedes Jahr ändern. Zusammen mit Ihrem Testergebnis erhalten Sie deshalb immer eine Einschätzung dafür, wie sich Ihr Ergebnis im Verhältnis zu den anderen Testteilnehmern verhält. Das heißt, Sie erfahren, wo Sie in der Gruppe stehen.

Einführung in Percentile

Das Percentil ist das Maß, mit dem die relative Lage am häufigsten angegeben wird. Ein Percentil ist der Prozentwert der Personen im Datensatz, die ein schlechteres Ergebnis als Sie selbst erzielt haben. Wenn Sie auf dem 90sten Percentil liegen, bedeutet das, dass 90% der Prüfungsteilnehmer ein schlechteres Prüfungsergebnis als Sie erzielten, und 10 Prozent der Prüfungsteilnehmer ein besseres, weil die Summe immer 100% ergeben muss. (Jeder, der an dem Test teilgenommen hat, muss ein Testergebnis erzielt haben, das relativ zu Ihrem Ergebnis liegt, nicht wahr?)

Ein Percentil ist kein Wert für sich. Angenommen, Ihnen wurde mitgeteilt, dass Ihr Ergebnis beim TOEFL-Test auf dem 80sten Percentil liegt. Das heißt nicht, dass Sie 80% der Fragen korrekt beantwortet haben, sondern dass 80% der Teilnehmer ein schlechteres Ergebnis erzielten als Sie und 20% der Teilnehmer besser abschnitten als Sie.

Percentile berechnen

Um das k-te Percentil zu berechnen (wobei k eine beliebige Zahl zwischen eins und hundert ist), gehen Sie wie folgt vor:

1. **Ordnen Sie alle Werte eines Datensatzes in aufsteigender Reihenfolge.**
2. **Multiplizieren Sie k Prozent mit der Gesamtanzahl der Werte, n.**
3. **Runden Sie das Ergebnis auf die nächste Ganzzahl auf.**
4. **Zählen Sie die Werte in aufsteigender Reihenfolge, bis Sie den Wert aus Schritt 3 erreichen.**

Angenommen, Sie haben die folgenden 25 Testwerte in aufsteigender Reihenfolge angeordnet: 43, 54, 56, 61, 62, 66, 68, 69, 69, 70, 71, 72, 77, 78, 79, 85, 87, 88, 89, 93, 95, 96, 98, 99, 99. Nun wollen Sie das 90ste Percentil für diese Werte finden. Weil die Daten bereits geordnet sind, besteht der nächste Schritt darin, die Gesamtanzahl der Werte mal 90% zu nehmen, was 90%/25 = 0,90/25 = 22,5 ergibt. Runden Sie diesen Wert nun zur nächsten Ganzzahl auf, erhalten Sie 23. Dies bedeutet, dass Sie den 23. Wert von links ermitteln müssen. Im Beispiel ist dies die Zahl 98, die das 90ste Percentil dieses Datensatzes repräsentiert.

Das 50ste Percentil ist der Wert im Datensatz, der von 50% der Werte unterschritten und von 50% der Werte überschritten wird. Diesen Wert haben Sie bereits unter einem anderen Namen kennen gelernt – dem Median. Der Median ist tatsächlich ein spezielles Percentil, nämlich das 50ste Percentil.

Ein hohes Percentil bedeutet nicht immer etwas Gutes. Wenn die Stadt, in der Sie leben, beispielsweise bei der Kriminalitätsrate auf dem 90sten Percentil liegt, bedeutet dies, dass die Kriminalitätsrate in 90% der Städte geringer ist als in Ihrer Stadt, was für Sie bestimmt nichts Positives ist.

Interpretation von Percentilen

Die US-Regierung gibt in ihren Datenbeschreibungen sehr häufig Percentile an. Die Bundesbehörde zur Durchführung von Volkszählungen nannte als Median für das Jahreseinkommen pro Haushalt $ 42.228. Die Bundesbehörde gab auch verschiedene Percentile an, die in Tabelle 5.3 gezeigt werden.

Percentil	Jahreseinkommen pro Haushalt
10tes	$ 10.913
20stes	$ 17.970
50stes	$ 42.228
80stes	$ 83.500
90stes	$ 116.105
95stes	$ 150.499

Tabelle 5.3: Jahreseinkommen pro US-Haushalt in 2001

Wenn Sie diese Percentile genauer betrachten, stellen Sie fest, dass die Einkommen in der unteren Hälfte näher zusammen liegen als am oberen Rand. Der Unterschied zwischen dem 50sten und dem 20sten Percentil beträgt $ 25.000, wohingegen das 50ste und das 80ste Percentil mehr als $ 41.000 auseinander liegen. Und der Unterschied zwischen dem 10ten und dem 50sten Percentil beträgt nur $ 31.000, wohingegen der Unterschied zwischen dem 90sten und dem 50sten Percentil $ 74.000 beträgt.

Wenn Sie diese Percentile und ihre Verteilung genauer betrachten, stellen Sie fest, dass dieser Datensatz rechtsschief wäre, wenn er im Histogramm dargestellt würde. (Ein Histogramm ist ein Balkendiagramm, das die Daten in Gruppen unterteilt und die Anzahl der Werte pro Gruppe anzeigt. Mehr zu Histogrammen finden Sie in Kapitel 4.) Das liegt daran, dass die höheren Einkommen stärker streuen als die geringen Einkommen. In diesem Bericht wurde der Mittelwert nicht angegeben, weil er sehr stark von den Ausreißerwerten, d.h. von den Haushalten mit einem sehr hohen Einkommen, beeinflusst worden wäre, was den Mittelwert nach oben getrieben und die Beschreibung des Jahreseinkommens der Haushalte in den USA künstlich abgeflacht hätte.

Percentile werden in den Medien häufig angegeben. Sie können viel über die Daten aussagen, wie z.B. darüber, wie gleichmäßig die Daten verteilt sind, wie symmetrisch sie sind und welche wichtigen Meilensteine es gibt. Percentile können Ihnen einen Eindruck davon vermitteln, wo Sie mit Ihrem Testwert innerhalb eines Datensatzes stehen. Manchmal ist der Durchschnittswert nicht wichtig, so lange Sie wissen, wie weit Sie sich über oder unter dem Durchschnitt befinden. Mehr hierzu erfahren Sie in Kapitel 8.

Unabhängig davon, welche Art von Daten beschrieben wird oder welche statistischen Größen verwendet werden, sollten Sie immer daran denken, dass statistische Größen nicht alles über Daten aussagen. Sind sie jedoch gut gewählt und nicht irreführend, erhalten Sie damit rasch zahlreiche wichtige Informationen. Prinzipiell können jedoch immer Auslassungsfehler auftreten. Deshalb sollten Sie sicherstellen, dass Sie auch über weniger bekannte statistische Größen Bescheid wissen, die Ihnen wichtige Hinweise über das wahre Gesicht der Daten liefern können.

Teil III

Die Gewinnchancen ermitteln

»Okay - lasst uns die statistischen Wahrscheinlichkeiten für diese Situation durchspielen. Wir sind 4 gegen 1. Phillip wird sehr wahrscheinlich anfangen zu schreien, Nora wird wahrscheinlich ohnmächtig werden, du wirst mich wahrscheinlich anbrüllen, weil ich den Wagen offen gelassen habe, und die Wahrscheinlichkeit ist hoch, dass ich wie ein Schlappschwanz davonlaufen werde, wenn er auf uns zukommt.«

In diesem Teil ...

Werfen Sie die Würfel! In diesem Teil werden Sie in die Geheimnisse des Spielens eingeführt (und die Regel Nummer eins lautet, dass Sie aufhören sollten, wenn Sie eine Gewinnsträhne haben!). Sie lernen auch die Grundlagen der Wahrscheinlichkeitsrechnung kennen, damit Sie wissen, worauf Sie sich einlassen, wenn Sie spielen oder mit einer anderen Form von Glück oder Unsicherheit zu tun haben. Und Sie werden sehr wahrscheinlich überrascht sein, zu entdecken, dass Wahrscheinlichkeit und Intuition sich nicht immer decken!

Wie stehen die Chancen? Einführung in die Wahrscheinlichkeitsrechnung

In diesem Kapitel

▶ Wahrscheinlichkeiten im Alltag und am Arbeitsplatz sinnvoll einsetzen

▶ Grundlagen der Wahrscheinlichkeitsrechnung

▶ Was Wahrscheinlichkeitsrechnung und Intuition miteinander zu tun haben

▶ Die Verbindung zwischen der Wahrscheinlichkeitsrechnung und Statistik herstellen

*I*n diesem Kapitel entdecken Sie, wie die Wahrscheinlichkeitsrechnung in Ihrem Alltag und am Arbeitsplatz eingesetzt wird, und Sie lernen die Regel der Wahrscheinlichkeitsrechnung kennen. Sie werden sehen, dass sich Wahrscheinlichkeit und Intuition nicht immer decken und Sie werden Möglichkeiten kennen lernen, um allgemeine Fehleinschätzungen in Bezug auf die Wahrscheinlichkeitsrechnung zu umgehen. Zum Schluss erfahren Sie, was die Wahrscheinlichkeitsrechnung mit Statistik zu tun hat.

Risiken basierend auf Wahrscheinlichkeiten eingehen

Haben Sie sich jemals Fragen gestellt wie, »Wie stehen die Chancen dafür, dass dieser Fall eintritt?« Sie lesen beispielsweise, dass ein Tornado ein kleines Dorf im amerikanischen Bundesstaat Kansas gleich zwei Mal innerhalb von 50 Jahren verwüstete. Sie treffen im Flugzeug einen Freund, den Sie seit Jahren nicht gesehen haben. Sie haben an einem Tag gleich zwei platte Reifen. Ihr örtlicher Fußballverein gewinnt gegen eine überragende Konkurrenz die Kreismeisterschaften. Es ereignen sich seltsame Dinge und manchmal fragen Sie sich, wie hoch die Chancen stehen, dass dies Zufall ist. Wer hätte das jemals vorhersehen können? Wie hoch ist die Wahrscheinlichkeit, dass dies noch einmal passiert? Fragen wie diese haben mit der Wahrscheinlichkeitsrechnung zu tun.

Aber bei der Wahrscheinlichkeitsrechnung geht es nicht nur darum, ungewöhnliche Lebensereignisse vorherzusehen (obwohl dies natürlich zugegebenermaßen eine Menge Spaß macht). Es geht darum, mit dem Unbekannten in systematischer Weise umzugehen, indem die Möglichkeiten ausgelotet, die wahrscheinlichsten Szenarios ermittelt und Notfallpläne für den Fall entwickelt werden, dass das wahrscheinlichste Szenario nicht eintritt.

Das Leben besteht aus unvorhersehbaren Ereignissen, aber mit der Wahrscheinlichkeitsrechnung lässt sich die Wahrscheinlichkeit vorhersagen, mit der bestimmte Ereignisse eintreten.

Nachfolgend finden Sie einige Wahrscheinlichkeitsberechnungen, auf die Sie möglicherweise in Ihrem Alltag stoßen werden:

✔ Laut Wetterbericht wird es heute mit 80%iger Wahrscheinlichkeit regnen. Deshalb beschließen Sie, heute einen Regenmantel zu tragen.

✔ Aus Erfahrung wissen Sie, dass Sie eine grüne Welle haben, wenn Sie mit etwas überhöhter Geschwindigkeit fahren – zumindest, so lange Sie nicht erwischt werden.

✔ Auf dem Weg zur Arbeit fragen Sie sich, ob sich Ihr Assistent für heute krank melden wird, weil heute Freitag ist und ungefähr 75% seiner Krankheitstage auf einen Freitag fallen. (Sie überlegen auch, wie hoch die Chancen sind, dass Ihr Assistent Ihnen mitteilt, dass er eine neue Arbeit gefunden habe. Allerdings gehen Sie davon aus, dass dieses Ereignis wesentlich unwahrscheinlicher ist als das krankheitsbedingte Fehlen.)

✔ Sie kaufen sich in Ihrer Mittagspause ein Lotterielos, weil schließlich irgendjemand gewinnen muss und der Gewinner auch Sie sein könnten! (Übrigens stehen die Chancen, sechs Richtige plus Superzahl zu haben, bei 1:139.838.160.)

✔ Im Fernsehen hören Sie in einem Gesundheitsreport, dass Sie die Wahrscheinlichkeit der Schlaflosigkeit um 35% verringern können, wenn Sie im Laufe des Tages ein Nickerchen halten. (Sie verschlafen deshalb den Rest des Gesundheitsreports.)

✔ Sie sehen am Samstagnachmittag ein Fußballspiel Ihres Lieblingsvereins und träumen davon, dass Ihr Verein Deutscher Meister wird.

Wahrscheinlichkeiten werden von der Werbeagentur über Investment-Firmen und Regierungsbehörden bis zu Produktionsbetrieben, Krankenhäusern und Restaurants an so gut wie jedem Arbeitsplatz eingesetzt. Nachfolgend finden Sie Beispiele aus zahlreichen Bereichen:

✔ Eine kleine Firma führt eine Umfrage durch, um festzustellen, ob die Kunden das Produkt so sehr schätzen, dass sich der Aufbau eines Netzstrukturvertriebs lohnt. Klappt das, wird die Firma Geld wie Heu verdienen. Läuft das schief, geht die Firma pleite.

✔ Ein Unternehmen, das Kartoffelchips herstellt, muss sicherstellen, dass die Tüten gemäß der Spezifikation gefüllt sind. Enthalten die Tüten zu wenig Chips, kommt das Unternehmen in Schwierigkeiten, weil es die Füllmenge falsch ausgewiesen hat. Enthalten die Tüten zu viele Chips, sinkt der Gewinn des Unternehmens. Das Unternehmen fertigt Mustertüten an und ermittelt anhand von ihnen die Wahrscheinlichkeit, dass Probleme mit der Maschine auftreten.

✔ Herr Hoffnungsfroh überlegt sich, ob er als amerikanischer Präsident kandidieren soll. Aber bevor er damit beginnt, die für die Kampagne erforderlichen Millionen aufzutreiben, führt er eine Meinungsumfrage durch, um festzustellen, wie hoch seine Chancen stehen, die Wahl zu gewinnen.

✔ Ein Pharmaunternehmen hat ein neues Medikament zur Senkung von zu hohem Blutdruck entwickelt. Basierend auf den klinischen Tests an freiwilligen Versuchspersonen ermittelt das Unternehmen die Wahrscheinlichkeit, dass sich der Zustand eines Patienten durch die Einnahme des Medikaments verbessert oder ob bestimmte Nebenwirkungen auftreten.

✔ Ein Genetiker setzt die Wahrscheinlichkeitsrechnung ein, um genetische Muster und Ergebnisse für verschiedene Bereiche wie die Entwicklung neuer Ernten oder die Identifizierung von Erbkrankheiten im frühen Kindesalter zu erkennen.

✔ Ein Restaurant-Manager überlegt, wie hoch die Wahrscheinlichkeit ist, wann wie viele Kunden das Restaurant besuchen. Dann versucht er, sich entsprechend darauf vorzubereiten.

✔ Ein Börsenmakler nutzt täglich die Wahrscheinlichkeitsrechnung für seine Entscheidungsfindung. Er fragt sich beständig, ob eine bestimmte Aktie steigt oder fällt, ob er kaufen oder verkaufen sollte und was er seinen Kunden empfehlen sollte.

Grundlagen der Wahrscheinlichkeitsrechnung

Mit Wahrscheinlichkeiten haben Sie es überall zu tun. Manchmal ist es jedoch schwierig, dies zu akzeptieren, da Wahrscheinlichkeiten kontraintuitiv wirken. Um die Wahrscheinlichkeitsrechnung besser verstehen zu können, sollten Sie sich als Erstes mit den Grundregeln vertraut machen und sich ansehen, wie sie angewendet werden. Wenn Statistiker von Wahrscheinlichkeit sprechen, meinen sie damit die Wahrscheinlichkeit eines *Ergebnisses*, das eines von vielen möglichen Ergebnissen ist, die im Rahmen eines Zufallsverfahren näher untersucht werden. Sie fragen sich sicher, was ein *Zufallsverfahren* ist. Jede Art von Vorgang, dessen Ergebnis nicht genau vorhersehbar ist. Wenn Sie beispielsweise einen Würfel werfen, gibt es sechs mögliche Ergebnisse.

Die Grundlagen der Wahrscheinlichkeitsrechnung

Betrachten Sie die folgenden Grundregeln der Wahrscheinlichkeitsrechnung:

✔ Die Wahrscheinlichkeit eines Ergebnisses ergibt sich aus der prozentualen Häufigkeit, mit der das Ergebnis erwartet werden kann. Häufig lässt sich die Wahrscheinlichkeit ganz einfach berechnen, indem die Anzahl der möglichen Ergebnisse durch die Gesamtanzahl der Ergebnisse geteilt wird. Die Wahrscheinlichkeit, die Zahl 1 bei nur einem Wurf zu würfeln, ist 1 zu 6 oder 1/6 (bzw. 16,7%).

✔ Die Wahrscheinlichkeit ist immer eine Zahl oder ein Prozentwert zwischen 0% und 100%. (Beachten Sie, dass Statistiker Prozentsätze häufig als Verhältnisse ausdrücken, also als Zahlen zwischen 0 und 1.) Hat ein Ergebnis eine Wahrscheinlichkeit von 0%, kann es prinzipiell nicht eintreten. Hat ein Ereignis hingegen eine Wahrscheinlichkeit von 100%, wird es auf jeden Fall eintreten. Die meisten Wahrscheinlichkeiten liegen jedoch zwischen 0% und 100%.

✔ Die Summe der Wahrscheinlichkeiten aller möglichen Ergebnisse ist 1 oder 100%.

✔ Um die Wahrscheinlichkeit einer bestimmten Ergebnismenge zu berechnen, addieren Sie die Wahrscheinlichkeiten aller Ergebnisse aus der Ergebnismenge. Die Wahrscheinlichkeit, eine ungerade Zahl, also eine 1, 3 oder 5 mit einem einzigen Wurf zu würfeln, ergibt sich aus der Summe der Wahrscheinlichkeiten, eine 1, eine 3 und eine 5 zu würfeln. Sie liegt also bei 1/6 + 1/6 + 1/6 = 1/2 oder 50%.

✔ Das Gegenteil eines Ereignisses bilden alle möglichen anderen Ereignisse außer diesem Ereignis. Die Wahrscheinlichkeit des Gegenteils beträgt 1 minus die Wahrscheinlichkeit des Ereignisses. Die Wahrscheinlichkeit, eine 1, 2, 3, 4 oder 5 zu würfeln, ist beispielsweise das Gegenteil von der Wahrscheinlichkeit, mit einem Wurf eine 6 zu würfeln. Sie beträgt damit 1 minus die Wahrscheinlichkeit, eine 6 zu würfeln oder 1 - 1/6 = 5/6.

Ist das Gegenteil eines Ereignisses schwierig zu berechnen, ist es häufig einfacher, die Wahrscheinlichkeit des Ereignisses von 1 zu subtrahieren. Warum? Weil die Summe der Wahrscheinlichkeiten aller Ergebnisse gleich 1 ist. Deshalb muss die Wahrscheinlichkeit des Gegenteils plus der Wahrscheinlichkeit des Ereignisses den Wert 1 ergeben.

Würfeln

Das Würfelspiel *Craps* ist ein beliebtes Glücksspiel in amerikanischen Spielcasinos. Es wird mit zwei Würfeln gespielt und die Zahl 7 spielt eine wichtige Rolle. Als Ergebnis wird jeweils die Summe der Augenzahlen beider Würfel gewertet. Wenn Sie also 6 und 2 würfeln, ist das Ergebnis gleich 8. Wie Sie Tabelle 6.1 entnehmen können, hat die Summe 7 die höchste Eintrittswahrscheinlichkeit. Die Spieler setzen auf die Ergebnistabelle, die auf den Spieltisch aufgedruckt ist. Der Shooter – also der Spieler, der die Würfel wirft – wirft die Würfel. Das Ergebnis wird als »Come-Out Roll« bezeichnet. Wenn der Shooter die Summe 7 wirft, muss er die Würfel abgeben und alle anderen Spieler, die eine Wette gesetzt haben, verlieren diese. Würfelt der Shooter hingegen keine 7, darf er weiterwürfeln, bis er die Summe 7 oder ein vorher festgelegtes Gewinnergebnis würfelt (im Beispiel 8). Die Mitspieler wetten also darauf, ob die 7 gewürfelt wird, bevor die Summe kommt, auf die sie gesetzt haben. Deshalb sind alle Spieler so aufgeregt und feuern den Shooter an. Sie hoffen, dass der Shooter ihnen Glück bringt und die Kombination würfelt, auf die sie gesetzt haben.

Die Ergebnisse des Würfelns mit zwei Würfeln können Sie mit den Regeln der Wahrscheinlichkeit berechnen. Wissen Sie, welche Summen die zweithöchste Eintrittswahrscheinlichkeit haben?

Wenn zwei Würfel geworfen werden, gibt es für jeden Würfel sechs mögliche Ergebnisse und entsprechend 6 x 6 oder 36 mögliche Zahlenkombinationen. Weil im Beispiel die Summe der Augenzahlen jedes Würfels gebildet wird, gibt es elf mögliche Ergebnisse zwischen 2 (1+1) und 12 (6+6). Tabelle 6.1 zeigt die 36 möglichen Kombinationen beim Würfeln mit zwei Würfeln und die elf unterschiedlichen Summen der Augenzahlen.

Ergebnis		Ergebnis		Ergebnis		Ergebnis		Ergebnis		Ergebnis	
1, 1	2	2, 1	3	3, 1	4	4, 1	5	5, 1	6	6, 1	7
1, 2	3	2, 2	4	3, 2	5	4, 2	6	5, 2	7	6, 2	8
1, 3	4	2, 3	5	3, 3	6	4, 3	7	5, 3	8	6, 3	9
1, 4	5	2, 4	6	3, 4	7	4, 4	8	5, 4	9	6, 4	10
1, 5	6	2, 5	7	3, 5	8	4, 5	9	5, 5	10	6, 5	11
1, 6	7	2, 6	8	3, 6	9	4, 6	10	5, 6	11	6, 6	12

Tabelle 6.1: Mögliche Ergebnisse und ihre Summen beim Würfeln mit zwei Würfeln

Sie können die erste Regel der Wahrscheinlichkeitsrechnung anwenden, um die Wahrscheinlichkeit jeder möglichen Summe zu berechnen. Die Liste aller Ergebnisse und ihrer Wahrscheinlichkeiten wird als *Wahrscheinlichkeitsmodell* bezeichnet. Die Summe 7 kann beispielsweise auf sechs verschiedene Arten gewürfelt werden: (1, 6), (2, 5), (3, 4), (4, 3), (5, 2), and (6, 1). Bei 36 möglichen Kombinationen für die zwei Würfel berechnet sich die Wahrscheinlichkeit der Summe 7 als 6/36 oder 1/6. In ähnlicher Weise können Sie auch die Wahrscheinlichkeiten der anderen Summen berechnen. Das Wahrscheinlichkeitsmodell für die Summen beim Würfeln mit zwei Würfeln finden Sie in Tabelle 6.2. Wie Sie sehen, haben zwei Summen, nämlich die 6 und die 8, die zweithöchste Wahrscheinlichkeit von 5/36. Beachten Sie, dass die Summe aller Wahrscheinlichkeiten in Tabelle 6.2 gleich 1 ist. Beachten Sie außerdem, dass Wahrscheinlichkeiten ständig zunehmen, je höher die Summe wird. Die höchste Wahrscheinlichkeit ist bei der Summe 7 erreicht. Anschließend nehmen die Wahrscheinlichkeiten wieder ab.

Summe der Augenzahlen	Wahrscheinlichkeit
2	1/36
3	2/36
4	3/36
5	4/36
6	5/36
7	6/36
8	5/36
9	4/36
10	3/36
11	2/36
12	1/36

Tabelle 6.2: Wahrscheinlichkeitsmodell für das Würfeln mit zwei Würfeln

Die Gewinne basieren bei allen Glücksspielen auf Wahrscheinlichkeiten. Bei Craps können Sie beispielsweise auf die Summe der Augenzahlen wetten, die bei einem bestimmten Wurf erreicht wird. Wenn Sie auf eine Summe mit einer geringeren Eintrittswahrscheinlichkeit wetten, wie z.B. die 2, und diese Summe tatsächlich gewürfelt wird, erhalten Sie einen größeren Gewinn ausbezahlt, als wenn Sie auf eine Summe mit einer großen Eintrittswahrscheinlichkeit wetten, wie z.B. die 8. Deshalb heißt das Ganze Glücksspiel. (Mehr zu Wahrscheinlichkeiten und Glücksspielen finden Sie in Kapitel 7.)

Modelle und Simulationen

Nicht alle Wahrscheinlichkeiten lassen sich mathematisch berechnen. Es gibt jedoch noch andere Möglichkeiten, um Wahrscheinlichkeiten einzuschätzen und Vorhersagen zu treffen. So werden beispielsweise aufwändige Computermodelle eingesetzt, um die Wahrscheinlichkeit vorherzusagen, dass ein Hurrikan die amerikanische Küste erreicht und, falls er sie erreicht, wann und wo. Solche Computermodelle basieren auf Daten, die anhand des Verhaltens früherer Hurrikane erhoben werden, sowie der aktuellen Wetterbedingungen und vielen anderen Variablen. Wissenschaftler geben diese ganzen Daten in ein mathematisches Modell ein, mit dem versucht wird, vorherzusagen, wie der Hurrikan sich verhalten wird. In diesem Bereich muss zwar noch viel geleistet werden, es werden jedoch ständig neue Fortschritte erzielt. Modelle wie diese könnten Leben und Besitztümer retten und vor Schaden schützen, wenn die Bevölkerung rechtzeitig wüsste, was auf sie zukommt, und sich entsprechend vorbereiten würde.

Andere Modelle basieren auf Beobachtungsdaten. Eine Abteilung der amerikanischen Bundesbehörde zur Durchführung von Volkszählungen erfasst beispielsweise die Zusammensetzung amerikanischer Haushalte, um einen Eindruck von der Zusammensetzung der amerikanischen Bevölkerung zu erhalten. Im Jahr 2001 wurde eine solche Erhebung beispielsweise in der Stadt Columbus im Bundesstaat Ohio durchgeführt. Dabei wurde geprüft, wie sich die einzelnen Haushalte zusammensetzen. Mögliche Haushaltsarten waren Ehepaare mit Kindern, andere Familienformen, Alleinstehende und andere Haushalte ohne Familie. Die Daten werden in Abbildung 6.1 zusammengefasst. Die Ergebnisse aus einer Stichprobe von Haushalten können als Wahrscheinlichkeitsmodell für die Zusammensetzung aller Haushalte in Columbus, Ohio, im Jahr 2001 gewertet werden.

Weil 35% der Haushalte aus der Stichprobe in die Kategorie »Ehepaar mit Kindern« fielen, liegt die Wahrscheinlichkeit, dass ein zufällig ausgewählter Haushalt in Columbus, Ohio, ein Ehepaar mit Kindern ist, bei 35%. Anhand der Regeln der Wahrscheinlichkeit lassen sich weitere Aussagen über die Haushalte in Columbus, Ohio, im Jahr 2001 treffen. Wie hoch ist beispielsweise die Wahrscheinlichkeit, dass ein zufällig ausgewählter Haushalt überhaupt aus einer Familie besteht? Um diese Wahrscheinlichkeit zu berechnen, müssen Sie die Wahrscheinlichkeit, ein Ehepaar mit Kindern zu wählen (35%), zur Wahrscheinlichkeit, eine andere Familienform zu wählen (20%), addieren. Die Wahrscheinlichkeit, dass ein zufällig ausgewählter Haushalt in Columbus, Ohio, im Jahr 2001 eine Familie ist, liegt also bei 35% + 20%

= 55%. (Die Wahrscheinlichkeit, einen Haushalt auszuwählen, in dem keine Familie lebt, liegt also bei 100% - 55% oder 45%.)

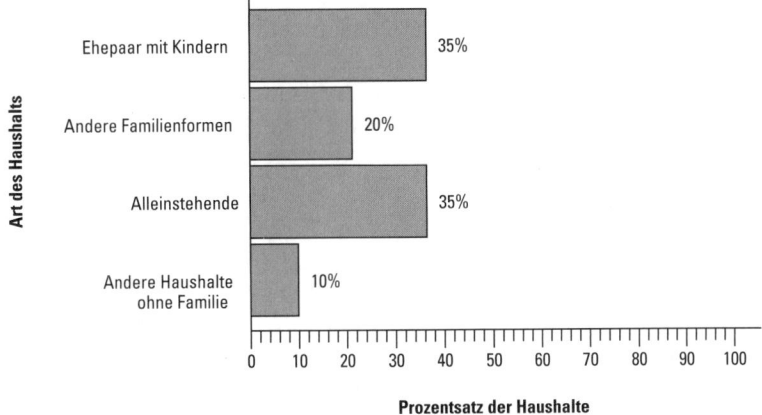

Abbildung 6.1: Zusammensetzung der Haushalte in Columbus, Ohio, in 2001

Das Wahrscheinlichkeitsmodell aus Abbildung 6.1 sollte nicht auf andere Gemeinden angewendet werden, weil die Stichprobe der Haushalte nur aus dem Ort Columbus stammt. Es wäre unzulässig, die Ergebnisse auf eine Grundgesamtheit anzuwenden, die nichts mit der Stichprobe zu tun hat. (Mehr zu Umfragen und zu Aussagen, die über die Grundgesamtheit getroffen werden können, erfahren Sie in Kapitel 16.)

Simulationen stellen eine weitere Möglichkeit dar, um Wahrscheinlichkeiten einzuschätzen, wenn keine Formeln angewendet werden können. In einer *Simulation* wird ein Vorgang unter den gleichen Bedingungen ständig wiederholt (in der Regel von einem Computer), und bei jedem Durchgang werden die Ergebnisse aufgezeichnet. Die Wahrscheinlichkeit eines Ergebnisses wird anhand der prozentualen Häufigkeit geschätzt, mit der das Ergebnis in den Simulationen aufgetreten ist. Ein Sportfan, der zu viel Zeit hatte, simulierte beispielsweise Tausende Fußballspiele auf seinem Computer und benutzte diese Simulationen, um mit einer Wahrscheinlichkeit von 95% vorherzusagen, dass sein Lieblingsfußballclub Deutscher Meister wird. Leider war seine Vorhersage falsch und seine Mannschaft gelangte nur auf einen hinteren Platz. Dies zeigt, dass Sie mit Sicherheit nur sagen können, dass das Ergebnis unsicher ist.

Interpretation von Wahrscheinlichkeiten

Eine Wahrscheinlichkeit kann auf zwei Arten interpretiert werden: als kurzfristige und als langfristige Wahrscheinlichkeit. Bei der kurzfristigen Wahrscheinlichkeit wird angegeben, mit welcher Wahrscheinlichkeit beim nächsten Versuch ein bestimmtes Ergebnis erzielt wird oder ein bestimmtes Ereignis eintritt. Ein Meteorologe kann beispielsweise vorhersagen, dass es morgen mit 40%iger Wahrscheinlichkeit regnen wird.

Die Wahrscheinlichkeit gibt außerdem die prozentuale Häufigkeit an, mit der ein Ereignis langfristig auftreten wird, das heißt, wenn ein Experiment über einen längeren Zeitraum unter den gleichen Bedingungen wiederholt wird. Die 40%ige Wahrscheinlichkeit, dass es morgen regnet, kann auch so gewertet werden, dass es über einen längeren Zeitraum betrachtet an Tagen mit den gleichen Bedingungen in 40% der Fälle geregnet hat.

Fehleinschätzungen vermeiden

Die Grundregel der Wahrscheinlichkeitsrechnung klingt ziemlich einfach. Wahrscheinlichkeiten verhalten sich jedoch häufig kontraintuitiv. In diesem Abschnitt erfahren Sie mehr über allgemeine Fehleinschätzungen, die viele in Bezug auf Wahrscheinlichkeiten haben.

Das sieht wahrscheinlicher aus

Wenn Sie eine Liste möglicher Ergebnisse einer Folge von Münzwürfen aufschreiben müssten, würden Sie wohl kaum die Folge KZZZZK aufschreiben (»K« bedeutet »Kopf« und »Z« bedeutet »Zahl«), weil diese Folge nicht sehr zufällig aussieht. Diese Folge hat jedoch die gleiche Eintrittswahrscheinlichkeit wie alle anderen Folgen. Das liegt daran, dass die Wahrscheinlichkeit, Kopf zu werfen, gleich hoch ist wie die Wahrscheinlichkeit, Zahl zu werfen. Wenn Sie nun die Wahrscheinlichkeit, bei sechs Würfen zwei Mal Kopf zu werfen, mit der Wahrscheinlichkeit, sechs Mal Kopf zu werfen, vergleichen würden, würden Sie unterschiedliche Werte erhalten. Die Wahrscheinlichkeit, bei sechs Würfen zwei Mal Kopf zu werfen, ist höher, weil es mehr Möglichkeiten gibt, dieses Ergebnis zu erreichen, als bei sechs Würfen jedes Mal Zahl zu würfeln.

Bei der Lotterie hat die Zahlenfolge 1, 2, 3, 4, 5, 6 die gleiche Gewinnchance wie jede andere Zahlenkombination aus sechs Zahlen. Es sieht jedoch nicht so aus, als würde diese Kombination jemals gezogen werden. Tatsache ist jedoch, dass jede andere Kombination genauso unwahrscheinlich ist wie diese. Wenn Sie jedoch mit dieser Zahlenkombination gewinnen, werden Sie den Gewinn sehr wahrscheinlich mit niemandem teilen müssen.

Kurz- und langfristige Vorhersagen

Wahrscheinlichkeiten eignen sich sehr gut, um langfristiges Verhalten vorherzusagen, sind jedoch etwas ungeeignet, um kurzfristige Ergebnisse vorherzusehen. Wenn ein Ereignis nicht die Wahrscheinlichkeit 0 hat, wissen Sie, dass es langfristig irgendwann eintreten muss. Je nachdem, wie hoch die Eintrittswahrscheinlichkeit ist, wissen Sie ungefähr, wie lange Sie warten müssen. Ganz sicher sein können Sie natürlich nicht. Das macht die Wahrscheinlichkeit so interessant und sorgt dafür, dass Spieler immer wieder ihr Glück versuchen.

Angenommen, Sie werfen sechs Mal eine Münze und erzielen dabei sechs Mal in Folge Kopf. Was glauben Sie, werden Sie beim nächsten Mal werfen? Kopf oder Zahl? Sie glauben sehr wahrscheinlich, dass Sie dieses Mal die Zahl werfen müssen und schreiben deshalb der Zahl eine höhere Wahrscheinlichkeit zu als dem Kopf. Tatsächlich ändert sich jedoch die Wahrscheinlichkeit nie, Kopf oder Zahl zu werfen. Sie liegt immer bei 50%, unabhängig vom Ergebnis des letzten Wurfs. Wenn Sie eine Münze sehr häufig werfen, zeigt sich, dass Sie davon ausgehen können, dass in 50% der Fälle der Kopf und in den anderen 50% der Fälle die Zahl oben liegt. Sie können jedoch nicht vorhersagen, wann Sie Kopf oder Zahl werfen werden. (Selbst wenn es so wirkt, als ob beim nächsten Mal Zahl kommen muss, liegt die Wahrscheinlichkeit nach wie vor bei 50%). Eventuell beginnen Sie plötzlich, nur noch die Zahl zu werfen. Aber Sie können niemals vorhersagen, wann dies geschehen wird.

Die Chancen stehen 50:50

Ein falsche Auffassung, die häufig vorherrscht, besteht in dem Glauben, dass für jede Situation mit zwei möglichen Ergebnissen wie beim Werfen der Münze die Wahrscheinlichkeit von 50:50 besteht, eines der beiden Ergebnisse zu erzielen. Dies ist jedoch häufig nicht der Fall. Nicht jede Situation mit zwei möglichen Ergebnissen entspricht dem Werfen einer Münze. In vielen Situationen ist die Wahrscheinlichkeit von einem der beiden Ergebnisse höher als die des anderen Ergebnisses.

Denken Sie beispielsweise an eine computergesteuerte Fußgängerampel an einer stark befahrenen Straße. Liegt die Wahrscheinlichkeit, dass die Fußgängerampel auf grün schaltet, bei 50%? Nein. Wenn sehr viel Verkehr vorherrscht, wird der Verkehr seltener unterbrochen und die Fußgänger müssen länger warten, bis sie die Straße überqueren können. Betrachten Sie nun ein Beispiel aus dem Sport. Liegt die Wahrscheinlichkeit, dass ein Basketballspieler, der von der Freiwurflinie abwirft, den Korb trifft, bei 50%? Die Chancen stehen nur dann 50:50, wenn die Wahrscheinlichkeit des Spielers, bei einem Freiwurf den Korb zu treffen, über viele Würfe hinweg 50% beträgt. Sehr wahrscheinlich ist die Wahrscheinlichkeit, zu treffen, jedoch höher.

Interpretation seltener Ereignisse

Die Wahrscheinlichkeit kann zu einem Streitpunkt werden. Dies gilt insbesondere bei seltenen Ereignissen. Ein seltenes Ereignis hat eine geringe Eintrittswahrscheinlichkeit. Aber was bedeutet das? Es bedeutet, dass das Ereignis auf eine Einzelsituation oder Person bezogen eher unwahrscheinlich ist. Wiederholt sich die Situation jedoch über einen längeren Zeitraum sehr oft oder werden genügend Personen betrachtet, wird das Ereignis irgendwo oder irgendwann auftreten. Diese Tatsache kommt ins Spiel, wenn in einer Stadt mehrere Personen an einer seltenen Krankheit erkranken und Sie herausfinden müssen, ob es dafür eine spezielle

Ursache gibt, wie z.B. die Luft, das Wasser, der Boden etc., oder ob es sich nur um einen Zufall handelt – wovon die meisten Menschen nicht ausgehen.

Weil es sehr unwahrscheinlich wirkt, dass ein seltenes Ereignis tatsächlich eintritt, versuchen die meisten Menschen, andere Ursachen für das Auftreten des Ereignisses zu finden. Manchmal trifft dies zwar zu, in anderen Fällen handelt es sich jedoch lediglich um eine zufällige zeitliche Übereinstimmung. Lässt sich aus einem Anstieg der Jahresdurchschnittstemperatur in drei aufeinander folgenden Jahren eine globale Erwärmung ablesen? Wenn auf einem Bauernhof in einem Jahr zwei Kühe Kälber mit zwei Köpfen gebären, ist dies dann ein Anzeichen dafür, dass alle Kühe von einer Krankheit befallen sind? Ab welcher Anzahl von Reifenpannen muss ein Reifenrückruf gestartet werden? Wenn Sie ein Ereignis betrachten, nachdem es aufgetreten ist, und sich dann fragen, wie hoch die Wahrscheinlichkeit war, dass es eingetreten ist, müssen Sie ganz anders vorgehen, als wenn Sie wissen, dass dieses Ereignis in der Zukunft irgendwann auftreten wird.

Wenn Sie beispielsweise eine Münze häufig genug werfen, werden sich sehr wahrscheinlich rein zufällig eine längere Folge von Köpfen einstellen. Davon kann ausgegangen werden. Und weil die Münze nicht gezinkt ist, können Sie nichts anderes als den Zufall dafür verantwortlich machen. Die Medien versuchen jedoch häufig, ein Muster zu sehen, wenn ein Ereignis häufiger als zwei Mal auftritt, wie z.B. der Kindesmissbrauch in einem Land, Feuer in Nachtclubs oder das Auftreten einer seltenen Erkrankung in einer Stadt. Ich möchte nicht behaupten, dass es für derartige Probleme prinzipiell keinen Kausalzusammenhang gibt, es muss jedoch nicht bei allen Ereignissen, die geballt auftreten, auf einen Kausalzusammenhang geschlossen werden. Interessant ist auch die Tatsache, dass die Wahrscheinlichkeit von seltenen Ereignissen anders interpretiert wird, wenn es sich bei dem seltenen Ereignis um etwas Gutes handelt, wie z.B. um einen Lottogewinn, was sich in Aussagen niederschlägt wie »Irgendjemand muss schließlich gewinnen, warum also nicht ich?« Bei schlechten Ereignissen, wie z.B. bei einem Golfturnier vom Blitzschlag getroffen zu werden, denken die meisten Menschen hingegen »Die Wahrscheinlichkeit, dass das eintritt, liegt bei 1:1 Million. Warum sollte es also gerade mir passieren?« Diese Vorgehensweise entspricht möglicherweise der menschlichen Natur. Die menschliche Natur hat jedoch nicht viel mit den Gesetzen der Wahrscheinlichkeit gemeinsam.

Um Fehleinschätzungen zu vermeiden, sollten Sie immer an folgende Punkte denken:

- ✔ Die Wahrscheinlichkeitsrechnung eignet sich nicht zur Vorhersage kurzfristiger Ereignisse. Sie zeigt ihre Stärken eher bei der Vorhersage von langfristigem Verhalten.

- ✔ Gibt es nur zwei mögliche Ergebnisse, muss die Eintrittswahrscheinlichkeit jedes Ergebnisses nicht notgedrungen bei 50% liegen.

- ✔ Wenn eine Folge von seltenen Ereignissen auftritt, kann dies auch Zufall sein. Seltene Ereignisse müssen irgendwann irgendwo auftreten, wenn genügend Zeit und Personen verfügbar sind.

✔ Wenn Sie einen Vorgang unter denselben Bedingungen ständig wiederholen, gibt es keine »Gewinnsträhne«. Die Wahrscheinlichkeit kennt kein Gedächtnis.

✔ Folgen von Ergebnissen, die »zufälliger« aussehen als andere, haben häufig dieselbe Eintrittswahrscheinlichkeit wie Ergebnisfolgen, die nicht so zufällig aussehen. So könnten Sie beispielsweise glauben, dass die Folge KZZZZK beim Werfen einer Münze seltener vorkommt als die Folge KZZZKZ, weil sie »nicht so zufällig« aussieht. Die Eintrittswahrscheinlichkeit ist jedoch bei beiden Folgen gleich, weil jede Folge zwei Köpfe und vier Zahlen enthält und die Reihenfolge bei der Berechnung der Wahrscheinlichkeit keine Rolle spielt.

Die Verbindung zwischen der Wahrscheinlichkeitsrechnung und Statistik herstellen

Möglicherweise denken Sie jetzt, dass die Wahrscheinlichkeitsrechnung ja zwar ganz interessant ist, Sie fragen sich jedoch, was das mit Statistik zu tun hat. Gute Frage. Es mag zwar nicht so offensichtlich sein, aber die Wahrscheinlichkeitsrechnung und die Statistik passen zusammen wie Topf und Deckel. Es werden zunächst Daten anhand einer Stichprobe von Testpersonen erhoben. Anschließend werden statistische Größen zur Beschreibung dieser Daten berechnet. Damit hört das Ganze jedoch nicht auf. Im nächsten Schritt setzen Sie die Statistik ein, um Vorhersagen zu treffen, um Schlussfolgerungen zu ziehen und um Entscheidungen über die Grundgesamtheit zu treffen, aus der die Stichprobe stammt. Und hier kommt die Wahrscheinlichkeitsrechnung ins Spiel.

Schätzwerte

Daten werden häufig gesammelt, um Bevölkerungsanteile oder Durchschnittswerte besser einschätzen zu können. Ärzte schätzen beispielsweise die Wahrscheinlichkeit eines Patienten ein, einen Herzinfarkt zu erleiden, indem sie zunächst das Gewicht, den Body Mass Index (BMI, deutsch Körperfettanteil), das Geschlecht, den genetischen Hintergrund, die Ernährung, die körperliche Ertüchtigung und Ähnliches erheben. Dann vergleichen sie die Werte mit den Daten, die von Personen mit ähnlichen Merkmalen gesammelt wurden, und errechnen die Wahrscheinlichkeit oder das Risiko des Patienten, innerhalb einer bestimmten Zeitdauer einen Herzinfarkt zu erleiden. Ingenieure schätzen die durchschnittliche Anzahl der Autos, die einen bestimmten Autobahnabschnitt in der Hauptverkehrszeit durchfahren, indem sie Verkehrsdaten über Verkehrsbeobachtungen aufzeichnen. Nachdem die Daten gesammelt wurden, lässt sich anhand der Wahrscheinlichkeitsrechnung vorhersagen, wie stark die Stichprobe von Stichprobe zu Stichprobe, von Tag zu Tag, von Stunde zu Stunde etc. abweichen wird.

Vorhersagen

Die Statistik wird eingesetzt, um Vorhersagen aller Arten zu machen. Dies reicht von der Wettervorhersage zu Vorhersagen über Trends in der Bevölkerungsentwicklung bis zu Vorhersagen über die Verbreitung von Krankheiten oder von der Entwicklung des Aktienmarktes. Es werden immer Daten über einen bestimmten Zeitraum gesammelt, die dann analysiert werden, um ein Modell zu finden, das die Daten nicht nur gut erklärt, sondern das auch Vorhersagen für die nahe Zukunft erlaubt. Anhand der Wahrscheinlichkeitsrechnung kann eingeschätzt werden, wie genau diese Vorhersagen erwartungsgemäß sein werden. Die Wahrscheinlichkeitsrechnung hilft Wissenschaftlern außerdem dabei, auf der Basis vorhandener Daten zu entscheiden, welches Szenario die höchste Eintrittswahrscheinlichkeit hat.

Die amerikanische Bundesbehörde zur Durchführung von Volkszählungen stellt beispielsweise Prognosen für die Bevölkerungsentwicklung in den USA bis in das Jahr 2100 bereit. Im Jahr 2000 wurde beispielsweise für das Jahr 2003 eine Gesamtbevölkerung von 282.798.000 vorhergesagt. Im Mai 2003 hatte die USA jedoch bereits 291.065.455 gezählt und war noch immer mit Zählen beschäftigt. Die Prognose wich also um 8,3 Millionen Menschen von der tatsächlichen Situation ab, was einem Prozentsatz von 2,8% der Gesamtbevölkerung entspricht. Es ist ziemlich schwierig, die Bevölkerungsentwicklung in den USA vorherzusagen. Es ist schon schwer, die Anzahl der Menschen zu erheben, die bereits jetzt im Land leben! (Übrigens beträgt die durch die amerikanische Bundesbehörde zur Durchführung von Volkszählungen prognostizierte Gesamtbevölkerung der USA im Jahr 2100 570.954.000 Bürger.)

Entscheidungsfindung

Bei der Entscheidungsfindung werden häufig statistische Größen und Wahrscheinlichkeiten eingesetzt. Die Durchführung einer medizinischen Behandlung wird häufig auf der Basis des prozentualen Anteils an Patienten entschieden, die durch die Behandlung eine Besserung erfuhren. Die Wahrscheinlichkeit, dass die Behandlung auch dem nächsten Patienten helfen wird, wird basierend auf dem Prozentsatz der Patienten berechnet, bei denen die Behandlung erfolgreich verlief. Die meisten Formulare zum Haftungsausschluss, die vor einem chirurgischen Eingriff unterschrieben werden müssen, weisen auf mögliche Nebeneffekte oder Komplikationen hin und geben einen Hinweis darauf, wie häufig solche Fälle eintreten. (Mehr zu medizinischen Studien erfahren Sie in Kapitel 17.)

Qualitätskontrolle

Andere Entscheidungen, bei denen die Wahrscheinlichkeitsrechnung berücksichtigt wird, werden im Produktionsprozess getroffen. Viele produzierende Unternehmen führen eine Qualitätskontrolle durch, bei der sie Stichproben aus den Produkten entnehmen, die das Band verlassen, und dann die Produktqualität anhand von vorher festgelegten Kriterien prüfen. Die Wahrscheinlichkeitsrechnung wird eingesetzt, um zu entscheiden, ob das Unternehmen den Produktionsprozess wegen eines Qualitätsproblems stoppen muss. Die Unterschiede zwischen dem zufällig ausgewählten Produkt und den Spezifikationen können entweder zufällig bedingt sein oder durch einen Fehler im Produktionsprozess hervorgerufen werden. Wird die Produktion unnötig gestoppt, kostet dies Zeit und Geld. Wird die Produktion hingegen nicht gestoppt, obwohl es nötig gewesen wäre, kostet dies das Unternehmen Kundenzufriedenheit. Um eine so wichtige Entscheidung im Produktionsprozess zu treffen, wird die Wahrscheinlichkeitsrechnung zu Hilfe genommen. (Mehr zum Thema Qualitätskontrolle finden Sie in Kapitel 19.)

Wenn die Ergebnisse aus einer Stichprobe auf die Grundgesamtheit generalisiert werden, wird die Wahrscheinlichkeitsrechnung eingesetzt, um die Genauigkeit einer solchen Generalisierung einschätzen zu können. Die Wahrscheinlichkeitsrechnung wird außerdem genutzt, um zu entscheiden, welche Schlussfolgerungen nahe liegen und warum dies so ist. Wenn eine Entscheidung in einer Situation mit einem unbekannten Ergebnis getroffen werden muss, wird die Wahrscheinlichkeitsrechnung eingesetzt, um die Beweiskraft der Daten einschätzen zu können und um zu wissen, wie hoch die Chancen stehen, dass die Entscheidung richtig war. (Mehr hierzu finden Sie in Kapitel 14.)

Auf Gewinn spielen

In diesem Kapitel

▶ So machen Kasinos ihr Geld
▶ Wahrscheinlichkeitsrechnungen, auf denen Glücksspiele basieren
▶ Tipps für Glücksspieler

Las Vegas ist einer der aufregendsten Orte der Welt. Ich habe jedoch den Eindruck, dass die preisgünstigen All-you-can-eat-Büffets und die majestätischen römischen Gladiatoren, die im Caesar's Palace umherstreifen, nicht die Hauptattraktionen sind (obwohl beides empfehlenswert ist)! Las Vegas ist unbestritten ein Spielerparadies und der Ort, den Sie aufsuchen sollten, wenn Sie das Gefühl haben, das Glück stehe auf Ihrer Seite, und Sie eine Menge gewinnen wollen. Die Tatsache, dass die meisten Leute, die in Las Vegas ihr Glück suchen, als Verlierer zurückkommen, hält die Horden potenzieller Gewinner jedoch nicht ab, die sich jeden Tag mit einem Gefühl der Hoffnung und der Überschwänglichkeit nach Nevada auf den Weg machen. Schließlich muss ja einer mal gewinnen. Und das können auch Sie sein. Ich kann Ihnen zwar nicht versprechen, Sie in Vegas zum großen Gewinner zu machen (oder an irgendeinem anderen Ort, an dem Sie versuchen, Ihr Glück zu machen), ich kann Ihnen jedoch garantieren, dass es Ihnen helfen wird, zu wissen, worauf Sie sich einlassen, und ich kann Ihnen zumindest ein paar Tipps geben, die Ihnen helfen, nicht so viel zu verlieren.

Warum Kasinos Gewinne machen

Kasinos sind wundervoll. Mit ihren Maschinen in strahlenden Farben, den blinkenden Lichtern, den aufregenden Geräuschen und den glücklichen Bedienungen und der Tatsache, dass Sie nirgends Uhren oder Fenster finden werden (schließlich sollen Sie nicht merken, wie viel Zeit Sie hier verbringen), strahlen sie eine aufregende Atmosphäre aus. Von der Gestaltung der Gebäude (um zu einer Toilette zu gelangen, müssen Sie an unzähligen Spielautomaten vorbeigehen) bis zum Muster der Teppiche (die Muster sind absichtlich sehr belebt gehalten, weil die Besitzer möchten, dass Sie nicht auf den Boden, sondern auf die Attraktionen blicken und sich schnell zu Ihrem nächsten Abenteuer weiterbewegen) ist alles wohl durchdacht.

Die Glücksspielindustrie hat ihre Sache zu einer Wissenschaft gemacht und diejenigen, die Spielhöllen betreiben, wissen sehr genau, was sie tun. Sie bieten Ihnen eine großartige Unterhaltung und die Möglichkeit, große Gewinne zu machen. Alles, was Sie tun müssen, ist spielen. Vielen Menschen lassen sich von der Möglichkeit verlocken, mehrere Tausend Dollar oder ein neues Auto zu gewinnen, indem sie den Knopf eines Spielautomaten drücken oder im Blackjack gewinnen. Selbstverständlich besteht die Möglichkeit, zu gewinnen. Aber wenn jeder das große Geld gewinnen würde, könnten die Kasinos nicht weiter bestehen. Die Kasino-Betreiber müssen also nach Wegen suchen, Ihnen Ihr Geld abzunehmen. Und das machen sie, indem sie mit Regeln arbeiten, die ihnen langfristig eine größere Gewinnchance einräumen als Ihnen. Zunächst wird sichergestellt, dass derjenige, der einen Gewinn macht, einen großen Gewinn macht, um Sie dazu zu ermutigen, so lange wie möglich im Kasino zu bleiben. Die Betreiber wissen, dass ihre Chancen, Ihnen Ihr Geld abzunehmen, wachsen, je länger Sie sich im Kasino aufhalten.

Es gibt Hunderte von Büchern darüber, wie Kasinos geschlagen werden können. Jeder Autor möchte Sie glauben machen, dass Sie mit seiner Strategie wirklich große Gewinne machen. Tatsächlich kann selbst das beste Buch Ihnen nur helfen, nicht allzu viel zu verlieren, weil die Spiele so eingerichtet sind, dass die Bank (das Kasino) immer im Vorteil ist. Dieser Vorteil ist bei einigen Spielen wie Blackjack nur gering. Mit anderen Spielen wie z.B. bei Spielautomaten machen Kasinos entgegen aller Gerüchte jedoch 80% ihres Gesamtgewinns. Die wichtigste Regel bei Spielen ist, dass Sie aufhören sollten, wenn Sie dabei sind, zu gewinnen. Wenn jeder diese Regel beherzigen würde, gäbe es keine Kasinos mehr. Aber das wird natürlich nie passieren, weil es schwer ist, aufzuhören, wenn man glaubt, eine Gewinnsträhne zu haben.

Eine gute Strategie, Ihre Verluste zu verringern, kann beispielsweise darin bestehen, aufzuhören, bevor Sie zu viel verlieren, anstatt zu hoffen, dass sich das Glück zu Ihren Gunsten wenden wird und Sie Ihr Geld zurückgewinnen können. Wenn Sie nicht rechtzeitig aufhören, verlieren Sie am Ende doppelt. Kasinos setzen darauf, dass Sie ohne Rücksicht auf Verluste weiterspielen und sich so ihre Chancen vergrößern, immer mehr von Ihrem Geld einzunehmen. Wenn Sie sich die verschwenderischen Kasinos einmal ansehen, die in Las Vegas neu gebaut werden, scheint es so, als ob die Wette für die Kasinos aufginge.

Was können Sie tun, um Ihre Chancen, zu verlieren, zu verringern oder um möglichst wenig zu verlieren? Sie sollten sich eine Grenze setzen, bevor Sie anfangen zu spielen. Eine solche Grenze könnte beispielsweise darin bestehen, aufzuhören, wenn Sie gewonnen haben oder wenn Sie eine bestimmte Summe verloren haben. Und dann sollten Sie sich an Ihren Entschluss halten. Hören Sie auf, wenn Sie gewinnen oder bevor Sie zu tief sinken. Setzen Sie sich Limits, bevor Sie anfangen zu spielen.

Hilfreiche Kenntnisse in Wahrscheinlichkeitsrechnung

Zu den wichtigsten Dingen, die Sie beim Spielen einsetzen können, gehören Kenntnisse über Ihre Gewinnchancen und Wissen darüber, was diese Gewinnchancen bedeuten. Die Regeln der Wahrscheinlichkeitsrechnung stimmen nicht immer mit Ihrer Intuition überein. Und sicher wollen Sie nicht, dass Ihre Intuition Sie davon abhält, Ihr Geld zu behalten. (Mehr zum Zusammenhang zwischen der Wahrscheinlichkeitsrechnung und Statistik finden Sie in Kapitel 6.)

Nachfolgend finden Sie einige falsche Auffassungen in Bezug auf Wahrscheinlichkeiten:

- ✔ In jeder Situation mit zwei möglichen Ergebnissen stehen die Chancen 50:50, eines der beiden Ergebnisse zu erzielen (Ihre Gewinnchance und die Chance, zu verlieren, liegen beide bei 50%).

- ✔ Eine Zahlenfolge wie 1, 2, 3, 4, 5, 6 kann beim Lotto nie gewinnen, weil sie nicht zufällig genug gewählt ist.

- ✔ Wenn Sie 100 Lottoscheine statt einen ausfüllen, erhöhen Sie Ihre Gewinnchance.

- ✔ Wenn Herr und Frau Müller bereits drei Töchter haben, stehen die Chancen gut, dass das nächste Kind ein Junge wird.

- ✔ Je länger Sie an diesem Spielautomaten spielen, desto höher ist die Wahrscheinlichkeit, dass Sie am Ende gewinnen.

In diesem Abschnitt zeige ich Ihnen, warum es sich um Fehleinschätzungen handelt. Wenn Sie besser über die Realität einer Spielsituation Bescheid wissen und wissen, was Sie erwartet, können Sie entsprechend planen. Möglicherweise geht dabei etwas von der aufregenden und magischen Atmosphäre verloren, aber es erklärt auch, warum Statistiker in der Regel keine zwanghaften Spieler sind (zumindest sind mir keine bekannt). Die Kasino-Betreiber in Las Vegas stört es sicher nicht, wenn die Statistiker dort keine Tagung mehr abhalten, weil sie bei ihrer letzten Tagung sowieso nicht viel Geld ausgegeben haben. (Ich persönlich habe am Spielautomaten nur einen Cent pro Spiel eingesetzt. Zumindest hatte ich so länger etwas von meinen $ 20.)

Die Chance 50:50

Wenn Sie eine nicht gezinkte Münze werfen, hat sie auf der einen Seite einen Kopf und auf der anderen eine Zahl. Wie hoch ist die Chance, dass der Kopf oben ist? Sie liegt bei 50%. Wenn Sie auf das Ergebnis beim Münzwurf wetten würden, lägen Ihre Gewinnchancen bei 50:50. Woran liegt das? Das liegt daran, dass es zwei mögliche Ergebnisse gibt, nämlich Kopf oder Zahl, und beide Ergebnisse gleich wahrscheinlich sind. Ganz ähnlich verhält es sich bei Eltern, die ein Baby erwarten. Auch hier gibt es zwei mögliche Ergebnisse: Das Baby kann ein Junge oder ein Mädchen sein. Jedes Ergebnis ist gleich wahrscheinlich. Deshalb stehen die Chancen, eine Tochter zu bekommen, bei 50:50. Wenn Sie hingegen ein Los kaufen, gibt es ebenfalls zwei Ergebnisse: Gewinnen und Verlieren. Stehen Ihre Gewinnchancen hier ebenfalls 50:50? Nein. Warum nicht? Weil Sie nicht die einzige Person sind, die ein Los gekauft hat.

Die folgenden vier Regeln der Wahrscheinlichkeitsrechnung helfen, etwas Licht ins Dunkel zu bringen:

- ✔ Die Wahrscheinlichkeit, dass ein bestimmtes Ergebnis auftritt, entspricht der prozentualen Häufigkeit, in der das Ergebnis langfristig eintreten wird, wenn sich bestimmte Bedingungen immer wiederholen.

✔ Wahrscheinlichkeiten sind immer Zahlen zwischen 0 und 1. Eine Wahrscheinlichkeit von 0 bedeutet, dass das Ergebnis nicht auftreten kann. Eine Wahrscheinlichkeit von 1 hingegen bedeutet, dass das Ergebnis sicher eintreten wird.

✔ Die Summe aller Wahrscheinlichkeiten muss 1 ergeben. Deshalb ist die Wahrscheinlichkeit, dass ein Ergebnis nicht eintritt, gleich 1 minus der Wahrscheinlichkeit, dass das Ergebnis eintritt.

✔ Die Wahrscheinlichkeit eines Ereignisses (einer Kombination von Ergebnissen) entspricht der Summe der Wahrscheinlichkeiten für jedes Einzelergebnis, aus dem sich das Ereignis zusammensetzt.

Beim Münzwurf gibt es zwei mögliche Ergebnisse: Kopf oder Zahl. Der Kopf kann nur in einer Art und Weise auftreten und die Zahl ebenfalls. Entsprechend ist die Gesamtanzahl möglicher Ergebnisse 2. In diesem Fall ist die Wahrscheinlichkeit, dass der Kopf oben ist, gleich 1/2 oder 50%. Das Gleiche gilt für die Zahl. Die Chancen für jedes Ergebnis stehen also 50:50.

Wenn Sie jedoch die erste Regel genauer betrachten, sehen Sie, warum nicht für jedes Ereignis mit zwei möglichen Ergebnissen die Chancen 50:50 stehen. Wenn Sie sich ein Los bei einer Tombola mit nur einem Hauptgewinn kaufen, können Sie nur auf eine Art gewinnen, weil der Hauptgewinn nur einmal gezogen werden kann. Angenommen, es wurden 1.000 Lose verkauft, können Sie jedoch auf 999 Arten verlieren, weil die restlichen Lose alle Nieten sind. Die Gesamtanzahl der Ergebnisse ist also 1.000. Das heißt, dass Ihre Gewinnchance bei 1/1000 oder 0,001 liegt und Ihre Chance, zu verlieren, bei 999/1000 oder 0,999. Es gibt zwar nur zwei mögliche Ergebnisse, nämlich den Hauptgewinn oder eine Niete zu ziehen, die Wahrscheinlichkeit der Ergebnisse unterscheidet sich jedoch stark. Es handelt sich also nicht um eine Situation, in der die Chancen 50:50 stehen.

Im Leben gibt es nur sehr wenig Situationen, in denen die Chancen tatsächlich 50:50 stehen, denn dazu müssen die beiden Ergebnisse tatsächlich die gleiche Wahrscheinlichkeit haben, nämlich 50%. In den meisten Situationen mit zwei möglichen Ergebnissen ist eines der Ergebnisse jedoch weniger wahrscheinlich als das andere.

Gewinnzahlen ziehen

Angenommen, Sie wollen Lotto spielen. Sie haben erfahren, dass der Jackpot _ 20 Millionen enthält, und Sie haben vor, mehr Tipps abzugeben als üblich, um Ihre Gewinnchancen zu erhöhen. Und nun müssen Sie die Zahlen wählen. (Sie müssen sechs verschiedene Zahlen zwischen 1 und 49 wählen. Um den Jackpot zu gewinnen, müssen Sie alle sechs Zahlen richtig getippt haben. Welche Zahlen sollten Sie nun also wählen? Das Alter Ihres Bruders, den Geburtstag Ihrer Mutter, die vierstellige Geheimzahl Ihrer EC-Karte, das Alter Ihres Hundes in Monaten oder die Zahl, von der Sie letzte Nacht geträumt haben? Diese Optionen wirken nicht weniger sinnvoll als jede andere denkbare Zahlenkombination.

Alles wirkt prima, bis Sie anfangen, über die Zahlenkombination 1, 2, 3, 4, 5, 6 nachzudenken. Es scheint so, als ob diese Kombination niemals gewählt werden könnte, weil sie nicht zufällig genug wirkt. Und schon sind Sie Opfer Ihrer Intuition. Denn selbstverständlich ist die Wahrscheinlichkeit, dass diese Zahlenkombination gezogen wird, genau so hoch, wie die Wahrscheinlichkeit für jede andere Zahlenkombination. Nehmen Sie einmal an, Sie müssten zwei Zahlen aus den Zahlen 1, 2, 3 und 4 auswählen. Die sechs möglichen Zahlenkombinationen sind 1-2; 1-3; 1-4; 2-3; 2-4; 3-4. Ihre Chancen, zu gewinnen stehen bei 1:6. Beachten Sie, dass es gleich wahrscheinlich ist, die Kombination 1-2 zu ziehen wie jede andere Kombination. Das Gleiche gilt auch für die Zahlenkombination 1, 2, 3, 4, 5, 6. Zahlenkombinationen wie 23, 16, 5, 24, 18, 45 sehen zwar so aus, als würden sie eher gezogen werden, denken Sie jedoch daran, dass Sie den Jackpot nur gewinnen können, wenn Sie alle Zahlen richtig getippt haben.

Es wirkt zwar so, als hätte eine Zahlenkombination wie 1, 2, 3, 4, 5, 6 mit der Zusatzzahl 7 keine Chance, gezogen zu werden, tatsächlich ist die Wahrscheinlichkeit, dass diese Zahlenkombination gezogen wird, jedoch genau gleich hoch wie die jeder anderen Zahlenkombination. Das Einzige, was Ihnen an diesem Beispiel deutlich werden sollte, ist, wie gering die Chance ist, den Jackpot zu gewinnen. (Die Wahrscheinlichkeit, im deutschen Lotto sechs Richtige zu tippen, liegt bei 1:13.983.816, also bei knapp 1:14 Millionen, die Wahrscheinlichkeit, den Jackpot zu gewinnen, also sechs Richtige plus die richtige Superzahl auf dem Tippschein zu haben, bei 1:85 Millionen.)

Einen Lottoschein ausfüllen - weniger kann mehr sein

Einen Lotterieschein auszufüllen, kostet nicht viel und Sie haben die Chance, einen Jackpot mit mehreren Millionen Euro zu gewinnen. Da schließlich irgendjemand gewinnen muss, beschließen Sie, auch Ihr Glück zu versuchen. Denn schließlich können Sie nicht gewinnen, wenn Sie nicht spielen. So lange Sie sich darüber im Klaren sind, wie hoch die Chance ist, dass Sie gewinnen, und wie hoch die Chance ist, zu verlieren, kann es ganz witzig sein, hin und wieder einen Lottoschein auszufüllen.

Die Angelegenheit wird jedoch dann zum Problem, wenn Menschen zahlreiche Lottoscheine ausfüllen in der Hoffnung, dadurch ihre Gewinnchancen erheblich zu verbessern. Wenn Sie 100 Lottoscheine anstatt nur einen einzigen ausfüllen, erhöhen Sie Ihre Gewinnchancen zwar um das Hundertfache, Sie sollten jedoch daran denken, dass die Wahrscheinlichkeit, sechs Richtige plus Superzahl zu haben, trotzdem äußerst gering ist. Wenn Sie es sich nicht leisten können, mehr als 100 Euro zu verlieren – und die Chancen, dass Sie Ihr Geld verlieren werden, sind überwältigend hoch –, sollten Sie nicht Ihr ganzes Geld verwetten.

In Abbildung 7.1 werden die Chancen, den Jackpot zu gewinnen, in einem etwas anderen Licht dargestellt. Sie sehen die Gewinnklassen und die Gewinnwahrscheinlichkeiten. Die grauen Kugeln stellen die sechs Kugeln dar, die Sie aus den 49 Zahlen wählen müssen und die schwarze Kugel stellt die Super- bzw. die Zusatzzahl dar. Um einen Gewinn erzielen zu können, müssen Sie mindestens drei der sechs gezogenen Zahlen richtig vorhersagen. Wie hoch Ihr Gewinn in einer Gewinnklasse ausfällt, hängt davon ab, wie viele Gewinner es pro Gewinnklasse gibt und wie hoch die Gesamtauszahlung pro Gewinnklasse ist. Die Gesamtauszahlung wird gleichmäßig auf alle Gewinner einer Gewinnklasse ausgezahlt. Wie Sie sehen, nimmt Ihre Gewinnwahrscheinlichkeit exponentiell ab.

Gewinnwahrscheinlichkeiten beim Lotto		
Richtige Vorhersage	Klasse	Wahrsch. (%)
⚪⚪⚪⚪⚪⚪ + ⚫	I	0,000000715%
⚪⚪⚪⚪⚪⚪	II	0,0000064%
⚪⚪⚪⚪⚪ + ⚫	III	0,000043%
⚪⚪⚪⚪⚪	IV	0,0018%
⚪⚪⚪⚪ + ⚫	V	0,0045%
⚪⚪⚪⚪	VI	0,097%
⚪⚪⚪ + ⚫	VII	0,12%
⚪⚪⚪	VIII	1,64%

Abbildung 7.1: Gewinnklassen und Gewinnwahrscheinlichkeiten beim Lotto 6 aus 49

Warum verringert sich die Gewinnwahrscheinlichkeit so erheblich, obwohl doch nur eine weitere Zahl richtig sein muss? Ein kleines Beispiel mag dies verdeutlichen. Angenommen, Sie müssen zwei Zahlen aus den Zahlen zwischen 0 und 9 wählen. Wenn Sie nur eine Zahl richtig vorhersagen müssen, stehen Ihre Chancen bei 1:10. Müssen jedoch beide Zahlen korrekt sein, fallen Ihre Chancen auf 1:45. Das liegt daran, dass Sie bei der Ziehung der ersten Zahl zehn verschiedene Möglichkeiten und bei der Ziehung der zweiten Zahl neun verschiedene Möglichkeiten haben, weil die Zahlen sich nicht wiederholen dürfen. Insgesamt haben Sie also 10 x 9 = 90 Möglichkeiten, die richtige Zahlenkombination zu ziehen. Dieses Ergebnis müssen Sie nun durch zwei teilen, weil die Reihenfolge, in der Sie die Zahlen ziehen, keine Rolle spielt. (Die Zahlenkombinationen 1-0 und 0-1 sollen beispielsweise nicht als separate Kombinationen gewertet werden.) Durch diesen Multiplikationseffekt verändern sich die Chancen dramatisch. Beim Lotto müssen Sie insgesamt sechs Zahlen aus 49 ziehen.

Die Chance, überhaupt etwas im Lotto zu gewinnen, liegt bei 1,64%.

Bevor Sie sich auf ein Glücksspiel einlassen, sollten Sie immer die Gewinnwahrscheinlichkeit berücksichtigen und auf keinen Fall mehr Geld ausgeben, als Sie sich leisten können, zu verlieren. Bei Spielen mit hohen Gewinnen sind die Gewinnchancen immer sehr gering. Dadurch, dass Sie mehr Scheine kaufen oder wesentlich häufiger spielen, können Sie Ihre Gewinnchancen nicht so stark erhöhen, dass dies die Zusatzkosten rechtfertigen würde. Wie das Sprichwort sagt, besteht die beste Möglichkeit, beim Spielen sein Geld zu verdoppeln, darin, es im der Mitte zu falten und in das Portemonnaie zurückzustecken.

Das Geschlecht eines Babys vorhersagen

Herr und Frau Müller haben bereits drei Töchter und erwarten ihr viertes Kind. Sie wünschen sich nun einen Jungen. Freunde und Verwandte glauben, dass ihre Chancen diesmal besser stehen, einen Jungen zu bekommen, weil sie drei Mädchen in Folge hatten. Liegen die Freunde und Verwandten damit richtig? Es handelt sich dabei um eine ähnliche Fehleinschätzung wie bei den Spielern, die dem Shooter (der Spieler, der würfelt) bei Craps zurufen, weil er eine Gewinnsträhne zu haben scheint und nichts schief gehen kann. Gibt es so etwas wie eine Gewinnsträhne überhaupt? Erhöhen oder verringern sich die Chancen, dass ein Ereignis noch einmal eintritt, wenn zuvor eine Folge bestimmter Ereignisse eingetreten ist?

In vielen Situationen, und zwar insbesondere beim Glücksspiel, gibt es so etwas wie eine Gewinnsträhne nicht, weil die Chancen bei jedem Versuch genau gleich stehen wie beim Versuch zuvor. Das letzte Ergebnis hat keinen Einfluss auf das Ergebnis des nächsten Versuchs. Das heißt also, dass die Wahrscheinlichkeit eines Ereignisses bei voneinander unabhängigen Ereignissen jedes Mal gleich hoch ist.

Für Herrn und Frau Müller mögen dies vielleicht schlechte Nachrichten sein, die Wahrscheinlichkeit, einen Sohn zu bekommen, liegt jedoch bei 50%, und zwar unabhängig davon, ob die Familie bereits drei Töchter hat oder nicht. Das Gleiche gilt auch beim Münzwurf. Wenn Sie eine Münze drei Mal werfen und jedes Mal Kopf werfen, sollten Sie nicht erwarten, dass Ihre Chancen, beim nächsten Mal Zahl zu werfen, gestiegen seien. Die Wahrscheinlichkeit liegt nach wie vor bei 50%.

Wahrscheinlichkeiten eignen sich nur zur langfristigen Vorhersage von Verhalten. Wenn Sie wissen, dass die Wahrscheinlichkeit, Kopf zu werfen, bei 50% liegt, bedeutet dies, dass Sie in der Hälfte der Fälle Kopf werfen werden, wenn Sie die Münze sehr häufig werfen. Sie können jedoch nicht vorhersagen, wann Sie Kopf und wann Sie Zahl werfen werden. Kopf und Zahl mitteln sich beim Münzwurf nicht einmal aus. Die Wahrscheinlichkeiten lassen sich lediglich langfristig erzielen. Dieses Phänomen wird als *Gesetz der Serie* bezeichnet und wird im nächsten Abschnitt ausführlicher beschrieben. Viele Leute benutzen den Begriff, um zu erklären, warum ihre Gewinn- oder Pechsträhne endet, obwohl es so etwas wie eine Gewinnsträhne gar nicht gibt.

Versuchen, am Spielautomaten zu gewinnen

Der alte einarmige Bandit, d.h. der Spielautomat, ist ein leistungsstarkes Gerät. Die Spielautomaten enthalten Pfannen aus Spezialmaterial, die dafür sorgen, dass die Münzen beim Fallen laut klimpern. Die Automaten blinken und geben Geräusche von sich, wenn Sie etwas gewinnen, aber auch, wenn Sie lediglich Geld einwerfen. Auf diese Weise sollen Sie zum Weiterspielen animiert werden. Manche Spieler sagen, dass die Spielautomaten mit den höchsten Gewinnen direkt am Eingang des Kasinos oder am Ende der ersten Reihe stehen. Andere sagen, dass die besten Spielautomaten direkt neben den Blackjack-Tischen zu finden sind. So genau weiß das keiner. Sicher ist jedoch, dass Spielautomaten Ihr Geld sehr schnell auffressen können. Sie brauchen nichts zu können und Sie benötigen nur ein paar Minuten, um fünf Cent oder auch fünfhundert Euro zu verlieren. Und alles nur, um beim nächsten Durchgang den Jackpot zu gewinnen.

Eine der größten Fehleinschätzungen in Bezug auf Spielautomaten besteht darin, dass sich die Gewinnchancen erhöhen, je länger Sie daran spielen. Darin sind die Kasinos besser. Tatsächlich gilt wegen dem Gesetz der Serie nämlich genau das Gegenteil. Das Gesetz der Serie besagt, dass sich der Durchschnitt langfristig dem Erwartungswert annähert. In der Sprache der Statistik ist der Erwartungswert der gewichtete Mittelwert der Ergebnisse auf der Basis ihrer Wahrscheinlichkeiten.

Bei jedem Glücksspiel, das in einem Kasino angeboten wird, hat die Bank eine etwas höhere Gewinnchance. Dies bedeutet, dass Sie langfristig damit rechnen sollten, mit einer hohen Wahrscheinlichkeit jedes Mal eine geringe Summe zu verlieren und mit einer geringen Wahrscheinlichkeit jedes Mal eine hohe Summe zu gewinnen. Das Kasino richtet seine Gewinnwahrscheinlichkeiten und die Gewinne so aus, dass sich langfristig alles zu Gunsten der Bank ausmittelt. Dabei ist auch die Mitnahme eines großen Jackpots berücksichtigt.

Das bedeutet, dass für Sie bei jedem Spiel ein negativer Erwartungswert bleibt. Je häufiger Sie spielen, desto mehr Geld werden Sie langfristig verlieren, weil sich der Erwartungswert insgesamt aus der Summe der einzelnen Erwartungswerte zusammensetzt und die einzelnen Erwartungswerte jeweils negative Zahlen sind. Nun wissen Sie, warum Sie in den Spielkasinos in Las Vegas Freibier erhalten, während Sie spielen, und warum nirgends Uhren an den Wänden hängen und keine Fenster vorhanden sind, durch die Sie den Wechsel der Jahreszeiten beobachten könnten, während Sie vor einem Spielautomaten sitzen. Die Kasinos wetten darauf, dass Sie beim Spielen alles vergessen, was Sie über das Gesetz der Serie wissen.

Einen Spielautomaten können Sie nur schlagen, wenn Sie aufhören, wenn Sie gewinnen und bevor das Gesetz der Serie greifen kann. Denken Sie immer daran, dass Spielkasinos die Wahrscheinlichkeitsrechnung auf ihrer Seite haben, weil sie langfristig kalkulieren. Mit der Wahrscheinlichkeitsrechnung ist genauso wenig zu spaßen wie mit Mutter Natur. Und wenn Sie gewinnen, sollten Sie Ihr Geld nehmen und das Weite suchen!

Teil IV
Die Ergebnisse durcharbeiten

»Was wollen wir damit eigentlich genau sagen?«

In diesem Teil ...

Dieser Teil soll Ihnen ein Verständnis für die Grundlagen der Statistik vermitteln – damit Sie wissen, was hinter den Kulissen vor sich geht, wenn statistische Größen formuliert werden. Sie erfahren, wie Sie die Abweichungen in Stichproben messen, mit welcher Formel Sie die Genauigkeit einer Statistik berechnen können und wie Sie den Stand einer Testperson in Hinblick auf die Restbevölkerung beurteilen können. Sie entwickeln dadurch Vertrauen in Ihre Fähigkeiten und lernen, Statistiken von Grund auf zu verstehen und zu interpretieren.

Maße für die relative Bewertung von Ergebnissen

In diesem Kapitel

▶ Die Normalverteilung unter der Lupe

▶ Das Gesetz der großen Zahl

▶ Standardwerte berechnen und interpretieren

▶ Das Geheimnis der Percentile

Statistische Ergebnisse lassen sich nur im Hinblick auf einen Vergleichsmaßstab interpretieren. Angenommen, die Medizinstudentin Tanja Müller erzielt in einer Prüfung 235 Punkte. Was bedeutet dies? Nichts, falls Sie keine weiteren Informationen erhalten. Sie benötigen Angaben darüber, wie der Wert im Verhältnis zu anderen Werten abschneidet. Ist eine Glühbirne, die mehr als 1.200 Stunden brennt, der Regelfall, oder handelt es sich um ein ganz spezielles Exemplar? Das lässt sich nur ermitteln, wenn Sie wissen, wie lange die meisten Glühbirnen brennen.

In diesem Kapitel erfahren Sie, wie Sie feststellen können, wie sich ein Einzelergebnis im Verhältnis zu der Gesamtmenge aller Ergebnisse verhält. Ziel ist es, Ihnen zu vermitteln, wie Sie die relative Lage eines Werts in Bezug auf die Grundgesamtheit ermitteln. In den Kapitel 9 und 10 erfahren Sie, wie Sie die relative Lage anhand der Ergebnisse aus einer Stichprobe bestimmen, wie z.B. dem Stichprobenmittelwert. Das Ziel besteht darin, festzustellen, wo sich der Mittelwert oder ein prozentualer Anteil der Stichprobe im Verhältnis zur Grundgesamtheit befindet.

Die Normalverteilung glätten

Der erste Schritt bei der Ermittlung dessen, wo ein bestimmtes Ergebnis angesiedelt ist, besteht darin, sich ein Bild von allen möglichen Werten zu machen, die die Variable in der Grundgesamtheit annehmen kann, und festzustellen, wie häufig die einzelnen Werte auftreten. Sie müssen sich also ein Bild von der *Verteilung* der Variablen in der Grundgesamtheit machen. Es gibt viele verschiedene Arten von Verteilungen. Die Noten können beispielsweise in einer Klasse ganz gleichmäßig verteilt sein, in einer anderen Klasse hingegen haben die Schüler entweder sehr gute oder sehr schlechte Noten (siehe Abbildung 8.1). (Die meisten Verteilungen fallen irgendwo dazwischen.) Beachten Sie, dass die Summe der Prozentsätze bei allen Verteilungen gleich 100% ist, weil jeder Wert in der Verteilung einmal vorkommen muss.

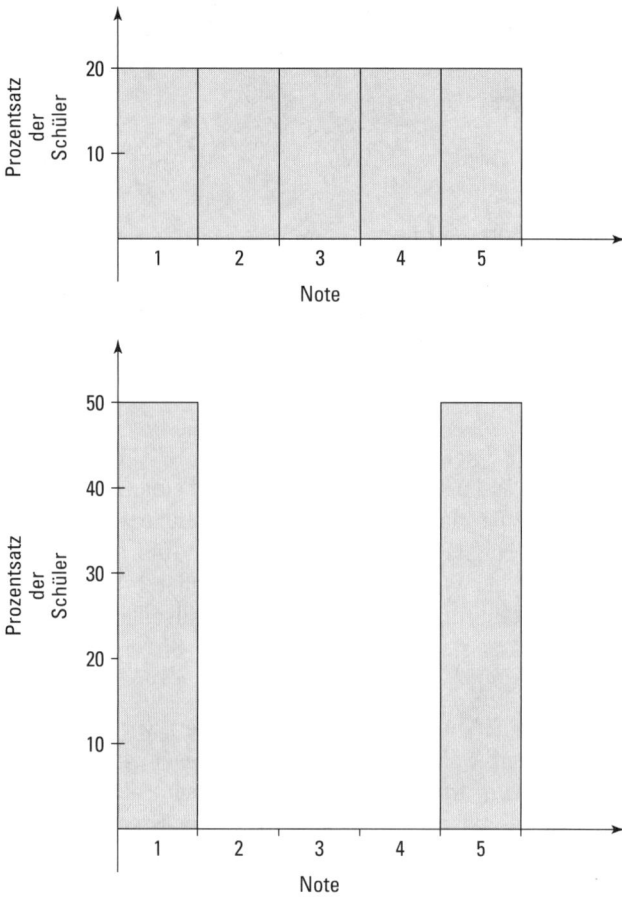

Abbildung 8.1: Verteilung der Noten in zwei Klassen

Eine Glockenkurve beschreibt Daten einer Variablen mit einer unbegrenzten oder zumindest einer sehr großen Anzahl möglicher Werte, die in der Grundgesamtheit so verteilt sind, dass sie im Histogramm eine Glockenform annehmen. Dies bedeutet im Wesentlichen, dass die meisten Werte in der Nähe des Mittelpunkts der Verteilung angesiedelt sind und die Anzahl der Werte nach außen hin immer weiter abnimmt. Die Verteilung vieler Variablen, die Sie in der realen Welt finden, wie z.B. standardisierte Testwerte oder Körpergrößen und -gewichte, entspricht einer Glockenkurve. Das macht die Glockenkurve gegenüber anderen Arten von Verteilungen so wichtig.

Statistiker bezeichnen jede stetige, symmetrische Verteilung mit charakteristischer Glockenform als *Normalverteilung*. In Abbildung 8.2 sehen Sie ein Beispiel. Die Verteilung bildet die Anzahl der Stunden ab, die die Glühbirnen eines Herstellers namens LichtAus nach eigener

Einschätzung brennen werden. (Wie würde es Ihnen gefallen, die Daten für diese spaßige Kurve sammeln zu müssen?)

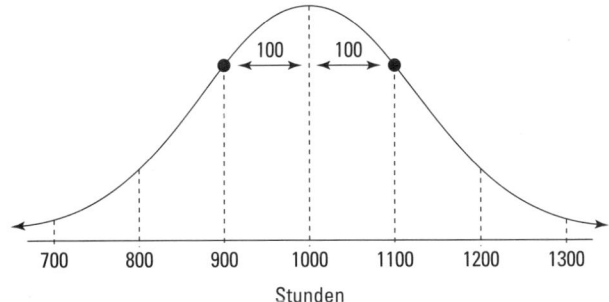

Abbildung 8.2: Verteilung der Lebensdauer von Glühbirnen der Firma LichtAus

Merkmale der Normalverteilung

Jede Glockenkurve oder Normalverteilung hat bestimmte Eigenschaften, die Sie benutzen können, um die relative Lage eines bestimmten Ergebnisses innerhalb der Verteilung zu beurteilen. Die allgemeinen Eigenschaften der Normalverteilung sind nachfolgend aufgelistet und werden in den folgenden Abschnitten näher erklärt.

- ✔ Der Kurvenverlauf ist symmetrisch.
- ✔ In der Mitte gibt es einen charakteristischen Anstieg, links und rechts eine Abflachung.
- ✔ Der Mittelwert befindet sich in der Mitte der Verteilung. Der Mittelwert der Grundgesamtheit wird mit dem griechischen Buchstaben µ gekennzeichnet.
- ✔ Der Mittelwert und der Median sind bedingt durch den symmetrischen Verlauf der Kurve identisch.
- ✔ Die Standardabweichung stellt eine typische (nahezu durchschnittliche) Entfernung aller Daten vom Mittelwert dar. Die Standardabweichung in der Grundgesamtheit wird mit dem griechischen Buchstaben σ bezeichnet.
- ✔ Ungefähr 95% aller Werte liegen im Wertebereich, der vom Mittelwert plus/minus zwei Standardabweichungen definiert wird.

Beschreibung der Form und des Mittelpunkts

Die Normalverteilung ist *symmetrisch*, das heißt, die beiden Hälften der Verteilung lassen sich an der Mittellinie spiegeln. Bedingt durch den symmetrischen Kurvenverlauf sind der *Mittelwert* und der *Median* – der Punkt, unterhalb dessen die Hälfte der Daten liegt – identisch. Beide liegen im Mittelpunkt der Verteilung. Die in Abbildung 8.2 gezeigte Verteilung der

Lebensdauern von Glühbirnen ist eine Normalverteilung mit dem Mittelwert und Median von 1.000 Stunden. (Mehr zum Mittelwert und zum Median finden Sie in Kapitel 5, mehr zum Thema Symmetrie in Kapitel 4.)

Die Abweichung bemessen

Die Form und der Mittelwert sind nicht die einzigen Merkmale, die bei einer Verteilung wichtig sind. Die Abweichung der Werte ist ebenfalls sehr wichtig, auch wenn diese Tatsache von den Medien häufig ignoriert wird und in der Regel nur Mittelwerte angegeben werden. In Abbildung 8.2 können Sie sehen, dass die Lebensdauer der Glühbirnen der Firma LichtAus zwischen 700 und 1.300 Stunden liegen kann, wobei die meisten Glühbirnen zwischen 900 und 1.100 Stunden brennen. Als Konsument werden Sie sicher keine so große Abweichung in der Lebensdauer haben wollen, wenn Sie sich eine Großpackung Glühbirnen kaufen. Eine Konkurrenzfirma, die hier LichtAn heißen soll, könnte versuchen, Glühbirnen zu produzieren, die eine geringere Schwankungsbreite der Lebensdauer aufweisen. Der Mittelwert der Lebensdauern kann trotzdem bei 1.000 Stunden liegen, die Lebensdauern der Glühbirnen von der Firma LichtAn liegen jedoch zwischen 940 und 1.060 Stunden, wobei die meisten Glühbirnen zwischen 980 und 1.020 Stunden brennen (siehe Abbildung 8.3).

Die Abweichungen in einer Verteilung werden mittels der *Anzahl der Standardabweichungen* bemessen und gekennzeichnet. (Die Berechnungsformel der Standardabweichung finden Sie in Kapitel 5.) Bei der Normalverteilung hat die Standardabweichung eine spezielle Bedeutung, weil sie die Entfernung des Mittelwerts zum so genannten *Wendepunkt* kennzeichnet. Jede Normalverteilung hat zwei Wendepunkte, die jeweils gleich weit vom Mittelwert entfernt sind. Um den Wendepunkt zu finden, bewegen Sie sich so weit vom Kurvenmittelpunkt weg, bis sich der Kurvenverlauf von einem nach unten gerichteten zu einem nach rechts auslaufenden Verlauf ändert. In den Abbildungen 8.2 und 8.3 werden die Wendepunkte mit Punkten gekennzeichnet. Die Standardabweichung für die Glühbirnen der Firma LichtAus (siehe Abbildung 8.2) beträgt 100 Stunden, die der Firma LichtAn (siehe Abbildung 8.3) hingegen nur 20 Stunden. (Mehr zur Standardabweichung erfahren Sie in Kapitel 5.)

Bevor Sie Ergebnisse näher untersuchen, sollten Sie prüfen, welcher Maßstab für die x-Achse verwendet wird. Denn je nach Maßstab kann die Verteilung schmaler oder breiter wirken, als sie tatsächlich ist. Die Verteilungen in den Abbildungen 8.2 und 8.3 sehen sich zwar sehr ähnlich, ihr Maßstab unterscheidet sich jedoch. Dies zeigt sich, wenn für beide Verteilungen derselbe Maßstab verwendet wird, wie in Abbildung 8.4 gezeigt. Nun erkennen Sie leichter, wie groß die Schwankungsbreite der Lebensdauern der Glühbirnen von LichtAus im Vergleich zu der Schwankungsbreite der Lebensdauern der Firma LichtAn ist. Die Lebensdauern der Glühbirnen von LichtAn sind stärker um den Mittelpunkt zentriert.

8 ➤ Maße für die relative Bewertung von Ergebnissen

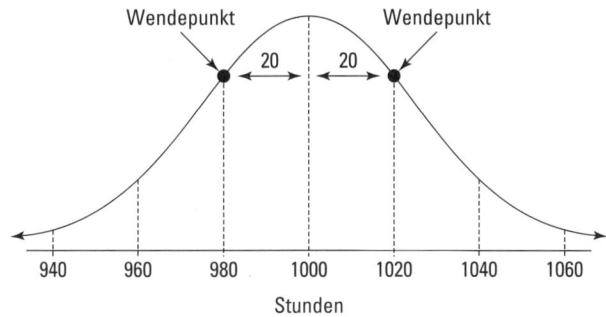

Abbildung 8.3: Verteilung der Lebensdauer von Glühbirnen der Firma LichtAn

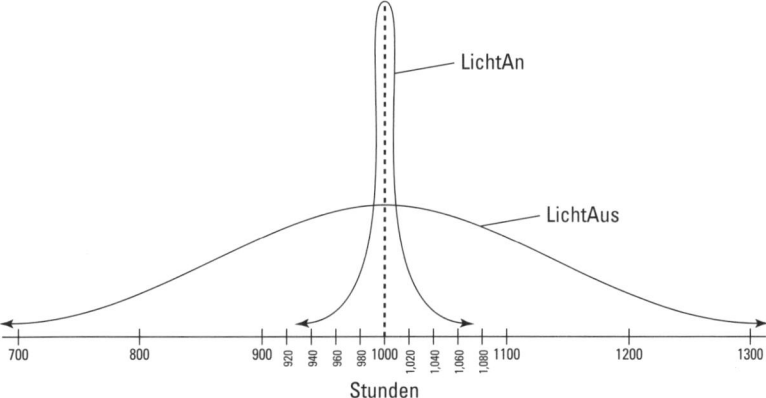

Abbildung 8.4: Abweichungen in der Lebensdauer von Glühbirnen der Hersteller LichtAn und LichtAus

Schauen, wo die meisten Werte liegen

So lange eine Verteilung glockenförmig verläuft – die Normalverteilung erfüllt dieses Kriterium selbstverständlich – lassen sich einige allgemeine Aussagen dazu formulieren, wo die meisten Werte liegen. Die Entfernung der Werte vom Mittelwert ausgedrückt in der Anzahl der Standardabweichungen spielt dabei eine wichtige Rolle. Die Regel, die Ihnen derartige Aussagen gestattet, heißt *Gesetz der großen Zahl*.

Das Gesetz der großen Zahl besagt, dass bei Normalverteilungen

- ✔ ungefähr 68% maximal eine Standardabweichung vom Mittelwert entfernt liegen, d.h. im Wertebereich, der vom dem Mittelwert plus/minus einer Standardabweichung abgedeckt wird. In der Statistik wird dies wie folgt dargestellt: $\mu \pm \sigma$.

- ✔ ungefähr 95% aller Werte liegen maximal zwei Standardabweichungen vom Mittelwert entfernt, d.h. im Wertebereich, der vom Mittelwert plus/minus zwei Standardabweichungen abgedeckt wird. In der Statistik wird dies wie folgt dargestellt: μ ± 2σ.

✔ ungefähr 99% aller Werte (tatsächlich sogar 99,7%) liegen maximal drei Standardabweichungen vom Mittelwert entfernt, d.h. im Wertebereich, der vom Mittelwert plus/minus drei Standardabweichungen abgedeckt wird. In der Statistik wird dies wie folgt dargestellt: μ ± 3σ.

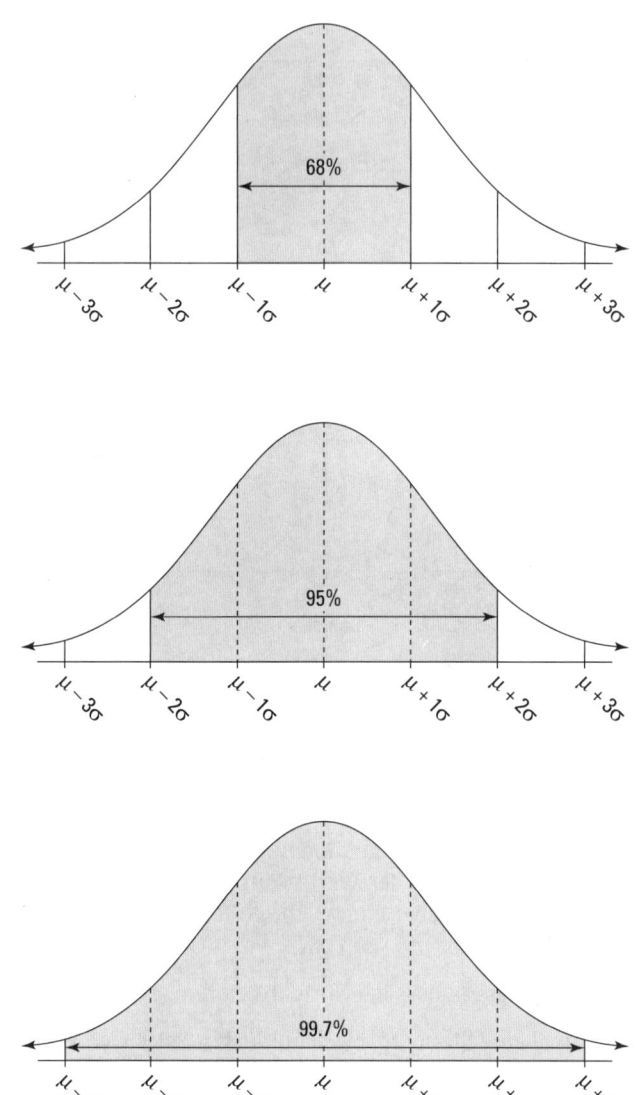

Abbildung 8.5: Werteverteilung nach dem Gesetz der großen Zahl (68%, 95% und 99,7%)

8 ➤ Maße für die relative Bewertung von Ergebnissen

Sind der Mittelwert, µ, und die Standardabweichung, σ, der Grundgesamtheit nicht bekannt, werden sie anhand des Mittelwerts, $\bar{x}$, und der Standardabweichung, σ, der Stichprobe geschätzt. Mehr hierzu erfahren Sie in Kapitel 5.

Abbildung 8.5 veranschaulicht das Gesetz der großen Zahl. Der Grund dafür, dass 68% aller Werte maximal eine Standardabweichung vom Mittelwert entfernt liegen, besteht darin, dass die meisten Werte in der Normalverteilung um den Mittelpunkt herum angesiedelt sind. Wenn Sie eine Standardabweichung weiter nach außen gehen, erfassen Sie zwar insgesamt mehr Werte, es sind jedoch weniger als 30% (von insgesamt 95%), weil Sie jetzt weniger vom mittleren und mehr vom äußeren Teil berücksichtigen. Gehen Sie schließlich noch eine Standardabweichung weiter nach außen, erfassen Sie den letzten Rest der Verteilung, der jedoch lediglich 4,7% der Daten beinhaltet. Sie erweitern den Wertebereich also von 95% auf 99,7%. Die meisten Wissenschaftler berücksichtigen nur 95% des Wertebereichs, weil sich der Aufwand, drei Standardabweichungen einzubeziehen, nur um die letzten 4,7% der Werte zu erfassen, in der Regel nicht lohnt.

Zum Gesetz der großen Zahl muss noch erwähnt werden, dass es sich bei den Ergebnissen nur um Näherungswerte, wenngleich auch um gute Näherungswerte handelt. Weiter unten in diesem Kapitel sehen Sie, wie präzisere Angaben zum prozentualen Anteil der Werte gemacht werden können, die zwischen, oberhalb oder unterhalb bestimmter Werte liegen. Der Gesetz der großen Zahl ist in der Statistik jedoch eine wichtige Regel und auf die Auffassung, dass man mit zwei Standardabweichungen 95% der Werte abdeckt, werden Sie in diesem Buch noch häufiger stoßen.

Bei den Glühbirnen der Firma LichtAus (siehe Abbildung 8.2) beträgt die Standardabweichung 100 Stunden und der Mittelwert liegt bei 1.000 Stunden. Anhand des Gesetzes der großen Zahl können Sie die relative Lage bestimmter Meilensteine innerhalb der Daten beschreiben. Gemäß des Gesetzes der großen Zahl wird nämlich die Lebensdauer von 68% der Glühbirnen zwischen 900 und 1.100 Stunden oder (1.000 ± 100) betragen, 95% der Glühbirnen sollten zwischen 800 und 1.200 Stunden (1.000 ± 2 x 100) und 99,7% der Glühbirnen sollten zwischen 700 und 1.300 Stunden brennen.

Anhand der Symmetrie der Normalverteilung und dem Gesetz der großen Zahl lassen sich auch andere Fragen in Bezug auf die Lebensdauer der Glühbirnen beantworten, wie z.B. die folgenden: Wie viel Prozent der Glühbirnen sollten mindestens 1.000 Stunden brennen? Die Antwort lautet: 50%, weil der Median bei 1.000 Stunden liegt und die Hälfte der Werte größer sind als der Median. Welcher Prozentsatz der Glühbirnen der Firma LichtAus sollte länger als 1.200 Stunden brennen (siehe Abbildung 8.2)? Die Antwort lautet: 2,5%. Und warum? Weil 95% der Glühbirnen eine Lebensdauer zwischen 800 und 1.200 Stunden haben und die Prozentwerte insgesamt 100% ergeben müssen, müssen die beiden Endstücke der Kurve insgesamt 5% der Werte abdecken. Glühbirnen, die länger als 1.200 Stunden brennen, sind nur am rechten Ende der Kurve zu finden, und da Sie die 5% wegen der Symmetrie in zwei Hälften teilen müssen, bleiben 2,5% übrig. Eine

Glühbirne, die länger als 1.200 Stunden brennt, ist also eher die Ausnahme, weil dies nur in 2,5% der Fälle vorkommt – zumindest bei den Glühbirnen der Firma LichtAus. Bei der Firma LichtAn (siehe Abbildung 8.3) hat vermutlich noch nie jemand etwas von einer Glühbirne gehört, die 1.200 Stunden lang brennt, weil dieser Wert gemessen an den Glühbirnen, die diese Firma produziert, mehr als drei Standardabweichungen vom Mittelwert entfernt ist (siehe Abbildung 8.4).

Die Moral der Geschichte ist hier, dass Sie Ihre Glühbirnen von LichtAus kaufen sollten, falls Sie eine Spielernatur sind, weil dann die Wahrscheinlichkeit größer ist, dass Sie entweder eine Glühbirne erhalten, die sehr lange oder nur sehr kurz brennt. Das heißt, die Leistung der Glühbirnen von LichtAus unterscheidet sich also stärker als die der Firma LichtAn. Sind Sie eher ein konservativer Typ, sollten Sie Glühbirnen von LichtAn kaufen, da Sie damit weniger Überraschungen erleben werden.

Das Gesetz der großen Zahl gilt nur für Normalverteilungen. Sie können jedoch bestimmte wichtige Eckwerte in den Daten schätzen oder festlegen, wenn Sie ein Histogramm erstellen oder Percentile festlegen. (Mehr zu Histogrammen und Percentilen finden Sie in den Kapiteln 4 und 5.)

Konvertierung in einen Standardwert

Angenommen, die Medizinstudentin Tanja Müller nimmt an einem standardisierten Test teil und erzielt 235 Punkte. Sie wissen lediglich, dass die Testergebnisse eine Normalverteilung hatten. Ist das Ergebnis von Frau Müller nun gut, schlecht oder mittelmäßig? Diese Frage können Sie nicht beantworten ohne ein Maß dafür, wo Frau Müller im Vergleich zu den anderen Testteilnehmern steht. Das heißt, Sie müssen irgendwie feststellen, wie das Testergebnis von Frau Müller innerhalb der Verteilung aller Testwerte einzuschätzen ist.

Die Standardabweichung im Blickpunkt

Wie das Testergebnis von Frau Müller einzuschätzen ist, können Sie auf verschiedene Arten feststellen. Zuerst können Sie prüfen, wie viele Punkte insgesamt erreicht werden konnten, und das Testergebnis mit dem möglichen Maximum vergleichen. Im Beispiel waren dies 300 Punkte. Sie wissen allerdings nicht, wie das Ergebnis im Verhältnis zu anderen Testergebnissen zu werten ist. Als Nächstes könnten Sie versuchen, das Testergebnis von Frau Müller mit dem Durchschnitt zu vergleichen. Der Durchschnitt lag bei 250 Punkten. Damit haben Sie bereits etwas mehr Informationen. Sie wissen nun, dass das Ergebnis von Frau Müller unterdurchschnittlich ist, genauer, dass es 15 Punkte unter dem Durchschnitt liegt (weil 235 - 250 = -15). Aber was bedeutet ein Unterschied von 15 Punkten in diesem Fall?

Wie Sie beim Vergleich der Kurven der Lebensdauern von Glühbirnen in Abbildung 8.4 gesehen haben, ist es wichtig, die Standardabweichung zu kennen, um die relative Lage eines Werts in einer Verteilung einschätzen zu können. Angenommen, die Standardabweichung im Medizintest wäre 5 gewesen (siehe Abbildung 8.6).

8 ➤ Maße für die relative Bewertung von Ergebnissen

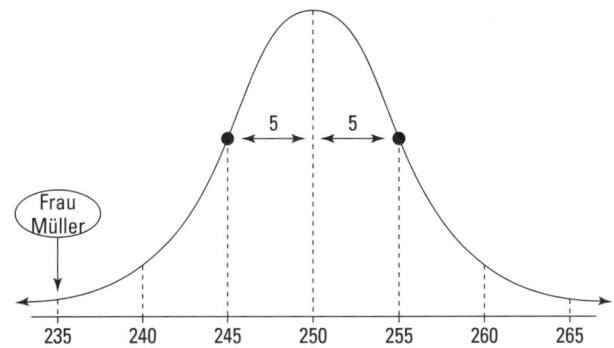

Abbildung 8.6: Die Testergebnisse weisen eine Normalverteilung mit dem Mittelwert 250 und der Standardabweichung 5 auf.

Eine Verteilung mit einer Standardabweichung von 5 bedeutet, dass die Testergebnisse ziemlich eng zusammen liegen. 15 Punkte unterhalb vom Durchschnitt sind relativ gesehen eine ganze Menge. In diesem Fall liegt der Wert jedoch weit unter dem Durchschnitt, weil 15 Punkte 3 Standardabweichungen vom Durchschnitt entsprechen (weil jede Standardabweichung den Wert 5 hat und -15/5 = -3). Nur sehr wenige Testteilnehmer hatten ein noch schlechteres Ergebnis als Frau Müller. (Gemäß dem Gesetz der großen Zahl hatten 99,7% der Testteilnehmer Testergebnisse zwischen 235 und 265 Punkten. Da sich insgesamt ein Prozentwert von 100% ergeben muss, liegen 100 - 99,7 = 0,3% der Werte außerhalb des Bereichs zwischen 235 und 265 Punkten. Wenn Sie wissen wollen, wie viel Prozent der Testteilnehmer schlechter als Frau Müller abschnitten, müssen Sie die 0,3% halbieren. Dies bedeutet, dass nur 0,15% oder 0,0015 der Testteilnehmer weniger Punkte erzielten als Frau Müller.)

Nehmen Sie nun an, dass die Standardabweichung den Wert 15 hat, der Mittelwert jedoch nach wie vor bei 250 Punkten liegt. Abbildung 8.7 zeigt, wie die Verteilung dann aussieht.

Eine Standardabweichung von 15 bedeutet, dass die Testergebnisse insgesamt stärker voneinander abweichen als in der vorherigen Situation. In diesem Fall schneidet Frau Müller mit ihren 15 Punkten unterhalb vom Durchschnitt nicht so schlecht ab, weil ihr Ergebnis nur eine Standardabweichung vom Mittelwert abweicht (-15/15 = -1). In diesem Beispiel liegen nach dem Gesetz der großen Zahl 68% der Testergebnisse im Bereich zwischen 235 und 265 Punkten und die Hälfte der verbleibenden 32%, also 16% der Testteilnehmer, erzielten ein schlechteres Ergebnis als Frau Müller. Ihr Ergebnis ist zwar im Verhältnis zu den anderen Testteilnehmern nicht berauschend, im zweiten Szenario steht sie jedoch relativ gesehen besser da als im ersten Szenario. Beachten Sie, dass sich das Testergebnis zwischen den beiden Szenarien nicht verändert hat, sondern lediglich die durch die Unterschiede in den Standardabweichungen bedingte Interpretation des Testergebnisses.

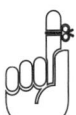 Die relative Lage eines Wertes innerhalb einer Verteilung hängt stark von der Standardabweichung ab. Der Abstand zwischen den Maßeinheiten sagt ohne Angabe der Standardabweichung nicht viel aus.

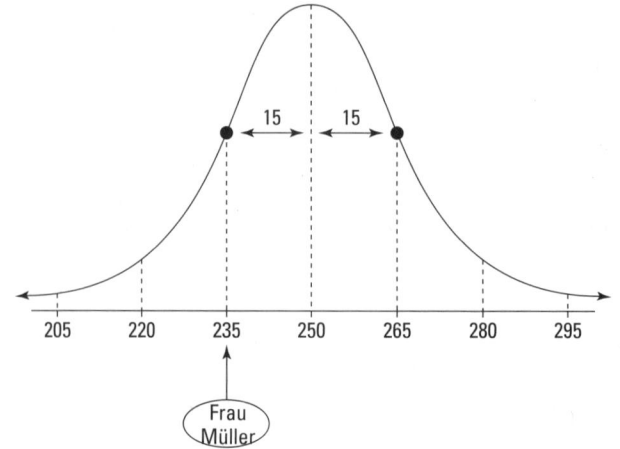

Abbildung 8.7: Die Testergebnisse haben eine Normalverteilung mit dem Mittelwert 250 und einer Standardabweichung von 15.

 Die Standardabweichung wird in den Medien sehr häufig einfach weggelassen. Vergleichen Sie jedoch niemals eine statistische Größe mit dem Mittelwert, ohne die Standardabweichung zu kennen. Die Zahlen können weiter vom Mittelwert entfernt sein, als es scheint.

Standardisierung der Werte

Um die relative Lage eines Werts in einer Normalverteilung beurteilen zu können, müssen Sie den Wert standardisieren, indem Sie ihn in einen so genannten *Standardwert* umwandeln. Der Standardwert gibt an, um wie viele Standardabweichungen der Messwert vom Mittelwert abweicht. Die Formel zur Berechnung des Standardwerts lautet wie folgt:

Standardwert = (Messwert - Mittelwert) / Standardabweichung oder, kurz ausgedrückt:

$$\frac{x - \mu}{\sigma}$$

Um einen Messwert in einen Standardwert umzuwandeln, gehen Sie wie folgt vor:

1. **Finden Sie den Mittelwert und die Standardabweichungen in der Grundgesamtheit, mit der Sie arbeiten.**

    Sie können beispielsweise das Testergebnis von 235 Punkten, das Frau Müller in den beiden oben genannten Szenarien erzielte, in einen Standardwert umwandeln. Im ersten Szenario ist der Mittelwert 250 und die Standardabweichung gleich 5. Den ersten Schritt haben Sie also bereits erledigt.

2. **Subtrahieren Sie den Messwert vom Mittelwert.**

   Im ersten Szenario von Frau Müller beträgt die Abweichung vom Mittelwert 235 - 250 = -15 (was bedeutet, dass ihr Messwert 15 Punkte schlechter ist als der Mittelwert).

3. **Teilen Sie das Ergebnis durch die Standardabweichung.**

   Im Beispiel von Frau Müller weicht der Messwert um -15 vom Mittelwert ab. Der Standardwert von Frau Müller ist gleich -3, da -15 / 5 = -3. Im ersten Szenario (Standardabweichung = 5) weicht Frau Müllers Testergebnis also vom Mittelwert drei Standardabweichungen nach unten ab.

   Im zweiten Szenario (Standardabweichung = 15) hat Frau Müller den Standardwert -1, da (235 - 250) / 15 = -15 / 15 = -1. Ihr Testergebnis weicht also vom Mittelwert eine Standardabweichung nach unten ab.

Um Fehler bei der Konvertierung von Werten in Standardwerte zu vermeiden, sollten Sie darauf achten, dass Sie erst Schritt 2 und dann Schritt 3 durchführen.

Eigenschaften von Standardwerten

Die folgenden Eigenschaften helfen Ihnen bei der Interpretation von Standardwerten:

✔ So gut wie alle Standardwerte (99,7% von ihnen) fallen nach dem Gesetz der großen Zahl zwischen die Werte -3 und +3.

✔ Ein negativer Standardwert besagt, dass der ursprüngliche Messwert unterdurchschnittlich war.

✔ Ein positiver Standardwert besagt, dass der ursprüngliche Messwert überdurchschnittlich war.

✔ Ein Standardwert von 0 bedeutet, dass der ursprüngliche Messwert mit dem Mittelwert identisch war.

✔ Messwerte, die aus einer Normalverteilung stammen, haben nach der Standardisierung eine spezielle Normalverteilung mit dem Mittelwert 0 und der Standardabweichung 1. Diese Verteilung wird als *Standardnormalverteilung* bezeichnet (siehe Abbildung 8.8).

Standardwerte lassen sich universell interpretieren. Deshalb werden sie so geschätzt. Wenn Sie einen Standardwert erhalten, können Sie ihn korrekt interpretieren. Ein Standardwert von 2 besagt, dass der Wert zwei Standardabweichungen über dem Mittelwert liegt. Um einen Standardwert interpretieren zu können, müssen Sie den ursprünglichen Messwert nicht kennen und auch nicht den Mittelwert und die Standardabweichung. Der Standardwert gibt Ihnen die relative Lage des Werts an, was in den meisten Fällen das Wichtigste ist.

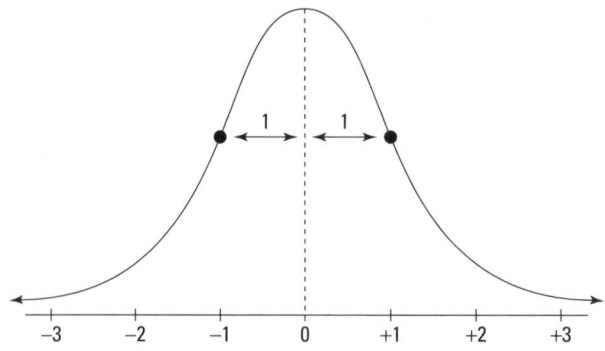

Abbildung 8.8: Die Standardnormalverteilung

 Die Konvertierung in einen Standardwert ändert nichts an der relativen Lage eines Werts in der Verteilung. Es ändern sich lediglich die Einheiten. (Der Vorgang ist vergleichbar mit der Umwandlung eines Temperaturwerts von der Skala Fahrenheit in die Skala Celsius. Die Außentemperatur ändert sich dadurch nicht, jedoch die Einheiten, in denen die Temperatur gemessen wird.) Durch die Subtraktion des Mittelwerts vom ursprünglichen Messwert wird alles auf dem Wert 0 zentriert. Fällt der ursprüngliche Messwert direkt auf den Mittelwert, wird er in den Standardwert 0 konvertiert. Die Einheiten auf jeder Seite des Mittelwerts entsprechen noch immer den ursprünglichen Standardabweichungen (z.B. 5er- oder 15er-Einheiten). Um die Interpretation zu erleichtern, sollte für Standardwerte jedoch die Einheit 1 verwendet werden. Dies bedeutet, dass Sie, nachdem Sie den Mittelwert subtrahiert haben, Ihr Ergebnis durch die Standardabweichung teilen müssen. (Dies entspricht einer Umwandlung eines Messwerts von der Einheit Meter in Zentimeter, indem der Wert durch 100 geteilt wird.)

Mit Standardwerten Äpfel mit Birnen vergleichen

Standardwerte werden häufig eingesetzt, um Messwerte aus verschiedenen Verteilungen miteinander vergleichen zu können, die andernfalls nicht vergleichbar wären. Angenommen, der Abiturient Max Müller bewirbt sich an zwei verschiedenen Universitäten und muss an beiden einen Mathematiktest absolvieren. Die Tests sind völlig unterschiedlich – sogar die Anzahl der Fragen unterscheidet sich. Max Müller möchte jedoch in der Lage sein, seine Testergebnisse zu vergleichen und festzustellen, an welcher Universität seine relative Lage im Mathematiktest besser ist.

Universität A teilt Max Müller mit, dass er ein Testergebnis von 60 Punkten erzielt habe, dass die Verteilung aller Testergebnisse normalverteilt sei mit einem Mittelwert von 50 Punkten und der Standardabweichung fünf. Universität B teilt Max Müller mit, dass er 90 Punkte erreicht habe, dass die Testergebnisse normalverteilt seien, wobei die Normalverteilung den Mittelwert 50 und die Standardabweichung den Wert 10 habe. In welchem Test schneidet Max

Müller besser ab? Die Ergebnisse lassen sich nicht direkt vergleichen, da sie auf zwei ganz verschiedene Skalen ausgerichtet sind. Und Sie können nicht einfach sagen, die Leistung sei gleich gewesen, nur weil sie in beiden Fällen zehn Punkte über dem Durchschnitt lag. Hier kommt die Standardabweichung als wichtiger Faktor ins Spiel. Um die beiden Testergebnisse vergleichen zu können, müssen Sie sie in Standardwerte umwandeln, so dass beide Werte auf die gleiche Skala zugreifen (bei der die meisten Werte zwischen -3 und +3 liegen und die Einheit Eins verwendet wird).

Das Testergebnis von Max Müller bei der Universität A beträgt 60 Punkte, der Mittelwert für die Grundgesamtheit beträgt 50 Punkte und die Standardabweichung hat den Wert 5. Der Standardwert berechnet sich wie folgt: (60 - 50) / 5 = 10 / 5 = +2. Das Ergebnis von Max Müller bei der Universität A liegt also zwei Standardabweichungen über dem Mittelwert. An der Universität B erzielte Max Müller 90 Punkte, wobei der Mittelwert gleich 80 und die Standardabweichung gleich 10 war. Sein Standardwert belief sich deshalb auf (90 - 80) / 10 = 10 / 10 = +1. Max Müllers Ergebnis liegt also eine Standardabweichung über dem Mittelwert. Dieses Ergebnis ist relativ gesehen nicht so gut wie bei der Universität A. Max Müller schneidet also bei der Universität A besser ab.

Vergleichen Sie niemals die Ergebnisse von verschiedenen Verteilungen, ohne sie in Standardwerte umzuwandeln. Nur Standardwerte ermöglichen einen fairen Vergleich mit einer einheitlichen Skala.

Ergebnisse mittels Percentilen vergleichen

Percentile werden in verschiedener Weise zu Vergleichszwecken eingesetzt und um die relative Lage zu bestimmen. Das Gewicht, die Länge und der Kopfumfang von Babys werden beispielsweise mittels Percentilen ausgedrückt. Percentile werden außerdem von Firmen benutzt, um festzustellen, wie ihre Absatzzahlen, Gewinne und die Kundenzufriedenheit im Vergleich zu den Konkurrenten ausfallen. Mehr zu Percentilen finden Sie in Kapitel 5. Die Beziehung zwischen Percentilen und Standardwerten ist sehr wichtig, was mit dem nächsten Beispiel veranschaulicht wird.

Angenommen, Frau Müller (die Medizinstudentin) erzielt in einem Medizintest 235 Punkte. Sie versucht nun, herauszufinden, was dieser Wert besagt. Ihr wird mitgeteilt, dass die Testwerte eine Normalverteilung mit dem Mittelwert 250 und der Standardabweichung 15 haben, was bedeutet, dass ihr Standardwert gleich -1,0 ist (eine Standardabweichung unter dem Mittelwert). Ihr Wert liegt also unter dem Mittelwert. Aber reicht der Wert aus, um den Test zu bestehen? Der Medizintest fällt jedes Jahr anders aus. Das Gleiche gilt für den Wert, ab dem der Test als bestanden gilt. Es bestehen jedoch immer die besten 60% und die restlichen 40% fallen durch. Wissen Sie mit dieser Information, ob Frau Müller den Test bestanden hat? Und ab welchem Testergebnis gilt der Test in diesem Jahr als bestanden? Mit Percentilen lässt sich dieses Geheimnis aufdecken.

Wenn immer die besten 60% den Test bestehen und die restlichen 40% durchfallen, liegt der Wert, der über das Bestehen entscheidet, auf dem 40sten Percentil. (Wie Sie sich sehr wahrscheinlich erinnern werden, gibt das Percentil den Prozentsatz der Werte an, die unterhalb liegen.) Auf welchem Percentil liegt Frau Müllers Testergebnis? Anhand von Abbildung 8.7 und dem Gesetz der großen Zahl wissen Sie, dass das Testergebnis eine Standardabweichung unter dem Mittelwert liegt. Also liegen 68% der Testergebnisse zwischen 235 und 265 Punkten – innerhalb von einer Standardabweichung vom Mittelwert. Die restlichen Testergebnisse (100% - 68% = 32%) liegen außerhalb dieses Wertebereichs. Die Hälfte der Werte, die außerhalb des Bereichs von plus oder minus zwei Standardabweichungen liegen (32% / 2 = 16%), liegen unterhalb von 235 Punkten. Dies bedeutet, dass Frau Müllers Wert auf dem 16ten Percentil liegt. Sie hat den Test also nicht bestanden. Um den Test zu bestehen, muss sie mindestens auf dem 40sten Percentil liegen.

Das Gesetz der großen Zahl kann Sie nur bis an diese Stelle bringen. Das Testergebnis von Frau Müller wurde von mir so gewählt, dass es genau auf eine Skaleneinheit fällt. Aber angenommen, das Testergebnis läge irgendwo zwischen zwei Skaleneinheiten. Keine Sorge. Für solche Fälle gibt es die Standardnormaltabelle. Tabelle 8.1 zeigt die Percentile für alle Standardwerte zwischen -3,4 und +3,4. Damit werden mehr als 99,7% der Fälle abgedeckt, auf die Sie stoßen werden. Beachten Sie, dass die Percentile mit zunehmender Größe der Standardwerte ebenfalls größer werden. Beachten Sie außerdem, dass ein Standardwert von 0 auf dem 50sten Percentil der Daten liegt, was dem Median entspricht. (Mehr zum Mittelwert und zum Median finden Sie in Kapitel 5.)

Standardwert	Percentil	Standardwert	Percentil	Standardwert	Percentil
-3,4	0,03%	-1,1	13,57%	+1,2	88,49%
-3,3	0,05%	-1,0	15,87%	+1,3	90,32%
-3,2	0,07%	-0,9	18,41%	+1,4	91,92%
-3,1	0,10%	-0,8	21,19%	+1,5	93,32%
-3,0	0,13%	-0,7	24,20%	+1,6	94,52%
-2,9	0,19%	-0,6	27,42%	+1,7	95,54%
-2,8	0,26%	-0,5	30,85%	+1,8	96,41%
-2,7	0,35%	-0,4	34,46%	+1,9	97,13%
-2,6	0,47%	-0,3	38,21%	+2,0	97,73%
-2,5	0,62%	-0,2	42,07%	+2,1	98,21%
-2,4	0,82%	-0,1	46,02%	+2,2	98,61%
-2,3	1,07%	0,0	50,00%	+2,3	98,93%
-2,2	1,39%	+0,1	53,98%	+2,4	99,18%
-2,1	1,79%	+0,2	57,93%	+2,5	99,38%
-2,0	2,27%	+0,3	61,79%	+2,6	99,53%
-1,9	2,87%	+0,4	65,54%	+2,7	99,65%
-1,8	3,59%	+0,5	69,15%	+2,8	99,74%

8 ► Maße für die relative Bewertung von Ergebnissen

Standardwert	Percentil	Standardwert	Percentil	Standardwert	Percentil
-1,7	4,46%	+0,6	72,58%	+2,9	99,81%
-1,6	5,48%	+0,7	75,80%	+3,0	99,87%
-1,5	6,68%	+0,8	78,81%	+3,1	99,90%
-1,4	8,08%	+0,9	81,59%	+3,2	99,93%
-1,3	9,68%	+1,0	84,13%	+3,3	99,95%
-1,2	11,51%	+1,1	86,43%	+3,4	99,97%

Tabelle 8.1: Standardwerte und Percentile für die Standardnormalverteilung

 Um mit Tabelle 8.1 ein Percentil zu finden, müssen Sie den Messwert erst in einen Standardwert umwandeln. Das ist einfacher, als eine Tabelle für jede mögliche Normalverteilung mit jedem möglichen Mittelwert und jeder möglichen Standardabweichung mit sich herumzutragen, oder etwa nicht? Aus diesem Grund ist die Standardnormalverteilung so großartig. Sie setzt eine standardisierte Skala ein und die Tabelle passt für alle Fälle.

Um ein Percentil zu berechnen, wenn die Daten normalverteilt sind, gehen Sie wie folgt vor:

1. **Konvertieren Sie den Messwert in einen Standardwert, indem Sie den Mittelwert vom Messwert abziehen und das Ergebnis durch die Standardabweichung teilen.**

   Die Formel hierfür lautet: $\frac{x - \mu}{\sigma}$.

2. **Verwenden Sie Tabelle 8.1, um das passende Percentil für den Standardwert zu ermitteln.**

Sie wissen bereits, dass Frau Müllers Testergebnis von 235 Punkten auf dem 16ten Percentil liegt. Angenommen, Kai Schmitz hat im selben Test 260 Punkte erreicht. Hat er den Test bestanden? Um dies herauszufinden, können Sie sein Testergebnis in einen Standardwert umwandeln und dann nach dem entsprechenden Percentil suchen. Der Standardwert von Herrn Schmitz ist (260 - 250) / 15 = 10 / 15 = 0,67. Laut Tabelle 8.1 liegt dieser Wert irgendwo zwischen dem 72,58sten und dem 75,80sten Percentil. (Wenn Sie konservativ sein wollen, wählen Sie das kleinere Percentil.) In beiden Fällen hat Herr Schmitz den Test bestanden, weil sein Ergebnis besser ist als das von 72% der Testteilnehmer und sein Percentil höher ist als 40.

Wäre es nicht angenehm, nicht jedes Testergebnis in einen Standardwert umwandeln zu müssen, nur um festzustellen, ob der Testteilnehmer den Test bestanden hat oder nicht? Es wäre doch günstiger, festzustellen, wo der Grenzwert in der Maßeinheit des ursprünglichen Messwerts liegt, und dann alle Ergebnisse mit diesem Wert vergleichen zu können. Sie wissen, dass der Grenzwert auf dem 40sten Percentil liegt. Tabelle 8.1 können Sie entnehmen, dass der Standardwert, der dem 40sten Percentil am nächsten liegt, der Wert -0,3 ist. Dies bedeutet, dass der Grenzwert bei 0,3 Standardabweichungen unter dem Mittelwert liegt. Um den ursprünglichen Messwert zu finden, der dieser Standardabweichung entspricht, können Sie die Formel für die Standardabweichung rückwärts anwenden.

Die Formel zur Konvertierung eines Messwerts (x) in einen Standardwert (nennen Sie ihn Z) lautet:

$$\frac{x - \mu}{\sigma}.$$

Sie können die Formel so umschreiben, dass Sie damit einen Standardwert (Z) in einen Messwert (x) umwandeln können. Die Formel sieht dann wie folgt aus: $x = Z\sigma + \mu$.

Um einen Standardwert in einen Messwert umzuwandeln, gehen Sie wie folgt vor:

1. **Suchen Sie den Mittelwert und die Standardabweichung für die Grundgesamtheit, mit der Sie arbeiten.**

2. **Nehmen Sie den Standardwert (Z) und multiplizieren Sie ihn mit der Standardabweichung.**

3. **Addieren Sie den Mittelwert zum Ergebnis von Schritt 2.**

Im Beispiel wissen Sie, dass der Grenzwert, der über das Bestehen entscheidet, der Standardwert -0,3 ist. Es gilt also Z = -0,3. Sie wissen außerdem, dass der Mittelwert aller Testergebnisse m = 250 und dass die Standardabweichung s = 15 beträgt. Wenn Sie diesen Standardwert in einen Messwert umwandeln, erhalten Sie den Wert x = - 0,3 * 15 + 250 = -4,5 + 250 = 245,5 (oder aufgerundet 246). Der Grenzwert, der über das Bestehen entscheidet, liegt also bei 246 Punkten. Jeder, der weniger als 246 Punkte hat, fällt durch.

Aber was ist, wenn die Messwerte nicht normalverteilt sind? Es lassen sich trotzdem Percentile berechnen, allerdings manuell oder mit einem Computerprogramm wie Microsoft Excel.

Um das k-te Percentil für nicht normalverteilte Daten zu finden, gehen Sie wie folgt vor:

1. **Ordnen Sie die Werte in aufsteigender Reihenfolge an.**

2. **Angenommen, *n* sei die Größe des Datensatzes. Multiplizieren Sie dann *k* mal *n* und runden Sie das Ergebnis zur nächsten Ganzzahl auf.**

3. **Zählen Sie die Werte durch, bis Sie zu dem Wert gelangen, den Sie in Schritt 2 berechnet haben. Dies ist das k-te Percentil Ihres Datensatzes.**

Angenommen, Ihnen liegt der folgende Datensatz vor: 1, 6, 2, 5, 3, 9, 3, 5, 4 und 5, und Sie sind am 90sten Percentil interessiert. Gehen Sie wie folgt vor:

Schritt 1: Ordnen Sie die Daten in der folgenden Reihenfolge: 1, 2, 3, 3, 4, 5, 5, 5, 6, 9.

Schritt 2: $n = 10$, $k = 90\%$ und k Prozent mal n ist 0,90 mal 10 oder 9.

Schritt 3: Dies bedeutet, dass die neunte Zahl in aufsteigender Reihenfolge, also die 6, das 90ste Percentil ist. Ungefähr 90% der Werte sind kleiner als 6 und 10% der Werte sind größer als 6. (Mehr zu Percentilen finden Sie in Kapitel 5.)

Achtung: Die Ergebnisse variieren!

In diesem Kapitel
▸ Damit leben, dass die Ergebnisse variieren
▸ Die Stichprobenvarianz mit dem zentralen Grenzwertsatz bemessen
▸ Faktoren ermitteln, die die Varianz bedingen

Statistiken werden mit Aussagen wie »Jede zweite Ehe endet in einer Scheidung«, »Vier von fünf Zahnärzten empfehlen Trident-Kaugummis« oder »Die durchschnittliche Lebenserwartung von Frauen, die im Jahr 2000 geboren wurden, liegt bei 80 Jahren« häufig wie Fakten dargestellt. Die meisten Menschen glauben Aussagen wie diesen und gehen davon aus, dass die Angaben auf sie zutreffen. Der Durchschnittsbürger geht beispielsweise eventuell davon aus, dass seine Chancen, geschieden zu werden, bei 50% liegen, dass sein Zahnarzt ihm sehr wahrscheinlich empfehlen wird, Trident-Kaugummies zu kauen, und dass, falls er noch nicht bereits vorher wieder geschieden war, seine im Jahr 2000 geborene Tochter damit rechnen kann, 80 Jahre alt zu werden.

Sollten solche Aussagen nicht wenigstens mit einem »±«-Zeichen versehen werden, um anzudeuten, dass die Ergebnisse auch abweichen können? Was meinen Sie, wie häufig das geschieht? Nicht häufig genug. Denn wenn Wissenschaftler ihre Daten nicht im Rahmen einer Volkszählung erheben, das heißt, wenn sie nicht jedes Mitglied einer Grundgesamtheit befragen oder untersuchen, weichen die Ergebnisse von Stichprobe zu Stichprobe voneinander ab. Und diese Abweichungen können erheblich größer sein, als Sie vielleicht glauben! Nun stellt sich die Frage, mit welcher Abweichung statistischer Studien gerechnet werden kann. Sie hoffen – oder gehen möglicherweise sogar automatisch davon aus –, dass die Abweichung nicht sehr groß ist, und dass Sie Ihre Ergebnisse auf jedes Mitglied der Grundgesamtheit anwenden können. Aber gilt das immer? Nein, absolut nicht. Die Abweichungen, die in einer statistischen Studie auftreten, hängen von zahlreichen Faktoren ab, die alle in diesem Kapitel vorgestellt werden sollen.

Abweichung der Stichprobenergebnisse

Im Fernsehen habe ich einmal eine Werbesendung für ein Getränk zur Gewichtsreduktion gesehen. Es dokumentierte in beeindruckender Weise, wie eine Frau in nur sechs Monaten 25 Kilo an Gewicht verlor und ihr neues Gewicht nun schon seit mehr als einem Jahr hielt. Während sie ihre Erfolgsgeschichte schilderte, wurde für wenige Sekunden am unteren Bildrand eine Laufschrift mit dem Inhalt »Diese Ergebnisse sind nicht typisch« eingeblendet.

Dies führt zu der Frage, was typisch ist. Wie viel Gewicht kann man erwartungsgemäß mit diesem Produkt in sechs Monaten verlieren? Oder umgekehrt können Sie sich auch fragen, wie lange Sie das Produkt einnehmen müssen, um 25 Kilo anzunehmen. Sie wissen, dass Sie, unabhängig von den Ergebnissen für eine bestimmte Person, immer davon ausgehen müssen, dass die Ergebnisse von Person zu Person variieren. Aber die Produktwerbung versucht, Ihnen zu suggerieren, dass Sie davon ausgehen können, 25 Kilo in sechs Monaten abzunehmen, auch wenn die Laufschrift das Gegenteil besagt. Wäre es nicht schön, wenn der Produkthersteller Ihnen mitteilen würde, wie stark die Ergebnisse erwartungsgemäß variieren? Außerdem wäre es angenehm, wenn die Ergebnisse, die in der Werbesendung präsentiert werden, nicht nur von einer Person stammen würden, sondern wenn die Stichprobe mehrere Personen umfassen würde.

Anektdoten, d.h. Erlebnisse einzelner Personen und Zeugnisse über bestimmte Vorfälle, ziehen immer die Aufmerksamkeit auf sich. Statistisch gesehen haben sie jedoch keinerlei Bedeutung!

Angenommen, Sie versuchen, den Anteil der Bundesbürger zu ermitteln, die den aktuellen Bundeskanzler befürworten. Wenn Sie eine per Zufallsauswahl zusammengestellte Stichprobe von 1.000 Bürgern befragen, wie sie die Arbeit des Bundeskanzlers einschätzen, erhalten Sie ein Stichprobenergebnis, wie z.B. 55% Zustimmung. Sie sollten nun allerdings nicht behaupten, dass 55% aller Bundesbürger die Arbeit des Bundeskanzlers schätzen, weil Ihre Ergebnisse nur auf einer Stichprobe von 1.000 Bürgern beruhen.

In einer anderen per Zufallsauswahl zusammengestellten Stichprobe von 1.000 Bürgern wird das Ergebnis sehr wahrscheinlich ganz anders ausfallen. Gemessen an der Einwohnerzahl der Bundesrepublik und der Tatsache, dass nicht alle Bürger dieselbe Meinung haben, werden Sie sehr wahrscheinlich in 50 verschiedenen Stichproben von 1.000 zufällig ausgewählten Personen 50 verschiedene Ergebnisse erhalten. Wie können Sie nun also die Ergebnisse Ihrer Stichprobenuntersuchung darstellen? Sie müssen unbedingt ein Maß dafür angeben, wie stark die Ergebnisse erwartungsgemäß variieren.

Gehen Sie davon aus, dass die Ergebnisse von Stichprobe zu Stichprobe voneinander abweichen. Nehmen Sie eine statistische Größe nicht für bare Münze und versuchen Sie nicht, die Ergebnisse Ihrer Untersuchung auf die Grundgesamtheit zu übertragen, ohne zu wissen, wie stark die Ergebnisse variieren.

Die Abweichung in Stichprobenergebnissen bemessen

Sie fragen sich vielleicht, wie Sie feststellen können, wie stark die Stichproben voneinander abweichen, ohne jede einzelne Stichprobe betrachtet zu haben, die Sie aus der Grundgesamtheit ziehen können. Selbstverständlich könnten Sie auch eine Vollerhebung durchführen. Dank einiger wichtiger statistischer Regeln, wie z.B. dem *zentralen Grenzwertsatz*, können Sie herausfinden, wie stark die Stichprobenmittel oder Stichprobenanteile von den

9 ➤ Achtung: Die Ergebnisse variieren!

entsprechenden Werten in der Grundgesamtheit abweichen. Der zentrale Grenzwertsatz besagt im Wesentlichen, dass die Verteilung aller Stichprobenmittel (oder der Stichprobenanteile) eine Normalverteilung ist, so lange die Stichproben groß genug sind. Und was sogar noch wichtiger ist: Gemäß dem zentralen Grenzwertsatz spielt es keine Rolle, welche Verteilung die Messwerte in der Grundgesamtheit haben. Wie ist das möglich? Die einzelnen Stichproben müssen groß genug sein und Sie müssen einige Merkmale der Grundgesamtheit kennen, wie z.B. den Mittelwert und die Standardabweichung. Und schon wirkt der Zauber der statistischen Theorie.

Standardfehler

Die Abweichung der Stichprobenmittel (oder der Stichprobenanteile) wird mit dem Standardfehler bemessen. Hinter dem Standardfehler steckt dieselbe Grundidee wie hinter der Standardabweichung. Beide repräsentieren eine typische Abweichung vom Mittelwert. Hier hört die Gemeinsamkeit aber auch schon auf. Die Mitglieder der Grundgesamtheit weichen bedingt durch Naturphänomene voneinander ab, wie z.B. in Bezug auf ihr Gewicht, auf ihre Größe usw. Daher kommt die Bezeichnung »Standardabweichung« für die Bemessung der Abweichung. Die Stichprobenmittel weichen jedoch bedingt durch den Fehler voneinander ab, dass keine Vollerhebung durchgeführt werden kann, sondern dass nur die Werte aus Stichproben erhoben werden können. Deshalb wird die Abweichung der Stichprobenmittel vom Mittelwert der Grundgesamtheit als *Standardfehler* bezeichnet. (Mehr zur Standardabweichung erfahren Sie in Kapitel 6. In diesem Kapitel wird dargestellt, wie der Standardfehler interpretiert wird. Die Formel zum Standardfehler finden Sie in Kapitel 10.)

Das nachfolgende Beispiel dient zur Veranschaulichung: Die US-Behörde für Arbeitsmarktstatistik versucht jedes Jahr, im Rahmen einer Erhebung des Konsumentenverhaltens herauszufinden, wofür die US-Bürger ihr Geld ausgeben. Die Behörde wählt eine Stichproben von jeweils 7.500 Haushalten aus und befragt jeden Haushalt aus der Stichprobe nach seinen Ausgaben. Tabelle 9.1 zeigt einige Ergebnisse aus dem Jahr 2001. Diese Tabelle beinhaltet nicht nur die durchschnittliche Geldsumme, die die Haushalte für verschiedene Dinge ausgegeben haben (das Stichprobenmittel), sondern auch den Standardfehler für jedes Stichprobenmittel.

Ausgaben	Stichprobenmittel	Standardfehler
Ernährung (Essen zu Hause)	$ 3.085,52	$ 42,30
Ernährung (Essen außer Haus)	$ 2.235,37	$ 38,35
Telefon	$ 914,41	$ 9,69
Benzin und Öl (für Fahrzeuge)	$ 1.279,37	$ 12,88
Druckerzeugnisse	$ 141,00	$ 2,99

Tabelle 9.1: Durchschnittliche Ausgaben amerikanischer Haushalte im Jahr 2001

Die Ergebnisse in Tabelle 9.1 können Sie mittels relativer Vergleiche interpretieren. So werden beispielsweise ungefähr 42% aller durchschnittlichen Haushaltsausgaben für Ernährung für das Essen außer Haus ausgegeben ($ 2.235,37 / ($ 3.085,52 + $ 2.235,37)) = $ 2.235,37 / $ 5.320,89 = 0,42 oder 42%. Die Standardfehler für die durchschnittlichen Ausgaben für Ernährung sind größer als die für andere Ausgaben, weil die Ausgaben für Ernährung in den einzelnen Haushalten stärker variieren als andere Ausgaben. Möglicherweise wundern Sie sich jedoch, warum die Standardfehler für die Aufwendungen für Ernährung nicht größer sind, als in Tabelle 9.1 angegeben. Wie bereits erwähnt teilt Ihnen der Standardfehler mit, mit welcher durchschnittlichen Abweichung Sie rechnen können, wenn Sie eine andere Strichprobe wählen. Bei sehr großen Stichproben sollte sich der Mittelwert kaum verändern. Und bei staatlichen Untersuchungen werden nie kleine Stichproben verwendet.

Einer Liste, die die Standardfehler für Stichprobenmittel enthält, werden Sie in den Medien eher selten begegnen. Wenn die Ergebnisse jedoch wichtig für Sie sind, können und sollten Sie tiefer graben, um den Standardfehler zu ermitteln. Am einfachsten geht das, wenn Sie den wissenschaftlichen Artikel ausfindig machen, aus dem die Ergebnisse zitiert werden, und in ihm nach dem Standardfehler suchen.

Stichprobenverteilungen

Eine Liste aller Werte, die Stichprobenmittel annehmen können, zusammen mit der Angabe, wie häufig die Werte auftreten können, wird als Stichprobenverteilung der Stichprobenmittelwerte bezeichnet. Eine Stichprobenverteilung besitzt wie alle anderen Verteilungen eine bestimmte Form, einen Mittelpunkt und ein Maß für die Abweichung (in diesem Fall der Standardfehler). (Mehr Informationen zur Form, zum Mittelpunkt und zur Abweichung finden Sie in Kapitel 4. Eine ausführliche Beschreibung von Verteilungen finden Sie in Kapitel 3.)

Gemäß dem zentralen Grenzwertsatz ist die Verteilung aller Stichprobenmittel, falls die einzelnen Stichproben jeweils groß genug sind, eine Normalverteilung mit demselben Mittelwert wie in der Grundgesamtheit. (Mehr zur Normalverteilung finden Sie in Kapitel 3.) Das liegt daran, dass die Stichprobenmittel in der Nähe des Durchschnittswerts angesiedelt sind, der auch der Mittelwert der Grundgesamtheit ist. Höhere Werte in der Stichprobe werden durch niedrigere Werte ausgeglichen, die in der Stichprobe ebenfalls auftreten. Dadurch mittelt sich der Effekt aus. Die Abweichung in der Stichprobenverteilung wird mit der Anzahl der Standardfehler angegeben. Ein zusätzlicher Vorteil davon, einen Durchschnittswert statt eines absoluten Wertes als Schätzwert zu benutzen, besteht darin, dass die Abweichung mit zunehmender Stichprobengröße abnimmt. (Ähnliches gilt auch für die Stichprobenverteilung von Stichprobenanteilen, die beispielsweise bei qualitativen Daten aus Meinungsumfragen anfallen.)

Das Gesetz der großen Zahl und der Standardfehler

Weil die Stichprobenverteilung der Stichprobenmittelwerte (oder der Stichprobenanteile) eine Normalverteilung ist, können Sie das Gesetz der großen Zahl anwenden, um zu erfahren, wie stark ein Stichprobenergebnis erwartungsgemäß vom Mittelwert der Grundgesamtheit abweicht – vorausgesetzt, die Stichprobe ist groß genug. (In Kapitel 8 erfahren Sie mehr zum Gesetz der großen Zahl.)

Was Stichprobenmittel und Stichprobenanteile betrifft, können Sie nach dem Gesetz der großen Zahl Folgendes erwarten:

- Ungefähr 68% der Stichprobenmittel liegen maximal einen Standardfehler vom Mittelwert der Grundgesamtheit entfernt.
- Ungefähr 95% der Stichprobenmittel liegen maximal zwei Standardfehler vom Mittelwert der Grundgesamtheit entfernt.
- Ungefähr 99,7% der Stichprobenmittel liegen maximal drei Standardfehler vom Mittelwert der Grundgesamtheit entfernt.
- Für qualitative Daten (Ja/Nein-Werte) gilt: 68%, 95% oder 99,7% der Stichprobenanteile liegen maximal einen, zwei oder drei Standardfehler vom Anteil in der Grundgesamtheit entfernt.

Was sagt das Gesetz der großen Zahl über die Höhe der Abweichung aus, die von einem Stichprobenmittel erwartet werden kann? Denken Sie daran, dass 95% der Stichprobenmittel maximal zwei Standardfehler vom Mittelwert der Grundgesamtheit entfernt sein sollten. Wenn Ihr Schätzwert eigentlich ein Wertebereich ist, der den Stichprobenmittel plus oder minus zwei Standardabweichungen enthält, wäre Ihr Schätzwert in 95% der Fälle korrekt. (Die Anzahl der Standardfehler, die addiert oder subtrahiert werden, wird als Fehlergrenze bezeichnet. Mehr hierzu finden Sie in Kapitel 10.)

Betrachten Sie das folgende Beispiel: Gemäß der amerikanischen Behörde für Arbeitsmarktstatistik gibt es in einem Durchschnittshaushalt im Jahr 2001 2,5 Personen – ein Anteil von 0,7 entfiel auf Kinder unter 18 und ein Anteil von 0,3 auf Personen über 65 – und 1,9 Fahrzeuge. (Bitte entschuldigen Sie, aber für diese Daten waren keine Standardfehler verfügbar.) Gemäß Tabelle 9.1 betrugen die durchschnittlichen Ausgaben für Telefon in diesem Jahr und in dieser Stichprobe von 7.500 Haushalten $ 914,41 pro Haushalt. Wie stark weichen die Ergebnisse in den einzelnen Stichproben voneinander ab, wenn verschiedene Stichproben mit jeweils 7.500 Personen aus der Grundgesamtheit gezogen werden? Der Standardfehler für die Ausgaben für Telefongebühren liegt in dieser Stichprobe bei $ 9,69. Dies bedeutet, dass 95% der durchschnittlichen Telefonausgaben in dieser Stichprobe in einem Bereich zwischen plus und minus $ 19,38 vom Mittelwert der Grundgesamtheit liegen ($ 19,38 = 2 * $ 9,69). Dies zeigt, wie stark die durchschnittlichen Telefonausgaben erwartungsgemäß abweichen werden, wenn eine Stichprobe der Größe 7.500 betrachtet wird.

Im Beispiel aus dem letzten Absatz behaupten Sie nicht, dass 95% aller Haushalte in der Grundgesamtheit Telefonausgaben haben, die in den Wertebereich von $ 19,38 über und unter dem Mittelwert fallen. Stattdessen gaben Sie einen Schätzwert dafür ab, wie hoch die durchschnittlichen Telefonausgaben für alle Haushalte in der Grundgesamtheit ausfallen. Bei den durchschnittlichen Telefonausgaben handelt es sich um einen Einzelwert. Weil Sie diesen Wert nicht ermitteln können, ohne eine Vollerhebung durchzuführen, schätzen Sie ihn mit Hilfe des Wertebereichs.

Sie können auch das Gesetz der großen Zahl anwenden, um eine Grobeinschätzung für die durchschnittlichen Telefonausgaben in allen US-Haushalten zu erhalten. Gemäß der zweiten Eigenschaft des Gesetzes der großen Zahl ist damit zu rechnen, dass die durchschnittlichen Telefonausgaben bei den Haushalten in den USA bei $ 914,41 plus oder minus 2 * $ 9,69 = $ 19,38 liegen. Dieser Schätzwert trifft auf 95% der gewählten Stichproben zu – und hoffentlich auch für die Stichprobe, die von der Bundesbehörde für Arbeitsmarktstatistik ausgewählt wurde. In der Sprache der Statistik bedeutet dies, dass Sie mit 95%iger Sicherheit davon ausgehen können, dass die durchschnittlichen Telefonausgaben pro Jahr bei allen US-Haushalten irgendwo zwischen $ 914,41 - $ 19,38 und $ 914,41 + $ 19,38, also zwischen $ 895,03 und $ 933,79 liegen. Wollen Sie für Ihren Schätzwert lieber zu 99,7% sichergehen, müssen Sie drei Standardfehler vom Mittelwert subtrahieren bzw. zum Mittelwert addieren.

Diese Art von Ergebnis, die eine statistische Größe plus oder minus einer bestimmten Anzahl an Standardfehlern beinhaltet, wird als *Konfidenzintervall* bezeichnet. (Mehr hierzu erfahren Sie in Kapitel 11.) Die Anzahl der Standardfehler, die addiert oder subtrahiert werden, wird als Fehlergrenze bezeichnet.

Die Fehlergrenze (margin of error) für Stichprobenmittel werden Sie in den Medien im Zusammenhang mit quantitativen Daten wie dem Einkommen pro Haushalt oder Aktienkursen vergeblich suchen. Die Fehlergrenze sollte jedoch immer angegeben werden, um eine bessere Einschätzung der Genauigkeit der Ergebnisse zu ermöglichen. Bei Meinungsumfragen und Daten aus Wahlerhebungen (bei denen in der Regel qualitative Daten als Anteile angegeben werden), wird die Fehlergrenze hingegen häufig angegeben. Woran das liegt, kann ich allerdings nicht sicher sagen.

Mehr zum zentralen Grenzwertsatz

Beachten Sie, dass Ihnen die Ergebnisse, auf die im letzten Abschnitt die Regel der großen Zahl angewendet wurde, eine Grobeinschätzung für die Interpretation von einem, von zwei oder von drei Standardfehlern liefert, und Sie wissen, was Sie in Hinblick auf das Stichprobenmittel oder auf Anteile zu erwarten haben. Die Ergebnisse werden jedoch eigentlich durch den zentralen Grenzwertsatz bedingt. Statistiker lieben den zentralen Grenzwertsatz, denn ohne ihn hätten sie keine Arbeit. Mit dem zentralen Grenzwertsatz können sie Aussagen darüber machen, wo die Stichprobenwerte erwartungsgemäß liegen werden, ohne dafür alle möglichen Stichproben betrachten zu müssen, die aus einer bestimmten Grundgesamtheit gezogen werden können. Der zentrale Grenzwertsatz stellt außerdem eine Formel zur Berechnung des Standardfehlers bereit und dafür, wie Sie ermitteln können, welcher Prozentsatz der Stichprobenmittel maximal einen, zwei oder drei Standardfehler vom Mittelwert abweicht.

Gemäß dem zentralen Grenzwertsatz gilt für alle Grundgesamtheiten mit einem Mittelwert μ und der Standardabweichung σ Folgendes:

9 ➤ Achtung: Die Ergebnisse variieren!

✔ Die Verteilung aller möglichen Stichprobenmittel entspricht bei einer ausreichenden Stichprobengröße einer Normalverteilung. Das bedeutet, dass Sie Fragen anhand der Normalverteilung beantworten können und anhand der Normalverteilung Schlussfolgerungen über den Stichprobenmittel ziehen können. (Mehr zur Normalverteilung erfahren Sie in Kapitel 8.)

✔ Je größer die Stichprobengröße (n) ist, desto stärker nähert sich die Verteilung der Stichprobenmittel einer Normalverteilung an. (Die meisten Statistiker stimmen darin überein, dass eine Stichprobengröße von $n = 30$ in den meisten Fällen als ausreichend gelten kann.)

✔ Der Mittelwert der Verteilung der Stichprobenmittel ist gleich μ.

✔ Der Standardfehler für die Stichprobenmittel ist gleich $\frac{\sigma}{\sqrt{n}}$.
Er verringert sich mit zunehmender Größe von n.

✔ Wenn die Messwerte normalverteilt sind, nehmen auch die Stichprobenmittel eine Normalverteilung an – und zwar unabhängig von der Stichprobengröße.

Wenn die Standardabweichung in der Grundgesamtheit, σ, unbekannt ist (was die Regel ist), können Sie den Standardfehler schätzen, indem Sie die Standardabweichung, σ, für die Stichprobe in die Formel einsetzen. Mehr hierzu in Kapitel 12.

Der zentrale Grenzwertsatz besagt, dass die Verteilung der Stichprobenmittel, so lange die Stichproben groß genug sind, auch dann normalverteilt ist, wenn die Messwerte nicht normalverteilt sind. Auch diese Tatsache ist auf den Effekt der Ausmittelung zurückzuführen.

Der zentrale Grenzwertsatz am Beispiel des ACT (American College Test)

Betrachten Sie nun die Ergebnisse im ACT-Mathematiktest (ACT – American College Test) im Jahr 2002 für männliche und weibliche amerikanische Schüler. (Es handelt sich hier um eine Situation, in der der Mittelwert und die Standardabweichung der Grundgesamtheit bekannt sind, weil alle Tests, die im Jahr 2002 durchgeführt wurden, auch benotet und aufgezeichnet wurden.) Das durchschnittliche Testergebnis der männlichen Testteilnehmer lag bei 21,2 Punkten mit einer Standardabweichung von 5,3. Die weiblichen Teilnehmer erzielten im Durchschnitt 20,1 Punkte mit einer Standardabweichung von 4,8. Frühere Untersuchungen haben gezeigt, dass die ACT-Testergebnisse annähernd normalverteilt sind. Abbildung 9.1 zeigt die Verteilungen der Testergebnisse für männliche und weibliche Testteilnehmer. In beiden Fällen umfasst die Grundgesamtheit der männlichen und weiblichen Testteilnehmer ungefähr eine Million Schüler.

Nach dem Gesetz der großen Zahl (siehe Kapitel 8) haben ungefähr 95% der männlichen Testteilnehmer zwischen 10,6 und 31,8 Punkte erreicht und ungefähr 95% der weiblichen Testteilnehmer zwischen 10,5 und 29,7 Punkte. Die Testergebnisse für männliche und weibliche Absolventen sind vollständig vergleichbar.

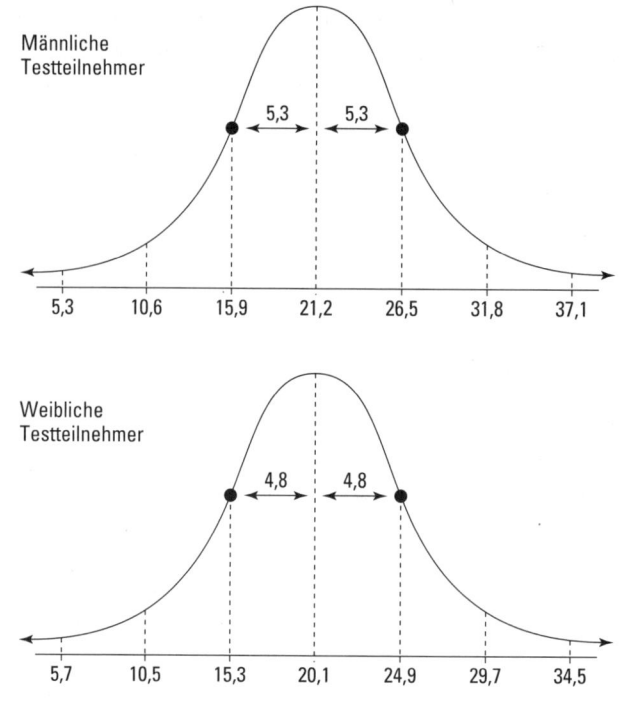

Abbildung 9.1: Testergebnisse im ACT-Mathematiktest für männliche und weibliche Testteilnehmer in 2002

Angenommen, Sie wären an den Mittelwerten für Stichproben der Größe 100 aus der Grundgesamtheit der 500.000 männlichen Testteilnehmer aus dem Jahr 2002 interessiert. Wie wird eine Verteilung aller möglichen Mittelwerte aussehen? Gemäß dem zentralen Grenzwertsatz wird es eine Normalverteilung sein mit demselben Mittelwert wie die Grundgesamtheit (21,2). Der Standardfehler berechnet sich aus der Standardabweichung, 5,3, geteilt durch die Wurzel von 100 (da die hypothetische Stichprobengröße 100 ist). Der Standardfehler für diese Stichprobe lautet also wie folgt:

$$\frac{5{,}3}{\sqrt{100}} = 5{,}3 / 10 = 0{,}53.$$

Abbildung 9.2 zeigt die Verteilung der Stichprobenmittel für Stichproben von jeweils 100 männlichen Studenten.

 Beachten Sie in Abbildung 9.2, um wie viel kleiner der Standardfehler der Stichprobenmittel im Vergleich zur Standardabweichung der Messwerte in Abbildung 9.1 ist. Das liegt daran, dass die Stichprobenmittel in Abbildung 9.2 die Daten von jeweils 100 Testteilnehmern enthalten, in Abbildung 9.1 jedoch Daten für jeden einzelnen Testteilnehmer dargestellt werden. Die Stichprobenmittel variie-

ren nicht so stark wie einzelne Messwerte. Deshalb ist es sinnvoller, den Mittelwert einer Grundgesamtheit mit dem Stichprobenmittel statt mit einzelnen Messwerten zu schätzen.

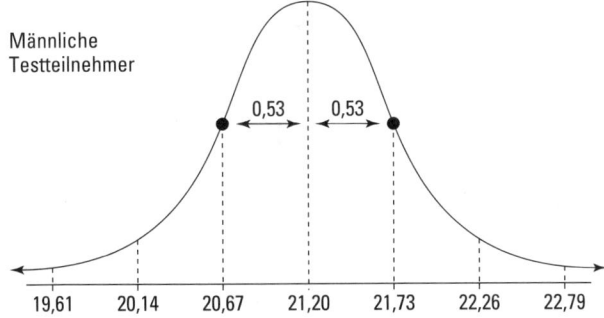

Abbildung 9.2: Durchschnittliche Testergebnisse für männliche Studenten aus Stichproben der Größe 100

Abbildung 9.3 zeigt, was mit der Verteilung der Stichprobenmittel geschieht, wenn die Stichprobengröße auf 1.000 männliche Testteilnehmer erhöht wird. Der Standardfehler reduziert sich auf 5,3 geteilt durch die Wurzel von 1.000 oder 5,3 / 31,62 = 0,17. Der Standardfehler in Abbildung 9.3 ist kleiner als der in Abbildung 9.2, weil die Stichprobenmittel in Abbildung 9.3 auf Stichproben von 1.000 Testteilnehmern basieren und deshalb mehr Informationen enthalten als die Stichprobenmittel in Abbildung 9.2, die nur auf jeweils 100 Testteilnehmern basieren.

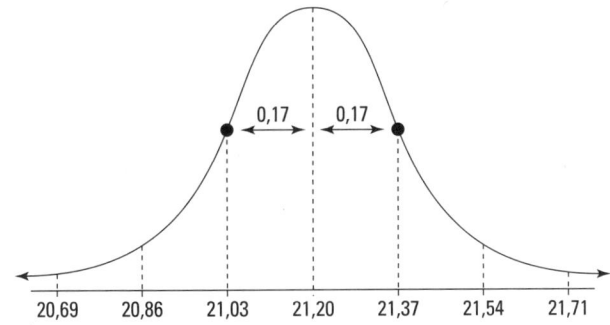

Abbildung 9.3: Durchschnittliche Testergebnisse für Stichproben männlicher Testteilnehmer der Größe 1.000

In Abbildung 9.4 wurden die drei Verteilungen für männliche Studenten, d.h. die der einzelnen Messwerte, die der Stichprobenmittel aus Stichproben der Größe 100 und die der Stichprobenmittel aus Stichproben der Größe 1.000, übereinander gelegt, um ihre Abweichung besser vergleichen zu können.

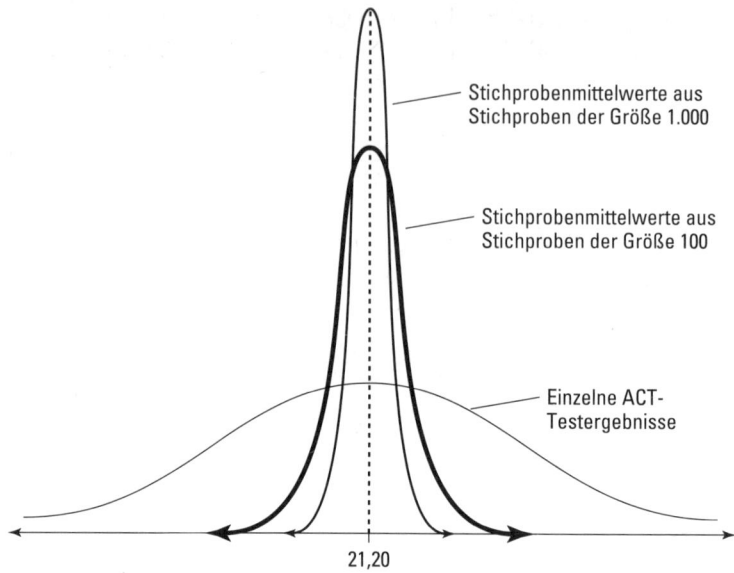

Abbildung 9.4: Die Verteilungen der Testergebnisse und der Stichprobenmittel aus Stichproben der Größe 100 und der Größe 1.000 im Überblick

Mittels des zentralen Grenzwertsatzes können Sie Fragen zu Stichprobenergebnissen stellen, wie die, die Sie im Zusammenhang mit den Testergebnissen des ACT-Mathematiktests kennen gelernt haben. Angenommen, Sie möchten wissen, wie hoch die Wahrscheinlichkeit ist, dass eine Stichprobe von 100 Stundenten ein durchschnittliches Testergebnis von maximal 22 Punkten hat. Mit Hilfe der Technik, die Sie in Kapitel 8 kennen gelernt haben, können Sie das Testergebnis von 22 Punkten in einen Standardwert umwandeln, indem Sie von dem Testergebnis den Mittelwert der Grundgesamtheit (21,2) subtrahieren und die Differenz durch den Standardfehler statt durch die Standardabweichung teilen. Benutzen Sie für die Konvertierung die Formel

$\dfrac{\bar{x} - \mu}{\sigma/\sqrt{n}}$, wobei

$\bar{x}$ das Stichprobenmittel ist (im Beispiel 22) und

$\dfrac{\sigma}{\sqrt{n}}$ der Standardfehler.

Beachten Sie, dass σ die Standardabweichung in der Grundgesamtheit ist. Sie hat den Wert 5,3. Der Standardfehler berechnet sich also wie folgt: $5{,}3/\sqrt{100} = 0{,}53$ (siehe Abbildung 9.2) und für das durchschnittliche Testergebnis von 22 Punkten ergibt sich der Standardwert $(22 - 21{,}2) / 0{,}53 = 0{,}8 / 0{,}53 = 1{,}51$. Sie wollen nun wissen, wie hoch der Prozentsatz der Testergebnisse ist, die links von diesem Wert liegen, das

heißt, Sie suchen das Percentil, das einem Standardwert von 1,51 entspricht. Gemäß Tabelle 8.1 in Kapitel 8 entspricht der Standardwert 1,51 dem Percentil 93,32%.

In einer Gruppe von Mittelwerten sind die Abweichungen immer geringer als in einer Gruppe einzelner Messwerte. Je größer die Stichproben sind, auf denen die Mittelwerte basieren, desto geringer sind die Abweichungen.

Der zentrale Grenzwertsatz lässt sich übrigens nicht nur auf Stichprobenmittel anwenden. Sie können mit dem zentralen Grenzwertsatz auch Schlussfolgerungen über Anteilswerte in der Grundgesamtheit ziehen und Fragen zu Anteilswerten in der Grundgesamtheit beantworten. Die Schlussfolgerungen, die Sie über die Form, den Mittelpunkt und die Abweichung der Verteilung der Stichprobenmittel ziehen können, gelten auch für Stichprobenanteile. Die Berechnungsformeln sehen natürlich etwas anders aus, es steckt jedoch dasselbe Konzept dahinter. Der Stichprobenanteil wird übrigens mit $\hat{p}$ bezeichnet und entspricht der Anzahl der Einheiten in einer Stichprobe, die in der relevanten Kategorie enthalten sind, geteilt durch die Stichprobengröße (n).

Nach dem zentralen Grenzwertsatz gilt für alle Grundgesamtheiten mit dem Anteilswert p Folgendes:

✔ Die Verteilung aller Stichprobenanteile ($\hat{p}$) nähert sich für entsprechend große Stichproben einer Normalverteilung an. (Mehr zur Normalverteilung finden Sie in Kapitel 8.)

✔ Je größer die Stichproben sind, desto stärker nähert sich die Verteilung der Stichprobenanteile einer Normalverteilung. (Das bedeutet, dass Sie Fragen zu und Schlussfolgerungen über den Stichprobenanteil mittels der Normalverteilung beantworten können.)

✔ Der Mittelwert der Verteilung der Stichprobenanteile ist ebenfalls p.

✔ Der Standardfehler der einzelnen Stichprobenanteile berechnet sich wie folgt:

$$\sqrt{\frac{p*(1-p)}{n}}$$

✔ Er erhöht sich, wenn sich n erhöht, und verringert sich, wenn sich n verringert.

Beachten Sie, dass der Standardfehler für den Stichprobenanteil den Anteilswert p der Grundgesamtheit enthält. Dieser Wert ist sehr wahrscheinlich unbekannt, Sie können ihn jedoch mit dem Stichprobenanteil, $\hat{p}$, schätzen. Mehr hierzu finden Sie in Kapitel 12.

Welcher Anteil der Testteilnehmer wünscht Mathematik-Nachhilfe?

Sie können anhand des zentralen Grenzwertsatzes auch Fragen zu Anteilen beantworten. Angenommen, Sie wollen wissen, welcher Anteil der Testteilnehmer gerne Mathematik-Nachhilfe in Anspruch nehmen würde, um seine Mathematikkenntnisse zu verbessern. Dies wird im ACT-Mathematiktests zusätzlich erhoben. Im Jahr 2002 beantworteten 38% der Testteilnehmer die Frage mit ja. Es handelt sich um einen Fall, in dem der Anteilswert in der Grundgesamtheit, p, bekannt ist (p = 0,38). Die Messwerte sind in diesem Fall wie bei allen qualitativen Daten nicht normalverteilt, weil es nur die beiden möglichen Werte ja und nein gibt. Die Verteilung der Antworten in Bezug auf die Unterstützung zur Verbesserung der Mathematikkenntnisse wird in Abbildung 9.5 als Balkendiagramm dargestellt (mehr zu Balkendiagrammen finden Sie in Kapitel 4).

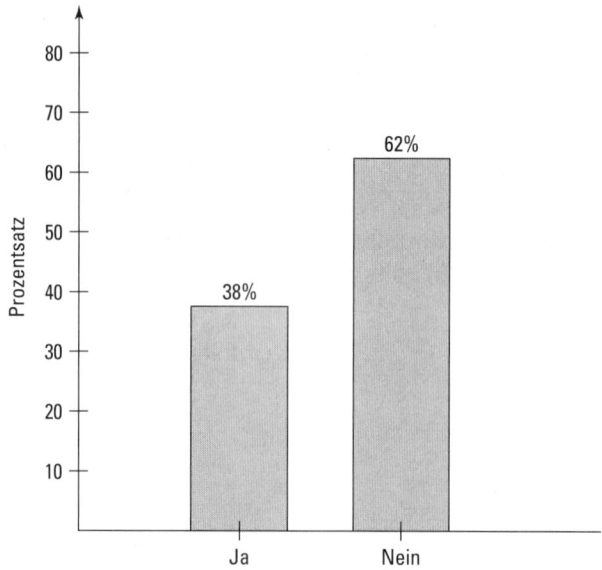

Abbildung 9.5: Prozentsätze aller Testteilnehmer, die Bedarf für Unterstützung bei der Verbesserung ihrer Mathematikkenntnisse angemeldet haben

Angenommen, Sie wollten anhand von Stichproben der Größe 100, die Sie aus der Grundgesamtheit der eine Million Testteilnehmer des ACT aus dem Jahr 2002 ziehen, feststellen, welcher Anteil der Testteilnehmer sich Unterstützung bei der Verbesserung der Mathematikkenntnisse wünscht. Die Verteilung aller Stichprobenanteile sehen Sie in Abbildung 9.6. Es handelt sich um eine Normalverteilung mit dem Mittelwert p = 0,38 und dem Standardfehler

$$\sqrt{\frac{0,38 * (1-0,38)}{100}} = \sqrt{0,00236} = 0,049 \text{ oder } 4,9\%.$$

Gemäß dem zentralen Grenzwertsatz können Sie sagen, dass es Stichprobenanteile gibt, die einen höheren Wert als 0,38 haben und einige einen geringeren. Die meisten Stichprobenanteile – ungefähr 95% – liegen jedoch im Wertebereich zwischen 0,38 plus oder minus 2 * 0,05 = 0,10, also im Wertebereich zwischen 38% ± 10%. Diese Ergebnisse weisen eine ziemlich starke Abweichung auf, nämlich von 10% auf jeder Seite des Anteilswerts in der Population.

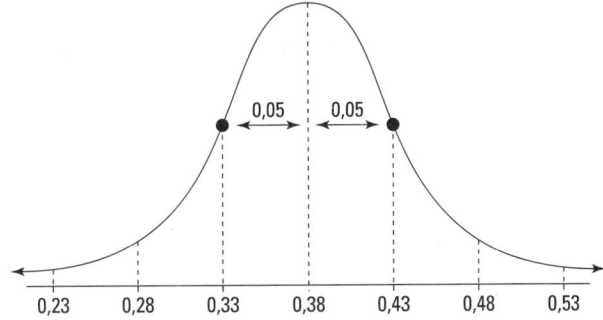

Abbildung 9.6: Anteil der Testteilnehmer, die sich Unterstützung bei der Verbesserung ihrer Mathematikkenntnisse wünschen, für Stichproben der Größe 100

Wenn nun Stichproben der Größe 1.000 aus der Grundgesamtheit gezogen werden und geprüft wird, welcher Anteil der Testteilnehmer einen Bedarf an Unterstützung in Mathematik signalisiert hat, ergibt sich die in Abbildung 9.7 gezeigte Verteilung. Sie ähnelt der Verteilung aus Abbildung 9.6, die Werte liegen jedoch dichter beieinander. Der Standardfehler reduziert sich auf

$$\sqrt{\frac{0{,}38 * (1 - 0{,}38)}{100}} = \sqrt{0{,}00236} = 0{,}015 \text{ oder } 15\%.$$

Ungefähr 95% der Ergebnisse liegen demnach im Bereich zwischen $0{,}38 - 2 * 0{,}015 = 0{,}35$ und $0{,}38 + 2 * 0{,}015 = 0{,}41$, d.h. die Ergebnisse liegen zwischen 35% und 41%. Wenn Sie mehrere Stichproben der Größe 1.000 aus der Grundgesamtheit ziehen und den Stichprobenanteil für jede Stichprobe ermitteln, unterscheiden sich die Stichprobenanteile nicht sehr voneinander. Bedingt durch die Stichprobengröße liegen die Werte ziemlich eng nebeneinander.

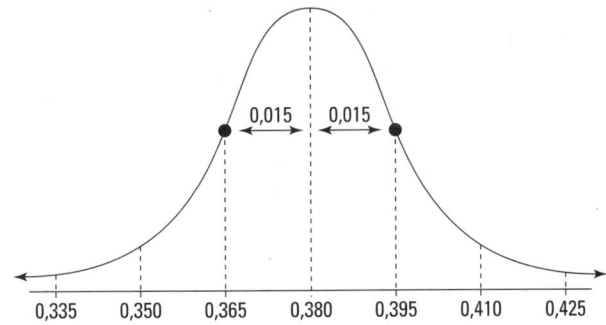

Abbildung 9.7: Der Anteil der Testteilnehmer, die sich Unterstützung bei der Verbesserung ihrer Mathematikkenntnisse wünschen, für Stichproben der Größe 1000

Bevor Sie Schlussfolgerungen aus Stichprobenanteilen ziehen, sollten Sie sich einen Eindruck davon bilden, wie stark die Ergebnisse abweichen, indem Sie den Standardfehler und den Wertebereich betrachten, der durch die Fehlergrenze von plus/minus zwei Standardfehlern definiert wird. Wenn Sie mehr über die Abweichung wissen, können Sie die Ergebnisse besser einschätzen.

Welche Stichprobengröße ist bei qualitativen Daten in Hinblick auf den zentralen Grenzwertsatz hinreichend? Die meisten Statistiker würden zustimmen, dass n * p >= 5 und n * (1 - p) >= 5 gelten sollte. Damit werden Fälle ausgeschlossen, in denen der Anteilswert bei 1 oder 0 liegt, d.h. Extremsituationen, in denen fast jeder oder fast niemand in der Gruppe enthalten ist. In diesen Extremfällen würden Sie größere Stichproben benötigen, um sicherzustellen, dass alle Gruppen repräsentiert werden. Bei den meisten Meinungsumfragen werden genügend Personen befragt, um sicherzustellen, dass diese Bedingung erfüllt ist.

Der zentrale Grenzwertsatz ist nützlich für alle, die versuchen, die Stichprobenergebnisse zu interpretieren. So lange die Stichproben groß genug sind – und die Daten glaubwürdig sind und keinen systematischen Fehler enthalten –, nähern sich die Ergebnisse der Wahrheit an. (Aber denken Sie immer daran, dass ich gesagt habe, so lange die Ergebnisse glaubwürdig und keine systematischen Fehler enthalten. Mehr zu Beispielen dafür, wie statistische Untersuchungen schief gehen können, erfahren Sie in Kapitel 2.)

Der zentrale Grenzwertsatz bietet Ihnen auch die Möglichkeit, weitere wichtige Fragen in Bezug auf den Stichprobenmittelwert und Stichprobenanteile zu stellen. Angenommen, Sie erhalten die Zusage, dass ein Paket innerhalb von zwei Tagen zugestellt wird, für die Zustellung der Pakete aus Ihrer Stichprobe von 30 Paketen wurden jedoch 2,4 Tage benötigt. Ist dies Beweis genug, um sagen zu können, dass das Unternehmen Fehlangaben zu den Zustellzeiten gemacht hat oder Sie absichtlich irreführen? Oder hatten Sie einfach eine atypische Stichprobe mit Paketen, die zufällig zu spät zugestellt wurden? Diese Art von Fragen sind Gegenstand von Kapitel 14.

Falls Sie sich Sorgen darüber machen, dass Sie immer den Mittelwert der Grundgesamtheit (m) oder den Anteilswert in der Grundgesamtheit (p) kennen müssen, um den zentralen Grenzwertsatz anwenden zu können, besteht dazu kein Anlass. Auch Sie werden das Geheimnis entdecken, das Statistiker seit Jahren kennen: Wenn Sie einen Wert nicht kennen, schätzen Sie ihn und fahren Sie fort. (Mehr hierzu in Kapitel 11.)

Faktoren untersuchen, die die Abweichung in Stichproben beeinflussen

Es gibt zwei Faktoren, die die Abweichung des Stichprobenmittels und des Stichprobenanteils entscheidend beeinflussen: die Stichprobengröße und die Abweichung in der Grundgesamtheit.

Die Stichprobengröße

Die Größe der Stichprobe beeinflusst die Abweichung der Stichprobenergebnisse. Angenommen, Sie haben einen Fischteich und wollen die durchschnittliche Länge aller Fische in diesem Teich ermitteln. Wenn Sie wiederholt Stichproben der Größe 100 und Stichproben der Größe 1.000 aus diesem Teich entnehmen und jedes Mal das Stichprobenmittel aufzeichnen, welche Stichprobenmittel würden dann stärker variieren, die der Stichprobengröße 100 oder die der Stichprobengröße 1.000? Die der Stichprobengröße 100, weil die Stichprobenmittel bei Stichproben dieser Größe weniger Daten enthalten. Die Stichprobenanteile werden in ähnlicher Weise beeinflusst.

Bei kleinen Stichprobengrößen fällt der Standardfehler der Stichprobmittel (und der Stichprobenanteile) groß aus. Je größer die Stichproben sind, desto kleiner ist der Standardfehler. Je mehr Daten Sie also innerhalb einer Stichprobe erheben, desto weniger Abweichungen erhalten Sie von Stichprobe zu Stichprobe.

Die Abweichung der Stichprobenmittel (oder der Stichprobenanteile) wird mit dem Standardfehler gemessen.

Die Abweichung der Stichprobenmittel ist $\frac{\sigma}{\sqrt{n}}$,

die Abweichung der Stichprobenanteile ist $\sqrt{\frac{p*(1-p)}{n}}$.

Der Nenner beider Formeln enthält lediglich die Größe n. Deshalb verringert sich der Standardfehler mit steigender Stichprobengröße. Je mehr Informationen bereitgestellt werden, desto kleiner ist die Abweichung der Stichprobenmittel (und der Stichprobenanteile).

Die Abweichung in der Grundgesamtheit

Mit zunehmender Abweichung in der Grundgesamtheit steigt auch die Abweichung der Stichprobenmittel und der Stichprobenanteile. Angenommen, Sie haben zwei Fischteiche, Teich A und Teich B, und Sie möchten die durchschnittliche Länge aller Fische in den beiden Teichen ermitteln. Die Länge der Fische in Teich A variiert dabei erheblich stärker als die der Fische in Teich B. Sie entnehmen aus beiden Teichen Stichproben der Größe 100 und ermitteln die mittlere Länge der Fische in der Stichprobe. Anschließend erstellen Sie eine Verteilung der Stichprobenmittel für jeden Teich. Welche Stichprobenmittel werden dann Ihrer Meinung nach stärker variieren? Die Stichprobenmittel der Fische aus Teich A, da die Länge auch in der Grundgesamtheit stärker variiert als die der Fische in Teich B.

Die Abweichungen in den Stichprobenanteilen werden in ähnlicher Weise von den Abweichungen in der Grundgesamtheit beeinflusst. Angenommen, Sie möchten den Anteil der Fische in Teich A ermitteln, die sich einer guten Gesundheit erfreuen (nennen Sie diesen Anteil p). Wenn fast alle Fische in Teich A sehr gesund sind, das

heißt, p nähert sich dem Wert 1 an, ist die Standardabweichung in der Grundgesamtheit, p * (1-p), ziemlich klein, weil die meisten Fische den gleichen Gesundheitszustand aufweisen. Wenn Sie viele Stichproben aus dieser homogenen, gesunden Grundgesamtheit ziehen und den prozentualen Anteil der Fische mit einem guten Gesundheitszustand ermitteln, sollten Sie nicht damit rechnen, dass sich dieser Prozentsatz in der nächsten Stichprobe, die Sie aus dem Teich entnehmen, sehr stark vom ersten unterscheiden wird. Der Standardfehler für den Stichprobenanteil ist klein, wenn sich p dem Wert 1 annähert. Das gleiche Phänomen zeigt sich, wenn der Gesundheitszustand der meisten Fische schlecht ist, das heißt, p sich dem Wert 0 annähert. Wenn jedoch ungefähr 50% der Fische einen guten Gesundheitszustand aufweisen und die 50% der restlichen Fische einen schlechten Gesundheitszustand, werden Sie in den Anteilen Ihrer Stichproben eine größere Abweichung finden, weil auch der Gesundheitszustand der Fische in der Grundgesamtheit stärker variiert. Eine Grundgesamtheit, in der p gleich 0,5 ist, beinhaltet sogar die höchstmögliche Abweichung, was auch in höchstmöglichen Standardfehlern für die Stichprobenanteile resultiert.

Mehr Varianz in der Grundgesamtheit führt zu mehr Varianz im Standardfehler der Stichprobenmittel (oder der Stichprobenanteile). Beachten Sie, dass diese höhere Varianz dadurch ausgeglichen werden kann, dass die Stichprobengröße erhöht wird.

Wie bereits erwähnt, ist die Abweichung der Stichprobenmittel gleich $\frac{\sigma}{\sqrt{n}}$

und die Abweichung der Stichprobenanteile gleich $\sqrt{\frac{p*(1-p)}{n}}$.

Im Zähler beider Formeln steht die Standardabweichung für die Grundgesamtheit (σ für quantitative und p * [1-p] für qualitative Daten). Wenn sich die Standardabweichung in der Grundgesamtheit und damit auch der Zähler der Formel erhöht, erhöht sich auch der Standardfehler. Mehr Varianz in der Grundgesamtheit bedeutet auch mehr Varianz in den Stichprobenmitteln oder den Stichprobenanteilen. Diese höhere Varianz kann durch eine Vergrößerung der Stichproben ausgeglichen werden, weil sich der Wert des Bruches verringert, wenn der Nenner, n, größer wird.

Jeder kann eine Formel mit Zahlen füllen und ein Maß für die Genauigkeit der Ergebnisse angeben. Wenn die Ergebnisse jedoch verzerrt sind, ist ihre Genauigkeit nicht relevant. (Die Formeln wissen nichts darüber. Deshalb müssen Sie selbst darauf achten.) Deshalb sollten Sie sorgfältig prüfen, wie die Stichprobe in einer Studie ausgewählt wurde und wie die Daten erhoben wurden, bevor Sie prüfen, wie stark die Ergebnisse abweichen werden. (Mehr hierzu in Kapitel 17.)

Die Fehlergrenze berücksichtigen

In diesem Kapitel

▶ Das Konzept der Fehlergrenze
▶ Die Fehlergrenze berechnen
▶ Die Auswirkungen der Stichprobengröße ermitteln
▶ Feststellen, was die Fehlergrenze nicht misst

Gute Wissenschaftler geben in ihren Umfragen und Experimenten immer ein Maß dafür an, wie genau die Ergebnisse sind, um den Lesern eine richtige Einschätzung der Ergebnisse zu ermöglichen. Dieses Maß wird als *Fehlergrenze* (margin of error) bezeichnet. Die Fehlergrenze gibt an, wie genau das Stichprobenergebnis die Parameter aus der Grundgesamtheit wiedergibt, indem sie einen Wertebereich definiert, innerhalb dem der Wert aus der Grundgesamtheit mit hoher Wahrscheinlichkeit liegt.

Glücklicherweise kennen auch viele Journalisten die Bedeutung der Fehlergrenze. Deshalb wird sie in den Medien im Zusammenhang immer häufiger angegeben. Aber was genau besagt die Fehlergrenze und ermöglicht sie tatsächlich eine Einschätzung für die Korrektheit der Ergebnisse?

Dieses Kapitel beleuchtet die Fehlergrenze näher und erklärt, wie sie Ihnen bei der Einschätzung der Korrektheit statistischer Informationen helfen kann. Außerdem wird das Thema der Stichprobengröße noch einmal genauer untersucht. Sie werden erstaunt sein, wie klein eine Stichprobe sein kann, mit der Sie den Puls der Welt messen können, sofern die Untersuchung korrekt durchgeführt wird.

Die Bedeutung des Vorzeichens

Den Begriff »Fehlergrenze« werden Sie sehr wahrscheinlich schon einmal im Zusammenhang mit Umfrageergebnissen gehört haben. Möglicherweise haben Sie schon einmal Aussagen wie »Die Umfrage wies eine Fehlergrenze von plus/minus drei Prozent auf« gehört. Sie haben sich vielleicht auch schon einmal gefragt, was Sie mit dieser Angabe machen sollen und wie wichtig sie tatsächlich ist. Die Wahrheit ist, dass die Umfrageergebnisse für sich genommen, d.h. ohne Fehlergrenze, nur ein Maß dafür sind, wie eine Stichprobe von ausgewählten Individuen über ein bestimmtes Thema denkt. Sie geben nicht an, was die meisten Menschen in der Grundgesamtheit gedacht hätten, wenn sie befragt worden wären. Die Fehlergrenze hilft Ihnen dabei, zu bemessen, wie eng die Stichprobenergebnisse mit der Grundgesamtheit übereinstimmen.

Wie in Kapitel 3 dargestellt, ist eine Stichprobe eine repräsentative Gruppe aus der Grundgesamtheit, die näher untersucht werden soll. Ergebnisse, die auf einer Stichprobe basieren, sind nicht identisch mit den Ergebnissen, die sich bei einer Untersuchung der Grundgesamtheit zeigen würden. Denn wenn Sie eine Stichprobe betrachten, erhalten Sie nur Daten von ausgewählten Objekten, nicht von der Gesamtpopulation. Wird die Studie jedoch korrekt durchgeführt (mehr hierzu in Kapitel 17), kommen die Stichprobenergebnisse dem sehr nahe, was in der Grundgesamtheit zu finden ist.

Der Begriff der Fehlergrenze beinhaltet nicht, dass Fehler gemacht wurden. Er besagt nur, dass nicht die gesamte Grundgesamtheit untersucht wurde, und dass die Stichprobenergebnisse sich um einen gewissen Wert von den Werten in der Grundgesamtheit unterscheiden. Mit anderen Worten berücksichtigen Sie mit der Fehlergrenze also die Tatsache, dass sich die Ergebnisse in aufeinander folgenden Stichproben unterscheiden können und den Wert aus der Grundgesamtheit nur innerhalb von einem bestimmten Wertebereich abbilden.

Betrachten Sie als Beispiel eine Umfrage in der Art, wie sie von führenden Meinungsforschungsinstituten durchgeführt wird. Angenommen, in der Umfrage wurden 1.000 Bundesbürger danach befragt, wie sie die Arbeit des Bundeskanzlers einschätzen. Dabei ergab sich, dass 520 der Befragten, also 52%, die Arbeit des Bundeskanzlers schätzen, 48% der Befragten jedoch nicht. Nehmen Sie nun einmal an, dass die Fehlergrenze dieser Umfrage bei plus/minus 3% lag. Sie wissen, dass die Mehrheit der Befragten die Arbeit des Bundeskanzlers befürwortete. Können Sie daraus jedoch schließen, dass die Mehrheit aller Wahlberechtigten dies ebenfalls tut? In diesem Falle nicht.

Wenn 52% der Befragten aus der Stichprobe die Arbeit des Bundeskanzlers befürworten, können Sie davon ausgehen, dass der Anteil der Wahlberechtigten, die dies ebenfalls tun, irgendwo zwischen 52% plus/minus 3% liegt, genauer zwischen 49% und 55%. Eine genauere Aussage ist auf der Basis Ihrer Stichprobe von 1.000 Wahlberechtigten nicht möglich. Die 49% am unteren Rand der Fehlergrenze repräsentieren jedoch eine Minderheit, weil der Wert geringer ist als 50%. Auf der Basis dieser Stichprobe können Sie also eigentlich nicht behaupten, dass die Mehrheit der Wahlberechtigten Bundesbürger die Arbeit des Bundeskanzlers befürwortet. Sie können lediglich sagen, dass zwischen 49% und 55% aller Wahlberechtigten die Arbeit des Bundeskanzlers schätzt. Dies muss nicht unbedingt die Mehrheit sein.

Betrachten Sie nun kurz die Stichprobengröße. Ist es nicht interessant, dass anhand einer Stichprobe von 1.000 Bundesbürgern eine Aussage über die 88 Millionen Bundesbürger mit einer Fehlergrenze von plus/minus 3% gemacht werden kann? Das ist doch einfach unglaublich. Um etwas über eine große Grundgesamtheit auszusagen, müssen Sie also nur eine kleine Stichprobe untersuchen. Deshalb führen vermutlich so viele Menschen Umfragen durch und Sie werden so häufig damit belästigt.

10 ➤ Die Fehlergrenze berücksichtigen

 Um einen groben Eindruck davon zu bekommen, was die Fehlergrenze für eine bestimmte Stichprobengröße aussagt, nehmen Sie einfach die Stichprobengröße, n, und teilen Sie 1 durch die Wurzel von n. Bei einer Stichprobengröße von n = 1.000 ist die Quadratwurzel ungefähr 31,62. Die Fehlergrenze berechnen Sie, indem Sie 1 durch 31,62 teilen, was 0,03 oder 3% ergibt. Reicht Ihnen das nicht aus, lesen Sie weiter. Im Lauf dieses Kapitels erfahren Sie genauer, was eine Fehlergrenze ist.

Die Fehlergrenze berechnen

Die Fehlergrenze gibt einen Wertebereich an, in dem der Wert der Grundgesamtheit sehr wahrscheinlich liegt, den Sie mittels eines Stichprobenergebnisses versuchen zu schätzen. Die Fehlergrenze erhalten Sie, indem Sie einen bestimmten Wert zum Stichprobenergebnis addieren bzw. von ihm subtrahieren. Deshalb muss der Formel zur Berechnung der Fehlergrenze das »±«-Zeichen vorangestellt werden. Erfahren Sie nun, wie Sie die Fehlergrenze genau berechnen und nicht nur eine grobe Einschätzung für sie entwickeln.

Die Abweichung in der Stichprobe bemessen

Die Stichprobenergebnisse variieren, aber um welchen Wert? Gemäß dem zentralen Grenzwertsatz (siehe Kapitel 9) nähert sich die Verteilung der Stichprobenanteile (oder der Stichprobenmittelwerte) einer Normalverteilung, wenn die Stichproben groß genug sind. Einige Stichprobenanteile (oder der Stichprobenmittelwerte) überschätzen den Wert in der Grundgesamtheit, andere unterschätzen ihn. Die meisten liegen jedoch irgendwo in der Mitte. Und was ist die Mitte? Wenn Sie den Mittelwert der Ergebnisse aus allen möglichen Stichproben bilden würden, wäre er bei qualitativen Daten mit dem Anteil an oder bei quantitativen Daten dem Mittelwert der Grundgesamtheit identisch. Normalerweise haben Sie weder die Zeit noch das Geld, um alle möglichen Stichprobenergebnisse zu betrachten und einen entsprechenden Mittelwert zu bilden. Wenn Sie jedoch wissen, dass es die Möglichkeit gibt, diese anderen Stichproben zu ziehen, hilft Ihnen dies, festzustellen, wie stark der Stichprobenanteil oder das Stichprobenmittel einer Stichprobenmittel abweichen wird.

Der Standardfehler bildet die Grundlage der Fehlergrenze. Der Standardfehler einer Statistik entspricht im Wesentlichen der Standardabweichung der Daten geteilt durch die Quadratwurzel der Stichprobengröße, n. Damit wird der Tatsache Rechnung getragen, dass die Stichprobengröße sich stark darauf auswirkt, in welchem Maß die Stichprobenwerte sich von Stichprobe zu Stichprobe unterscheiden. (Mehr zum Standardfehler erfahren Sie in Kapitel 9.)

Wie viele Standardfehler Sie addieren oder subtrahieren müssen, um die Fehlergrenze zu erhalten, hängt davon ab, wie viel Vertrauen Sie Ihren Ergebnissen schenken möchten (dies wird auch als Konfidenz- oder Vertrauensniveau bezeichnet). In der Regel ist ein Konfidenzniveau von 95% erwünscht. Um die Fehlergrenze für dieses Konfidenzniveau zu ermitteln, müssen Sie zwei Standardfehler – 1,96, um genau zu sein – vom Stichprobenmittel subtrahieren bzw. zu ihm addieren. Mit dem Wertebereich, den die Fehlergrenze umfasst, werden 95% aller Ergebnisse abgedeckt, die in den Stichproben hätten auftreten können. Um ein Konfidenzniveau von 99% zu erhalten, müssen Sie drei Standardfehler oder genauer 2,58 addieren und subtrahieren. (Mehr zum Konfidenzniveau und zur Anzahl der Standardfehler in Kapitel 12.)

Die Standardfehler, die Sie für ein bestimmtes Konfidenzniveau zum Stichprobenmittel oder Stichprobenanteil addieren oder subtrahieren müssen, um eine Fehlergrenze zu berechnen, ermitteln Sie anhand der Standardnormalverteilung. (Mehr hierzu in Kapitel 8.) Für jedes Konfidenzniveau gibt es einen entsprechenden Wert in der Standardnormalverteilung, den so genannten Z-Wert, der der Anzahl der Standardfehler entspricht, die addiert oder subtrahiert werden müssen. Der Z-Wert für ein Konfidenzniveau von 95% ist 1,96 (als ungefähr 2), und der Z-Wert für ein Konfidenzniveau von 99% ist 2,58 (also ungefähr 3). In Tabelle 10.1 finden Sie häufig benutzte Konfidenzniveaus mit entsprechenden Z-Werten.

Konfidenzniveau	Z-Wert
80	1,28
90	1,64
95	1,96
98	2,33
99	2,58

Tabelle 10.1: Z-Werte für ausgewählte Konfidenzniveaus

Die Fehlergrenze für einen Stichprobenanteil berechnen

Wenn die Teilnehmer einer Meinungsumfrage eine Antwort aus mehreren möglichen Antworten auswählen müssen, wie z.B. bei der Fragen wie »Sagt Ihnen die Arbeit des Bundeskanzlers zu oder lehnen Sie sie ab?«, wird mittels statistischer Methoden ermittelt, welcher Prozentsatz oder Stichprobenanteil der Befragten eine bestimmte Antwort wählt. Die allgemeine Formel zur Berechnung der Fehlergrenze für den Stichprobenanteil lautet wie folgt:

$$Z \times \sqrt{\frac{\hat{p} * (1-\hat{p})}{n}},$$

wobei $\hat{p}$ der Stichprobenanteil, n die Stichprobengröße und Z der Z-Wert für das gewünschte Konfidenzniveau darstellen (siehe Tabelle 10.1).

Gehen Sie wie folgt vor, um die Fehlergrenze für einen Stichprobenanteil zu berechnen:

1. Ermitteln Sie den Stichprobenanteil, $\hat{p}$, und die Stichprobengröße, n.
2. Setzen Sie die Werte in die folgende Formel ein und berechnen Sie das Ergebnis:

    $\hat{p} \times (1-\hat{p})$.

3. **Dividieren Sie das Ergebnis durch *n*.**
4. **Ziehen Sie die Quadratwurzel aus dem errechneten Wert.**

   Nun haben Sie den Standardfehler.

5. **Multiplizieren Sie das Ergebnis mit dem passenden Z-Wert für das gewünschte Konfidenzniveau.**

   Betrachten Sie Tabelle 10.1. Benutzen Sie den Z-Wert 1,96, wenn Sie für Ihre Ergebnisse ein Konfidenzniveau von 95% wünschen.

Im Beispiel der Meinungsumfrage zur Einschätzung der Arbeit des Bundeskanzlers können Sie die Fehlergrenze leicht ermitteln. Benutzen Sie das Konfidenzniveau von 95%, ergibt sich der Z-Wert 1,96. Die Anzahl der Bundesbürger in der Stichprobe, die sich positiv über die Arbeit des Bundeskanzlers äußerten, lag bei 520. Der Stichprobenanteil, $\hat{p}$, liegt also bei 520/1.000 = 0,52. (Die Stichprobengröße, *n*, war 1.000.) Die Fehlergrenze für diese Meinungsumfrage berechnet sich wie folgt.

$$Z * \sqrt{\frac{\hat{p} * (1 - \hat{p})}{n}} = 1,96 \sqrt{\frac{0,52 * (1 - 0,52)}{1.000}} = 1,96 * \sqrt{\frac{0,2496}{1.000}}$$

$$= 1,96 * \sqrt{0,0002} = 1,96 * 0,0158 = 0,0310 = 3,1\%$$

Ein Stichprobenanteil ist die dezimale Variante des Stichprobenprozentsatzes. Das heißt also, wenn Sie einen Stichprobenprozentanteil von 5% haben, müssen Sie in der Formel den Wert 0,05 einsetzen und nicht 5. Um einen Prozentsatz in einen Dezimalwert umzuwandeln, müssen Sie ihn nur durch 100 dividieren. Nachdem Sie die Berechnung durchgeführt haben, können Sie den Wert wieder in einen Prozentsatz umwandeln, indem Sie ihn mit 100% multiplizieren.

Die Ergebnisse darstellen

Die Ergebnisse dieser Umfrage könnten Sie beispielsweise wie folgt darstellen: »Basierend auf meiner Stichprobe liegt der Prozentsatz der Bundesbürger, die die Arbeit es Bundeskanzlers befürworten, bei 52% plus/minus 3%.« Das klingt doch gut, oder?

Wie stellt ein Meinungsforschungsinstitut seine Ergebnisse dar? Im Wesentlichen wie folgt.

Basierend auf einer Stichprobe von 1.000 Wahlberechtigten können wir mit 95%iger Sicherheit sagen, dass die Fehlergrenze für unsere Stichprobenauswahl und unsere Meinungsumfrage ±3,1 Prozentpunkte nicht überschreitet.

Das klingt doch eher wie das Kleingedruckte bei Mietverträgen einer Autovermietung. Aber nun verstehen Sie das Kleingedruckte zumindest!

 Sie sollten den Ergebnissen einer Meinungsumfrage niemals trauen, so lange Sie den Standardfehler nicht kennen. Der Standardfehler bietet Ihnen die einzige Möglichkeit, herauszufinden, wie genau das Stichprobenergebnis die Situation in der Grundgesamtheit abbildet. Stichprobenergebnisse können variieren, das heißt, wenn eine andere Stichprobe gezogen wird, können die Ergebnisse ganz anders ausfallen. Sie benötigen also einen Wert wie die Fehlergrenze, um feststellen zu können, wie stark die Stichprobenergebnisse mit den Werten in der Grundgesamtheit übereinstimmen. Wenn Sie das nächste Mal in den Medien auf die Ergebnisse einer Meinungsumfrage stoßen, sollten Sie genauer hinsehen und prüfen, ob die Fehlergrenze angegeben wird.

Die Fehlergrenze für das Stichprobenmittel berechnen

Wenn die befragten Personen in einer Umfrage numerische Werte angeben müssen, wie z.B. auf die Frage »Wie viele Personen leben in Ihrem Haushalt?«, kann anhand der Fehlergrenze ermittelt werden, wie gut das Stichprobenmittel den Durchschnitt in der Grundgesamtheit abbildet.

Die allgemeine Formel zur Berechnung des Standardfehlers für das Stichprobenmittel lautet wie folgt:

$$Z * \frac{s}{\sqrt{n}},$$

wobei s die Standardabweichung in der Stichprobe, n die Stichprobengröße und Z der korrespondierende Z-Wert für das Konfidenzniveau ist, das Sie benutzen möchten (siehe Tabelle 10.1).

Gehen Sie wie folgt vor, um die Fehlergrenze für das Stichprobenmittel zu berechnen:

1. **Ermitteln Sie die Standardabweichung der Stichprobe, s, und die Stichprobengröße, n.**

    Mehr zur Berechnung des Stichprobenmittels und der Standardabweichung finden Sie in Kapitel 5.

2. **Teilen Sie die Standardabweichung der Stichprobe durch die Quadratwurzel der Stichprobengröße.**

    Nun haben Sie den Standardfehler.

3. **Multiplizieren Sie das Ergebnis mit dem passenden Z-Wert aus Tabelle 10.1.**

    Für das Konfidenzniveau von 95% heißt der Z-Wert 1,96.

Angenommen, Sie sind Manager einer Eisdiele und bilden gerade neue Mitarbeiter aus, die anschließend in der Lage sein sollen, die Jumbo-Eistüten mit der passenden Eismenge, nämlich 250 g, zu füllen. Sie möchten die Fehlergrenze für das durchschnittliche Gewicht der Eistüten erheben. Sie bitten jeden der neuen Mitarbeiter, das Gewicht aller großen Eistüten, die sie füllen, zu ermitteln und auf einen Notizzettel zu schreiben. Bei den 50 Eistüten der Stichprobe ($n = 50$) lag das Durchschnittsgewicht bei 258 g und es ergab sich eine Standardabweichung von s = 16 g. Wie hoch fällt die Fehlergrenze bei einem Konfidenzniveau von 95% aus? Die Fehlergrenze berechnet sich im Beispiel wie folgt:

$$Z * \frac{s}{\sqrt{n}} = 1,96 * \frac{16}{\sqrt{50}} = 4,44$$

Sie könnten also angeben, dass basierend auf einer Stichprobe von 50 Eistüten das durchschnittliche Gewicht der Eistüten, die die neuen Mitarbeiter füllen, mit einer Fehlergrenze von plus/minus 4,44 g bei 258 g liegt.

Beachten Sie, dass im Beispiel mit den Eistüten mit der Einheit Gramm (g) gerechnet wird und nicht mit Prozentsätzen. Wenn Sie über die Ergebnisse Ihrer Erhebungen berichten, sollten Sie immer auf die Einheiten achten. Und auch bei statistischen Ergebnissen, die Sie lesen, sollten Sie prüfen, welche Einheiten verwendet wurden. Werden keine Einheiten angegeben, sollten Sie versuchen, sie zu ermitteln.

Um Rundungsfehler in Ihren Berechnungen zu vermeiden, sollten Sie in allen Berechnungsschritten mindestens zwei Stellen nach dem Komma berücksichtigen. Rundungsfehler neigen dazu, sich zu summieren, und wenn Sie zu häufig runden, kann das Ergebnis stark vom eigentlichen Ergebnis abweichen.

Die Absicherung der Ergebnisse

Wenn Sie eine mehr als 95%ige statistische Sicherheit für Ihre Ergebnisse benötigen, müssen Sie mehr als zwei Standardfehler addieren und subtrahieren. Um ein Konfidenzniveau von 99% zu erhalten, müssen Sie beispielsweise 3 Standardfehler zum Mittelwert addieren und von ihm subtrahieren. Dadurch wird die die Fehlergrenze größer, was in der Regel ungünstig ist. Die meisten Menschen glauben, dass es sich nicht lohnt, einen weiteren Standardfehler zu addieren und zu subtrahieren, nur um die statistische Sicherheit der Ergebnisse um 4% zu erhöhen, also von 95% auf 99%. Die einzige Möglichkeit, um die Ergebnisse zu 100% abzusichern, besteht darin, die Fehlergrenze so stark zu vergrößern, dass sie alle Möglichkeiten abdeckt. Am Ende machen Sie Aussagen wie »Ich bin 100%ig sicher, dass der Prozentsatz der Menschen in einer Grundgesamtheit, die Eiscreme mögen, bei 50% plus/minus 50% liegt.« In einem solchen Fall sind Ihre Ergebnisse zwar zu 100% abgesichert, sie haben jedoch keinerlei Aussagekraft.

Sie können niemals absolut sicher sein, dass Ihre Stichprobenergebnisse die Grundgesamtheit repräsentieren, auch wenn Sie eine Fehlergrenze berücksichtigen (es sei denn, Sie machen etwas Aberwitziges wie im letzten Eiscreme-Beispiel und beziehen 100% aller Möglichkeiten mit ein). Selbst wenn Sie zu 95% in Ihre Ergebnisse vertrauen, bedeutet dies lediglich, dass die Stichproben, wenn Sie die Ergebnisse anhand unterschiedlicher Stichproben replizieren, in 5% die Grundgesamtheit nicht gut abbilden. Die Ergebnisse müssen also immer mit diesem Wissen im Hintergrund betrachtet werden. Und schließlich erwartet bei Statistiken niemand, dass Sie behaupten, Sie seien sich einer Sache sicher.

Den Einfluss der Stichprobengröße ermitteln

Die beiden wichtigsten Konzepte in Bezug auf die Stichprobengröße lauten wie folgt:

- ✔ Alle Formeln funktionieren, so lange die Stichproben groß genug sind. (Aber was ist »groß genug«? Mehr dazu erfahren Sie in diesem Abschnitt.)
- ✔ Die Stichprobengröße verhält sich umgekehrt proportional zur Fehlergrenze.

Dieser Abschnitt beleuchtet beide Konzepte.

Wie groß ist groß genug?

Bei fast allen Umfragen werden mehrere Hundert oder sogar mehrere Tausend Personen befragt. Und damit reicht die Stichprobengröße in der Regel aus, um die Grundvoraussetzung für statistische Formeln zu erfüllen. Statistiker haben jedoch einige Regeln aufgestellt, mit denen sie sicherstellen können, dass Ihre Stichproben ausreichend groß sind.

Für Stichprobenanteile müssen Sie sicherstellen, dass $n * \hat{p} >= 5$ und $n * (1 - \hat{p}) >= 5$. Im Beispiel der Meinungsumfrage zur Zufriedenheit mit der Arbeit des Bundeskanzlers galt: n = 1.000, $\hat{p}$ = 0,52 und 1 - 0,52 = 0,48. Folglich galt $n * \hat{p}$ = 1.000 * 0,52 = 520 und $n * (1 - \hat{p})$ = 1.000 * 0,48 = 480. Beide Werte liegen also weit über 5. Somit erfüllt die Umfrage die Bedingungen.

Beim Stichprobenmittel müssen Sie die Stichprobengröße selbst betrachten. Im Allgemeinen sollte die Stichprobengröße, n größer oder gleich 30 sein. Wenn Ihre Stichprobe jedoch 29 Testpersonen enthält, brauchen Sie nicht in Panik zu geraten. Die 30 ist keine magische Zahl. Es handelt sich nur um eine allgemeine Regel.

Stichprobengröße und Fehlergrenze

Das Verhältnis zwischen der Stichprobengröße und der Fehlergrenze ist einfach zu erklären: Je größer die Stichprobe ist, desto kleiner ist die Fehlergrenze. Die beiden Werte verhalten sich also umgekehrt proportional zueinander. Wenn Sie dieses Verhältnis genauer betrachten, stellen Sie fest, dass es Sinn macht, denn je mehr Daten Sie haben, desto genauer sind die Ergebnisse. (Vorausgesetzt natürlich, die Daten wurden korrekt gesammelt und verarbeitet.)

Falls Sie sich für die mathematischen Hintergründe interessieren, finden Sie in Kapitel 9 mehr zu diesem Verhältnis.

Mehr ist nicht immer (so viel) besser!

Im letzten Beispiel der Umfrage zur Zufriedenheit mit der Arbeit des Bundeskanzlers konnte anhand einer Stichprobe von nur 1.000 Personen innerhalb einer Fehlergrenze von plus/minus 3% darauf rückgeschlossen werden, wie die Meinung in der Grundgesamtheit von mehr als 80 Millionen Bundesbürgern ausfällt. Wie funktioniert das?

Wenn Sie die Formel für die Fehlergrenze für einen Stichprobenanteil genauer betrachten, sehen Sie, wie sich die Fehlergrenze in Abhängigkeit von der Stichprobengröße verändern.

Angenommen, die Umfrage wäre nur mit n = 500 Personen durchgeführt worden. Da $\hat{p}$ = 0,52, ergibt sich als Fehlergrenze für ein Konfidenzniveau von 95% folgender Wert:

$$Z * \sqrt{\frac{\hat{p} * (1 - \hat{p})}{n}} = 1{,}96 * \sqrt{\frac{0{,}52 * 0{,}48}{500}} = 1{,}96 * 0{,}0223 = 0{,}0438 \text{, also } 4{,}38\%.$$

Bei einer Stichprobengröße von n = 1.000 hat die Fehlergrenze hingegen folgende Größe:

$$Z * \sqrt{\frac{\hat{p} * (1 - \hat{p})}{n}} = 1{,}96 * \sqrt{\frac{0{,}52 * 0{,}48}{1000}} = 1{,}96 * 0{,}0158 = 0{,}0310 \text{, also } 3{,}10\%.$$

Bei einer Stichprobengröße von n = 1.500 liegt die Fehlergrenze bei

$$Z * \sqrt{\frac{\hat{p} * (1 - \hat{p})}{n}} = 1{,}96 * \sqrt{\frac{0{,}52 * 0{,}48}{1500}} = 1{,}96 * 0{,}0129 = 0{,}0253 \text{ oder bei } 2{,}53\%.$$

Und bei einer Stichprobengröße von n = 2.000 liegt die Fehlergrenze bei

$$Z * \sqrt{\frac{\hat{p} * (1 - \hat{p})}{n}} = 1{,}96 * \sqrt{\frac{0{,}52 * 0{,}48}{2000}} = 1{,}96 * 0{,}0112 = 0{,}0219 \text{ oder } 2{,}19\%.$$

Sie können also sehen, dass sich die Fehlergrenze bei zunehmender Stichprobengröße immer stärker verringert. Mit jeder Person, die Sie zu Ihrer Stichprobe hinzunehmen, steigen jedoch die Kosten der Umfrage. Und wenn Sie die Stichprobengröße von 1.500 auf 2.000 Personen erhöhen, verringert sich Ihre Fehlergrenze nur um 0,34%, also um ein drittel Prozent. Diese Verringerung der Fehlergrenze rechtfertigt die Zusatzkosten und die ganzen Probleme, die Sie bekommen, wenn Sie 500 zusätzliche Personen befragen, sehr wahrscheinlich nicht. Mehr ist also nicht immer so viel besser.

Aber was Sie sehr wahrscheinlich wirklich überraschen wird, ist, dass selbst ein bisschen mehr nicht immer ein bisschen besser ist. Mehr kann sogar schlechter sein. Warum, erfahren Sie im nächsten Abschnitt.

Die Fehlergrenze beschränken

Die Fehlergrenze ist ein Maß dafür, wie exakt Ihre Stichprobenergebnisse die Werte in der Grundgesamtheit wiedergeben, über die Sie eine Aussage machen möchten. Weil Ihre Aussagen über die Grundgesamtheit auf einer Stichprobe basieren, müssen Sie berücksichtigen, wie stark die Stichprobenergebnisse bedingt durch die Zufallsauswahl variieren können.

Sie können die Fehlergrenze aber auch als maximale Abweichung der Stichprobenergebnisse von den Ergebnissen in der Grundgesamtheit repräsentiert, die Sie erhalten würden, wenn Sie eine Vollerhebung durchführen würden. (Selbstverständlich würden Sie jedoch keine Umfrage in einer Stichprobe durchführen, wenn Sie bereits über die Grundgesamtheit Bescheid wüssten.)

Aber fast genau so wichtig, wie zu wissen, was die Fehlergrenze misst, ist es, zu wissen, was sie nicht misst. Die Fehlergrenze misst lediglich die zufallsbedingte Abweichung. Das heißt, sie misst keine durch einen Bias (Verzerrung) bedingten Fehler, die bei der Auswahl der Teilnehmer, der Vorbereitung oder Durchführung einer Umfrage, der Datenerhebung, der Dateneingabe, der Datenanalyse und der Schlussfolgerung auftreten können.

Größere Stichproben sind nicht immer besser. Ein guter Slogan, den Sie sich merken sollten, heißt »Wo Müll hineinkommt, kann auch nur Müll herauskommen.« Egal, wie hübsch und wissenschaftlich die Fehlergrenze auch aussehen mag. Sie sollten immer daran denken, dass die Formel, die zur Berechnung der Fehlergrenze dient, die Qualität der Daten nicht berücksichtigt, mit denen die Fehlergrenze berechnet wird. Wenn der Stichprobenanteil oder das Stichprobenmittel auf einer verzerrten Stichprobe basieren, das heißt, auf einer Stichprobe, die bevorzugt bestimmte Personen enthält, wenn die Umfrage schlecht geplant ist, wenn Fehler bei der Datenerhebung auftreten, wenn die Umfrage keine vorurteilsfreien Fragen enthält oder wenn systematische Fehler bei der Aufzeichnung der Daten auftraten, ist die Berechnung der Fehlergrenze zwecklos, weil sie keine Aussagekraft besitzt. So klingt es zwar großartig, dass 50.000 Personen befragt wurden. Wenn jedoch alle Befragten Besucher einer bestimmten Website waren, ist die Fehlergrenze für diese Ergebnisse bedeutungslos, weil die Berechnung auf einer unausgewogenen Stichprobe basiert. Selbstverständlich gibt es immer Menschen, die solche Ergebnisse trotzdem berichten. Deshalb müssen Sie herausfinden, ob sinnvolle Daten oder lediglich Müll in die Berechnungsformel eingegeben wurde. Falls sich herausstellen sollte, dass es sich um Müll handelt, wissen Sie, was Sie mit der Fehlergrenze machen müssen. Sie müssen sie ignorieren. (Mehr zu den Fehlern, die in einer Umfrage oder einem Experiment auftreten können, erfahren Sie in den Kapiteln 16 und 17.)

Es gibt Meinungsforschungsinstitute, die bei ihren Umfrageergebnissen in einer Haftungsausschlussklausel angeben, was die Fehlergrenze misst und was nicht. In der Haftungsausschlussklausel wird Ihnen mitgeteilt, dass Umfragen neben einen Stichprobenfehler zusätzliche Fehler enthalten können, die durch parteiische oder unausgewogene Fragen oder durch logistische Probleme bei der Durchführung der Umfrage verursacht wurden. Dies bedeutet, dass sich selbst dann Fehler einschleichen können, wenn in bester Absicht gehandelt wurde und größte Sorgfalt auf die Durchführung der Studie verwendet wurde. Nichts ist perfekt. Was Sie jedoch wissen sollten, ist, dass die Fehlergrenze nur den Fehler, der durch die Benutzung einer Stichprobe entsteht, berücksichtigt. Sie kann jedoch das Ausmaß anderer Fehlerarten nicht messen.

Teil V

Abgesicherte Schätzwerte abgeben

»Sei vorsichtig. Er wirkt zwar wie ein guter Ehemann, es macht jedoch ein Histogramm seiner Heiraten und Scheidungen die Runde, das nicht sehr gut aussieht.«

In diesem Teil ...

Immer, wenn Ihnen jemand statistische Daten zu seiner eigenen Person präsentiert, wissen Sie, dass die Aussagekraft beschränkt ist. Den Daten fehlt das Wichtigste, nämlich die Angabe, wie stark die Daten erwartungsgemäß abweichen werden. Ein guter Schätzwert besteht nicht nur aus einer statistischen Größe, sondern auch aus einer Fehlergrenze. Die Kombination aus statistischer Größe plus oder minus der Fehlergrenze wird als Konfidenzintervall bezeichnet. Konfidenzintervalle gehen weit über statistische Größen hinaus, denn sie bieten Informationen über die Genauigkeit des Schätzwertes.

In diesem Teil erhalten Sie eine Einführung in Konfidenzintervalle. Sie erfahren mehr über ihre Funktion, über die Formeln, mit denen sie berechnet werden, über ihre Berechnung, über mögliche Einflussfaktoren und über ihre Interpretation. Außerdem finden Sie Beispiele für die Konfidenzintervalle, die am häufigsten benutzt werden.

Interpretation und Bewertung von Konfidenzintervallen

In diesem Kapitel

- Einblick in den Schätzvorgang erhalten
- Die Berechnungsformel für Konfidenzintervalle kennen lernen
- Konfidenzintervalle interpretieren
- Irreführende Ergebnisse entdecken

Die meisten Statistiken werden eingesetzt, um Merkmale einer bestimmten Grundgesamtheit zu schätzen, wie z.B. das durchschnittliche Haushaltseinkommen, den Prozentsatz der Bürger, die Weihnachtsgeschenke online kaufen, oder den Pro-Kopf-Verbrauch an Eiscreme pro Jahr (vielleicht sollte diese Statistik besser unberücksichtigt bleiben). Solche Merkmale einer Grundgesamtheit werden als *Parameter* bezeichnet. In der Regel werden Parameter geschätzt, indem eine Stichprobe aus der Grundgesamtheit gezogen wird und anhand dieser Stichprobe ein Schätzwert für den Parameter berechnet wird. Es stellt sich dann lediglich die Frage, wie gut der Schätzwert ist.

Am besten wäre es natürlich, die Parameter nicht schätzen zu müssen, sondern sie direkt erheben zu können. Der genaue Wert eines Parameters lässt sich nicht ohne eine Vollerhebung ermitteln, was jedoch in den meisten Fällen eine entmutigende und kostspielige Angelegenheit ist. Statistiker lassen sich von der Herausforderung jedoch nicht einschüchtern und sagen häufig, dass man als Statistiker schließlich niemals sagen müsse, man sei sich einer Sache sicher. Man muss der Wahrheit nur sehr nahe kommen. Selbstverständlich wollen aber auch Statistiker sicher sein, dass ihre Ergebnisse die Parameter so gut wie möglich schätzen. Und das ist einfacher, als Sie vielleicht glauben. So lange die Vorgehensweise korrekt ist – und in den Medien ist dies häufig nicht der Fall –, kann ein Schätzwert einem Parameter sehr nahe kommen. Dieses Kapitel bietet Ihnen einen Überblick über Konfidenzintervalle – die Art von Schätzwerten, die von Statistikern benutzt und empfohlen werden – und Sie erfahren, warum sie eingesetzt werden sollten, wie sie interpretiert werden und woran Sie irreführende Schätzwerte erkennen.

Nicht alle Schätzwerte sind gleich

Wenn Sie in einem Magazin oder in einer Zeitung statistische Daten lesen oder im Radio darüber hören, handelt es sich häufig um Schätzwerte für quantitative Variablen. Sie fragen sich vielleicht, woher die Daten stammen. Häufig handelt es sich um die Ergebnisse von Studien, die nach wissenschaftlichen Kriterien durchgeführt wurden. Manchmal sind die Werte jedoch ganz einfach aus der Luft gegriffen. Nachfolgend finden Sie ein paar Beispiele für Schätzwerte, auf die ich bei der Lektüre eines der führenden Wirtschaftsmagazine gestoßen bin. Die Angaben stammen aus ganz unterschiedlichen Quellen:

✔ 26 Millionen US-Bürger spielen mindestens einmal im Jahr Golf.

✔ In einigen Bereichen ist es zwar schwierig, eine Arbeit zu finden, in anderen Bereichen hingegen herrscht Arbeitskräftemangel. In den kommenden acht Jahren werden in den USA 13.000 Krankenschwestern benötigt. Die Bezahlung beginnt bei einem Jahresgehalt von $ 80.000 bis $ 95.000.

✔ Im Jahr 2002 machten 7,4 Millionen US-Bürger eine Kreuzfahrt. Davon nahmen vier Prozent medizinische Hilfe an Bord in Anspruch.

✔ Der Lamborghini Murcielago beschleunigt in 3,7 Sekunden von 0 auf 100 km/h und erzielt eine Höchstgeschwindigkeit von 329 km/h.

Einige Schätzwerte sind leicht erhältlich, andere hingegen nicht. Hier ein paar Beobachtungen zu den Schätzwerten:

✔ Woher weiß man, dass 26 Millionen US-Bürger im letzten Jahr mindestens einmal Golf gespielt haben? Da sich Golfer immer anmelden müssen, wenn sie spielen, sind diese Daten nicht sehr schwer zu kriegen. Eine Auswertung der Anmeldeformulare bei allen Golfanlagen des Landes bietet einen guten Schätzwert. Es muss lediglich vermieden werden, dass Golfer doppelt gezählt werden, die bereits ein Mal erfasst wurden. Das ist jedoch die einzige Schwierigkeit.

✔ Der Prozentsatz der Teilnehmer einer Kreuzfahrt, die medizinische Hilfe beanspruchten, lässt sich mittels einer Umfrage erheben. Wird die Umfrage korrekt durchgeführt (mehr hierzu siehe Kapitel 16), sind diese Daten sehr wahrscheinlich ziemlich genau.

✔ Wie lässt sich einschätzen, wie viele Krankenschwestern in den nächsten acht Jahren gebraucht werden? Zunächst einmal könnten Sie prüfen, wie viele Krankenschwestern in den Ruhestand treten werden. Das sagt jedoch nichts über den Zuwachs aus. Eine Vorhersage des Bedarfs im nächsten Jahr oder in den nächsten zwei Jahren ist möglicherweise ziemlich genau. Bei einer Vorhersage für die nächsten acht Jahre ist dies jedoch etwas schwieriger.

✔ Die Geschwindigkeit eines Autos zu ermitteln, ist schon etwas schwieriger. Sie könnten jedoch eine Testfahrt durchführen und die Zeit mit der Stoppuhr messen. Und der Test sollte natürlich mit verschiedenen Autos dieser Marke und dieses Modells durchgeführt werden.

Statistiken werden auf ganz unterschiedliche Arten erstellt. Um festzustellen, ob eine Statistik zuverlässig und glaubwürdig ist, sollten Sie nicht nur die Werte selbst betrachten. Überlegen Sie, ob die Statistik sinnvoll ist und wie Sie selbst einen Schätzwert formulieren würden. Falls die Statistik für Sie sehr wichtig ist, sollten Sie versuchen, herauszufinden, wie der Schätzwert erhoben wurde.

Statistiken mit Parametern in Verbindung bringen

Die amerikanische Bundesbehörde zur Durchführung von Volkszählungen schätzt das mittlere Haushaltseinkommen in den USA und listet es in ihrer jährlichen Bevölkerungsübersicht nach den einzelnen Bundesstaaten auf. Warum wird der Median und nicht der Mittelwert (Durchschnitt) der Haushaltseinkommen geschätzt? (Mehr zum Median und zum Mittelwert in Kapitel 5.) Weil die Verteilung des Haushaltseinkommens in der Regel verzerrt ist, da sich am unteren Ende sehr viele Haushalte befinden, am oberen Ende hingegen nur sehr wenige angesiedelt sind.

Um das mittlere Haushaltseinkommen zu schätzen, befragt die Behörde eine Stichprobe von ungefähr 28.000 Haushalten. Basierend auf den Stichprobendaten berechnet die Behörde den Median des Haushaltseinkommens. Im Jahr 2000 lag der Median des Haushaltseinkommens in der Stichprobe bei $ 42.228.

Die Bundesbehörde zur Durchführung von Volkszählungen verwendet den Median der Haushaltseinkommen in der Stichprobe, um den Median der Haushaltseinkommen in den gesamten USA, also einen Parameter, zu schätzen. Weil die Behörde jedoch weiß, dass eine Stichprobe nicht die gesamte Bevölkerung exakt wiedergeben kann, wird eine Fehlergrenze in die Ergebnisse eingezogen (siehe Kapitel 10). Dieser Wert, der zum Schätzwert addiert und subtrahiert wird, hilft dabei, die Ergebnisse richtig zu beurteilen. Wenn Sie die Fehlergrenze kennen, haben Sie eine Vorstellung davon, wie groß der Fehler bei den Schätzwerten sein wird, der durch die Tatsache bedingt ist, dass nur eine Stichprobe und nicht die gesamte Bevölkerung untersucht wurde.

Weil die Bundesbehörde zur Durchführung von Volkszählungen keine Vollerhebung durchführte und weiß, dass die Stichprobe die Grundgesamtheit nicht perfekt repräsentiert, wird eine Fehlergrenze für den Median der Stichprobe einberechnet. Im Jahr 2000 lag die Fehlergrenze für den Median des Haushaltseinkommens in der Stichprobe bei $ 258. Die Behörde schätzt also, dass im Jahr 2000 der Median der Haushaltseinkommen bei $ 42.228 plus oder minus $ 258 lag. Dieser Wert repräsentiert das Konfidenzintervall für den Median der Haushaltseinkommen in den USA. (Mehr hierzu erfahren Sie im Abschnitt über Konfidenzintervalle in diesem Kapitel.)

Beachten Sie, dass die Fehlergrenze im obigen Beispiel ziemlich klein ist, weil eine große Stichprobe benutzt wurde (man erhält das, wofür man bezahlt!). Mehr zum Verhältnis zwischen der Stichprobengröße und der Größe der Fehlergrenze finden Sie in Kapitel 10.

Den bestmöglichen Schätzwert abgeben

Der beste Schätzwert für einen Parameter ist eine statistische Größe plus oder minus einer Fehlergrenze, die auf einer großen Stichprobe basiert. Damit stellt Ihr Ergebnis einen Schätzwert auf der Basis Ihrer Stichprobe dar und es wird ein Maß dafür angegeben, wie stark dieser Schätzwert von Stichprobe zu Stichprobe abweichen wird.

Der Bereich, der durch eine statistische Größe plus oder minus einer Fehlergrenze definiert wird, wird als *Konfidenzintervall* oder *Vertrauensintervall* bezeichnet:

- ✔ Der Begriff *Intervall* wird verwendet, weil das Ergebnis ein Intervall ist. Angenommen, der Prozentsatz der Kinder, die Basketball mögen, liegt bei 40 Prozent plus oder minus 3,5 Prozent. Dies bedeutet, dass der Prozentsatz der Kinder, die Basketball mögen, zwischen 40% - 3,5% = 36.5% und 40% + 3,5% = 43,5% liegt. Das untere Ende des Intervalls wird durch die statistische Größe minus der Fehlergrenze und das obere Ende wird durch den statistischen Wert plus die Fehlergrenze definiert.

- ✔ Der Begriff *Konfidenz* soll deutlich machen, dass Sie ein bestimmtes Maß an Vertrauen in den Vorgang haben, mit dem Sie Ihr Intervall berechnet haben. Die Höhe des Vertrauens wird als *Konfidenzniveau* bezeichnet.

In Kapitel 13 finden Sie Formeln und Beispiele für die Konfidenzintervalle, die am häufigsten benutzt werden.

Ergebnisse auf einem bestimmten Konfidenzniveau interpretieren

Angenommen, Sie seien Biologe und versuchten, einen Fisch mit einem Handnetz zu fangen, und die Größe Ihres Netzes repräsentierte die Breite Ihres Konfidenzintervalls. (Das Konfidenzintervall hat die doppelte Breite der Fehlergrenze, da die Fehlergrenze addiert und subtrahiert wird.) Angenommen, Ihr Konfidenzniveau liegt bei 95%. Was besagt das? Es besagt, dass Sie, wenn Sie mit Ihrem Netz immer wieder Wasser schöpfen, in 95% der Fälle einen Fisch fangen. Einen Fisch zu fangen steht hier dafür, dass Ihr Konfidenzintervall korrekt war und den Parameter enthält (in diesem Fall wird der Parameter durch den Fisch repräsentiert).

Aber bedeutet dies auch, dass Sie bei jedem Versuch eine 95%ige Chance haben, einen Fisch zu fangen? Nein. Das ist aber wirklich verwirrend. Wenn Sie Ihr Netz in die Hand nehmen und die Augen schließen, bevor Sie das Netz durchs Wasser ziehen, stehen Ihre Chancen, einen Fisch zu fangen, bei 95%. Wenn Sie jedoch das Netz mit geschlossenen Augen durchs Wasser ziehen, gibt es anschließend zwei Ergebnisse: Sie haben den Fisch entweder gefangen oder nicht. Mit Wahrscheinlichkeit hat das nichts zu tun.

Nachdem die Daten gesammelt und das Konfidenzintervall berechnet wurde, ist der Parameter entweder im Konfidenzintervall enthalten oder nicht. Sie sagen also nicht, dass Sie zu 95% sicher sind, dass der Parameter in Ihrem Intervall enthalten ist, weil Sie den Parameter entweder abdecken oder nicht. In was Sie jedoch zu 95% Vertrauen haben, ist der Vorgang, mit dem Sie die Daten erheben und das Konfidenzintervall bilden. Sie wissen, dass damit Intervalle resultieren, die den Mittelwert in 95% der Fälle enthalten. In den anderen 5% der Fälle enthielten die Stichprobendaten zufälligerweise abnormal hohe oder niedrige Werte und waren damit nicht repräsentativ für die Grundgesamtheit. In diesen Fällen decken sie den Parameter nicht ab.

Sie wissen also, dass Sie bedingt durch die Größe und die Art Ihres Netzes in 95% der Fälle einen Fisch fangen werden. Bei jedem einzelnen Versuch jedoch fangen Sie entweder einen Fisch oder Sie fangen keinen.

Das Konfidenzniveau, die Stichprobengröße und die Abweichungen innerhalb der Grundgesamtheit wirken sich auf die Fehlergrenze und die Breite des Konfidenzintervalls aus. Die Fehlergrenze und die Breite des Konfidenzintervalls sind jedoch völlig bedeutungslos, wenn die Daten, die in der Studie erhoben wurden, einen systematischen Fehler enthalten oder unzuverlässig sind. Sie sollten also unbedingt überprüfen, wie die Daten gesammelt wurden, bevor Sie eine Fehlergrenze für bare Münze nehmen (siehe Kapitel 10).

Irreführende Konfidenzintervalle ausfindig machen

Wenn Daten im Rahmen einer gut geplanten Studie oder Umfrage erhoben wurden (siehe die Kapitel 16 und 17) und auf umfangreichen Zufallsstichproben basieren (siehe Kapitel 9), brauchen Sie sich wegen der Qualität der Daten zunächst einmal keine Sorgen zu machen. Ist die Fehlergrenze jedoch klein, besteht die Neigung, zu glauben, dass die Konfidenzintervalle genaue und zuverlässige Schätzwerte für die Parameter abgeben. Dies ist jedoch nicht immer der Fall.

Nicht alle Schätzwerte sind so genau und zuverlässig, wie es scheint. Angenommen, eine Umfrage, die über eine Website im Internet durchgeführt wird, basiert auf 20.000 Befragten und hat gemäß der Formel eine kleine Fehlergrenze. Diese Fehlergrenze ist jedoch bedeutungslos, wenn lediglich Personen befragt wurden, die diese Website besuchten. Das heißt, die Stichprobe hat mit einer Zufallsstichprobe so gut wie nichts zu tun, denn in Zufallsstichproben hat jedes Mitglied aus der Grundgesamtheit die gleiche Chance, teilzunehmen. Trotzdem werden Ergebnisse aus solchen Studien zusammen mit ihren Fehlergrenzen präsentiert, um die Studien wissenschaftlich wirken zu lassen. Hüten Sie sich jedoch vor solchen Scheinergebnissen! (Siehe Kapitel 10 für weitere Informationen zur Fehlergrenze.)

Bevor Sie irgendeine Entscheidung auf der Basis von Schätzwerten anderer Personen treffen, sollten Sie Folgendes tun:

✔ Hinterfragen, wie die statistischen Daten erzeugt wurden. Sie sollten das Ergebnis eines wissenschaftlichen Vorgehens sein, das in verlässlichen, genauen Daten ohne systematischen Fehler resultiert. (Siehe die Kapitel 2 und 3.)

✔ Suchen Sie nach der Fehlergrenze. Wird keine angegeben, sollten Sie versuchen, die Fehlergrenze zu ermitteln.

✔ Denken Sie immer daran, dass die Fehlergrenze bei statistischen Daten, die unzuverlässig sind oder einen systematischen Fehler enthalten, völlig bedeutungslos ist. (Mehr dazu, wie Sie einen systematischen Fehler in Umfragedaten vermeiden, erfahren Sie in Kapitel 16. In Kapitel 17 finden Sie Kriterien für gute Experimente.)

Genaue Konfidenzintervalle berechnen

In diesem Kapitel

- Eine bestimmte Absicherung der Ergebnisse erwarten
- Eine allgemeine Vorgehensweise zur Berechnung eines Konfidenzintervalls finden
- Faktoren prüfen, die die Breite eines Konfidenzintervalls beeinflussen

*E*in *Konfidenzintervall* ist eine fantasievolle Umschreibung für eine statistische Größe, die zusammen mit einer Fehlergrenze angegeben wird (siehe Kapitel 11 für einen Überblick über Konfidenzintervalle. Mehr zur Fehlergrenze finden Sie in Kapitel 10). Weil die meisten statistischen Größen berechnet werden, um die Merkmale einer Grundgesamtheit (so genannte Parameter) anhand einer Stichprobe schätzen zu können, sollte immer eine Fehlergrenze als Maß für die Genauigkeit der Schätzung angegeben werden. Denn schließlich können die Ergebnisse variieren, wenn Sie Stichproben ziehen!

In diesen Kapitel erfahren Sie, wie Sie ein Konfidenzintervall berechnen. Sie werden außerdem in die Tiefen der Konfidenzintervalle eingeführt und erfahren, was ihre Breite bedingt, wann Sie mehr Vertrauen in die Ergebnisse haben können und wann weniger, und was Konfidenzintervalle messen und was nicht. Mit diesen Informationen wissen Sie dann Bescheid, worauf Sie achten müssen, wenn Ihnen statistische Ergebnisse präsentiert werden, und Sie wissen, wie Sie die Genauigkeit der Ergebnisse beurteilen können.

Ein Konfidenzintervall berechnen

Ein Konfidenzintervall besteht aus einer statistischen Größe plus oder minus einer Fehlergrenze (siehe Kapitel 10). Angenommen, Sie wollen den Prozentsatz der Geländewagen an den motorisierten Fahrzeugen in Deutschland ermitteln. Sie können nicht jedes motorisierte Fahrzeug betrachten. Deshalb nehmen Sie eine Zufallsstichprobe von 1.000 Fahrzeugen an verschiedenen Autobahnen zu unterschiedlichen Tageszeiten. Sie stellen fest, dass 7% der Fahrzeuge in Ihrer Stichprobe Geländewagen sind. Sie wollen nun aber nicht behaupten, dass 7% aller Fahrzeuge in Deutschland Geländewagen sind, weil Sie wissen, dass Ihre Angabe nur auf einer Stichprobe von 1.000 Fahrzeugen basiert. Sie hoffen zwar, dass der Prozentsatz von 7% dem wahren Prozentsatz sehr nahe kommt, Sie können jedoch nicht sicher sein, da Ihre Ergebnisse nur auf einer Stichprobe basieren.

> ### Die Haltung von Jugendlichen gegenüber Kautabak
>
> Im Rahmen einer Langzeitstudie der Universität von Michigan wurde die Einstellung von Jugendlichen zu zahlreichen Themen untersucht, wie z.B. die Einschätzung des Risikos von Kautabak. Die Studie zeigt, dass heue das Risiko von Kautabak höher eingeschätzt wird als vor 15 Jahren. Die Studie ergab Folgendes.
>
> ✔ In einer Stichprobe des Jahres 2001, die insgesamt 2.100 Zwölftklässler enthielt, bewerteten 45,4% Kautabak als erhöhtes Gesundheitsrisiko. Die Fehlergrenze lag bei plus/minus 2%.
>
> ✔ Ein 95%-Konfidenzintervall für den Prozentsatz aller Zwölftklässler, die Kautabak als Gesundheitsrisiko einstufen, ergibt 45,4% ± 2%.
>
> ✔ In einer Stichprobe von 3.000 Zwölftklässlern im Jahr 1986 lag das Konfidenzintervall für alle Zwölftklässler, die Kautabak als großes Gesundheitsrisiko wahrnahmen, bei 25,8% ± 1,6%.

Was können Sie also tun? Sie addieren und subtrahieren eine Fehlergrenze, die angibt, welchen Fehleranteil Ihr Stichprobenergebnis Ihrer Meinung nach hat. (Siehe Kapitel 10 für weitere Informationen zur Fehlergrenze.) Der Fehler hat nichts damit zu tun, dass Sie etwas falsch gemacht hätten. Er hängt damit zusammen, dass Sie eine Stichprobe ausgewählt und keine Vollerhebung durchgeführt haben.

Ihr Konfidenzintervall ist doppelt so breit wie die Fehlergrenze. Angenommen, Ihre Fehlergrenze lag bei 5%. Ein Konfidenzintervall von 7% plus oder minus 5% reicht dann von 7% - 5% = 2% bis zu 7% + 5% = 12%. Das Konfidenzintervall hat also eine Breite von 12% - 2% = 10%. Einfacher ausgedrückt hat das Konfidenzintervall die doppelte Breite der Fehlergrenze. In diesem Fall ist das Konfidenzintervall 2 x 5% = 10% breit.

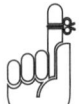

Die Breite eines Konfidenzintervalls ist die Strecke vom unteren Rand des Intervalls (statistische Größe minus Fehlergrenze) bis zum oberen Rand des Intervalls (statistische Größe plus Fehlergrenze). Die Breite des Konfidenzintervalls lässt sich schnell berechnen, indem die Fehlergrenze mit zwei multipliziert wird.

Nachfolgend werden die allgemeinen Schritte für die Schätzung eines Parameters mit einem Konfidenzintervall beschrieben und Sie erfahren, wo Sie weitere Informationen dazu finden können, wie die einzelnen Schritte durchgeführt werden.

1. **Wählen Sie Ihr Konfidenzniveau und die Stichprobengröße (siehe Kapitel 9).**
2. **Ziehen Sie eine Zufallsstichprobe der gewählten Stichprobengröße aus der Grundgesamtheit (siehe Kapitel 3).**
3. **Erheben Sie zuverlässige und relevante Daten anhand der Stichprobe.**

    Mehr zu Meinungsumfragen erfahren Sie in Kapitel 16, mehr zu Experimenten in Kapitel 17.

4. Fassen Sie die Daten zu einer statistischen Größe zusammen, wie z.B. dem Stichprobenmittel oder dem Stichprobenanteil (siehe Kapitel 5).

5. Berechnen Sie die Fehlergrenze (siehe Kapitel 10).

6. Berechnen Sie die statistische Größe plus oder minus der Fehlergrenze, um Ihren Schätzwert für den Parameter zu erhalten.

Das Ergebnis wird als Konfidenzintervall für den Parameter bezeichnet.

Die Wahl des Konfidenzniveaus

Beachten Sie, dass die Studie zur Bemessung der Einschätzung des Gesundheitsrisikos von Kautabak, die im grauen Kasten vorgestellt wurde, die Angabe »95%-Konfidenzintervall« enthält. In diesem Beispiel lag das Konfidenzniveau bei 95%. Das Konfidenzniveau hilft Ihnen, alle möglichen Ergebnisse abzudecken, wenn Sie einen Schätzwert für einen Parameter anhand einer einzigen Stichprobe abgeben. Wenn Sie 95% der anderen möglichen Ergebnisse abdecken möchten, liegt Ihr Konfidenzniveau bei 95%.

Die Abweichung der Stichprobenergebnisse wird mit der Anzahl der Standardfehler bemessen. Ein *Standardfehler* ähnelt der Standardabweichung eines Datensatzes, der Standardfehler wird jedoch auf das Stichprobenmittel oder auf Stichprobenanteile angewendet, die Sie erhalten hätten, wenn Sie andere Stichproben gezogen hätten. (Siehe Kapitel 10 für Informationen zum Standardfehler.) Für jedes Konfidenzniveau gibt es eine entsprechende Anzahl von Standardfehlern, die addiert oder subtrahiert werden müssen. Diese Anzahl der Standardfehler wird als Z-Wert bezeichnet (wie er sich auf die Standardnormalverteilung bezieht). Mehr hierzu erfahren Sie in Tabelle 10.1 in Kapitel 10.

Welches Konfidenzniveau wird üblicherweise von Wissenschaftlern verwendet? Ich bin schon Konfidenzintervallen zwischen 80% und 99% begegnet. Am häufigsten ist das Konfidenzintervall 95% im Einsatz. Unter Statistikern gibt es sogar das geflügelte Wort, »Warum lieben Statistiker ihren Job? Weil sie nur in 95% der Fälle richtig liegen müssen.« (Das ist zwar irgendwie geschmacklos, aber doch in gewisser Weise attraktiv, nicht wahr?)

Zu 95% vertrauenswürdig zu sein bedeutet, dass, wenn Sie zahlreiche Stichproben ziehen und jedes Mal auf der Basis der Ergebnisse ein Konfidenzintervall berechnen, in 95% der Fälle Konfidenzintervalle resultieren, die den Parameter beinhalten. Um ein Konfidenzniveau von 95% zu erzielen, müssen Sie gemäß dem Gesetz der großen Zahl ungefähr zwei Standardfehler zum Stichprobenergebnis addieren und von ihm subtrahieren. Der zentrale Grenzwertsatz bietet Ihnen ein höheres Maß an Genauigkeit, denn aus den »ungefähr« 2 werden damit genau 1,96. In Tabelle 10.1 in Kapitel 10 finden Sie einige ausgewählte Konfidenzniveaus und ihre entsprechenden Z-Werte.

Wenn Sie Ihre Ergebnisse mit mehr als 95% absichern wollen, müssen Sie mehr als zwei Standardfehler zum Stichprobenergebnis addieren und von ihm subtrahieren. Um beispielsweise eine 99%ige statistische Sicherheit zu erhalten, müssten Sie ungefähr drei Standardfehler addieren und subtrahieren. Je höher das Konfidenzniveau ist, desto größer sind der Z-Wert und die Fehlergrenze und desto breiter ist das Konfidenzintervall (vorausgesetzt, alle anderen Faktoren bleiben gleich). Für eine höhere Sicherheit müssen Sie einen gewissen Preis bezahlen.

Beachten Sie die Ausdrucksweise »vorausgesetzt, alle anderen Faktoren bleiben gleich«. Sie können einen Anstieg der Fehlergrenze dadurch ausgleichen, dass Sie die Stichprobe vergrößern. Mehr hierzu erfahren Sie im Abschnitt *Die Stichprobengröße näher betrachtet* in diesem Kapitel.

Mehr zur Breite des Konfidenzintervalls

Bei der Angabe von Schätzwerten mit Konfidenzintervall besteht das Ziel letztendlich darin, ein schmales Konfidenzintervall zu erhalten, da dies bedeutet, dass Sie den Parameter fokussieren. Wenn Sie einen hohen Wert addieren oder subtrahieren müssen, werden Ihre Ergebnisse ungenauer. Angenommen, Sie versuchen, den Prozentsatz der Kleinlastwagen zu ermitteln, die die Autobahn zwischen 12.00 Uhr und 6.00 Uhr morgens benutzen, und Sie errechnen ein 95% Konfidenzintervall, nach dem der Prozentsatz der Kleinlastwagen bei 50% plus/minus 50% liegt. Mit diesem Ergebnis haben Sie wirklich etwas gewonnen! (War nur ein Scherz.) Sie haben damit den Zweck zunichte gemacht, zu versuchen, einen guten Schätzwert zu ermitteln.

In diesem Fall ist das Konfidenzintervall erheblich zu breit. Es wäre günstiger, wenn Ihr Ergebnis wie folgt lauten würde: Das 95% Konfidenzintervall für den Prozentsatz der Kleinlastwagen, die zwischen 12.00 Uhr und 6.00 Uhr auf der Autobahn fahren, liegt bei 50% plus/minus 3%. Um zu solches Ergebnis zu erhalten, würden Sie zwar eine erheblich größere Stichprobe benötigen, das wäre die Sache jedoch wert.

Wenn also eine kleine Fehlergrenze gut ist, ist es dann erstrebenswert, eine noch kleinere Fehlergrenze zu erhalten? Nicht immer. Um ein sehr schmales Konfidenzintervall zu erhalten, müssen Sie eine erheblich schwierigere und kostspieligere Studie durchführen. Es wird irgendwann ein Punkt erreicht, an dem ein Anstieg der Kosten den Zugewinn an Genauigkeit nicht mehr rechtfertigt. Den meisten Wissenschaftlern reicht eine Fehlergrenze von 2% bis 3% aus, wenn der Schätzwert selbst ein Prozentsatz ist (wie der Prozentsatz der Frauen, der PDS-Wähler oder der Raucher).

Ein schmales Konfidenzintervall ist immer sinnvoll.

Wie stellen Sie sicher, dass Ihr Konfidenzintervall schmal genug ist? Über dieses Thema sollten Sie nachdenken, bevor Sie Ihre Daten sammeln. Denn nach der Datenerhebung ist die Breite des Konfidenzintervalls festgelegt.

Die Breite des Konfidenzintervalls wird von drei Faktoren beeinflusst:

✔ Das Konfidenzniveau (wie im letzten Abschnitt beschrieben)

✔ Die Stichprobengröße

✔ Der Grad der Abweichung in der Grundgesamtheit

Die Formel für die Fehlergrenze des Stichprobenmittels lautet: $Z * \frac{s}{\sqrt{n}}$, wobei

✔ Z der Wert aus der Standardnormalverteilung für das entsprechende Konfidenzniveau ist (siehe Tabelle 10.1 in Kapitel 10).

✔ n die Stichprobengröße ist (siehe Kapitel 9).

✔ $\frac{s}{\sqrt{n}}$ der Standardfehler für das Stichprobenmittel ist

(siehe Kapitel 10 für Details zum Standardfehler).

Das Konfidenzintervall für den Durchschnitt (oder Mittelwert) läge dann bei $\bar{x}$ plus und minus der Fehlergrenze. Kapitel 13 stellt Ihnen Formeln für die Konfidenzintervalle vor, auf die Sie am häufigsten stoßen werden.

Jeder dieser drei Faktoren – Konfidenzniveau, Stichprobengröße und Abweichung in der Grundgesamtheit – wirkt sich auf die Breite eines Konfidenzintervalls aus. Sie haben bereits gesehen, wie sich das Konfidenzniveau auf das Konfidenzintervall auswirkt. Im folgenden Abschnitt werden die Auswirkung der Stichprobengröße unter Abweichung in der Grundgesamtheit auf die Breite eines Konfidenzintervalls beschrieben.

Beachten Sie, dass die statistische Größe in der Stichprobe (z.B. 7% der Fahrzeuge in der Stichprobe sind Geländewagen) keine Auswirkung auf die Breite des Konfidenzintervalls hat. Lediglich die Fehlergrenze und die drei Faktoren, die die Fehlergrenze bedingen, wirken sich auf die Breite eines Konfidenzintervalls aus.

Die Stichprobengröße näher betrachtet

Die Beziehung zwischen der Fehlergrenze und der Stichprobengröße lässt sich ganz einfach beschreiben: Mit zunehmender Stichprobengröße verringert sich die Fehlergrenze. Dies bestätigt, was Sie gehofft haben: Je mehr Daten Ihnen zur Verfügung stehen, desto genauer sind die Ergebnisse. (Dabei wird selbstverständlich davon ausgegangen, dass es sich um gute, glaubwürdige Daten handelt. Siehe Kapitel 2 für Probleme, die im Zusammenhang mit Statistiken auftreten können.)

Wenn Sie die Formel für die Fehlergrenze betrachten, sehen Sie, dass die Stichprobengröße, n, im Nenner steht (dies gilt zumindest für die meisten Formeln zur Berechnung von Fehlergrenzen):

$$Z * \frac{s}{\sqrt{n}}.$$

Wenn sich der Wert von n erhöht, wird der Nenner des Bruchs größer, wodurch der Bruch selbst kleiner wird. Dadurch verringern sich die Fehlergrenze und die Breite des Konfidenzintervalls.

Wenn Sie ein hohes Konfidenzniveau benötigen, müssen Sie den Z-Wert erhöhen und damit auch die Fehlergrenze. Das wiederum resultiert in einem breiteren Konfidenzintervall, was nicht gut ist. Aber Sie können diesen Effekt ausgleichen, indem Sie eine größere Stichprobe wählen und dadurch die Fehlergrenze und die Breite des Konfidenzintervalls verringern. Die Vergrößerung der Stichproben ermöglicht es Ihnen, das gewünschte Konfidenzniveau zu benutzen. Damit ist jedoch auch sichergestellt, dass das Konfidenzintervall schmal ist, was Sie letztendlich auch wollen. Sie können dies sogar festlegen, bevor Sie mit einer Studie beginnen. Wenn Sie die Fehlergrenze kennen, brauchen Sie nur die Stichprobengröße entsprechend zu wählen (siehe Kapitel 9).

Wenn Ihre statistische Größe ein Prozentsatz ist (wie z.B. die Anzahl der Personen, die im Sommer Sandalen bevorzugen), können Sie die Fehlergrenze mit der folgenden Faustregel berechnen: Teilen Sie 1 durch die Quadratwurzel von n (die Stichprobengröße). Sie können verschiedene Werte für n einsetzen und sehen, wie die Fehlergrenze dadurch beeinflusst wird.

Welche Stichprobengröße ist ungefähr erforderlich, um ein für eine Meinungsumfrage angemessenes Konfidenzintervall zu erzielen? Mit der Formel aus dem letzten Absatz können Sie schnell Vergleiche ziehen. Eine Stichprobe von 100 Personen hat eine Fehlergrenze von

$$\frac{1}{\sqrt{100}} = 0{,}10 \text{ oder plus oder minus } 10\%.$$

Die Breite des Konfidenzintervalls läge dann bei 20%, was ziemlich breit ist. Wenn die Stichprobe hingegen aus 1.000 Personen besteht, verringert sich die Fehlergrenze erheblich, nämlich auf ungefähr 3% und die Breite des Konfidenzintervalls liegt dann bei nur 6%. Eine Umfrage, bei der 2.500 Personen befragt werden, resultiert in einer Fehlergrenze von plus oder minus 2%, wodurch sich die Breite des Konfidenzintervalls auf 4% verringert. Es ist erstaunlich, dass mit einer im Verhältnis zur Grundgesamtheit doch relativ kleinen Stichprobe so genaue Ergebnisse erzielt werden können.

Denken Sie jedoch daran, dass Sie die Stichprobengröße nicht zu stark erhöhen sollten, weil irgendwann ein Punkt erreicht wird, an dem die Kosten den Nutzen überwiegen. Wenn Sie die Stichprobengröße beispielsweise von 2.500 auf 5.000 Personen erhöhen, verringert sich die Breite des Konfidenzintervalls von 4% auf 2 x 1,4 = 2,8%. Allerdings erhöhen sich die Kosten einer Umfrage für jede weitere Person, die Sie zur Stichprobe hinzufügen. Wenn Sie die Stichprobengröße nun auf 5.000 Personen verdoppeln, nur um das Intervall um etwas mehr als 1% zu verringern, lohnt sich das sehr wahrscheinlich nicht.

Die Genauigkeit hängt nicht nur von der Stichprobengröße, sondern auch von der Qualität der Daten ab. Eine große Stichprobe, die starke systematische Fehler enthält (siehe Kapitel 2), hat zwar möglicherweise ein schmales Konfidenzintervall, dies ist jedoch völlig bedeutungslos. Das ist, als wenn Sie in einem Wettbewerb des Bogenschießens viele Pfeile abschießen und hinterher feststellen, dass Sie immer die Zielscheibe Ihres Nachbarn getroffen haben. In der Statistik lassen sich systematische Fehler nicht messen. Sie können lediglich versuchen, sie zu minimieren.

Je größer die Stichprobe ist, desto schmaler ist die Fehlergrenze und desto schmaler ist das Konfidenzintervall, vorausgesetzt, dass alle anderen Faktoren gleich bleiben und die Qualität der Daten hoch ist.

Die Abweichung in der Grundgesamtheit

Einer der Faktoren, die die Abweichung in der Stichprobe beeinflussen, ist die Abweichung in der Grundgesamtheit. Wenn alle Werte in der Grundgesamtheit gleich wären, wäre die Welt ziemlich langweilig. (Ohne Abweichung gäbe es auch keine Statistiker.) In einer Grundgesamtheit von Häusern in einer Großstadt wie Berlin gibt es nicht nur zahlreiche Arten von Häusern, sondern auch die unterschiedlichsten Größen und Preise. Und die Abweichung in den Preisen sollte für die Stadt insgesamt größer sein als in einem ausgewählten Bezirk.

Dies bedeutet, dass die Fehlergrenze größer sein sollte, wenn Sie eine Stichprobe mit Häusern aus der gesamten Stadt nehmen und den Durchschnittspreis ermitteln als wenn Sie eine Stichprobe aus einem bestimmten Neubaugebiet nehmen, selbst wenn das Konfidenzniveau und die Stichprobengröße in beiden Fällen gleich sind. Woran liegt das? Das liegt daran, dass die Preise von Häusern in der gesamten Stadt stärker voneinander abweichen und die Stichprobenmittel von Stichprobe zu Stichprobe ebenfalls, als wenn Sie Ihre Stichprobe nur aus Häusern in einem bestimmten Neubaugebiet ziehen würden, in dem die Preise in der Regel ziemlich ähnlich ausfallen. Dies bedeutet, dass Sie eine größere Stichprobe wählen müssen, wenn Sie Häuser aus der gesamten Stadt berücksichtigen, um den gleichen Grad an Genauigkeit zu erzielen, als wenn Sie die Häuser nur aus einem Neubaugebiet wählen.

Die Abweichung wird mit der Standardabweichung gemessen. Die Standardabweichung einer Grundgesamtheit (σ) ist in der Regel nicht bekannt. Deshalb müssen Sie sie mit der Standardabweichung, s, der Stichprobe schätzen (siehe Kapitel 4). Beachten Sie, dass das s als Zähler des Standardfehlers in der Formel für die Fehlergrenze des Stichprobenmittels steht:

$$Z * \frac{s}{\sqrt{n}}.$$

Wenn sich die Standardabweichung und damit auch der Zähler vergrößert, erhöht sich auch der Standardfehler (der Bruch insgesamt). Dies resultiert in einer höheren Fehlergrenze und in einem breiteren Konfidenzintervall.

Je größer die Abweichungen in der Grundgesamtheit sind, desto größer ist die Fehlergrenze und desto breiter ist das Konfidenzintervall. Dieser Effekt kann jedoch ausgeglichen werden, indem die Stichprobengröße erhöht wird.

Häufig benutzte Konfidenzintervalle

In diesem Kapitel

▶ Die Formeln für Konfidenzintervalle genauer betrachten
▶ Rechnen mit hoher statistischer Sicherheit

Immer, wenn Sie den Durchschnitt einer Grundgesamtheit ermitteln möchten, jedoch feststellen, dass eine Vollerhebung aus zeitlichen oder finanziellen Gründen nicht möglich ist, können Sie eine Stichprobe aus der Grundgesamtheit ziehen, das Stichprobenmittel bestimmen und mit ihm den Mittelwert für die gesamte Population berechnen. Sie müssen dann lediglich ein Maß dafür angeben, wie korrekt die Stichprobenergebnisse sind. Denn schließlich wissen Sie, dass die Ergebnisse etwas anders ausfallen würden, wenn Sie eine andere Stichprobe wählen würden. Deshalb geben Sie zusammen mit dem Stichprobenmittel eine Fehlergrenze an, die deutlich macht, wie stark Ihr Stichprobenergebnis von Stichprobe zu Stichprobe abweichen wird. Addieren und subtrahieren Sie die Fehlergrenze zum und vom Stichprobenmittel, erhalten Sie das Konfidenzintervall für den Mittelwert der Grundgesamtheit.

Es kann jedoch unter Umständen etwas schwierig sein, das Konfidenzintervall zu ermitteln. Deshalb stelle ich in diesem Kapitel Formeln für die vier Konfidenzintervalle vor, die am häufigsten benutzt werden. Anschließend erkläre ich die Berechnungen und führe Sie durch einige Beispiele.

Konfidenzintervall für den Mittelwert der Grundgesamtheit

Wenn ein quantitatives Merkmal gemessen wird, wie z.B. das Einkommen, der IQ, die Körpergröße oder das Gewicht, wird in der Regel der Mittelwert (Durchschnitt) für die Grundgesamtheit ermittelt, weil der Mittelwert eine Möglichkeit bietet, den Mittelpunkt der Grundgesamtheit zu ermitteln. Der Mittelwert der Grundgesamtheit liegt in dem Bereich, der mit dem Stichprobenmittel plus/minus Fehlergrenze geschätzt wird. Dieser Bereich wird als Konfidenzintervall für den Mittelwert der Grundgesamtheit bezeichnet.

Die Formel zur Berechnung des Konfidenzintervalls für den Mittelwert der Grundgesamtheit lautet wie folgt:

$$\bar{x} \pm Z * \frac{s}{\sqrt{n}},$$

wobei $\bar{x}$ das Stichprobenmittel, s die Standardabweichung der Stichprobe, n die Stichprobengröße und Z der dem gewählten Konfidenzniveau entsprechende Wert aus der Standardnormalverteilung darstellt. (Siehe Kapitel 3 für Formeln zur Berechnung von $\bar{x}$ und s; siehe Kapitel 10, Tabelle 10.1 für Z-Werte der verschiedenen Konfidenzniveaus.)

Um das Konfidenzintervall für den Mittelwert einer Grundgesamtheit zu berechnen, gehen Sie wie folgt vor:

1. **Bestimmen Sie das Konfidenzniveau und ermitteln Sie den entsprechenden Z-Wert.**

    Mehr hierzu siehe Kapitel 10, Tabelle 10.1.

2. **Ermitteln Sie das Stichprobenmittel ($\bar{x}$), die Standardabweichung in der Stichprobe, s, und die Stichprobengröße, n.**

    Mehr hierzu siehe Kapitel 3.

3. **Multiplizieren Sie s mit Z und dividieren Sie das Ergebnis durch die Quadratwurzel von n.**

    Das Ergebnis ist die Fehlergrenze.

4. **Addieren und subtrahieren Sie die Fehlergrenze zu $\bar{x}$, um das Konfidenzintervall zu erhalten.**

    Die Untergrenze des Konfidenzintervalls liegt bei $\bar{x}$ minus Fehlergrenze und die Obergrenze liegt bei $\bar{x}$ plus Fehlergrenze.

Angenommen, Sie wollen die durchschnittliche Länge der Jungfische in einem Zuchtteich ermitteln.

Weil Sie ein 95%-Konfidenzintervall wünschen, ist der Z-Wert gleich 1,96.

Angenommen, Sie ziehen eine Zufallsstichprobe von 100 Jungfischen aus einem Zuchtteich und ermitteln eine durchschnittliche Länge von 19,05 Zentimeter und eine Standardabweichung, s, von 5,84 Zentimeter. (Siehe Kapitel 4 für die Berechnung des Stichprobenmittels und der Standardabweichung.) Dies bedeutet, dass $\bar{x} = 19,05$ cm, s = 5,84 cm und $n = 100$.

Multiplizieren Sie 1,96 mit 5,84 und teilen Sie das Ergebnis durch die Quadratwurzel von 100, ergibt sich als Standardfehler der Wert $\pm 1,96 * (5,84 / 10) = 1,96 * 0,584 = 1,14$ cm.

Ihr 95%-Konfidenzintervall für die mittlere Länge der Jungfische im Fischzuchtteich liegt also bei 19,05 cm plus/minus 1,14 cm. Die Untergrenze des Intervalls liegt bei 19,05 cm - 1,14 cm = 17,91 cm und die Obergrenze bei 19,05 cm + 1,14 cm = 20,19 cm. Sie können also mit 95%iger Sicherheit sagen, dass die durchschnittliche Länge der Jungfische in diesem Fischzuchtteich auf der Basis Ihrer Stichprobe zwischen 17,91 cm und 19,05 cm liegt.

Wenn Ihre Stichprobe klein ist, d.h. kleiner als 30, muss die Berechnung angepasst werden. Mehr hierzu erfahren Sie in Kapitel 15.

13 ➤ Häufig benutzte Konfidenzintervalle

Konfidenzintervall für den Anteil an der Grundgesamtheit

Wenn ein qualitatives Merkmal gemessen wird, wie z.B. das Geschlecht, die Wahl einer politischen Partei oder die Art des Verhaltens (trägt beim Fahren einen Sicherheitsgurt oder nicht), soll der Anteilswert oder Prozentsatz an der Grundgesamtheit ermittelt werden, der einer bestimmten Kategorie zugerechnet werden kann. Beispiele hierfür wären der Prozentsatz der Bürger, die sich für eine 4-Tage-Woche aussprechen, der Prozentsatz der Wahlbürger, die bei der letzten Wahl die PDS wählten oder der Prozentsatz der Autofahrer, die sich beim Fahren nicht anschnallen. In jedem dieser Fälle besteht das Ziel darin, einen Anteil an der Grundgesamtheit mittels eines Stichprobenanteils plus/minus einer Fehlergrenze zu ermitteln. Das Ergebnis wird als Konfidenzintervall für den Anteil an der Grundgesamtheit bezeichnet.

Die Formel zur Berechnung eines Stichprobenanteils lautet:

$$\hat{p} \pm Z * \sqrt{\frac{\hat{p} * (1-\hat{p})}{n}},$$

wobei $\hat{p}$ der Stichprobenanteil, n die Stichprobengröße und Z der entsprechende Wert aus der Standardnormalverteilung für das gewünschte Konfidenzniveau. (Siehe Kapitel 3 für Berechnungsformeln von $\hat{p}$; siehe Kapitel 10, Tabelle 10.1 für die Z-Werte bestimmter Konfidenzniveaus.)

Um das Konfidenzintervall für den Anteil an der Grundgesamtheit zu berechnen, gehen Sie wie folgt vor:

1. **Bestimmen Sie das Konfidenzniveau und den korrespondierenden Z-Wert.**

   Siehe Kapitel 10, Tabelle 10.1.

2. **Ermitteln Sie den Stichprobenanteil, ($\hat{p}$), indem Sie die Anzahl der Personen in der Stichprobe ermitteln, die das Merkmal aufweisen, an dem Sie interessiert sind, und diesen Anteil dann durch die Stichprobengröße, n, teilen.**

   Hinweis: ($\hat{p}$) sollte eine Dezimalzahl zwischen 0 und 1 sein.

3. **Multiplizieren Sie ($\hat{p}$) mit $(1-\hat{p})$ und teilen Sie das Ergebnis durch n.**

4. **Ziehen Sie die Quadratwurzel aus dem Ergebnis von Schritt 3.**

5. **Multiplizieren Sie das Ergebnis mit Z.**

   Das Ergebnis ist die Fehlergrenze.

6. **Berechnen Sie $\hat{p}$ plus/minus Fehlergrenze, um das Konfidenzintervall zu erhalten. Die Untergrenze des Konfidenzintervalls liegt bei $\hat{p}$ minus der Fehlergrenze und die Obergrenze bei $\hat{p}$ plus der Fehlergrenze.**

Angenommen, Sie wollen den Prozentsatz der Rotschaltungen einer Ampel an einer bestimmten Kreuzung ermitteln.

Weil Sie ein 95%-Konfidenzintervall wünschen, ist der Z-Wert gleich 1,96.

Sie ziehen eine Zufallsstichprobe von 100 verschiedenen Fahrten, bei denen Sie auf die Kreuzung mit der fraglichen Ampel treffen, und stellen fest, dass die Ampel in 53% der Fälle rot war. Der Stichprobenanteil berechnet sich wie folgt: $\hat{p}$ = 53 / 100 = 0,53.

Multiplizieren Sie 0,53 mit (1 - 0,53) und teilen Sie das Ergebnis durch 100, erhalten Sie den Wert 0,2491 / 100 = 0,002491.

Ziehen Sie aus diesem Wert die Quadratwurzel, erhalten Sie 0,0499.

Die Fehlergrenze liegt also bei plus/minus 1,96 * (0,0499) = 0,0978.

Ihr 95%-Konfidenzintervall für den Prozentsatz roter Ampeln, auf die Sie an dieser bestimmten Kreuzung treffen werden, liegt also bei 0,53 oder 53% plus/minus 0,0978 (aufgerundet 0,10 oder 10%). (Die Untergrenze des Konfidenzintervalls liegt also bei 0,53 - 0,10 = 0,43 oder 43%, die Obergrenze liegt bei 0,53 + 0,10 = 0,63 oder 63%.) Das heißt, Sie können mit 95%iger statistischer Sicherheit sagen, dass der Prozentsatz roter Ampeln, auf die Sie an dieser Kreuzung treffen werden, auf der Basis Ihrer Stichprobe bei 43% bis 63% liegt.

Wenn Sie Berechnungen mit Stichprobenanteilen durchführen, sollten Sie Dezimalwerte benutzen. Nachdem Sie die Berechnung durchgeführt haben, können Sie das Ergebnis in einen Prozentwert umwandeln, indem Sie es mit 100 multiplizieren. Um Rundungsfehler zu vermeiden, sollten Sie mindestens zwei Dezimalstellen berücksichtigen.

Konfidenzintervall für den Unterschied zwischen zwei Mittelwerten

Das Ziel vieler Umfragen und Studien besteht darin, zwei Populationen miteinander zu vergleichen, wie z.B. Männer und Frauen, Familien mit geringem und mit hohem Einkommen oder CDU- mit SPD-Wählern. Wenn es sich bei den Merkmalen, die verglichen werden sollen, um quantitative Merkmale wie die Größe, das Gewicht oder das Einkommen handelt, ist der Unterschied zwischen den Mittelwerten (Durchschnitten) in den beiden Grundgesamtheiten von Interesse. Angenommen; Sie wollen das Durchschnittsalter von CDU- mit dem von SPD-Wählern vergleichen oder das Durchschnittseinkommen von Männern mit dem von Frauen. Um den Unterschied zwischen den beiden Mittelwerten der Grundgesamtheiten zu bemessen, berechnen Sie den Unterschied zwischen den Stichprobenmittelwerten plus/minus der Fehlergrenze. Das Ergebnis ist ein Konfidenzintervall für den Unterschied zwischen den Mittelwerten in den Grundgesamtheiten.

13 ➤ Häufig benutzte Konfidenzintervalle

Die Formel zur Berechnung des Konfidenzintervalls für den Unterschied zwischen zwei Mittelwerten lautet:

$$(\bar{x} - \bar{y}) \pm Z * \sqrt{\frac{s_1^2}{n_1} + \frac{s_2^2}{n_2}},$$

wobei $\bar{x}$ s_1 und n_1 das Stichprobenmittel, die Standardabweichung und die Stichprobengröße der ersten Stichprobe und $\bar{y}$, s_2 und n_2 das Stichprobenmittel, die Standardabweichung und die Stichprobengröße der zweiten Stichprobe darstellt und Z ist der entsprechende Wert aus der Standardnormalverteilung für das gewünschte Konfidenzniveau. (Siehe Kapitel 3 zur Berechnung von Mittelwert und Standardabweichung, siehe Kapitel 10, Tabelle 10.1, für die Z-Werte bestimmter Konfidenzniveaus.)

Um ein Konfidenzintervall für den Unterschied zwischen den Mittelwerten von zwei Grundgesamtheiten zu berechnen, gehen Sie wie folgt vor:

1. **Bestimmen Sie das Konfidenzniveau und finden Sie den passenden Z-Wert.**

   Siehe Kapitel 10, Tabelle 10.1.

2. **Finden Sie den Mittelwert, $\bar{x}$, die Standardabweichung, s_1, und die Stichprobengröße, n_1, für die erste Stichprobe sowie den Mittelwert, $\bar{y}$, die Standardabweichung, s_2, und die Stichprobengröße, n_2, für die zweite Stichprobe.**

   Siehe Kapitel 3.

3. **Berechnen Sie den Unterschied, $(\bar{x} - \bar{y})$, zwischen den Stichprobenmitteln.**

4. **Berechnen Sie das Quadrat von s_1 und teilen Sie es durch n_1. Berechnen Sie dann das Quadrat von s_2 und teilen Sie es durch n_2.**

5. **Multiplizieren Sie das Ergebnis aus Schritt 4 mit Z.**

   Das Ergebnis ist die Fehlergrenze.

6. **Berechnen Sie $(\bar{x} - \bar{y})$ plus/minus der Fehlergrenze, um das Konfidenzintervall zu erhalten.**

   Die Untergrenze des Konfidenzintervalls liegt bei $(\bar{x} - \bar{y})$ minus der Fehlergrenze und die Obergrenze liegt bei $(\bar{x} - \bar{y})$ plus der Fehlergrenze.

Angenommen, Sie wollen mit einer statistischen Absicherung von 95% den Unterschied zwischen den durchschnittlichen Längen von Maiskolben zweier unterschiedlicher Maissorten ermitteln, die unter den gleichen Bedingungen aufgezogen wurden.

Weil Sie Ihre Ergebnisse mit einem 95%-Konfidenzintervall absichern wollen, liegt der Z-Wert bei 1,96.

Angenommen, Ihre Zufallsstichprobe, n_1, besteht aus 100 Maiskolben der Maissorte A, die eine durchschnittliche Länge von 21,59 Zentimetern und eine Standardabweichung von 5,84 Zentimetern aufweisen, und Ihre Zufallsstichprobe, n_2, besteht aus 110 Maiskolben der Maissorte

B mit einer durchschnittlichen Länge von 19,05 Zentimetern und einer Standardabweichung von 7,11 Zentimetern. Dies bedeutet, dass $\bar{x}$ = 21,59 cm, s_1 = 5,84 cm und n_1 = 100 ist und $\bar{y}$ = 19,05 cm, s_2 = 7,11 cm und n_2 = 110.

Der Unterschied zwischen den Stichprobenmittelwerten, $(\bar{x} - \bar{y})$, beträgt 21,59 cm - 19,05 cm = 2,54 cm. Dies bedeutet, dass die Maiskolben der Sorte A im Durchschnitt größer sind als die der Sorte B. Ist dieser Unterschied groß genug, um ihn auf die Grundgesamtheit generalisieren zu können? Dies können Sie mit Hilfe des Konfidenzintervalls entscheiden.

Bilden Sie das Quadrat von s_1, 5,84, erhalten Sie den Wert 34,1056. Teilen Sie diesen Wert durch 100, erhalten Sie 0,341056. Bilden Sie das Quadrat von s_2, 7,11, erhalten Sie den Wert 50,5521. Teilen Sie diesen Wert durch 100, erhalten Sie 0,505521. Bilden Sie dann die folgende Summe: 0,341056 + 0,505521 = 0,8466 und ziehen Sie die Quadratwurzel aus diesem Ergebnis, erhalten Sie den Wert 0,9201.

Multiplizieren Sie 1,96 mit 0,9201, erhalten Sie als Fehlergrenze den Wert 1,803.

Ihr 95%-Konfidenzintervall für den Unterschied zwischen den durchschnittlichen Längen für die beiden Maissorten liegt also bei 2,54 cm plus/minus 1,803 Zentimetern. (Die Untergrenze des Konfidenzintervalls liegt also bei 2,54 - 1,803 = 0,737 Zentimetern und die Obergrenze bei 2,54 + 1,803 = 4,343 Zentimetern.) Das heißt also, dass Sie mit 95%iger statistischer Sicherheit sagen können, dass die Maiskolben der Sorte A im Durchschnitt zwischen 0,737 und 4,343 Zentimetern größer sind als die Maiskolben der Sorte B. (Beachten Sie, dass die Werte in diesem Intervall positiv sind. Dies bedeutet, dass die Maiskolben der Sorte A auf der Basis Ihrer Stichprobe immer länger sind als die Maiskolben der Sorte B.)

Beachten Sie, dass auch ein negativer Wert für $(\bar{x} - \bar{y})$ resultieren könnte. Wenn Sie beispielsweise die Sorten vertauscht hätten, hätten Sie eine negative Differenz erhalten. Das macht nichts. Sie müssen sich nur merken, welche Gruppe welche ist. Eine positive Differenz bedeutet, dass der Wert in der ersten Gruppe größer ist als der in der zweiten Gruppe. Eine negative Differenz bedeutet, dass der Wert in der ersten Gruppe kleiner ist als der in der zweiten. Wenn Sie negative Werte vermeiden möchten, müssen Sie immer die Gruppe mit den größeren Werten zur ersten Gruppe machen, und schon sind alle Differenzen positiv.

Ist Ihre Stichprobe sehr klein, d.h. kleiner als 30, müssen Sie die Berechnung anpassen. Mehr hierzu erfahren Sie in Kapitel 15.

Konfidenzintervall für den Unterschied zwischen zwei Anteilen an Grundgesamtheiten

Wenn ein qualitatives Merkmal wie z.B. eine Meinung zu einem Thema (Zustimmung oder Ablehnung) aus zwei Grundgesamtheiten verglichen wird, sollen die Unterschiede zwischen den Anteilen an der Grundgesamtheit dargestellt werden. Beispiele wären der Anteil der Frauen, die eine 4-Tage-Woche befürworten im Vergleich zu dem Anteil der Männer. Solche Unterschiede lassen sich bemessen, indem Stichproben aus beiden Grundgesamtheiten entnommen werden und der Unterschied zwischen den beiden Stichprobenanteilen plus/minus der Fehlergrenze bewertet wird. Das Ergebnis wird als Konfidenzintervall für den Unterschied zwischen dem Anteilswert an zwei Grundgesamtheiten bezeichnet.

Die Formel für das Konfidenzintervall für den Unterschied zwischen dem Anteilswert an zwei Grundgesamtheiten lautet wie folgt:

$$(\hat{p}_1 - \hat{p}_2) \pm Z * \sqrt{\frac{\hat{p}_1 * (1 - \hat{p}_1)}{n_1} + \frac{\hat{p}_2 * (1 - \hat{p}_2)}{n_2}},$$

wobei $\hat{p}_1$ und n_1 der Stichprobenanteil und die Stichprobengröße der ersten Stichprobe und $\hat{p}_2$ und n_2 der Stichprobenanteil und die Stichprobengröße der zweiten Stichprobe ist. Z ist der dem gewünschten Konfidenzniveau entsprechende Wert aus der Standardnormalverteilung. (Mehr zu Stichprobenanteilen finden Sie in Kapitel 3, mehr zu Z-Werten in Kapitel 10, Tabelle 10.1.)

Um das Konfidenzintervall für den Unterschied zwischen dem Anteilswert an den beiden Grundgesamtheiten zu berechnen, gehen Sie wie folgt vor:

1. **Bestimmen Sie das gewünschte Konfidenzniveau und ermitteln Sie den zugehörigen Z-Wert.**

    Siehe Kapitel 10, Tabelle 10.1.

2. **Bestimmen Sie den Stichprobenanteil, $\hat{p}_1$, für die erste Stichprobe, indem Sie die Gesamtanzahl der Einheiten aus der Stichprobe, die die gewünschte Ausprägung aufweisen, durch die Stichprobengröße, n_1, teilen. Berechnen Sie dann den Wert $\hat{p}_2$ für die zweite Stichprobe auf die gleiche Weise.**

3. **Ermitteln Sie nun den Unterschied zwischen den beiden Stichprobenanteilen, $(\hat{p}_1 - \hat{p}_2)$.**

4. **Multiplizieren Sie $\hat{p}_1$ mit $(1 - \hat{p}_1)$ und teilen Sie das Ergebnis durch n_1. Multiplizieren Sie dann $\hat{p}_2$ mit $(1 - \hat{p}_2)$ und teilen Sie das Ergebnis durch n_2. Addieren Sie die Ergebnisse und ziehen Sie die Quadratwurzel aus der Summe.**

5. **Multiplizieren Sie das Ergebnis aus Schritt 4 mit dem Z-Wert.**

    Das Ergebnis ist die Fehlergrenze.

6. **Um das Konfidenzintervall zu erhalten, berechnen Sie $(\hat{p}_1 - \hat{p}_2)$ plus/minus Fehlergrenze.**

    Die Untergrenze des Konfidenzintervalls liegt bei $(\hat{p}_1 - \hat{p}_2)$ minus Fehlergrenze und die Obergrenze bei $(\hat{p}_1 - \hat{p}_2)$ plus Fehlergrenze.

Wenn Sie Berechnungen mit Stichprobenanteilen durchführen, sollten Sie Dezimalwerte benutzen. Nachdem Sie die Berechnung abgeschlossen haben, können Sie die Dezimalwerte in Prozentwerte umrechnen, indem Sie sie mit 100 multiplizieren. Um Rundungsfehler zu vermeiden, sollten Sie mindestens zwei Dezimalstellen berücksichtigen.

Angenommen, Sie arbeiten für eine Konzertagentur und wollen mit 95%iger statistischer Sicherheit den Unterschied zwischen dem Anteil der Männer und der Frauen ermitteln, die sich schon einmal einen Elvis-Imitator angesehen haben, um festzustellen, wie Sie Ihr Unterhaltungsangebot optimieren können.

Weil Sie Ihre Ergebnisse auf einem 95%-Konfidenzintervall absichern möchten, müssen Sie den Z-Wert 1,96 benutzen.

Angenommen, Ihre Zufallsstichprobe von 100 Frauen beinhaltet 53 Frauen, die bereits einen Elvis-Imitator gesehen haben. $\hat{p}_1$ hat also den Wert 53 / 100 = 0,53. Angenommen, Ihre Zufallsstichprobe von 110 Männern beinhaltet 37 Männer, die bereits einen Elvis-Imitator gesehen haben. $\hat{p}_2$ hat also den Wert 37 / 110 = 0,34.

Der Unterschied zwischen den beiden Stichprobenanteilen (Weiblich - Männlich) berechnet sich wie folgt: 0,53 - 0,34 = 0,19.

Multiplizieren Sie nun 0,53 mit (1 - 0,53) und teilen Sie das Ergebnis durch 100, ergibt sich 0,2491 / 100 = 0,0025. Multiplizieren Sie dann 0,34 mit (1 - 0,34) und teilen Sie das Ergebnis durch 110, ergibt sich 0,2244 / 110 = 0,0020. Addieren Sie die Ergebnisse zu 0,0025 + 0,0020 = 0,0045; die Quadratwurzel ist 0,0671.

1,96 * 0,0671 ergibt 0,13 oder 13% (die Fehlergrenze).

Ihr 95%-Konfidenzintervall für den Unterschied zwischen dem Prozentsatz von Frauen und den Männern, die bereits einen Elvis-Imitator gesehen haben, liegt bei 19% plus/minus 13%. Die Untergrenze des Konfidenzintervalls liegt bei 0,19 - 0,13 = 0,06 oder 6%, die Obergrenze bei 0,19 + 0,13 = 0,32 oder 32%. Somit können Sie sagen, dass mit 95%iger statistischer Sicherheit ein höherer Prozentsatz an Frauen einen Elvis-Imitator gesehen hat, und dass die Unterschiede basierend auf Ihrer Stichprobe irgendwo zwischen 6% und 32% liegen. Glauben Sie, dass Männer jemals zugeben würden, einen Elvis-Imitator gesehen zu haben? Dies könnte für eine gewisse Verzerrung in den Ergebnissen sorgen.

Beachten Sie, dass auch negative Werte für $(\hat{p}_1 - \hat{p}_2)$ möglich sind. Wenn Sie im Beispiel die Gruppen der Männer und Frauen vertauscht hätten, hätten Sie beispielsweise als Unterschied den Wert -0,19 erhalten. Ein positiver Unterschied bedeutet, dass der Wert in der ersten Gruppe größer ist als der in der zweiten. Ein negativer Unterschied bedeutet, dass der Wert in der ersten Gruppe kleiner ist als der in der zweiten. Sie können negative Unterschiede vermeiden, indem Sie immer die Gruppe mit dem größeren Wert zur ersten Gruppe machen.

Teil VI

Der Hypothesentest darf nicht fehlen

In diesem Teil ...

Viele Statistiken haben die Form von Behauptungen, wie z.B. »Vier von fünf befragten Zahnärzten empfehlen diesen Kaugummi« oder »Unsere Windeln absorbieren 25 Prozent mehr Feuchtigkeit als herkömmliche Windeln.« Wie können Sie feststellen, ob die Behauptung wahr ist? Wissenschaftler, die wissen, was sie tun, verwenden hierfür einen so genannten Hypothesentest.

In diesem Teil lernen Sie die Grundlagen von Hypothesentests kennen. Sie erfahren, wie Sie sie aufstellen, wie Sie sie ausführen und wie Sie die Ergebnisse interpretieren. Sie finden in diesem Teil außerdem Beispiele für häufig benutzte Hypothesentests.

Behauptungen, Tests und Schlussfolgerungen

In diesem Kapitel

▶ Die Behauptungen anderer testen
▶ Statistiken als Beweise nutzen
▶ Den Beweis gewichten und eine Entscheidung treffen
▶ Wissen, was schief gehen könnte

Behauptungen, die mit Statistiken zu tun haben, hören Sie auf Schritt und Tritt und in den Medien besteht kein Mangel an ihnen:

✔ Fünfundzwanzig Prozent aller Frauen haben Krampfadern. (Wow, sollten manche Behauptungen nicht besser ungesagt bleiben?)
✔ Der Ecstasy-Konsum bei Jugendlichen ist erstmals gefallen. Der Rückgang reichte je nach Klassenstufe der Jugendlichen von einem Zehntel bis zu einem Drittel.
✔ Ein sechs Monate altes Baby schläft im Durchschnitt pro Tag 14 bis 15 Stunden.
✔ Mit einer bestimmten Backmischung lässt sich in fünf Minuten ein Kuchen backen.

Viele Behauptungen beinhalten Zahlen, die aus Luft gegriffen zu sein scheinen. In einigen Behauptungen werden Vergleiche zwischen zwei Produkten oder Gruppen gezogen. Sie fragen sich vielleicht, ob solche Behauptungen stichhaltig sind, und das sollten Sie auch. Nicht alle Behauptungen haben eine lebenswichtige Bedeutung, denn wo liegt schließlich der Schaden, wenn Sie eine Seife benutzen, die nicht zu 99,99 Prozent aus reiner Seife besteht? Manche Behauptungen haben hingegen größere Auswirkungen, wie z.B. welche Krebsbehandlung am besten wirkt, welcher Minivan der sicherste ist oder ob bestimmte Medikamente freigegeben werden sollten. Manche Behauptungen sind statistisch abgesichert, andere hingegen nicht. In diesem Kapitel erfahren Sie, wie Sie mit Hilfe von Statistik feststellen können, ob eine Behauptung tatsächlich stichhaltig ist, und Sie erfahren, wie Wissenschaftler vorgehen sollten, um die Behauptungen abzusichern, die sie machen.

Möglichkeiten, mit Behauptungen umzugehen

Im heutigen Informationszeitalter – und in Zeiten des großen Geldes – hängt sehr viel davon ab, Behauptungen zu untermauern. Unternehmen, die behaupten, dass ihre Produkte besser seien als die des Marktführers, sollten wohlweislich in der Lage sein, dies auch beweisen zu können, denn andernfalls werden sie verklagt. Medikamente, die für den Markt freigegeben werden, müssen nachweislich wirksam sein und keine lebensbedrohlichen Nebenwirkungen hervorrufen. Hersteller müssen sicherstellen, dass ihre Produkte gemäß bestimmter Spezifikationen hergestellt wurden, um Rückrufe, Kundenbeschwerden und Markteinbrüche zu vermeiden.

Eine wissenschaftliche Studie kann auch zu Behauptungen führen, die den Unterschied zwischen Leben und Tod bedeuten, wie z.B. welche Krebsbehandlung die beste ist, welche Nebeneffekte bei einer bestimmten Art von Operation auftreten, welche Überlebenschance bei einer bestimmten Art von Behandlung besteht und ob ein neues Medikament Ihre Lebenserwartung erhöht oder verringert. Forschung, die sich mit derartigen Fragen befasst, muss einwandfrei sein, so dass auf ihrer Basis die richtige Entscheidung getroffen werden kann. Falls nicht, können Wissenschaftler ihren Ruf, ihre Glaubwürdigkeit und ihre Finanzmittel verlieren. (Und manchmal fühlen sich Wissenschaftler unter Druck, Ergebnisse zu produzieren, die zu anderen Problemen führen können.)

Wissen, welche Optionen es gibt

Als Konsument haben Sie drei Optionen, wenn Sie eine Behauptung hören, wie z.B. »Unsere Eiscreme wurde von 80% der Eistester als die beste eingestuft«:

- ✔ Sie automatisch glauben (oder sie prinzipiell von vornherein ablehnen)
- ✔ Eigene Tests durchführen, um die Behauptung zu bestätigen oder zu widerlegen
- ✔ Tiefer graben, um zu einer eigenen Entscheidung zu kommen

Es ist nicht klug, Ergebnisse zu glauben, ohne sie zu hinterfragen. Das sollten Sie nur in Fällen tun, in denen sich die Informationsquelle bereits einen guten (oder schlechten) Namen gemacht hat oder die Ergebnisse nicht so wichtig sind, denn schließlich können Sie nicht jede Behauptung prüfen, der Sie begegnen. Mehr zu den beiden anderen Optionen erfahren Sie in den folgenden Abschnitten.

Behauptungen überprüfen

Die zweite Option, auf eine Behauptung zu reagieren, besteht darin, die Behauptung zu überprüfen. Diesen Ansatz verfolgen viele Organisationen, wie z.B. Meinungsforschungsinstitute, Verbraucherschutzverbände, die Produkte testen, bevor sie sie freigeben, oder Organisationen wie der ADAC, die eigene Crash-Tests durchführen und Angaben zur Sicherheit von Fahrzeugen machen.

Solche Tests können sehr erfolgreich sein, wenn sie korrekt durchgeführt werden und die Daten im Rahmen einer wohl definierten Studie ohne systematischen Fehler gesammelt werden (mehr zum Design von wissenschaftlichen Studien finden Sie in den Kapiteln 16 und 17).

14 ➤ Behauptungen, Tests und Schlussfolgerungen

Dieser Ansatz wird häufig von Firmen verfolgt, wenn beispielsweise ein Konkurrent etwas behauptet, was sie für unwahr halten und von dem sie glauben, dass es getestet werden sollte. Oder wenn sie glauben, dass ihr Produkt besser sei als das der Konkurrenz und dies mittels eines Produktvergleichs testen wollen. Viele Hersteller führen außerdem eine Qualitätskontrolle durch (siehe Kapitel 19), um festzustellen, ob die Produkte die Spezifikationen erfüllen.

Diese Option ist sinnvoll für Gruppen, die die Ressourcen und das Wissen haben, um entsprechende Studien durchzuführen, sie kann jedoch auch irreführende Ergebnisse mit sich bringen, wenn sie falsch gehandhabt wird.

In den Medien werden Behauptungen über Produkte häufig getestet, indem eine Person damit beauftragt wird, das Produkt zu überprüfen. Diese Methode ist zwar ganz witzig, jedoch ziemlich unwissenschaftlich. Angenommen, eine Fernsehshow hat es sich zur Aufgabe gemacht, die Zuschauer wissen zu lassen, ob es mit einer bestimmten Backmischung tatsächlich möglich ist, in nur fünf Minuten einen Kuchen zu backen. Vielleicht ist es möglich, vielleicht auch nicht. Statistisch gesehen ist die Variable, die von Interesse ist, eine quantitative, nämlich die Zubereitungsdauer. Und die Grundgesamtheit besteht aus allen Kuchen, die mit der Backmischung gebacken werden. Der Parameter von Interesse ist die durchschnittliche Zubereitungsdauer für Kuchen, die mit dieser Backmischung gebacken werden. (Ein Parameter ist ein Einzelwert, der die Behauptung abbildet.) Im Beispiel wird behauptet, dass die Zubereitungszeit gleich 5 Minuten ist. Die Mission der Fernsehshow lautet, diese Behauptung zu testen. Und wie viele Kuchen werden dazu eingesetzt? Raten Sie mal. Nur einer!

Die Kameras laufen und die Gäste scherzen darüber, wie viel Spaß es macht, den Kuchen zu backen, und wie lecker er aussieht. Sie achten auch auf die Zubereitungsdauer (schließlich kommt bald eine Werbeeinblendung). Am Ende berichten sie, dass die Zubereitungsdauer bei 5,5 Minuten lag. Dieser Wert kommt der Behauptung ziemlich nahe, erfüllt sie jedoch nicht ganz. Und am Ende erfahren Sie, dass Sie das Rezept verbessern können, wenn Sie den Kuchen mit Smarties dekorieren.

Wenn in einer solchen Fernsehshow jemals ein Statistiker zu Rate gezogen worden wäre, der die Ergebnisse in statistischer Hinsicht aufschlüsseln könnte, wäre das ein großer Zufall. In Kapitel 9 habe ich versucht, Ihnen deutlich zu machen, dass sich Stichprobenstatistiken voneinander unterscheiden. (Sie fallen von Person zu Person und von Kuchen zu Kuchen anders aus.) Um die Messung dieser Abweichungen geht es in der Statistik. Das Entscheidende ist, dass für beweiskräftige Ergebnisse über Behauptungen echte Daten erforderlich sind. Eine Beobachtung reicht nicht aus. Viele Menschen machen sich nicht klar, dass sich eine Behauptung nicht mit einer Stichprobengröße von 1 (oder 2 oder 3) testen lässt, weil die Stichprobenergebnisse voneinander abweichen können.

Auf der Grundlage einer Anekdote – und nichts anderes ist eine Stichprobe der Größe 1 – lassen sich keine nachhaltigen Schlussfolgerungen ziehen. In der Statistik macht eine Stichprobe der Größe 1 keinen Sinn. Mit einem Wert lassen sich Schwankungen nicht bemessen (siehe Kapitel 5 für die Formel der Standardabweichung, um zu sehen, was ich meine). Das ist das Problem bei den meisten TV-Sendungen, die Personen zeigen, die Behauptungen testen, indem sie ein oder zwei Produkte überprüfen. Es handelt sich dabei nicht um einen wissenschaftlichen Test und Ihnen wird damit nicht richtig vermittelt, wie eine Hypothese getestet wird. Nun ist es zwar nicht weltbewegend, wenn ohne hinreichende Daten Schlussfolgerungen über eine Backmischung gezogen werden. Denken Sie jedoch an die vielen Fälle, in denen die Erfahrung einer einzigen Person eine Ihrer Entscheidungen beeinflusst hat.

Hüten Sie sich vor allen Ergebnissen, die auf sehr kleinen Stichproben basieren. Dies gilt insbesondere für Stichproben der Größe 1. Wenn im Rahmen einer Studie beispielsweise eine Person angewiesen wird, ein bestimmtes Produkt, ein Spielzeug oder einen anderen Einzelfall zu testen, sollten Sie sich davon fernhalten. Zwar können sich interessante Ergebnisse zeigen und möglicherweise werden auch Probleme aufgedeckt, die näher untersucht werden sollten, die Ergebnisse selbst sind jedoch nicht wissenschaftlich fundiert und es sollten keine Schlussfolgerungen auf der Grundlage solcher Ergebnisse gezogen werden.

Tiefer graben

Wenn Sie auf Behauptungen stoßen, die für Sie wichtig sind, sollten Sie tiefer graben, um mehr Informationen zu erhalten. Besitzen Sie mehr Informationen, können Sie sich Fragen beantworten und informierte Entscheidungen treffen.

Der größte Unterschied zwischen einem statistisch einwandfreien Test einer Behauptung und einem Feldtest mit nur einer Beobachtung besteht darin, dass bei einem guten Test Daten in wissenschaftlich einwandfreier Weise ohne systematischen Fehler in Form einer Zufallsstichprobe gesammelt werden, die groß genug ist, um präzise Informationen zu liefern. (Siehe Kapitel 2 für weitere Informationen hierzu.) Die meisten wissenschaftlichen Studien, die beispielsweise in der Medizin, in der Pharmazie oder im technischen Bereich durchgeführt werden, basieren auf statistischen Methoden zum Testen, Verifizieren und Ablehnen von Behauptungen. Als Konsument dieser Informationen müssen Sie in der Lage sein, zu wissen, wie eine Studie bewertet werden kann, wie die Ergebnisse aussehen und wie Sie eigene Entscheidungen auf der Grundlage der Behauptungen treffen können.

Sie werden sich vielleicht darüber wundern, wie viel Schutz Sie als Verbraucher in Bezug auf Behauptungen genießen, die Forscher aufstellen. So wird beispielsweise die Medikamentenforschung und der Medikamentenvertrieb staatlich überprüft. Dasselbe gilt für die Produktion von Nahrung etc. Einige Bereiche, wie z.B. die Herstellung von Nahrungsergänzungsmitteln wie Vitaminen, Kräutern und Mineralstoffen ist nicht so streng reguliert.

Als Konsument dieser ganzen Ergebnisse, die Ihnen täglich präsentiert werden, müssen Sie mit Informationen gerüstet sein, anhand derer Sie gute Entscheidungen treffen können. Ein erster Schritt besteht darin, Kontakt zu dem Wissenschaftler oder dem Journalisten aufzunehmen, um festzustellen, ob er seine Behauptungen mit einer wissenschaftlichen Studie untermauern kann. Ist dies der Fall, sollten Sie darum bitten, die Beschreibung und die Ergebnisse dieser Studie einsehen zu dürfen, und die Informationen dann kritisch bewerten (mehr hierzu erfahren Sie in den Kapiteln 16 und 17).

Einen Hypothesentest durchführen

Ein Hypothesentest ist eine statistische Vorgehensweise zur Überprüfung von Behauptungen. In der Regel wird eine Aussage über einen Parameter in der Grundgesamtheit gemacht (ein Wert, der die Grundgesamtheit charakterisiert). Da es sich bei Parametern in der Regel um unbekannte Werte handelt, will jeder Aussagen über ihren Wert machen. Die Behauptung, dass 25% aller Frauen Krampfadern haben, ist eine Behauptung über den Anteil (der Parameter) aller Frauen (die Grundgesamtheit), die Krampfadern haben (die Variable, hat die Eigenschaft »Krampfadern« oder hat sie nicht).

Glauben Sie, dass irgendjemand sicher wissen kann, dass der Prozentsatz aller Frauen, die Krampfadern haben, bei genau 25% liegt? Nein. Es handelt sich lediglich um eine Behauptung, nicht um einen Fakt. Seien Sie vorsichtig bei solchen Aussagen.

Definieren, was getestet werden soll

Um genauer zu werden: In Bezug auf die Krampfadern wird behauptet, dass der Parameter, also der Anteil an der Grundgesamtheit (p), den Wert 0,25 hat. Diese Behauptung wird als *Nullhypothese* bezeichnet. Wenn Sie diese Behauptung überprüfen wollen, stellen Sie sie in Frage und stellen eine eigene Hypothese auf, die als *Forschungs-* oder als *Alternativhypothese* bezeichnet wird. Sie können beispielsweise auf der Basis von Beobachtungen die Hypothese entwickeln, dass der tatsächliche Anteil der Frauen, die Krampfadern haben, kleiner als 0,25 ist. Oder Sie können die Hypothese entwickeln, dass der Prozentsatz bedingt durch die Popularität von hochhackigen Schuhen höher ist als 0,25. Oder wenn Sie einfach hinterfragen, ob der Anteil tatsächlich bei 0,25 liegt, können Sie die Alternativhypothese formulieren: »Nein, der Anteil liegt nicht bei 0,25.«

Neben den Hypothesentests für qualitative Variablen (Krampfadern zu haben oder nicht, ist ein qualitatives Merkmal), können Sie auch Hypothesentests für quantitative Variablen durchführen, wie z.B. für die durchschnittliche Zeit, die Pendler benötigen, um zu ihrem Arbeitsplatz zu gelangen, oder für das durchschnittliche Haushaltseinkommen. In diesen Fällen ist der Parameter von Interesse der Mittelwert in der Grundgesamtheit, m. Auch hier besteht die Behauptung darin, dass dieser Parameter einen bestimmten Wert hat.

Hypothesen können auch für mehrere Parameter getestet werden. Sie können beispielsweise das durchschnittliche Haushaltseinkommen oder die Pendlerzeiten in zwei Großstädten miteinander vergleichen. Oder vielleicht wollen Sie auch feststellen, ob eine Verbindung zwischen den Pendlerzeiten und dem Einkommen besteht. Diese Fragen lassen sich alle mit Hypothesentests beantworten. Die Details unterscheiden sich dabei zwar jeweils, die Grundidee ist jedoch immer gleich. In diesem Kapitel wird die Überprüfung mit einer Stichprobe vorgestellt. Kapitel 15 bietet Einzelheiten zu häufig benutzten Hypothesentests.

Eine Hypothese aufstellen

Hypothesentests enthalten immer zwei Hypothesen. Die erste Hypothese wird als Nullhypothese bezeichnet und mit H_0 gekennzeichnet. Die Nullhypothese sagt immer aus, dass der Parameter in der Grundgesamtheit einen bestimmten Wert hat. Die Nullhypothese für die Behauptung, dass die durchschnittliche Zubereitungszeit für eine Backmischung fünf Minuten beträgt, wird in statistischer Notation wie folgt dargestellt: H_0: m = 5.

Wie lautet die Alternative?

Bevor Sie einen Hypothesentest durchführen, müssen Sie zwei Hypothesen aufstellen – die Nullhypothese ist eine davon. Aber was geschieht, wenn die Nullhypothese sich als nicht haltbar herausstellt. Wie sieht dann die Alternative aus? Für die zweite (oder alternative) Hypothese, H_1, gibt es drei Möglichkeiten, die nachfolgend in statistischer Formulierung vorgestellt werden:

- ✔ Der Parameter in der Grundgesamtheit entspricht dem vorhergesagten Wert nicht (H_1: $\mu \neq 5$).
- ✔ Der Parameter in der Grundgesamtheit ist größer als der vorhergesagte Wert (H_1: $\mu > 5$).
- ✔ Der Parameter in der Grundgesamtheit ist kleiner als der vorhergesagte Wert (H_1: $\mu < 5$).

Für welche Alternativhypothese Sie sich entscheiden, hängt davon ab, was Sie schlussfolgern wollen, wenn sich abzeichnet, dass die Nullhypothese, also die Behauptung, abgelehnt werden muss.

Wenn Sie beispielsweise prüfen wollen, ob die Aussage eines Unternehmens korrekt ist, dass die Zubereitung eines Kuchens nur fünf Minuten dauert und Sie außerdem wissen wollen, ob durchschnittlich mehr oder weniger Zeit beansprucht wird, verwenden Sie eine Alternativhypothese, die das Gegenteil bezeichnet. Ihre Hypothesen für den Test würden dann wie folgt lauten: H_0: $\mu = 5$ und H_1: $\mu \neq 5$.

Wenn Sie nur wissen wollen, ob mehr Zeit erforderlich ist, um den Kuchen fertig zu stellen, als das Unternehmen behauptet, verwenden Sie die Alternativhypothese »Größer-als«, und Ihre beiden Hypothesen lauten wie folgt: H_0: $\mu = 5$ und H_1: $\mu > 5$.

Wenn Sie für die Marketing-Abteilung des Herstellers von Backmischungen arbeiten und Sie glauben, dass der Kuchen in weniger als fünf Minuten zubereitet werden kann (und als solches vermarktet werden könnte), ist die Alternativhypothese »Kleiner-als« die richtige für Sie, und Ihre beiden Hypothesen lauten wie folgt: H_0: $\mu = 5$ und H_1: $\mu < 5$.

Die Hypothesen auseinander halten

Woher wissen Sie, welche Hypothese Sie als Nullhypothese und welche Sie als Alternativhypothese verwenden sollen? In der Regel besagt die Nullhypothese, dass nichts Neues geschehen wird oder dass eine Gruppe einen bestimmten Durchschnittswert hat. Im Allgemeinen wird davon ausgegangen, dass die Behauptungen wahr sind, bis das Gegenteil bewiesen ist.

14 ➤ Behauptungen, Tests und Schlussfolgerungen

Hypothesentests entsprechen in gewisser Weise Anklagen vor Gericht. In einer Anklage entspricht die Nullhypothese, H_0, dem Urteil »Nicht schuldig«, und die Alternativhypothese, H_1, entspricht dem Urteil »Schuldig«. In einer Gerichtsverhaltung wird so lange von der Unschuldsvermutung ausgegangen, bis die Schuld zweifelsfrei bewiesen werden konnte. Falls der Beweis über alle Zweifel erhaben ist, wird H_0, nicht schuldig, zugunsten von H_1, schuldig, abgelehnt.

Im Allgemeinen stellen Sie H_0 und H_1 für einen Hypothesentest so auf, dass Sie so lange davon ausgehen können, dass H_0 wahr ist, bis ausreichende Beweise gegen H_0 sprechen und H_0 zu Gunsten von H_1 verworfen wird. Die Beweislast besteht für den Wissenschaftler darin, zu zeigen, dass ausreichende Beweise gegen H_0 vorliegen, bevor sie abgelehnt wird. (H_1 wird häufig als Forschungshypothese bezeichnet, weil sie das enthält, was der Wissenschaftler zeigen möchte.) Wenn H_0 zugunsten von H_1 abgelehnt wird, kann der Wissenschaftler behaupten, ein statistisch signifikantes Ergebnis gefunden zu haben; das heißt, dass die Ergebnisse die bisherige Behauptung widerlegen und zeigen, dass sich etwas anderes oder Neues ereignet.

In vielen Fällen werden Hypothesentests durchgeführt, um zu zeigen, dass die Nullhypothese, H_0, falsch ist und die Alternativhypothese unterstützt werden muss. (Dahinter verbirgt sich die Mentalität, dass es keinen Sinn macht, eine wissenschaftliche Studie durchzuführen, nur um zu zeigen, dass etwas gleich geblieben ist.) In den Medien hören Sie in der Regel nur von Ergebnissen, mit denen gezeigt werden konnte, dass die Nullhypothese, H_0, falsch ist. Damit lassen sich Schlagzeilen machen. Häufig ist das günstig, weil sich Wissenschaftler und Hersteller so bemühen müssen, eine negative Presse durch Produktrückrufe, Klagen oder eine Untersuchung durch eine Regierungsbehörde zu vermeiden. Wird eine der Behauptungen (H_0) eines Wissenschaftlers oder Unternehmens durch jemanden abgelehnt, der einen unabhängigen Hypothesentest durchgeführt hat, wird der Wissenschaftler oder das Unternehmen der Falschaussage oder der unaufrichtigen Werbung bezichtigt, und das ist nun mal ungünstig.

Die Stichprobendaten sammeln

Nachdem Sie eine Hypothese aufgestellt haben, müssen Sie als Nächstes Beweise sammeln, um festzustellen, ob sie die Behauptung der Hypothese H_0 stützen. Denken Sie daran, dass die Aussage über die Grundgesamtheit gemacht wird, Sie jedoch nicht die gesamte Grundgesamtheit testen können. Sie können lediglich eine Stichprobe überprüfen. Wie in allen anderen Situationen auch, in denen Daten zur Berechnung statistischer Größen gesammelt werden, ist die Qualität der Daten extrem wichtig. (In Kapitel 2 finden Sie zahlreiche Beispiele für Statistiken, die Fehler enthalten.)

Der Ausgangspunkt von guten Daten ist eine gute Stichprobe. Bei der Auswahl der Stichprobe muss in erster Linie berücksichtigt werden, dass die Stichprobe ohne Verzerrung durch einen systematischen Fehler ausgewählt wird und dass sie groß genug ist. Um einen systematischen Fehler zu vermeiden, müssen Sie eine Zufallsstichprobe auswählen, das heißt, jedes Mitglied der Grundgesamtheit muss die gleiche Chance haben, ausgewählt zu werden. (Mehr hierzu in Kapitel 3.)

Das Stichprobenergebnis berechnen

Nachdem Sie Daten aus der Stichprobe erhoben haben, müssen die Zahlen verarbeitet werden. In Ihrer Nullhypothese machen Sie eine Aussage darüber, wie der Parameter in der Grundgesamtheit aussieht, also z.B. welcher Prozentsatz aller Frauen Krampfadern hat oder wie viel Benzin Geländewagen im Durchschnitt pro 100 Kilometer verbrauchen. In der Sprache der Statistik ausgedrückt, messen die Daten, die Sie sammeln, die Variable, die von Interesse ist. Und die Statistiken, die Sie berechnen, beinhalten das Stichprobenergebnis, das dem Parameter in der Grundgesamtheit am nächsten kommt. Wenn Sie also eine Aussage über den Anteil der Frauen mit Krampfadern in der Grundgesamtheit machen, müssen Sie den Stichprobenanteil der Frauen mit Krampfadern berechnen. Wenn Sie eine Aussage über den durchschnittlichen Benzinverbrauch von Geländewagen pro 100 Kilometer prüfen, sollte Ihre Statistik den durchschnittlichen Benzinverbrauch der Geländewagen in Ihrer Stichprobe angeben. (Mehr zu den Daten, die Sie benötigen, um statistische Größen zu berechnen, erfahren Sie in Kapitel 5.)

Die Ergebnisse mit der Prüfgröße standardisieren

Nachdem Sie das Stichprobenergebnis berechnet haben, glauben Sie vielleicht, Sie seien schon mit der Analyse fertig und könnten bereits Schlussfolgerungen ableiten. Dies ist jedoch nicht der Fall. Das Problem besteht darin, dass Sie keine Möglichkeit haben, Ihre Ergebnisse im richtigen Blickwinkel zu betrachten, wenn Sie sie lediglich in ihrer angestammten Einheit betrachten. Das liegt daran, dass Sie wissen, dass Ihre Ergebnisse nur auf einer Stichprobe basieren und dass die Stichprobenergebnisse variieren können. Die Abweichung der Stichprobenergebnisse muss berücksichtigt werden, da Ihre Schlussfolgerungen andernfalls völlig falsch sind. (Wie stark weichen die Stichprobenergebnisse ab? Die Stichprobenabweichung wird mit dem Standardfehler bemessen. Mehr hierzu in Kapitel 9.)

Angenommen, es wurde die Behauptung aufgestellt, dass 25 Prozent aller Frauen Krampfadern haben, und in Ihrer Stichprobe hatten 20 Prozent der Frauen Krampfadern. Der Standardfehler für Stichprobenanteile liegt gemäß der Formel aus Kapitel 9 bei vier Prozent, was bedeutet, dass Ihre Ergebnisse nach dem Gesetz der großen Zahl um das Doppelte variieren werden, also um ungefähr acht Prozent (siehe Kapitel 10). Ein Unterschied von fünf Prozent zwischen der Behauptung und dem Stichprobenergebnis (25% - 20% = 5%) ist in diesem Zusammenhang eher gering. Er stellt einen Abstand von weniger als zwei Standardabweichungen vom in der Behauptung angegebenen Anteil dar. Sie müssen also die Behauptung, H_0, akzeptieren, weil Sie sie mit Ihren Daten nicht widerlegen können.

Angenommen, Ihr Stichprobenanteil würde jedoch auf 1.000 und nicht auf 100 Frauen basieren. Damit würde sich die erwartete Abweichung verringern, da Ihnen mehr Daten zur Verfü-

14 ➤ Behauptungen, Tests und Schlussfolgerungen

gung stehen. Der Standardfehler läge dann bei 0,012 oder 1,2 Prozent und die Fehlergrenze bei plus/minus 2,4 Prozent. In diesem Zusammenhang ist eine Differenz von 5 Prozent zwischen dem Stichprobenergebnis (20 Prozent) und der Behauptung (25 Prozent) signifikant, da sie mehr als zwei Standardabweichungen von der Behauptung abweicht. Die Ergebnisse, die auf einer Stichprobe von 1.000 Personen basieren, sollten jedoch nicht so stark von der Behauptung abweichen. Was sollen Sie also daraus schließen? Die Behauptung, H_0, ist falsch, weil Ihre Daten sie nicht unterstützen.

Die Anzahl der Standardfehler, die eine statistische Größe vom Mittelwert abweicht, wird als Standardwert bezeichnet (siehe Kapitel 8). Um Ihre statistische Größe zu interpretieren, müssen Sie sie in einen Standardwert umwandeln. Subtrahieren Sie dazu den Mittelwert vom Stichprobenmittel und teilen Sie das Ergebnis durch den Standardfehler. Im Beispiel des Hypothesentests verwenden Sie den Wert aus der Nullhypothese, H_0, als Mittelwert, da Sie ja davon ausgehen, dass die Nullhypothese, H_0, zutrifft, falls sie nicht durch Daten widerlegt werden kann. Die standardisierte Version Ihrer Stichprobengröße wird als *Prüfgröße* bezeichnet. Sie ist die Hauptkomponente des Hypothesentests. (Kapitel 15 enthält Formeln für die Hypothesentests, die am häufigsten eingesetzt werden.)

Um ein Stichprobenergebnis in eine Prüfgröße, d.h. in einen Standardwert, umzuwandeln, gehen Sie wie folgt vor:

1. **Subtrahieren Sie den Wert aus der Nullhypothese, H_0, vom Stichprobenergebnis.**
2. **Teilen Sie das Ergebnis durch den Standardfehler des Stichprobenergebnisses (siehe die Kapitel 9 und 10).**

Ihre Prüfgröße stellt den Unterschied zwischen den Stichprobenergebnissen und dem angenommenen Wert in der Grundgesamtheit als Anzahl der Standardfehler dar. Im Fall eines einzelnen Mittelwerts oder Anteils wissen Sie, dass die standardisierten Abweichungen eine Standardnormalverteilung annehmen, wenn Ihre Stichprobe groß genug ist (siehe die Kapitel 8 und 9). Um die Prüfgröße in solchen Fällen interpretieren zu können, müssen Sie prüfen, wo sie in der Standardnormalverteilung (Z-Verteilung) liegt.

Obwohl Sie nicht davon ausgehen können, dass Ihr Stichprobenergebnis mit dem Wert in der Grundgesamtheit übereinstimmt, erwarten Sie, dass der Wert nahe beim Wert in der Grundgesamtheit liegt, falls die Nullhypothese, H_0, zutrifft. Wenn also der Unterschied zwischen der Behauptung und dem Stichprobenergebnis in Hinblick auf die Anzahl der Standardfehler klein ist, weicht Ihr Stichprobenergebnis kaum von der Behauptung der Nullhypothese ab und Ihre Daten belegen, dass die Nullhypothese, H_0, zutrifft. Je größer der Unterschied zwischen Ihrem Stichprobenergebnis und der Behauptung in der Nullhypothese, H_0, ist, desto stärker sprechen Ihre Daten gegen die Nullhypothese. Ab einem gewissen Punkt sollten Sie die Nullhypothese auf der Grundlage Ihrer Daten ablehnen und sich für die Alternativhypothese entscheiden. Und an welchem Punkt soll dies geschehen? Mehr hierzu erfahren Sie im nächsten Abschnitt.

Die Beweise gewichten und Entscheidungen treffen: P-Werte

Um festzustellen, ob die Behauptung der Nullhypothese zutrifft, müssen Sie prüfen, ob Ihre Prüfgröße die Nullhypothese unterstützt. Und wie stellen Sie das fest? Indem Sie die Lage Ihrer Prüfgröße in der Standardnormalverteilung (Z-Verteilung) betrachten – siehe Kapitel 9. Die Z-Verteilung hat einen Mittelwert von null und eine Standardabweichung von 1. Wenn Ihre Prüfgröße nahe bei 0 liegt oder zumindest in dem Wertebereich liegt, in dem die meisten Daten liegen sollten, können Sie davon ausgehen, dass Ihre Nullhypothese, H_0, sehr wahrscheinlich zutrifft. Befindet sich Ihre Prüfgröße hingegen an einem der beiden Enden der Standardnormalverteilung, ist sie zu weit vom Mittelwert, null, entfernt, und die Stichprobenergebnisse unterstützten die Nullhypothese, H_0, nicht.

Aber was bedeutet, zu weit von null entfernt? Ist Ihre Stichprobe groß genug, wissen Sie, dass die Prüfgröße gemäß dem zentralen Grenzwertsatz irgendwo in einer Standardnormalverteilung liegt (siehe Kapitel 10). Trifft die Nullhypothese zu, resultieren die meisten, d.h. 95%, der Stichprobenergebnisse in Prüfgrößen, die innerhalb von zwei Standardabweichungen vom in der Nullhypothese angenommenen Wert liegen. Ist die Alternativhypothese, H_1, die »Ist Ungleich«-Alternative, wird die Nullhypothese, H_0, bei allen Prüfgrößen verworfen, die nicht in diesen Wertebereich fallen (siehe Abbildung 14.1).

Beachten Sie, dass Sie, falls die Alternativhypothese die »Ist-kleiner-als«-Variante ist, die Nullhypothese, H_0, nur ablehnen, falls sich die Prüfgröße am linken Rand der Verteilung befindet und somit sehr unwahrscheinlich ist. In ähnlicher Weise gilt, dass Sie, falls die Alternativhypothese die »Ist-größer-als«-Variante ist, die Nullhypothese, H_0, nur dann verwerfen, wenn sich die Prüfgröße am rechten Rand der Verteilung befindet.

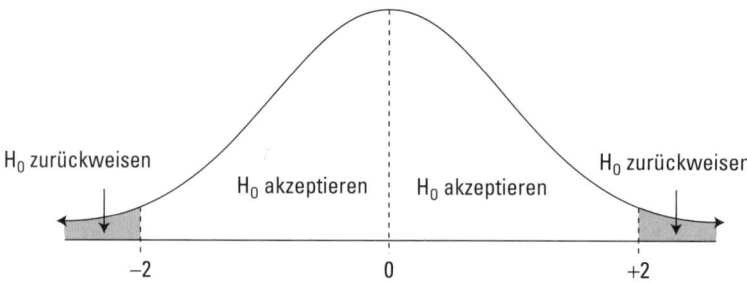

Abbildung 14.1: Prüfgrößen und die Entscheidungen, die Sie auf Ihrer Basis treffen müssen

P-Werte

Sie können Ihre Schlussfolgerung absichern, indem Sie genau angeben, wie weit außen Ihre Prüfgröße in der Standardnormalverteilung liegt. Jeder weiß dann, wo die Ergebnisse liegen und was dies in Bezug auf die Beweiskraft bedeutet, die gegen die Nullhypothese spricht. Prüfen Sie dazu in Tabelle 8.1, wo Ihre Prüfgröße in der Standardnormalverteilung liegt, und stellen Sie fest, wie hoch die Wahrscheinlichkeit für diesen oder einen kleineren Wert ist (siehe Kapitel 8). Der p-Wert misst, wie wahrscheinlich es ist, Ihre Stichprobenergebnisse zu erhalten, wenn die Nullhypothese zutrifft. Je weiter außen Ihre Prüfstatistik in der Verteilung liegt, desto geringer ist der p-Wert und desto mehr Beweise sprechen dagegen, dass die Nullhypothese zutrifft.

Alle p-Werte sind Wahrscheinlichkeiten zwischen 0 und 1.

Um den p-Wert für Ihre Prüfgröße zu finden, gehen Sie wie folgt vor:

1. **Sehen Sie nach, wo Ihre Prüfgröße in der Standardnormalverteilung liegt (siehe Tabelle 8.1, Kapitel 8).**
2. **Ermitteln Sie die prozentuale Wahrscheinlichkeit für diesen Wert oder einen Wert, der in die gleiche Richtung deutet, wie folgt:**

   a. Wenn die Alternativhypothese, H_1, eine »Kleiner-als«-Variante ist, suchen Sie in Tabelle 8.1, Kapitel 8, nach dem Percentil, das Ihrer Prüfgröße entspricht.

   b. Falls die Alternativhypothese, H_1, eine »Größer-als«-Variante ist, suchen Sie in Tabelle 8.1, Kapitel 8, nach dem Percentil, das Ihrer Prüfgröße entspricht, und subtrahieren Sie den Wert von 100%. (Der Prozentsatz soll in diesem Fall rechts von der Prüfgröße liegen und die Percentile liefern Prozentwerte auf der linken Seite der Verteilung. Siehe hierzu Kapitel 5.)

3. **Verdoppeln Sie diesen Prozentwert, falls, und nur dann, die Alternativhypothese, H_1, die »Ist-Ungleich«-Variante ist.**

   Damit sind die »Kleiner-als«- und die »Größer-als«-Variante abgedeckt.

4. **Verwandeln Sie den Prozentwert in eine Wahrscheinlichkeit, indem Sie ihn durch 100 teilen oder das Dezimalzeichen um zwei Stellen nach links verschieben.**

p-Werte interpretieren Sie wie folgt:

✔ Bei kleinen p-Werten, also bei $p < 0{,}05$, lehnen Sie die Nullhypothese, H_0, ab. Ihre Daten unterstützen die Nullhypothese nicht und Ihre Beweise sind über einen begründeten Zweifel erhaben.

✔ Bei großen p-Werten, also bei $p > 0{,}05$, können Sie die Nullhypothese, H_0, nicht ablehnen, weil nicht genügend Beweise gegen sie sprechen.

✔ Wenn Ihr p-Wert nahe an der Grenze zwischen Akzeptanz und Ablehnung liegt, liegen Ihre Ergebnisse an der Grenze, das heißt, sie könnten in beide Richtungen weisen.

Im Allgemeinen wird die Nullhypothese akzeptiert, falls die Daten keinen berechtigten Zweifel an ihr zulassen. Welche Wahrscheinlichkeit spiegelt diesen Wert wider, der für einen berechtigten Zweifel spricht? Dieser Wert ist sehr beliebig (der Begriff »kleiner p-Wert« kann für jeden etwas anderes bedeuten.) Die meisten Statistiker lehnen die Nullhypothese, H_0, ab und entscheiden sich für die Alternativhypothese, H_1, wenn der p-Wert kleiner als 0,05 ist. Einige Wissenschaftler nutzen sogar rigidere kritische Werte für den Ablehnungsbereich, wie z.B. einen p-Wert von 0,01. Bei diesem p-Wert müssen mehr Beweise gegen die Nullhypothese sprechen, bevor sie verworfen wird, als beim p-Wert 0,05. Jeder Leser trifft jedoch seine eigene Entscheidung. Aus diesem Grund müssen Wissenschaftler den gewählten p-Wert angeben. Denn ist der p-Wert bekannt, können andere Personen eigene Schlussfolgerungen ziehen. Wenn Ihr p-Wert beispielsweise bei 0,026 liegt, wenn Sie die Nullhypothese, H_0: p = 0,25, gegen die Alternativhypothese, H_1: p < 0,25, im Krampfader-Beispiel testen, würde ein Leser mit einem persönlichen kritischen Wert von 0,05 schließen, dass die Nullhypothese, H_0, falsch ist, weil der p-Wert von 0,026 kleiner ist als 0,05. Ein Leser mit einem persönlichen kritischen Wert von 0,01 hätte hingegen auf der Basis Ihrer Stichprobe nicht genügend Beweise, um die Nullhypothese, H_0, ablehnen zu können, weil der p-Wert von 0,026 größer ist als 0,01.

Vorsicht bei der Interpretation der Ergebnisse

Wird der kritische Wert für den Ablehnungsbereich festgelegt, bevor ein Hypothesentest durchgeführt wird, wird er als Signifikanzniveau (α) bezeichnet. Typische Werte α sind 0,05 und 0,01. Die Werte werden in diesem Fall wie folgt interpretiert:

✔ Ist der p-Wert größer oder gleich α, wird die Nullhypothese, H_0, akzeptiert.

✔ Ist der p-Wert kleiner als α, wird die Nullhypothese, H_0, abgelehnt.

✔ Liegt der p-Wert an der Grenze, das heißt, sehr nah an α, werden die Ergebnisse als Grenzwerte behandelt.

Es muss nicht unbedingt ein vordefinierter kritischer Wert für den Ablehnungsbereich festgelegt werden. Die Ergebnisse lassen sich auch auf der Basis des p-Werts interpretieren. Allgemein gilt:

✔ Falls der p-Wert kleiner ist als 0,01, werden die Ergebnisse statistisch als äußerst signifikant betrachtet und die Nullhypothese, H_0, wird abgelehnt.

✔ Falls der p-Wert zwischen 0,05 und 0,01 liegt, jedoch näher an 0,05 liegt, werden die Ergebnisse als statistisch signifikant betrachtet und die Nullhypothese, H_0, wird abgelehnt.

✔ Liegt der p-Wert nahe an 0,05, werden die Ergebnisse als marginal signifikant betrachtet und die Entscheidung kann in jede Richtung fallen.

✔ Ist der p-Wert größer als 0,05, werden die Ergebnisse als nicht signifikant betrachtet und die Nullhypothese, H_0, wird akzeptiert.

 Wenn Sie hören, dass sich Ergebnisse als statistisch signifikant herausgestellt haben, sollten Sie sich nach dem *p*-Wert erkundigen und Ihre eigene Entscheidung treffen. Kritische Werte für Ablehnungsbereiche und die daraus resultieren Entscheidungen variieren von Wissenschaftler zu Wissenschaftler.

Typische Fehler beim Hypothesentesten

Nachdem Sie die Entscheidung getroffen haben, die Nullhypothese zu akzeptieren oder sie abzulehnen, müssen Sie mit den Konsequenzen Ihrer Entscheidung leben.

- ✔ Wenn Sie zu dem Schluss kommen, dass eine Behauptung nicht zutrifft, obwohl die Behauptung eigentlich korrekt ist, resultiert dies sehr wahrscheinlich in einer Klage, einer Strafe, einer unnötigen Produktänderung oder in einem Boykott der Endabnehmer, der sonst nicht erfolgt wäre.
- ✔ Wenn Sie zu dem Schluss kommen, dass eine Behauptung zutrifft, obwohl dies eigentlich nicht der Fall ist, was passiert dann? Werden Produkte weiterhin auf die gleiche Weise hergestellt wie bisher? Wird keine Klage erhoben, weil Sie gezeigt haben, dass alles in Ordnung ist?

 Jeder Hypothesentest wirkt sich in irgendeiner Weise aus. Warum sollte ein Hypothesentest sonst durchgeführt werden?

Jede Entscheidung hat also Konsequenzen. Sie können immer falsch liegen. Es gilt das Motto: »Irgendwo da draußen liegt die Wahrheit.« Das Blöde ist nur, dass Sie nicht wissen, wie die Wahrheit aussieht. Aus diesem Grund haben Sie den Hypothesentest ja durchgeführt.

Falschen Alarm schlagen oder einen Typ-1-Fehler begehen

Angenommen, ein Paketzustelldienst behauptet, Pakete im Durchschnitt innerhalb von zwei Tagen zuzustellen, und ein Journalist testet diese Hypothese und kommt zu dem Schluss, dass sie falsch ist. Das kann den Paketzustelldienst in ernsthafte Schwierigkeiten bringen. Falls die Daten das hergeben, kann der Journalist die Öffentlichkeit über die falsche Werbeaussage informieren. Aber was geschieht, wenn sich der Journalist irrt? Selbst wenn die Studie wohl durchdacht ist, die richtigen Daten gesammelt wurden und die Analyse korrekt durchgeführt wurde, kann sich derjenige, der die Studie durchführt, trotzdem irren.

Warum? Weil die Schlussfolgerungen auf einer Stichprobe von Paketen basieren und nicht auf der Grundgesamtheit aller Pakete. Wie Sie in Kapitel 9 erfahren haben, unterscheiden sich die Ergebnisse von Stichprobe zu Stichprobe. Falls die Ergebnisse einer Studie nun an einem der Ränder der Standardnormalverteilung liegen, sind diese Ergebnisse für den Fall, dass die Behauptung korrekt ist, ungewöhnlich, weil die Prüfgröße eigentlich näher am Mittelwert der

Standardnormalverteilung liegen müsste. Nur weil die Stichprobenergebnisse jedoch ungewöhnlich sind, heißt dies noch lange nicht, dass sie unmöglich sind. Ein *p*-Wert von 0,04 bedeutet, dass die Wahrscheinlichkeit, diese spezielle Prüfgröße zu erhalten, selbst dann bei 4% liegt, wenn die Behauptung wahr ist. Aus diesem Grund, nämlich weil die Wahrscheinlichkeit so gering ist, wird hier die Nullhypothese abgelehnt. Aber eine Wahrscheinlichkeit ist eine Wahrscheinlichkeit!

Vielleicht gehört Ihre Stichprobe, obwohl es sich um eine Zufallsstichprobe handelt, zu den atypischen Stichproben, die in der Verteilung ganz weit außen liegen. Die Nullhypothese könnte also zutreffen, obwohl Ihre Ergebnisse einen anderen Schluss nahe legen. Wie häufig kommt so etwas vor? In fünf Prozent der Fälle (oder was auch immer Sie als kritischen Wert für die Ablehnung der Nullhypothese gewählt haben).

Wenn Sie die Nullhypothese ablehnen, obwohl sie gültig ist, wird dies als Typ-1-Fehler oder Fehler erster Art bezeichnet. Mir sagt dieser Name nicht zu, weil er nicht sehr aussagekräftig ist. Ich bezeichne Typ-1-Fehler lieber als Fehlalarm. Im Beispiel mit den Paketen hätte der Journalist, der die Behauptung des Unternehmens zurückwies, einen Fehlalarm ausgelöst. Was wäre daraus resultiert? Ein ziemlich verärgerter Paketzustelldienst. Das ist mal sicher!

Die Aufdeckung verpassen oder einen Typ-2-Fehler begehen

Angenommen, der Paketzustelldienst liefert wirklich nicht innerhalb von zwei Tagen. Wer sagt, dass dies mit der Stichprobe des Journalisten aufgedeckt werden kann? Falls die durchschnittliche Zustelldauer in Wahrheit bei 2,1 statt bei zwei Tagen liegt, lässt sich dieser Unterschied nur schwer ermitteln. Liegt die tatsächliche Lieferzeit hingegen bei drei Tagen, würde schon eine sehr kleine Stichprobe zeigen, dass etwas nicht in Ordnung ist. Das Problem tritt bei Zwischenwerten auf, wie z.B. bei 2,5 Tagen. Wenn die Nullhypothese, H_0, eigentlich falsch ist, werden Sie das herausfinden wollen, um sie ablehnen zu können. Wenn Sie die Nullhypothese nicht ablehnen, obwohl Sie dies hätten tun sollen, wird der Fehler als Typ-2-Fehler oder Fehler zweiter Art bezeichnet. Ich bezeichne diese Art von Fehler lieber als verfehlte Entdeckung.

Es liegt an der Stichprobengröße, ob die Möglichkeit besteht, Situationen zu erkennen, in denen die Nullhypothese falsch ist, und einen Typ-2-Fehler zu vermeiden. Je mehr Daten Ihnen zur Verfügung stehen, desto geringer ist die Abweichung in den Ergebnissen, und desto mehr Möglichkeiten haben Sie, die Daten genauer zu betrachten und die Probleme zu entdecken, die im Zusammenhang mit der Behauptung bestehen.

Diese Möglichkeit, festzustellen, dass die Nullhypothese falsch ist, wird als die *Macht des Tests* bezeichnet. Die Macht des Tests ist etwas sehr Kompliziertes. Was Sie jedoch wissen sollten, ist, dass die Macht des Tests mit zunehmender Stichprobengröße steigt. Bei einem mächtigen Test ist die Wahrscheinlichkeit gering, dass Typ-2-Fehler auftreten.

14 ➤ Behauptungen, Tests und Schlussfolgerungen

Es lässt sich immer ein Haar in der Suppe finden. Unabhängig davon, wie eine Studie durchgeführt wurde, können Entscheidungen immer falsch sein. Wurde die Studie jedoch korrekt durchgeführt, sollte die Wahrscheinlichkeit gering ausfallen.

Statistiker empfehlen zwei repräsentative Maße zur Minimierung der Wahrscheinlichkeit, dass ein Typ-1- oder ein Typ-2-Fehler auftritt:

- ✔ Wählen Sie eine geringe Ablehnungswahrscheinlichkeit für die Ablehnung der Nullhypothese (wie z.B. fünf Prozent oder ein Prozent), um die Wahrscheinlichkeit eines Fehlalarms zu verringern, das heißt Typ-1-Fehler zu minimieren.

- ✔ Wählen Sie eine große Stichprobe, um sicherzustellen, dass keine Unterschiede oder Abweichungen, die tatsächlich vorhanden sind, übersehen werden, und minimieren Sie damit Typ-2-Fehler.

Schlussfolgerungen über die Schlussfolgerungen anderer ziehen

Selbst wenn Sie noch nie einen Hypothesentest durchgeführt haben, wird Ihre Kritikfähigkeit bereits dadurch geschult, dass Sie wissen, wie ein Hypothesentest funktioniert. Nachdem der Test abgeschlossen ist, besteht der nächste Schritt darin, die Ergebnisse zu veröffentlichen, und das, was gefunden wurde, im Rahmen einer Pressekonferenz darzustellen. An dieser Stelle müssen Sie ebenfalls aufmerksam sein. Es gibt zwar viele Wissenschaftler, die bei der Darstellung ihrer Ergebnisse vorsichtig sind und die Beschränktheit der Daten herausstellen, es gibt aber auch andere, die etwas freier mit ihren Schlussfolgerungen umgehen – ob das nun beabsichtigt ist, ist eine andere Frage.

Schritt für Schritt durch den Hypothesentest

Jeder Hypothesentest besteht aus einer Folge von Schritten und Vorgehensweisen. Dieser Abschnitt bietet Ihnen einen allgemeinen Überblick. Die Details zu den Hypothesentests, die am häufigsten benutzt werden, finden Sie in Kapitel 15, wie z.B. Tests zur Überprüfung eines Parameters aus einer Grundgesamtheit und Tests, die zwei Grundgesamtheiten miteinander vergleichen.

Die Schritte eines Hypothesentests für eine Grundgesamtheit und große Stichproben

Die folgende Schrittanleitung führt Sie durch die Berechnungen, die im Rahmen eines Hypothesentests anfallen. Die einzelnen Formeln, die Sie benötigen, um die Prüfgrößen für die gebräuchlichsten Hypothesentests zu ermitteln, finden Sie in Kapitel 15.

1. **Formulieren Sie die Null- und die Alternativhypothese:**

    a. Die Nullhypothese, H_0, besagt, dass der Parameter in der Grundgesamtheit einen bestimmten Wert hat.

    b. Für die Wahl der Alternativhypothese gibt es drei Möglichkeiten. Wählen Sie diejenige aus, die sich am besten für den Fall eignet, dass die Daten die Nullhypothese *nicht* unterstützen.

        i. H_1: Der Parameter in der Grundgesamtheit hat nicht ($\neq$) den angegebenen Wert.

        ii. H_1: Der Parameter in der Grundgesamtheit ist kleiner als (<) der angegebene Wert.

        iii. H_1: Der Parameter in der Grundgesamtheit ist größer als (>) der angegebene Wert.

2. **Ziehen Sie eine Zufallsstichprobe aus der Grundgesamtheit und berechnen Sie das Stichprobenergebnis.**

    Damit erhalten Sie den bestmöglichen Schätzwert für den Parameter in der Grundgesamtheit (siehe Kapitel 4).

3. **Wandeln Sie das Stichprobenergebnis in eine Prüfgröße um, indem Sie in einen Standardwert konvertieren (alle Formeln für Prüfgrößen finden Sie in Kapitel 15).**

    a. Subtrahieren Sie den Parameterwert aus der Nullhypothese von der Stichprobengröße. Das Ergebnis stellt die Differenz zwischen der Behauptung und Ihren Ergebnissen dar.

    b. Teilen Sie die Differenz durch den Standardfehler für Ihr Stichprobenergebnis (siehe Kapitel 10 für Einzelheiten zum Standardfehler). Dadurch wird der Abstand in Standardeinheiten umgewandelt.

4. **Suchen Sie nach dem *p*-Wert für Ihre Prüfgröße.**

    a. Suchen Sie nach der prozentualen Wahrscheinlichkeit, dass der Wert in der Grundgesamtheit gleich ist oder in die gleiche Richtung geht.

        i. Falls die Alternativhypothese, H_1, eine »Kleiner-als«-Variante ist, suchen Sie in Tabelle 8.1 nach dem Percentil für Ihre Prüfgröße.

        ii. Falls die Alternativhypothese, H_1, eine »Größer-als«-Variante ist, suchen Sie in Tabelle 8.1 (siehe Kapitel 8), nach dem Percentil für Ihre Prüfgröße und berechnen Sie dann das Ergebnis von 100% minus diesem Percentil. (Damit erhalten Sie die prozentuale Wahrscheinlichkeit, dass der Parameter rechts von Ihrer Prüfgröße liegt.)

    b. Verdoppeln Sie das Ergebnis, falls (und nur dann) die Alternativhypothese nicht die »Ist ungleich«-Variante ist.

c. Konvertieren Sie den Prozentwert in eine Wahrscheinlichkeit, indem Sie ihn durch 100 teilen oder das Dezimaltrennzeichen um zwei Stellen nach links verschieben. Das Ergebnis ist Ihr *p*-Wert.

5. **Betrachten Sie den *p*-Wert genauer und treffen Sie eine Entscheidung.**

   a. Kleinere *p*-Werte sprechen gegen die Nullhypothese, H_0. Schließen Sie in diesem Fall, dass die Nullhypothese falsch ist, das heißt, lehnen Sie die Behauptung der Nullhypothese ab.

   b. Größere *p*-Werte sprechen für die Nullhypothese, H_0. Schließen Sie in diesem Fall, dass Sie die Nullhypothese nicht ablehnen können. Ihre Stichprobe stützt die Behauptung der Nullhypothese.

Wo liegt der kritische Wert zwischen der Annahme und der Ablehnung der Nullhypothese? In der Regel wird ein Wert von 0,05 als kritischer Wert für die Annahme oder die Ablehnung der Nullhypothese, H_0, als geeignet betrachtet. *p*-Werte, die kleiner als 0,05 sind, lassen berechtigte Zweifel daran zu, dass die Nullhypothese zutrifft. Der kritische Wert für die Ablehnung wird als Alpha-Niveau (α) bezeichnet.

In Fällen, in denen zwei Grundgesamtheiten verglichen werden, sind die meisten Wissenschaftler daran interessiert, die Gruppen in Bezug auf einen Parameter zu vergleichen. Beispiele wären das Durchschnittsgewicht von Männern und Frauen oder der Anteil an Frauen im Vergleich zum Anteil der Männer, die ein bestimmtes Thema ablehnen. In solchen Fällen werden die Hypothesen so aufgestellt, dass der Unterschied zwischen den Mittelwerten oder Anteilen betrachtet wird und die Nullhypothese lautet, dass es keinen Unterschied zwischen den Grundgesamtheiten gibt (die Gruppen haben den gleichen Mittelwert oder Anteil). In Kapitel 15 finden Sie Formeln und Beispiele für Hypothesentests mit großen und kleinen Stichproben.

Andere Arten von Hypothesentests

In der Welt der Wissenschaft werden viele Arten von Hypothesentests durchgeführt. Diejenigen, die am häufigsten zum Einsatz kommen, werden zusammen mit den entsprechenden Formeln, Schrittanleitungen und Beispielen in Kapitel 15 vorgestellt. Sie sind täglich mit so vielen verschiedenen Tests und Ergebnissen konfrontiert, die Sie über das Radio, über Zeitungen, über die Abendnachrichten oder das Internet erreichen. Die Hypothesentests, die von Wissenschaftlern eingesetzt werden, können sich zwar sehr stark unterscheiden, die Grundideen – wie *p*-Werte und die Vorgehensweise bei der Interpretation der Ergebnisse – sind jedoch immer die gleichen.

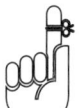

Das Wichtigste, was alle Hypothesentests gemeinsam haben, ist der *p*-Wert. *p*-Werte werden immer gleich interpretiert, egal, welcher Test durchgeführt wurde. Wenn Sie also auf einen *p*-Wert stoßen, wissen Sie Folgendes: Ein kleiner *p*-Wert bedeutet, dass ein Wissenschaftler ein »statistisch signifikantes« Ergebnis gefunden hat, was bedeutet, dass die Nullhypothese abgelehnt wurde.

 Unabhängig von der Art des durchgeführten Hypothesentests wissen Sie außerdem, dass alle Schlussfolgerungen davon abhängig sind, dass die Daten korrekt gesammelt und analysiert wurden. Selbst wenn dies geschehen ist, besteht die Wahrscheinlichkeit, dass die Daten zufällig nicht repräsentativ sind oder dass die Wahrheit zu schwer zu entdecken war und die falschen Entscheidungen getroffen wurden. Aber das macht die Statistik zu einem so interessanten Fach – Sie können niemals sicher sein, ob das, was Sie tun, korrekt ist. Sie wissen immer nur, dass das, was Sie tun, korrekt ist. Macht das Sinn?

Die t-Verteilung oder der Umgang mit kleineren Stichproben

Wenn die Stichprobe klein ist (und mit klein meine ich, dass sie weniger als 30 Einheiten umfasst), stehen Ihnen weniger Daten für Ihre Schlussfolgerungen zur Verfügung. Ein weiterer Nachteil von kleinen Stichprobengrößen besteht darin, dass Sie Ihre Prüfgröße nicht mit den Werten der Standardnormalverteilung vergleichen können, weil der zentrale Grenzwertsatz nicht greift. (Der zentrale Grenzwertsatz besagt, dass die Ergebnisse bei hinreichend großen Stichproben normalverteilt sind. Mehr hierzu siehe Kapitel 8.) Sie wissen bereits, dass Sie Ergebnisse, die auf kleinen Stichprobengrößen basieren, vernachlässigen sollten. Dies gilt insbesondere für Stichproben der Größe Eins. Was können Sie aber in Situationen tun, in denen die Stichprobe nicht so klein ist, dass Sie die Ergebnisse vernachlässigen könnten, jedoch auch nicht groß genug ist, um die Standardnormalverteilung zur Gewichtung der Ergebnisse heranziehen zu können? In diesem Fall benutzen Sie eine andere Verteilung, die so genannte *t-Verteilung*. (Möglicherweise haben Sie den Begriff t-Test schon einmal im Zusammenhang mit Hypothesentests gehört. Hier kommt er her.)

Die t-Verteilung ist die etwas flachere Variante der Standardnormalverteilung (Z-Verteilung). Dahinter verbirgt sich das Konzept, dass Sie dafür bezahlen müssen, dass Sie weniger Daten besitzen, und die Strafe besteht darin, dass die Enden der Verteilung breiter ausfallen. Um zu dem kritischen Wert zu kommen, das heißt dem Ablehnungsbereich von 5%, in dem die Nullhypothese, H_0, abgelehnt wird, müssen Sie erheblich weiter nach außen gehen und sich sozusagen beweisen, dass Sie mehr und stärkere Beweise haben, als sie bei einer größeren Stichprobe erforderlich wären. Abbildung 14.2 vergleicht die Standardnormalverteilung (Z-Verteilung) mit einer t-Verteilung.

Jede Stichprobengröße hat ihre eigene t-Verteilung. Das liegt daran, dass die Strafe höher ausfällt, wenn die Stichprobe nur fünf Elemente enthält, als wenn sie zehn oder zwanzig Elemente enthält. Bei kleineren Stichproben fällt die t-Verteilung flacher aus als bei größeren Stichproben. Und wie Sie sicher schon erwartet haben, ähnelt die t-Verteilung mit zunehmender Stichprobengröße immer mehr einer Standardnormalverteilung (Z-Verteilung). Und der Punkt, an dem die beiden identisch sind, liegt ziemlich genau bei der Stichprobengröße von 30. Abbildung 14.3 zeigt, wie die verschiedenen t-Verteilungen für unterschiedliche Stichprobengrößen und im Vergleich zu der Standardnormalverteilung (Z-Verteilung) aussehen.

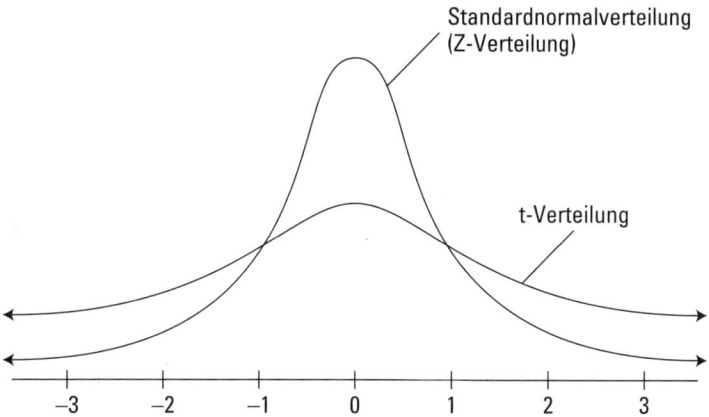

Abbildung 14.2: Vergleich der Standardnormal- und der t-Verteilung

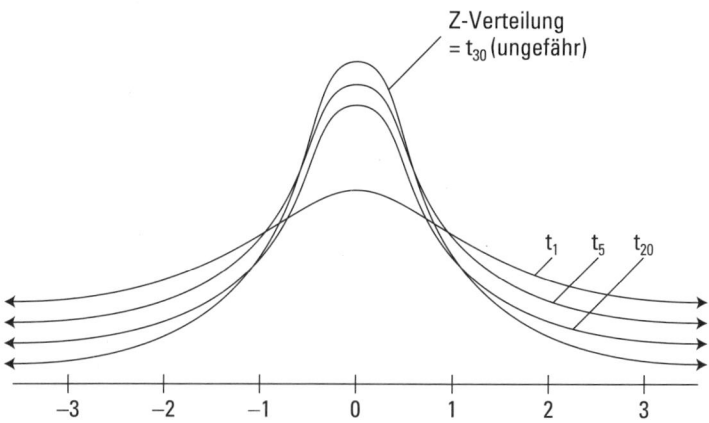

Abbildung 14.3: t-Verteilungen für verschiedene Stichprobengrößen

Die einzelnen t-Verteilungen werden von Statistikern anhand der so genannten *Freiheitsgrade* unterschieden. (Warum diese Bezeichnung gewählt wurde, kann im Rahmen dieses Buches nicht beschrieben werden.) Wenn Sie den Mittelwert einer Grundgesamtheit überprüfen wollen und die Stichprobengröße gleich n ist, liegt die Anzahl der Freiheitsgrade für die entsprechende t-Verteilung bei $n-1$. Wenn Ihre Stichprobengröße also gleich 10 ist, müssen Sie statt der Standardnormalverteilung eine t-Verteilung mit 10-9 Freiheitsgraden benutzen, was mit t_9 angegeben wird. (Bei Tests, in denen die t-Verteilung verwendet wird, ergibt sich die Anzahl der Freiheitsgrade immer aus der Stichprobengröße. Mehr hierzu erfahren Sie in Kapitel 15.)

Bei der t-Verteilung bezahlen Sie einen Preis dafür, dass Sie mit einer kleinen Stichprobengröße arbeiten. Wie hoch ist der Preis? Ein höherer p-Wert als der, den Sie verwenden würden, wenn Sie die Standardnormalverteilung benutzen könnten. Bei der Z-Verteilung liegen bei Prüfgrößen, die sehr weit außen liegen, nur wenige Werte weiter außen. Bei der t-Verteilung gibt es bei der gleichen Prüfgröße erheblich mehr Werte, die noch weiter außen liegen. Dies wird durch den p-Wert repräsentiert. Ein größerer p-Wert bedeutet, dass die Wahrscheinlichkeit gering ist, die Nullhypothese abzulehnen. Wenn weniger Daten zur Verfügung stehen, der Beweis für die Zurückweisung der Nullhypothese erbracht werden muss, höher ausfallen. Und genau das leisten p-Werte.

Normalerweise wäre es erforderlich, für jede Studie eine eigene t-Verteilung und eine eigene Tabelle für die t-Werte zu erstellen. Da dies unpraktikabel ist, haben Statistiker eine abgekürzte Tabelle entwickelt, die Sie einsetzen können, um sich rasch einen Eindruck über Ihre Ergebnisse zu bilden (siehe Tabelle 14.1). Den exakten p-Wert für jede Stichprobengröße können Sie außerdem mit vielen Computerprogrammen ermitteln.

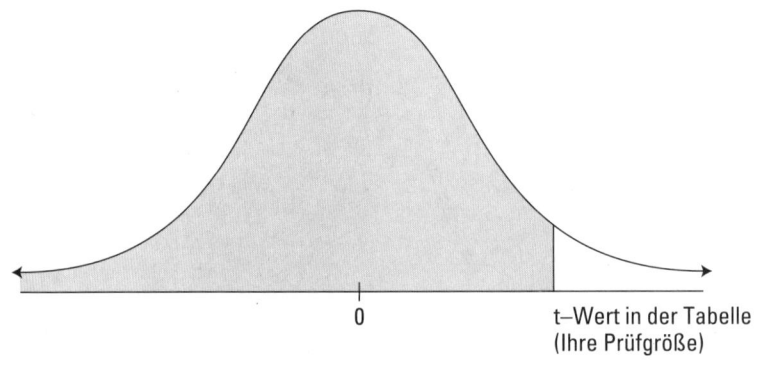

Anzahl der Freiheitsgrade	90stes Percentil	95stes Percentil	97,5tes Percentil	98stes Percentil	99stes Percentil
1	3,078	6,314	12,706	31,821	63,657
2	1,886	2,920	4,303	6,965	9,925
3	1,638	2,353	3,182	4,541	5,841
4	1,533	2,132	2,776	3,747	4,604
5	1,476	2,015	2,571	3,365	4,032
6	1,440	1,943	2,447	3,143	3,707
7	1,415	1,895	2,365	2,998	3,499
8	1,397	1,860	2,306	2,896	3,355
9	1,383	1,833	2,262	2,821	3,250
10	1,372	1,812	2,228	2,764	3,169
11	1,363	1,796	2,201	2,718	3,106
12	1,356	1,782	2,179	2,681	3,055

Anzahl der Freiheitsgrade	90stes Percentil	95stes Percentil	97,5tes Percentil	98stes Percentil	99stes Percentil
13	1,350	1,771	2,160	2,650	3,012
14	1,345	1,761	2,145	2,624	2,977
15	1,341	1,753	2,131	2,602	2,947
16	1,337	1,746	2,120	2,583	2,921
17	1,333	1,740	2,110	2,567	2,898
18	1,330	1,734	2,101	2,552	2,878
19	1,328	1,729	2,093	2,539	2,861
20	1,325	1,725	2,086	2,528	2,845
21	1,323	1,721	2,080	2,518	2,831
22	1,321	1,717	2,074	2,508	2,819
23	1,319	1,714	2,069	2,500	2,807
24	1,318	1,711	2,064	2,492	2,797
25	1,316	1,708	2,060	2,485	2,787
26	1,315	1,706	2,056	2,479	2,779
27	1,314	1,703	2,052	2,473	2,771
28	1,313	1,701	2,048	2,467	2,763
29	1,311	1,699	2,045	2,462	2,756
30	1,310	1,697	2,042	2,457	2,750
40	1,303	1,684	2,021	2,423	2,704
60	1,296	1,671	2,000	2,390	2,660
Z-Werte	1,282	1,645	1,960	2,326	2,576

Tabelle 14.1: Die t-Verteilung

Angenommen, Ihre Stichprobengröße ist gleich 10, Ihre Prüfgröße (hier als t-Wert bezeichnet) ist 2,5 und Ihre Alternativhypothese, H_1, ist die »Größer-als«-Variante. Weil Ihre Stichprobengröße gleich 10 ist, verwenden Sie die t-Verteilung mit 10 - 1 = 9 Freiheitsgraden, um Ihren p-Wert zu ermitteln. Dies bedeutet, dass Sie in der Zeile der t-Tabelle (Tabelle 14.1) mit 9 Freiheitsgraden nachsehen. Ihre Prüfgröße, 2,5, fällt zwischen die zwei Werte 2, 262 auf dem 97,5ten Percentil und 2,821 auf dem 98sten Percentil.

Wie hoch fällt der p-Wert aus? Er liegt irgendwo zwischen 100% - 97.5% = 2,5% = 0,025 und 100% - 98% = 2% = 0,02. (Denken Sie daran, dass Sie bei der »Größer-als«-Variante das Percentil von 100% subtrahieren müssen.) Sie kennen den genauen p-Wert nicht, wissen aber, dass er zwischen 2% und 2,5 % liegt. Beide Werte sind geringer als der übliche kritische Wert von 5%. Deshalb lehnen Sie die Nullhypothese, H_0, ab.

Beachten Sie, dass Ihre Prüfgröße bei der »Kleiner-als«-Variante eine negative Zahl wäre, in der t-Verteilung also links von 0 liegen würde. In diesem Fall würden Sie nach dem Prozentsatz suchen, der links von der Prüfgröße liegt, um Ihren p-Wert zu erhalten. In Tabelle 14.1 sind zwar keine negativen Zahlen enthalten, Sie sollten sich darüber jedoch keine Sorgen machen. Der Prozentwert links (oder unterhalb) von einem negativen t-Wert ist bedingt durch die Symmetrie der Kurve identisch mit dem Prozentwert rechts (oder oberhalb) von einem positiven t-Wert. Um den *p*-Wert für eine negative Prüfgröße zu finden, müssen Sie also in Tabelle 14.1 nur beim positiven Wert das entsprechende Percentil nachsehen und diesen Wert dann von 100% subtrahieren.

Wenn Ihre Prüfgröße beispielsweise bei 2,5 mit 9 Freiheitsgraden liegt, suchen Sie in Tabelle 14.1 in der Zeile für 9 Freiheitsgrade nach dem Wert +2,5. Sie stellen fest, dass dieser Wert zwischen das 97,5te und das 98ste Percentil fällt. Subtrahieren Sie dieses Ergebnis nun von 100%, liegt Ihr *p*-Wert zwischen 2% und 2,5%. (Beachten Sie, dass die Vorgehensweise bei negativen Zahlen etwas anders ist als bei den Fällen, die mit Tabelle 8.1, Kapitel 8, abgedeckt werden. Aber die Tabelle setzt sich sowieso anders zusammen.)

Wenn Ihre Alternativhypothese, H_1, nicht die »Ist-Ungleich«-Variante ist, verdoppeln Sie nun den Prozentwert, den Sie errechnet haben.

Wandeln Sie bei allen Arten von Alternativhypothesen, also bei der »Größer-als«-, der »Kleiner-als«- und der »Ist-ungleich«-Variante, den Prozentwert in eine Wahrscheinlichkeit um, indem Sie ihn durch 100 teilen oder das Dezimaltrennzeichen zwei Stellen nach links verschieben.

Die t-Tabelle (Tabelle 14.1) beinhaltet nicht alle möglichen Prüfgrößen. Deshalb müssen Sie einen Wert wählen, der Ihrer Prüfgröße am nächsten kommt, in der entsprechenden Spalte nachsehen und das entsprechende Percentil finden. Berechnen Sie anschließend Ihren *p*-Wert.

Die letzte Zeile von Tabelle 14.1 zeigt die Werte aus der Standardnormalverteilung (Z-Verteilung) für die entsprechenden Percentile. Beachten Sie, dass die Werte der t-Verteilung sich mit zunehmender Anzahl der Freiheitsgrade an die der Standardnormalverteilung annähern. Dies bestätigt, was Sie bereits wissen: Mit zunehmender Stichprobengröße nähern sich der t- und der Z-Wert einander an.

Formeln und Beispiele für häufig benutzte Hypothesentests

In diesem Kapitel

- Details zu den beliebtesten Hypothesentests
- Berechnung der Prüfgrößen
- Auf der Grundlage der Ergebnisse sachkundige Entscheidungen treffen

Ob in Produktwerbung oder in Medienberichten zu den neuesten medizinischen Durchbrüchen – Sie stoßen häufig auf Aussagen, die über eine oder mehrere Grundgesamtheiten gemacht werden. Beispiele hierfür sind Aussagen wie »Wir garantieren, dass unsere Pakete in maximal zwei Tagen zugestellt werden« oder »Zwei neuere Studien zeigen, dass eine Ballaststoff-Diät ihr Darmkrebsrisiko um 20% reduziert.« Immer, wenn jemand eine Aussage, auch Nullhypothese genannt, über eine Grundgesamtheit macht, wie beispielsweise, dass die Berufstätigen aus einer Stadt im Durchschnitt sechs Stunden pro Woche auf dem Weg zur oder von der Arbeit verbringen oder dass 30% der Bundesbürger Reality-TV mögen, können Sie die Aussage anhand eines Hypothesentests überprüfen. Mit einem Hypothesentest können Sie auch zwei Grundgesamtheiten vergleichen – z.B. die mittlere durchschnittliche Fahrzeit von und zur Arbeit für Mitarbeiter der ersten und der zweiten Schicht oder der Anteil der weiblichen im Vergleich zum Anteil der männlichen Handy-Besitzer. Mehr zum Konzept, das sich hinter Hypothesentests verbirgt, erfahren Sie in Kapitel 14.

Ein Hypothesentest beinhaltet, dass Sie *Hypothesen* aufstellen (eine Behauptung und ihre Alternative), eine Stichprobe oder mehrere Stichproben auswählen, die Daten erheben, die relevanten Stichprobenergebnisse berechnen und mit Hilfe der Statistik entscheiden, ob die Behauptung zutrifft oder nicht. Was Sie aber eigentlich tun, ist Ihr Stichprobenergebnis mit dem angenommenen Parameter in der Grundgesamtheit zu vergleichen und festzustellen, wie ähnlich die beiden Werte einander sind. Wenn die durchschnittliche Fahrzeit zur und von der Arbeit für eine Stichprobe von 1.000 Berufstätigen beispielsweise bei 5,2 Stunden liegt, hat Ihre Stichprobengröße den Wert 5,2. Wenn nun behauptet wird, dass die durchschnittliche Fahrzeit aller Beschäftigten bei 6 Stunden pro Woche liegt, ist die 6 der vermutete Parameter in der Grundgesamtheit, im Beispiel das Populationsmittel. Je näher das Stichprobenergebnis beim Parameter liegt, desto größer ist der Beweis, dass die Behauptung zulässig ist. Es stellt sich jedoch trotzdem die Frage: »Wie nah ist nah genug?«

In diesem Kapitel werden die Formeln vorgestellt, die in den gebräuchlichsten Hypothesentests zum Einsatz kommen. Die erforderlichen Berechnungen werden erklärt und anhand von Beispielen verdeutlicht.

Hypothesentest für den Mittelwert der Grundgesamtheit

Dieser Test wird eingesetzt, wenn eine quantitative Variable wie das Alter, das Einkommen oder die Zeit überprüft werden soll und nur eine Grundgesamtheit oder Gruppe untersucht wird (z.B. alle bundesdeutschen Haushalte oder alle Studenten). Dr. Ruth Westheimer, eine bekannte amerikanische Psychotherapeutin und Autorin von *Sex für Dummies*, behauptet beispielsweise, dass berufstätige Mütter im Durchschnitt elf Minuten pro Tag mit ihren Kindern sprechen. (Für Väter liegt die Durchschnittszeit bei acht Minuten.) Die Variable, nämlich die Zeit, ist quantitativ, und die Grundgesamtheit besteht aus allen berufstätigen Müttern.

Die Nullhypothese lautet, dass das Populationsmittel, μ, einen bestimmten Wert, μ_0, hat. Statistisch korrekt formuliert lautet die Nullhypothese: $\mu = \mu_0$. In Dr. Ruth Westheimers Beispiel gilt also H_0: μ = 11 Minuten, und μ_0 ist hier 11. Beachten Sie, dass μ die durchschnittliche Zeitdauer repräsentiert, die alle berufstätigen Mütter im Durchschnitt täglich mit ihren Kindern sprechen. Für die Alternativhypothese, H_1, gibt es folgende drei Möglichkeiten: $\mu > \mu_0$, $\mu < \mu_0$ oder $\mu \neq \mu_0$. Im Beispiel gäbe es für die Alternativhypothese, H_1, die folgenden drei Möglichkeiten: $\mu > 11$, $\mu < 11$ oder $\mu \neq 11$. (Siehe Kapitel 14 für weitere Informationen zu Alternativhypothesen.) Falls Sie vermuten, dass berufstätige Mütter im Durchschnitt täglich länger als elf Minuten mit ihren Kindern sprechen, lautet Ihre Alternativhypothese, H_1, also: H_1: $\mu > 11$.

Die Formel für die Prüfgröße eines Populationsmittels lautet wie folgt:

$$\frac{\bar{x} - \mu_0}{s/\sqrt{n}}$$

Gehen Sie folgendermaßen vor, um die Formel zu berechnen.

1. **Berechnen Sie das Stichprobenmittel, $\bar{x}$, und die Standardabweichung der Stichprobe, s. Die Stichprobengröße wird von *n* repräsentiert.**

    Mehr zur Berechnung des Stichprobenmittels und der Standardabweichung in Kapitel 4.

2. **Berechnen Sie $\bar{x} - \mu_0$.**

3. **Berechnen Sie den Standardfehler, $s/\sqrt{n}$. Notieren Sie sich Ihr Ergebnis.**

4. **Teilen Sie das Ergebnis aus Schritt 2 durch den Standardfehler, den Sie in Schritt 3 berechnet haben.**

    Nehmen Sie im Beispiel von Dr. Ruth Westheimer an, dass die Zufallsstichprobe aus 100 berufstätigen Müttern besteht, die im Durchschnitt 11,5 Minuten pro Tag mit ihren Kindern sprechen und die Standardabweichung bei 2,3 Minuten liegt. Dies bedeutet, dass $\bar{x}$ = 11,5, n = 100 und s = 2,3.

    Berechnen Sie 11,5 - 11 = +0,5.

Teilen Sie 2,3 durch die Quadratwurzel von 100, 10, erhalten Sie als Standardfehler den Wert 0,23.

Teilen Sie +0,5 durch 0,23, erhalten Sie 2,17 (gerundet 2,2). Dies ist Ihre Prüfgröße.

Dies bedeutet, dass Ihr Stichprobenmittel 2,2 Standardfehler über dem in der Nullhypothese angegebenen Populationsmittel liegt. Wäre dieses Stichprobenergebnis ungewöhnlich, wenn die Nullhypothese zutrifft (H_0: μ = 11 Minuten)? Um dies zu entscheiden, müssen Sie den *p*-Wert berechnen. Sehen Sie dazu nach, wo die Prüfgröße (im Beispiel 2,2) in der Standardnormalverteilung (Z-Verteilung) liegt – siehe Tabelle 8.1, Kapitel 8 –, und subtrahieren Sie das gefundene Percentil von 100%, weil Ihre Alternativhypothese H_1 eine »Größer-als«-Variante ist. Im Beispiel ergibt die Berechnung 100% - 98,61% = 1,39%. Der *p*-Wert, den Sie erhalten, wenn Sie den Prozentwert durch 100 teilen, läge also bei 0,0139. (Mehr zur Berechnung von *p*-Werten finden Sie in Kapitel 14.) Der *p*-Wert von 0,0139 oder 1,39% liegt deutlich unter 0,05 oder 5%. Dies bedeutet, dass die Stichprobenergebnisse ungewöhnlich sind, wenn die Behauptung der Nullhypothese zutrifft. Lehnen Sie deshalb die Nullhypothese, H_0, ab und akzeptieren Sie die Alternativhypothese, H_1 (μ > 11 Minuten).

Ihre Schlussfolgerung lautet demnach: Gemäß der (hypothetischen) Stichprobe fällt die in der Nullhypothese postulierte durchschnittliche Zeit von elf Minuten etwas gering aus. Der tatsächliche Wert ist größer. Siehe Kapitel 14 für weitere Informationen zu Hypothesentests und den Schlussfolgerungen.

Wenn die Stichprobengröße, *n*, kleiner gewesen wäre, müssten Sie die Prüfgröße in der t-Verteilung statt in der Standardnormalverteilung nachschlagen. Mehr hierzu in Tabelle 14.1, Kapitel 14. Weitere Informationen zur »Kleiner-als«- und zur »Ist-ungleich«-Variante der Alternativhypothese ebenfalls in Kapitel 14.

Hypothesentest für den Anteil an der Grundgesamtheit

Dieser Test wird benutzt, wenn es sich um eine qualitative Variable handelt, wie z.B. das Geschlecht, die Parteizugehörigkeit oder die Zustimmung oder Ablehnung zu einem Thema, und nur eine Grundgesamtheit untersucht werden soll, wie z.B. alle Wahlberechtigten. Im Hypothesentest wird der Prozentsatz der Merkmalsträger eines Merkmals in der Grundgesamtheit untersucht, wie z.B. der Anteil der Personen, die ein Handy besitzen. Die Nullhypothese lautet: H_0: $p = p_0$, wobei p_0 ein bestimmter Wert ist, der in der Grundgesamtheit vermutet wird. Wenn beispielsweise davon ausgegangen wird, dass 20% aller erwachsenen Bundesbürger ein Handy besitzen, ist p_0 gleich 0,20. Für die Alternativhypothese gibt es drei Möglichkeiten: $p > p_0$, $p < p_0$ oder $p \neq p_0$. (Siehe Kapitel 14 für weitere Alternativhypothesen.)

Die Formel für die Prüfgröße eines Anteils an der Grundgesamtheit lautet wie folgt:

$$\frac{\hat{p} - p_0}{\sqrt{\frac{p_0 * (1 - p_0)}{n}}}$$

Gehen Sie wie folgt vor, um den Wert zu berechnen:

1. **Berechnen Sie den Anteil an der Grundgesamtheit, $\hat{p}$, indem Sie die Anzahl der Personen in der Stichprobe zählen, die das in Frage stehende Merkmal aufweisen (z.B. die Anzahl der Personen, die ein Handy besitzen), und teilen Sie den Wert durch n, die Stichprobengröße.**
2. **Berechnen Sie $\hat{p} - p_0$.**
3. **Berechnen Sie den Standardfehler wie folgt:** $\sqrt{\dfrac{p_0 * (1 - p_0)}{n}}$.
4. **Anschließend teilen Sie das Ergebnis aus Schritt 2 durch das Ergebnis aus Schritt 3.**

Prüfen Sie nun, wo die Prüfgröße in der Standardnormalverteilung liegt (siehe Tabelle 8.1, Kapitel 8), und berechnen Sie den p-Wert (siehe Kapitel 14 für weitere Informationen zur Berechnung des p-Wertes).

Angenommen, der Hersteller der Zahnpasta Kariesfrei behauptet, dass vier von fünf Zahnärzten ihren Patienten Kariesfrei empfehlen. In diesem Fall besteht die Grundgesamtheit aus allen Zahnärzten, die ihren Patienten Kariesfrei empfohlen haben. Die Behauptung ist, dass p gleich »vier von fünf« ist, was bedeutet, dass $p_0 = 4/5 = 0{,}80$. Sie vermuten, dass der Anteil in Wirklichkeit geringer ist als 0,80. Ihre Hypothesen lauten also $H_0: p = 0{,}80$ und $H_1: p < 0{,}80$. Angenommen, dass 150 von 200 Patienten eine Empfehlung für Kariesfrei erhalten haben.

Um die Prüfgröße zu finden, beginnen Sie mit $\hat{p}$, 150 / 200 = 0,75. Also ist $p_0 = 0{,}80$ und n = 200.

Berechnen Sie dann 0,75 - 0,80 = -0,05.

Der Standardfehler ist die Quadratwurzel von [(0,80 * [1 - 0.80])/200] = die Quadratwurzel von (0,16 / 200) = die Quadratwurzel von 0,0008 = 0,028.

Die Prüfgröße berechnet sich wie folgt: -0,05 / 0,028 = -1,79, gerundet -1,8.

Dies bedeutet, dass Ihre Stichprobenergebnisse 1,8 Standardfehler vom angenommenen Wert in der Grundgesamtheit nach unten abweicht.

Was glauben Sie, wie häufig Sie Ergebnisse wie dieses erhalten werden, wenn die Nullhypothese zutrifft? Die prozentuale Wahrscheinlichkeit der Abweichung -1,8 oder einer größeren Abweichung nach unten liegt bei 3,59%. (Suchen Sie dazu in Tabelle 8.1, Kapitel 8, nach dem Wert -1,8 und lesen Sie das entsprechende Percentil ab, weil H_1 eine »Kleiner-als«-Hypothese ist. Mehr hierzu finden Sie in Kapitel 14). Berechnen Sie nun den p-Wert, indem Sie den Wert durch 100 teilen. Es ergibt sich der Wert 0,0359. Weil der p-Wert kleiner als 0,05 ist, haben Sie genügend Beweise, um die Nullhypothese, H_0, abzulehnen.

Gemäß Ihrer Stichprobe trifft die Behauptung, dass vier von fünf, also 80%, der Zahnärzte die Zahnpasta Kariesfrei empfehlen, also nicht zu. Der tatsächliche Prozentsatz der Empfehlungen ist geringer.

15 ➤ Formeln und Beispiele für häufig benutzte Hypothesentests

 Die meisten Hypothesentests, bei denen es um Anteilswerte geht, werden mit großen Stichproben überprüft, da es sich dabei in der Regel um Meinungsumfragen handelt. Deshalb treffen Sie selten auf eine Situation, in der eine sehr kleine Stichprobe benutzt wird. Mehr zur Berechnung des *p*-Werts für die »Größer-als«- und die »Ist-ungleich«-Alternativhypothese finden Sie in Kapitel 14.

Hypothesentest für den Vergleich von zwei Mittelwerten

Dieser Test kommt bei quantitativen Variablen wie dem Einkommen, dem Cholesteringehalt oder dem Benzinverbrauch pro 100 km zum Einsatz, die in zwei Grundgesamtheiten oder Gruppen verglichen werden sollen (z.B. Männer mit Frauen, Athleten mit Nicht-Athleten oder Gelände- mit Sportwagen). Um die Hypothese zu überprüfen, benötigen Sie zwei Zufallsstichproben, also eine aus jeder Grundgesamtheit. Die Nullhypothese lautet, dass die beiden Populationsmittel gleich groß sind, das heißt, dass ihre Differenz gleich 0 ist. Die statistisch korrekte Notation für die Nullhypothese lautet wie folgt: $\mu_x - \mu_y = 0$, wobei μ_x den Mittelwert der ersten Grundgesamtheit darstellt und μ_y den Mittelwert der zweiten Grundgesamtheit.

Die Formel für die Prüfgröße zum Vergleich zweier Mittelwerte lautet wie folgt.

$$\frac{\bar{x} - \bar{y}}{\sqrt{\frac{s_x^2}{n_1} + \frac{s_y^2}{n_2}}}$$

Gehen Sie wie folgt vor, um den Wert zu berechnen:

1. **Berechnen Sie die Stichprobenmittel, $\bar{x}$ und $\bar{y}$, sowie die Standardabweichungen, s_x und s_y, für jede Stichprobe getrennt. Die Stichproben haben die Größen n_1 und n_2 und sind nicht gleich groß.**

    Siehe Kapitel 4 für Informationen zur Berechnung der Werte.

2. **Ermitteln Sie die Differenz der beiden Stichprobenmittelwerte, $\bar{x}$ und $\bar{y}$.**

3. **Berechnen Sie den Standardfehler, $\sqrt{\frac{s_x^2}{n_1} + \frac{s_y^2}{n_2}}$.**

4. **Teilen Sie das Ergebnis aus Schritt 2 durch das Ergebnis von Schritt 3.**

Um die Prüfgröße interpretieren zu können, sehen Sie nach, wo die Prüfgröße in der Standardnormalverteilung liegt (siehe Tabelle 8,1, Kapitel 8), und berechnen Sie den *p*-Wert (siehe Kapitel 14 für Details zur Berechnung).

Angenommen, Sie wollen die Saugfähigkeit von Papierhandtüchern zweier Hersteller vergleichen. Betrachten Sie dazu die durchschnittliche Flüssigkeitsmenge in Gramm, die die Papierhandtücher aufsaugen können, bevor sie vollständig durchtränkt sind. Die Nullhypothese, H_0, besagt, dass der Unterschied zwischen den durchschnittlichen Saugfähigkeiten gleich 0 ist, also nicht vorhanden ist, und die Alternativhypothese, H_1, besagt, dass der Unterschied ungleich 0 ist. In statistischer Notation ausgedrückt heißt das: $H_0: \mu_x - \mu_y = 0$ und $H_1: \mu_x - \mu_y \neq 0$. Da Sie im Beispiel keinen Hinweis darauf haben, welche Papierhandtücher saugfähiger sind, ist die »Ist-ungleich«-Alternativhypothese hier passend (siehe Kapitel 14).

Angenommen, Sie ziehen eine Zufallsstichprobe von 50 Papierhandtüchern von jeder Marke und messen dann die Saugfähigkeit von jedem Papierhandtuch aus den einzelnen Stichproben. Gehen Sie nun davon aus, dass die durchschnittliche Saugfähigkeit der Taschentücher von Hersteller A bei 85 Gramm und die Standardabweichung bei 25 Gramm liegt und die durchschnittliche Saugfähigkeit der Taschentücher von Hersteller B bei 99 Gramm und die Standardabweichung bei 34 Gramm.

Mit diesen Daten ergibt sich Folgendes: $\bar{x} = 85$ g, $s_x = 25$ g, $\bar{y} = 99$ g, $s_y = 34$ g, $n_1 = 50$ und $n_2 = 50$.

Die Differenz zwischen den Stichprobenmittelwerten beträgt 85 g - 99 g = -14 g. (Eine negative Differenz bedeutet lediglich, dass der zweite Stichprobenmittelwert etwas größer war als der erste.)

Der Standardfehler berechnet sich wie folgt.

$$\sqrt{\frac{25^2}{50} + \frac{34^2}{50}} = \sqrt{\frac{625}{50} + \frac{1156}{50}} = \sqrt{35,62} = 5,96$$

Teilen Sie die Differenz, -14, durch den Standardfehler, 5,96. Es ergibt sich der Wert -2,35, gerundet -2,4. Dies ist Ihre Prüfgröße.

Um den *p*-Wert zu ermitteln, sehen Sie nach, wo der Wert -2,4 in der Standardnormalverteilung liegt (siehe Tabelle 8,1, Kapitel 8). Die Wahrscheinlichkeit, dass der Wert weiter links als -2,4 liegt, entspricht dem Percentil bei 0,82%. Weil die Alternativhypothese, H_1, von der Ungleichheit der Mittelwerte ausgeht, müssen Sie diesen Prozentsatz verdoppeln. Sie erhalten also 2 * 0,82% = 1,64%. Zum Schluss wandeln Sie diesen Wert in eine Wahrscheinlichkeit um, indem Sie ihn durch 100 teilen, und erhalten so den *p*-Wert 0,0164. Dieser *p*-Wert ist kleiner als 0,05, was bedeutet, dass Ihre Beweise ausreichen, um die Nullhypothese, H_0, zurückweisen zu können.

Ihre Schlussfolgerung auf der Basis der Stichproben ist, dass ein statistisch signifikanter Unterschied zwischen den Saugfähigkeiten der Papierhandtücher beider Marken besteht. Und es sieht so aus, als sei die Saugfähigkeit der Taschentücher von Marke B höher, weil hier der Mittelwert größer ist.

Nachdem Sie nun ein gerissener Statistiker sind, fallen Sie nicht mehr auf Werbung herein, in der Ihnen ein einziges Papierhandtücher gezeigt wird, das heißt, die Stichprobengröße ist gleich 1, das saugfähiger ist als ein anderes Papierhandtuch. Und glauben Sie auch nicht den Fernsehsendungen, die Leute auf die Straße schicken, die zwei oder drei Personen nach ihrer Meinung fragen und dann

Vergleiche darüber anstellen. Anekdoten sind zwar immer interessant, lassen sich jedoch nicht verallgemeinern. Ein Hypothesentest, der korrekt durchgeführt wird, bringt nicht nur interessante, sondern auch generalisierbare Ergebnisse mit sich. (Siehe Kapitel 14 für weitere Hinweise zu Anekdoten.)

Bei den meisten Hypothesentests, in denen zwei Populationsmittel anhand von Stichproben miteinander verglichen werden, sind die Stichproben hinreichend groß, weil es sich in der Regel um Meinungsumfragen handelt. Falls jedoch beide Stichproben kleiner als 30 sind, müssen Sie die t-Verteilung mit den Freiheitsgraden n_1-1 und n_2-2 verwenden, um den p-Wert zu ermitteln. (Siehe Tabelle 14.1, Kapitel 14 für mehr Informationen zur t-Verteilung.)

Hypothesentest für gepaarte Differenzen

Dieser Test wird bei quantitativen Variablen wie dem Cholesterinspiegel oder dem Benzinverbrauch pro 100 Kilometer benutzt, und die Personen in den beiden Stichproben hängen in irgendeiner Weise zusammen, wie z.B. eineiige Zwillinge, oder es werden dieselben Personen zwei Mal untersucht (z.B. vor und nach dem Test). Gepaarte Tests werden in der Regel bei Studien eingesetzt, in denen getestet werden soll, ob eine neue Behandlungsmethode, eine Technik oder eine Methode besser funktioniert als die vorhandene Methode, ohne dass andere Merkmale der Testpersonen berücksichtigt werden müssen, die die Ergebnisse beeinflussen könnten. Siehe Kapitel 17 für Einzelheiten hierzu.

Nehmen Sie beispielsweise an, eine Wissenschaftlerin möchte erkunden, ob eine Lehrmethode A bei Schülern zu besseren Resultaten bei der Lesekompetenz führt als eine Lehrmethode B. Sie wählt zufällig 20 Schüler aus und bildet daraus gemäß der Lesekompetenz, dem Alter, dem IQ und weiteren Eigenschaften zehn gleiche Paare. Dann wählen Sie per Zufallsauswahl einen Schüler von jedem Paar aus, der mit Lernmethode A lernen soll. Die restlichen Schüler lernen mit Lernmethode B. Am Ende müssen alle Schüler den gleichen Test zur Lesekompetenz absolvieren. Die Daten für die Studie entnehmen Sie Tabelle 15.1.

Schülerpaar	Lesekompetenz bei Lernmethode A	Lesekompetenz bei Lernmethode B	Gepaarte Differenzen (Lernmethode A – Lernmethode B)
1	85	80	+5
2	80	80	+0
3	95	88	+7
4	87	90	-3
5	78	72	+6
6	82	79	+3
7	57	50	+7

Schülerpaar	Lesekompetenz bei Lernmethode A	Lesekompetenz bei Lernmethode B	Gepaarte Differenzen (Lernmethode A – Lernmethode B)
8	69	73	-4
9	73	78	-5
10	99	95	+4

Tabelle 15.1: Testergebnisse im Lesekompetenztest bei Schülern, die mit Lernmethode A und B gelernt haben

Die Daten sind gepaart, Sie sind bei den einzelnen Paaren jedoch am Unterschied in der Lesekompetenz interessiert, und die gepaarten Differenzen sind der Datensatz, mit dem Sie arbeiten werden. Wenn die beiden Lernmethoden gleich gut sind, sollte der Mittelwert der gepaarten Differenzen bei 0 liegen. Ist hingegen Lernmethode A besser, sollte der Mittelwert der gepaarten Differenzen ein positiver Wert sein (weil die Testergebnisse bei Lernmethode A höher ausfallen würden). Somit haben Sie also einen Hypothesentest auf ein Populationsmittel, wobei die Nullhypothese darin besteht, dass der Mittelwert der gepaarten Differenzen gleich 0 ist und die Alternativhypothese besagt, dass der Mittelwert der gepaarten Differenzen größer als 0 ist.

In statistischer Notation lautet die Nullhypothese also wie folgt: $H_0: \mu_D = 0$, wobei μ_D der Mittelwert der gepaarten Differenzen ist. (Das tiefgestellte D soll Sie lediglich daran erinnern, dass Sie mit gepaarten Unterschieden arbeiten.)

Die Formel für die Prüfgröße für gepaarte Differenzen lautet: $\dfrac{\bar{d} - 0}{s/\sqrt{n}}$

1. **Für jedes Datenpaar subtrahieren Sie den zweiten Wert vom ersten, um die gepaarte Differenz zu erhalten.**

   Betrachten Sie die Differenzen als Ihren neuen Datensatz.

2. **Berechnen Sie den Mittelwert, $\bar{d}$, und die Standardabweichung, s, für alle Differenzen.**

   Betrachten Sie n als Anzahl der gepaarten Differenzen, die Ihnen vorliegen.

3. **Berechnen Sie den Standardfehler wie folgt: $s/\sqrt{n}$.**

4. **Teilen Sie $\bar{d}$ durch den Standardfehler aus Schritt 3.**

Denken Sie daran, dass $\mu_D = 0$, falls die Nullhypothese zutrifft.

Für das Beispiel der Lesekompetenz gehen Sie wie folgt vor, um festzustellen, welche der beiden Lernmethoden zu einer höheren Lesekompetenz führt.

Berechnen Sie die Differenzen für jedes Paar bzw. entnehmen Sie sie Spalte 4 von Tabelle 15.1. Beachten Sie das Vorzeichen bei jeder Differenz, das angibt, welche Methode bei jedem einzelnen Paar erfolgreicher war.

Der Mittelwert und die Standardabweichung der Differenzen (siehe Spalte 4, Tabelle 15.1) müssen berechnet werden. (Siehe Kapitel 4 für Einzelheiten zur Berechnung von Mittelwerten und Standardabweichungen.) Der Mittelwert der Differenzen hat den Wert 2 und die Standardabweichung hat den Wert 4,64. Beachten Sie, dass hier n = 10 ist.

Um den Standardfehler zu berechnen, teilen Sie 4,64 durch die Quadratwurzel aus 10 * 3,26. Somit ergibt sich 4,64 / 3,16 = 1,47. (Denken Sie daran, dass hier n die Anzahl der Paare ist, also 10.)

Teilen Sie in einem letzten Schritt den Mittelwert der Differenzen, 2, durch den Standardfehler, 1,47, erhalten Sie als Prüfgröße den Wert 1,36. Dies bedeutet, dass die durchschnittliche Differenz für diese Stichprobe 1,36 Standardabweichungen über dem Mittelwert 0 liegt. Reicht diese Abweichung aus, um sagen zu können, dass sich der Unterschied in der Lesekompetenz auf die gesamte Population anwenden lässt?

Weil n kleiner als 30 ist, schlagen Sie den Wert 1,36 in der t-Verteilung mit 10 - 1 = 9 Freiheitsgraden nach (siehe Tabelle 14.1, Kapitel 14), um den entsprechenden p-Wert zu erhalten. Der Wert 1,36 kommt in der Tabelle dem Wert 1,38 am nächsten, der auf dem 90sten Percentil liegt. Und weil die Alternativhypothese, H_1, eine »Größer-als«-Hypothese ist, müssen Sie 100% - 90% = 10% = 0,10 rechnen. Der p-Wert ist in diesem Beispiel also größer als 0,05. Sie können daraus schließen, dass nicht genügend Beweise dafür sprechen, die Nullhypothese, H_0, abzulehnen. Es kann also nicht behauptet werden, dass Lernmethode A besser wäre als Lernmethode B. (Möglicherweise wäre das Ergebnis anders ausgefallen, wenn die Stichprobe größer gewesen wäre.)

In vielen Experimenten mit gepaarten Differenzen sind die Datensätze klein, weil die Kosten und der Zeitbedarf für diese Art von Studien sehr hoch sind. Dies bedeutet, dass statt der Standardnormalverteilung (siehe Tabelle 8.1, Kapitel 8) häufig die t-Verteilung (siehe Tabelle 14.1, Kapitel 14) zur Ermittlung des p-Werts zum Einsatz kommt.

Vergleich der Anteile in zwei unabhängigen Grundgesamtheiten

Dieser Test wird eingesetzt, wenn für eine qualitative Variable wie z.B. Raucher vs. Nichtraucher oder Zustimmung vs. Ablehnung einer Meinung der prozentuale Anteil an Merkmalsträgern in zwei verschiedenen Grundgesamtheiten verglichen werden soll, wie z.B. der Anteil der Raucher in der männlichen und der weiblichen Bevölkerung. Für diesen Test benötigen Sie eine Stichprobe aus jeder Grundgesamtheit. Die Nullhypothese lautet, dass die Anteile in den beiden Grundgesamtheiten gleich sind, das heißt, dass ihre Differenz gleich 0 ist. In statistisch korrekter Notation lautet die Nullhypothese H_0: $p_1 - p_2 = 0$, wobei p_1 der Anteil der Merkmalsträger aus der ersten Grundgesamtheit und p_2 der Anteil der Merkmalsträger aus der zweiten Grundgesamtheit ist.

Die Formel für die Prüfgröße zum Vergleich der Anteile in den zwei Grundgesamtheiten lautet wie folgt:

$$\frac{(\hat{p}_1 - \hat{p}_2) - 0}{\sqrt{\hat{p} * (1-p) * \left(\frac{1}{n_1} + \frac{1}{n_2}\right)}}$$

Gehen Sie wie folgt vor, um den Wert zu berechnen:

1. **Berechnen Sie die Stichprobenanteile $\hat{p}_1$ und $\hat{p}_2$ für jede Stichprobe. Die Stichprobengrößen werden von n_1 und n_2 repräsentiert, wobei die Stichproben nicht gleich groß sein müssen.**

2. **Berechnen Sie die Differenz zwischen den beiden Stichprobenanteilen, $(\hat{p}_1 - \hat{p}_2)$.**

3. **Dann berechnen Sie den Stichprobenanteil, $\hat{p}$, der sich aus der Gesamtanzahl der Merkmalsträger in beiden Stichproben (z.B. alle weiblichen und männlichen Raucher) geteilt durch die Gesamtanzahl der Personen in beiden Stichproben, $n_1 + n_2$, ergibt.**

4. **Nun berechnen Sie den Standardfehler wie folgt:** $\sqrt{\hat{p} * (1-\hat{p}) * \left(\frac{1}{n_1} + \frac{1}{n_2}\right)}$.

5. **Teilen Sie das Ergebnis aus Schritt 2 durch das Ergebnis aus Schritt 4.**

Zur Interpretation der Prüfgröße sehen Sie nach, wo sie in der Standardnormalverteilung liegt (siehe Tabelle 8.1, Kapitel 8) und berechnen Sie dann den *p*-Wert (siehe Kapitel 14 für Details zur Berechnung von *p*-Werten).

Betrachten Sie beispielsweise die Arzneimittelwerbung, die Sie in amerikanischen Zeitschriften finden. Die Bilder zeigen häufig ein heiteres Bild mit Sonnenschein, blühenden Blumen und lachenden Menschen – ihr Leben hat sich durch das Medikament verändert. Der Arzneimittelhersteller behauptet, Allergiesymptome reduzieren, Menschen zu einem besseren Schlaf verhelfen, den Blutdruck senken oder alle möglichen anderen Leiden lindern zu können. Das klingt vielleicht zu schön, um wahr zu sein. Aber wenn Sie die Seite umblättern, sehen Sie im Kleingedruckten, wie das Unternehmen seine Behauptungen absichert. (In der Regel werden hier die Statistiken begraben!) Irgendwo im Kleingedruckten finden Sie dann sehr wahrscheinlich eine Tabelle, die die Nebeneffekte des Medikaments im Vergleich zu einer Kontrollgruppe zeigt, das heißt zu Personen, die ein Placebo-Medikament einnahmen. (Mehr hierzu siehe Kapitel 17.) Für das Medikament Adderall, ein Medikament für ADHS (Aufmerksamkeitsdefizit-Hyperaktivitäts-Syndrom), wird beispielsweise angegeben, dass 26 der 374 Testpersonen, die das Medikament einnahmen, also 7%, als Nebeneffekt Übelkeit zeigten. In der Kontrollgruppe berichteten nur 8 von 210 Testpersonen, also 4%, über Übelkeit. Beachten Sie, dass die Testpersonen nicht wussten, welche Behandlung sie erhielten. Im Beispiel war der Anteil der Personen, die Übelkeit zeigte, bei der Gruppe mit Behandlung durch das Medikament zwar größer als bei der Gruppe mit Behandlung durch ein Placebo-Medikament. Reicht dieser Prozentsatz jedoch aus, um sagen zu können, dass die Übelkeit bei der Behandlung mit dem Medikament in der gesamten Grundgesamtheit vorzufinden wäre? Sie können dies überprüfen.

In diesem Beispiel lautet die Nullhypothese H_0: $p_1 - p_2 = 0$, die Alternativhypothese lautet H_1: $p_1 - p_2 > 0$, wobei p_1 den Anteil der Testpersonen repräsentiert, die die Übelkeit bei Einnahme von Adderall zeigten, und p_2 den Anteil der Testpersonen, die die Übelkeit bei Einnahme des Placebos zeigten.

Warum enthält die Alternativhypothese, H_1, ein »>«- und nicht ein »<«-Zeichen? Die Alternativhypothese, H_1, repräsentiert das Szenario, in dem der Anteil der Personen, die Übelkeit zeigen, in der Gruppe größer ist, die das Medikament Adderall einnimmt. Hier spielt natürlich auch die Reihenfolge der Gruppen eine Rolle. Sie müssen die Versuchsanordnung so einrichten, dass die Adderall-Gruppe die erste Gruppe ist. Denn so erhalten Sie einen positiven Wert für die Differenz des Adderal-Anteils vom Placebo-Anteil, wenn die Alternativhypothese, H_1, wahr ist. Wenn Sie die Gruppen vertauschen, ist die Differenz negativ.

Der nächste Schritt besteht darin, die Prüfgröße zu berechnen:

Berechnen Sie zunächst die Stichprobenanteile, $\hat{p}_1 = 26 / 374 = 0{,}07$ und $\hat{p}_2 = 8 / 210 = 0{,}04$. Die Stichproben hatten die Größen $n_1 = 374$ und $n_2 = 210$.

Als Nächstes berechnen Sie die Differenz zwischen den Stichprobenanteilen und erhalten den Wert $0{,}07 - 0{,}04 = 0{,}03$.

Der Gesamtstichprobenanteil, $\hat{p}$, hat den Wert $(26 + 8) / (374 + 210) = 34 / 584 = 0{,}058$.

Der Standardfehler berechnet sich wie folgt:

$$\sqrt{0{,}058 * (1 - 0{,}058) * \left(\frac{1}{374} + \frac{1}{210}\right)} = \sqrt{0{,}058 * 0{,}942 * 0{,}0074} = \sqrt{0{,}0004} = 0{,}02$$

Zum Schluss teilen Sie die Differenz aus Schritt 2, 0,03, durch den Wert 0,02 und erhalten so $0{,}03 / 0{,}02 = 1{,}5$. Dies ist die Prüfgröße.

Der *p*-Wert ist die prozentuale Wahrscheinlichkeit, dass der Anteil bei 1,5 oder rechts von 1,5 liegt, nämlich $100\% - 93{,}32\% = 6{,}68\%$, ausgedrückt als Wahrscheinlichkeitswert, 0,0668. Dieser *p*-Wert liegt nur ganz knapp über dem Wert 0,05. Technisch gesehen haben Sie also keine hinreichenden Beweise dafür, die Nullhypothese, H_0, abzulehnen. Dies bedeutet, dass die Unterschiede in der prozentualen Häufigkeit an Personen mit Übelkeit nicht signifikant sind. (Statistiker würden das Ergebnis jedoch als *marginal* bezeichnen.)

Ein p-Wert, der sehr nahe am magischen, aber etwas willkürlichen kritischen Wert von 0,05 für den Ablehnungsbereich liegt, wird von Statistikern als *marginales* Ergebnis bezeichnet. Im letzten Beispiel lag der p-Wert bei 0,0668, ein Ergebnis, das allgemein als marginal betrachtet wird. Dies bedeutet, dass das Ergebnis direkt an der Grenze zwischen der Akzeptanz und der Ablehnung der Nullhypothese, H_0, liegt. Das ist das Schöne an p-Werten. Sie können sie betrachten und selbst entscheiden, was Sie daraus schließen sollten. Je kleiner der p-Wert ist, desto mehr sprechen die Daten gegen die Nullhypothese, H_0, aber ab wann reichen die Beweise aus? Das ist für jede Person anders. Wenn Sie auf eine Studie stoßen, in der jemand ein statistisch signifikantes Ergebnis gefunden hat, das für Sie wichtig ist, sollten Sie sich nach dem p-Wert erkundigen, um eigene Schlussfolgerungen ziehen zu können. Mehr hierzu siehe in Kapitel 14.

Bei den meisten Hypothesentests werden die Anteile aus zwei verschiedenen Grundgesamtheiten anhand von ausreichend großen Stichproben miteinander verglichen, da es sich in der Regel um Meinungsumfragen handelt, Sie werden eher selten auf Fälle mit kleinen Stichproben stoßen.

Teil VII

Statistische Studien richtig ausschöpfen

»Ted und ich haben mehr als 120 Personenstunden damit verbracht, die Umfragedaten zu analysieren, und haben dabei Folgendes entdeckt: Ted leiht sich dauernd Stifte und gibt sie nicht zurück, er quietscht absichtlich mit dem Stuhl, um mich zu ärgern, und ich spreche ganz offensichtlich im Schlaf.«

In diesem Teil ...

Viele Statistiken, mit denen Sie in Ihrem Alltag zu tun haben, basieren auf den Ergebnissen von Umfragen, Experimenten und Feldbeobachtungen. Sie sollten allerdings nicht alles glauben, was Sie hören.

In diesem Teil blicken Sie auf das, was tatsächlich hinter den Kulissen abläuft, das heißt, wie die Studien gestaltet und durchgeführt werden, wie die Daten erhoben werden und wie Sie irreführende Ergebnisse entdecken können.

Umfragen, Umfragen und noch mehr Umfragen

In diesem Kapitel

▶ Erkennen, welchen Einfluss Meinungsumfragen haben
▶ Hinter die Kulissen von Meinungsumfragen blicken
▶ Umfrageergebnisse interpretieren
▶ Systematische Fehler und ungenaue Umfrageergebnisse aufdecken

---

*U*mfragen scheinen in der heutigen Datenexplosion der letzte Schrei zu sein. Jeder möchte wissen, was die Öffentlichkeit über alle möglichen Themen denkt. Meinungsumfragen gehören inzwischen zum Alltag. Sie bieten die Möglichkeit, schnell Informationen darüber zu bekommen, was Sie denken und wie Sie leben, und sie sind ein Mittel, um schnell Informationen über wichtige Themen zu verbreiten. Meinungsumfragen werden eingesetzt, um auf kontroverse Themen aufmerksam zu machen, um ein Bewusstsein für bestimmte Themen zu wecken, um politische Punkte darzustellen, um die Wichtigkeit eines Themas zu betonen und um die Öffentlichkeit zu erziehen oder zu überzeugen.

Meinungsumfragen haben eine solche Überzeugungskraft, weil viele Menschen Aussagen wie »der und der Prozentsatz der Bundesbürger macht dies oder das« als bare Münze nehmen, auf deren Grundlage sie Entscheidungen treffen und sich eine Meinung bilden. Tatsächlich sind die Informationen, die viele Studien bereitstellen, häufig weder korrekt, noch vollständig und ausgeglichen und fair. In diesem Kapitel beschreibe ich, welchen Einfluss Umfragen haben und wie sie benutzt werden, und ich führe Sie hinter die Kulissen, wo Sie erfahren, wie Umfragen geplant und durchgeführt werden. So wissen Sie, worauf Sie achten müssen, wenn Sie Umfrageergebnisse prüfen. Ich zeigen Ihnen auch, wie Umfrageergebnisse interpretiert werden müssen und woran Sie systematische Fehler und ungenaue Informationen erkennen, so dass Sie selbst entscheiden können, welche Ergebnisse Sie glauben und welche Sie lieber ignorieren möchten.

Den Einfluss von Meinungsumfragen erkennen

Eine Meinungsumfrage ist ein Instrument, mit dem Daten mittels Fragen und Antworten gesammelt werden, um etwas über Meinungen, Verhaltensweisen, demografische Entwicklungen, den Lebensstil und andere Merkmale einer Population zu erfahren.

Mit Umfragen und ihren Ergebnissen kommen Sie täglich in Kontakt. In den USA gibt es sogar Fernsehprogramme für Umfragen. Die Game-Show *Family Feud* basiert beispielsweise vollständig auf Umfragen und der Fähigkeit der Kandidaten, die häufigsten Antworten zu nennen, die von den Befragten in einer Umfrage gegeben wurden. Die Kandidaten dieser Show müssen die Antworten korrekt wiedererkennen, die auf Fragen wie »Nennen Sie ein Tier, das im Zoo lebt« oder »Nennen Sie eine berühmte Person mit dem Namen John« erfolgten.

Im Vergleich zu anderen Arten von Studien, wie z.B. medizinischen Experimenten, lassen sich Meinungsumfragen relativ leicht und kostengünstig durchführen. Die Ergebnisse sind schnell verfügbar und können häufig als interessante Schlagzeilen in den Zeitungen oder als Blickfang in Zeitschriften benutzt werden. Viele Leute schätzen Meinungsumfragen, weil sie das Gefühl haben, dass die Umfrageergebnisse die Meinung von Leuten wie ihnen selbst repräsentieren, auch wenn sie selbst niemals aufgefordert wurden, an einer Umfrage teilzunehmen. Und viele Leute erfahren gerne, was andere fühlen, was sie machen, wo sie hingehen und wofür sie sich interessieren. Viele Leute haben das Gefühl, irgendwie mit einer größeren Gruppe verbunden zu sein, wenn sie Umfrageergebnisse betrachten. Darauf bauen Meinungsforscher, und aus diesem Grund verbringen sie so viel Zeit damit, Umfragen durchzuführen und über ihre Ergebnisse zu berichten.

Die Quelle überprüfen

Wer führt heutzutage Umfragen durch? So gut wie jeder. Zu den Gruppen, die regelmäßig Umfragen durchführen und ihre Ergebnisse veröffentlichen, gehören die folgenden:

✔ Nachrichtenagenturen wie Reuters, CNN oder dpa

✔ Politische Parteien

✔ Professionelle Meinungsforschungsinstitute wie Infratest dimap, EMNID oder prognos

✔ Vertreter von Zeitschriften, Fernsehshows und Radioprogrammen

✔ Berufsständische Vereinigungen wie die Deutsche Ärztekammer

✔ Interessensgruppen

✔ Wissenschaftler aus dem universitären Bereich, die Studien zu den unterschiedlichsten Themen durchführen

✔ Die Bundesregierung, die Umfragen zur Kriminalitätsrate, zum Haushaltseinkommen und zu zahlreichen anderen Themen über entsprechende Behörden durchführen lässt

Nicht jeder, der eine Umfrage durchführt, ist seriös und vertrauenswürdig. Sie sollten deshalb bei jeder Umfrage, zu deren Teilnahme Sie aufgefordert werden, prüfen, wer dahinter steckt und für wen die Ergebnisse bestimmt sind. Gruppen, die ein spezielles Interesse an den Ergebnissen haben, sollten entweder ein unabhängiges Meinungsforschungsinstitut mit der Umfrage beauftragen oder die Fragen veröffentlichen, die in der Umfrage benutzt wurden. Die Gruppen sollten außerdem in allen Einzelheiten darstellen, wie die Umfrage aufgebaut war und durchgeführt wurde, um Ihnen die Möglichkeit zu bieten, die Glaubwürdigkeit der Ergebnisse zu beurteilen.

Das schlimmste Auto des Jahrhunderts

In den USA gibt es eine Radiosendung namens *Car Talk*, die vom Radiosender NPR (National Public Radio) samstags morgens ausgestrahlt wird und von Click und Clack moderiert wird, zwei Brüdern, die für alle Anrufer mit seltsamen Autoproblemen kluge Ratschläge geben. Die Website der Radiosendung bietet regelmäßig Umfragen zu einer breiten Palette von Themen an, die mit dem Auto zu tun haben, wie z.B. »Wer hat Aufkleber auf dem Auto und was sagen sie aus?« In einer der aktuelleren Umfragen wurde beispielsweise die Frage gestellt »Welches Auto war Ihrer Meinung nach das schlimmste des Jahrhunderts?« Es gab Abertausende Einsendungen, aber selbstverständlich repräsentieren die Teilnehmer dieser Studie nicht alle Autobesitzer in den USA, sondern lediglich diejenigen, die die Radiosendung hören, die Website besuchen und an der Umfrage teilgenommen haben.

Um Sie nicht hängen zu lassen, werden die Umfrageergebnisse in der folgenden Tabelle präsentiert. Bevor Sie einen Blick darauf werfen, was andere meinen, werden Sie vielleicht Ihre eigene Meinung abgeben wollen! (Denken Sie jedoch daran, dass die Ergebnisse nur die Meinung der Fans von *Car Talk* repräsentieren, die sich die Zeit genommen haben, die Website aufzusuchen und an der Umfrage teilzunehmen.) Beachten Sie, dass sich die Prozentsätze nicht zu 100% addieren lassen, weil in der Tabelle nur die ersten Zehn der Liste aufgeführt werden.

Platz	Autotyp	Prozentsatz der Stimmen
1	Yugo	33,7%
2	Chevy Vega	15,8%
3	Ford Pinto	12,6%
4	AMC Gremlin	8,5%
5	Chevy Chevette	7,0%
6	Renault LeCar	4,3%
7	Dodge Aspen / Plymouth Volare	4,1%
8	Cadillac Cimarron	4,0%
9	Renault Dauphine	3,6%
10	VW Bus	2,7%

Heiße Themen untersuchen

Die Themen, zu denen Umfragen durchgeführt werden, sind häufig von aktuellem Interesse oder beziehen sich auf aktuelle Ereignisse. Schließlich gehören Aktualität und Relevanz für die Öffentlichkeit zu den wichtigsten Qualitäten von Umfragen. Nachfolgend finden Sie Beispiele für Themen, die in aktuellen Umfragen zur Sprache gebracht werden, sowie entsprechende Ergebnisse:

- ✔ Beeinflusst der Personenkult um berühmte Persönlichkeiten die öffentliche Meinung? (Laut CBS News sind 90% der Amerikaner überzeugt davon.)
- ✔ Welcher Prozentsatz der Amerikaner haben bereits online eine Beziehung mit einer anderen Person unterhalten? (Laut CBS News nur 6% der unverheirateten Internet-Benutzer.)
- ✔ Leiden viele Amerikaner unter chronischen Schmerzen? (Laut CBS News leiden drei Viertel aller Personen unter 50 unter Schmerzen oder haben einmal darunter gelitten.)
- ✔ Wie viele Personen suchen im Internet nach gesundheitsbezogenen Informationen? (Laut The Harris Poll ungefähr 98 Millionen.)
- ✔ Welches war das schlimmste Auto des Jahrhunderts? (Laut der Hörer der NPR-Radiosendung *Car Talk* der Yugo.)

Wenn Sie Umfrageergebnisse wie diese lesen, fragen Sie sich dann manchmal, was sie für Sie bedeuten, bevor Sie überlegen, ob die Ergebnisse überhaupt Gültigkeit haben? Einige der oben genannten Umfrageergebnisse sind stichhaltiger als andere, und Sie sollten immer zuerst überlegen, ob die Ergebnisse glaubwürdig sind, bevor Sie sie unbesehen glauben.

Auswirkungen auf das Leben

Es gibt zwar Umfragen, die ganz witzig sind, es gibt jedoch auch Umfragen, die einen direkten Einfluss auf Ihr Leben oder auf Ihren Arbeitsplatz ausüben. Derartige Umfragen sollten genauer überprüft werden, bevor Handlungen unternommen oder wichtige Entscheidungen getroffen werden. Umfragen auf dieser Ebene können Politiker dazu bringen, Gesetze zu ändern oder neue Gesetze zu entwickeln, sie können Wissenschaftler motivieren, bestimmte aktuelle Probleme genauer zu untersuchen, sie können Hersteller dazu ermutigen, neue Produkte einzuführen oder ihre Geschäftspraktiken zu verändern, und sie können das Verhalten von Menschen und ihre Art zu denken beeinflussen. Nachfolgend finden Sie Beispiele für derartige Umfragen:

- ✔ **Die medizinische Versorgung von Kindern leidet**: Eine Umfrage, an der in den USA 400 Kinderärzte teilgenommen haben, zeigt, dass Kinderärzte im Durchschnitt nur zwischen acht bis zwölf Minuten für jeden Patienten aufwenden.
- ✔ **Verbrechen werden nicht gemeldet**: Gemäß einer Studie der amerikanischen Justizbehörde aus dem Jahr 2001 wurden nur 49,4% aller Verbrechen, die in den USA begangen wurden, der Polizei gemeldet. Die Gründe, die die Opfer dafür angaben, die Verbrechen nicht zu melden, werden in Tabelle 16.1 aufgelistet.

16 ➤ Umfragen, Umfragen und noch mehr Umfragen

Grund, ein Verbrechen nicht zu melden	Prozentsatz
Verbrechen wurde als persönliche Angelegenheit betrachtet	19,2
Der Täter war nicht erfolgreich	15,9
Das Verbrechen wurde einer anderen offiziellen Stelle gemeldet	14,7
Das Verbrechen wurde nicht als wichtig genug eingestuft	5,5
Es wurde davon ausgegangen, dass die Polizei nicht belästigt werden wollte	5,3
Mangelnde Beweise	5,0
Furcht vor Vergeltungsmaßnahmen	4,6
Berichterstattung zu unangenehm oder zeitaufwändig	3,9
Befürchtung, dass die Polizei voreingenommen oder ineffektiv sei	2,7
Der gestohlene Besitz war nicht registriert	0,5
Das Verbrechen wurde erst später entdeckt	0,4
Andere Gründe	22,3

Tabelle 16.1: Gründe, aus denen Verbrechen nicht bei der Polizei gemeldet wurden

Der Grund, der am häufigsten, nämlich in 19,2% der Fälle, dafür angegeben wurde, dass ein Verbrechen nicht bei der Polizei gemeldet wurde, war der, dass die Opfer das Verbrechen als persönliche Angelegenheit betrachteten. Beachten Sie außerdem, dass sich fast 12% der Gründe auf den Prozess der Meldung selbst beziehen, wie z.B., dass die Meldung zu viel Zeit beansprucht, die Polizisten belästigt oder dass die Polizei ineffizient oder voreingenommen ist.

- ✔ **Brustkrebsbehandlung in Frage gestellt:** Welche Brustkrebsbehandlung sollte eine Frau mit Brustkrebs wählen? Eine brusterhaltende Operation, bei der lediglich der Tumor entfernt wird, nicht aber die Brust, oder eine Brustamputation? Die meisten Leute glauben, dass die brusterhaltende Operation die beste Option ist. In einer aktuellen Umfrage, in der Chirurgen gefragt wurden, für welche Behandlungsmethode sie sich entscheiden würden, wenn sie selbst Brustkrebs in einem frühen Stadium hätten, bevorzugten 50% die Brustamputation.

- ✔ **Telefonieren beim Autofahren erhöht die Unfallgefahr:** In einer Umfrage, die bei Autokäufern und Personen durchgeführt wurde, die sich ein neues Auto geleast haben, wurden Themen betrachtet, die die Konsumenten am meisten belasten. In der Umfrage stellte sich heraus, dass der größte Prozentsatz der Befragten, nämlich 53%, sich über Autofahrer Sorgen machte, die beim Autofahren durch die Benutzung eines Handys abgelenkt sind. Dieses Thema schlug sogar den Benzinpreis, der immerhin 50% der Befragten beschäftigte, und die Raserei auf der Autobahn, die für 38% der Befragten einen Grund zur Beunruhigung darstellte.

- ✔ **Computerkriminalität belastet die Industrie:** Das amerikanische Institut für Computersicherheit, CSI (Computer Security Institute), führte kürzlich bei US-Unternehmen eine Umfrage durch, um einzuschätzen, wie stark die Unternehmen durch Computerkriminalität beeinträchtigt werden. 90% der Befragten entdeckten im letzten Jahr Verletzungen der Computersicherheit und 80% von ihnen wurden dadurch finanziell geschädigt. 87% Prozent der Befragten berichteten, dass Mitarbeiter Internetzugriffsrechte missbrauchten, indem sie beispielsweise Pornografie betrachteten, illegal Software-Downloads durchführten oder ihre E-Mail-Rechte missbrauchten.

✔ **Sexuelle Belästigung stellt ein Problem am Arbeitsplatz dar:** Eine aktuelle Umfrage, die von der Kommission für gleichberechtigte Arbeitsbedingungen in den USA durchgeführt wurde, zeigt, dass zwischen 40% und 70% der Frauen und zwischen 10% und 20% der Männer berichteten, Opfer sexueller Belästigung am Arbeitsplatz zu sein. In den letzten Jahren haben sich die Beschwerden von Männern verdreifacht.

Die obigen Beispiele behandeln sehr wichtige Themen, aber Sie müssen selbst entscheiden, ob Sie die Ergebnisse glauben oder auf ihrer Basis Entscheidungen treffen möchten. Sie müssen in der Lage sein, Glaubwürdiges von Unglaubwürdigem zu trennen. Die Regel Nummer eins ist, dass Sie nicht alles glauben sollten, was Sie lesen!

Hinter den Kulissen von Meinungsumfragen

Umfragen und ihre Ergebnisse sind zu einem Teil des Alltags geworden und Sie benutzen die Ergebnisse, um Entscheidungen zu treffen, die Ihr Leben betreffen. (Manche Entscheidungen können Ihr Leben sogar verändern.) Es ist sehr wichtig, dass Sie Meinungsumfragen kritisch betrachten. Bevor Sie handeln oder Entscheidungen auf der Grundlage von Meinungsumfragen treffen, müssen Sie feststellen, ob die Ergebnisse überhaupt glaubwürdig und zuverlässig sind. Eine gute Möglichkeit, derartige detektivische Fähigkeiten zu entwickeln, besteht darin, einen Blick hinter die Kulissen zu werfen und zu sehen, wie Umfragen entworfen, entwickelt, durchgeführt und analysiert werden.

Die Durchführung einer Meinungsumfrage besteht aus einer Folge von zehn Schritten:

1. Den Zweck der Umfrage angeben.
2. Die Zielpopulation definieren.
3. Die Art der Umfrage wählen.
4. Die Fragen entwickeln.
5. Den richtigen Zeitpunkt wählen.
6. Die Stichprobe auswählen.
7. Die Daten erheben.
8. Anreize bieten.
9. Die Daten ordnen und analysieren.
10. Schlussfolgerungen ziehen.

Jeder der Schritte hat eigene Probleme und stellt eine eigene Herausforderung dar, aber jeder Schritt ist wichtig, damit eine faire, genaue Umfrage entsteht. Diese Schrittfolge hilft Ihnen dabei, Ihre Umfrage zu entwerfen, zu planen und zu implementieren. Sie können Ihr Wissen aber auch benutzen, um Umfragen anderer besser beurteilen zu können, die wichtig für Sie sind.

Planung und Design einer Umfrage

Der Zweck einer Umfrage besteht darin, Fragen über eine Zielpopulation zu beantworten. Die *Zielpopulation* ist die Gruppe aller Individuen, über die Sie Schlussfolgerungen ziehen wollen. In den meisten Fällen ist es nicht möglich, eine Vollerhebung, also eine Befragung der gesamten Zielpopulation durchzuführen, da dies zu zeitaufwändig und kostspielig wäre. Deshalb wählen Sie in der Regel eine Stichprobe aus der Zielpopulation aus, befragen die Mitglieder der Stichprobe und ziehen dann Schlüsse über die Zielpopulation auf der Basis dieser Daten.

Das klingt doch eigentlich ganz einfach, oder? Falsch. Viele potenzielle Probleme treten erst auf, nachdem Sie festgestellt haben, dass Sie nicht jeden in der Zielpopulation befragen können. Leider werden viele Umfragen durchgeführt, ohne dass dieses Problem befriedigend gelöst wird. Es resultieren Fehler, irreführende Ergebnisse und falsche Schlussfolgerungen.

Den Zweck der Umfrage angeben

Das klingt zwar so, als wäre es selbstverständlich, tatsächlich wurden jedoch schon viele Umfragen entwickelt und durchgeführt, die ihren Zweck nie erfüllt haben oder die nur einige Ziele, aber nicht alle erfüllt haben. Es kann leicht passieren, dass Sie sich in den Fragen verlieren und vergessen, was Sie eigentlich herausfinden wollten. Wenn Sie den Zweck der Umfrage angeben, sollten Sie so spezifisch wie möglich sein. Überlegen Sie, welche Schlussfolgerungen Sie am Ende ziehen wollen. Das wird Ihnen helfen, wenn Sie die Ziele für die Umfrage festlegen.

Je spezifischer Sie den Zweck der Umfrage beschreiben können, desto einfacher wird es für Sie sein, Fragen für die Umfrage zu entwickeln, die Ihren Zweck erfüllen. Außerdem sind Sie besser dran, wenn Sie Ihren Bericht schreiben.

Die Zielpopulation definieren

Angenommen, Sie wollen eine Umfrage durchführen, um das Ausmaß des persönlichen Gebrauchs von E-Mail am Arbeitsplatz zu ermitteln. Sie glauben nun vielleicht, dass die Zielpopulation die E-Mail-Benutzer am Arbeitsplatz sind. Sie wollen jedoch das *Ausmaß* ermitteln, mit dem E-Mail am Arbeitsplatz benutzt wird. Deshalb können Sie nicht nur Berufstätige befragen, die an ihrem Arbeitsplatz E-Mail benutzen, weil Ihre Ergebnisse andernfalls einen systematischen Fehler aufweisen würden. Aber sollten Sie auch Personen berücksichtigen, die an ihrem Arbeitsplatz nicht einmal Zugang zu einem Computer haben? Hier sehen Sie, wie schnell Umfragen kompliziert werden können.

Die Zielpopulation, die in diesem Fall sehr wahrscheinlich am sinnvollsten ist, besteht aus Personen, die an ihrem Arbeitsplatz Computer mit Internet-Zugang nutzen. Jedes Mitglied dieser Gruppe hat Zugriff auf E-Mail, jedoch nur die Personen mit einem E-Mail-Zugang am Arbeitsplatz nutzen E-Mail und davon verwenden nur einige den E-Mail-Zugang für persönliche Zwecke. (Und genau das wollen Sie herausfinden – in welchem Maß diese Benutzer E-Mail für persönliche Zwecke verwenden.)

Sie müssen Ihre Definition der Zielpopulation sehr klar halten. Ihre Definition hilft Ihnen, die passende Stichprobe zu wählen, und sie führt Sie auch bei den Schlussfolgerungen, indem sie verhindert, dass Sie Ihre Ergebnisse übergeneralisieren. Wenn Wissenschaftler ihre Zielpopulation nicht klar definiert haben, kann dies ein Anzeichen für andere Probleme sein, die im Zusammenhang mit einer Umfrage auftreten.

Die Art der Umfrage wählen

Der nächste Schritt bei der Gestaltung einer Umfrage besteht darin, die Art der Umfrage zu wählen, die sich am besten eignet. Umfragen können telefonisch, brieflich, durch Haus-zu-Haus-Befragungen, durch Befragungen auf der Straße oder über das Internet durchgeführt werden. Es eignet sich jedoch nicht jede Umfrage für jede Situation. Nehmen Sie einmal an, Sie wollen Faktoren ermitteln, die mit dem Analphabetentum in der Bundesrepublik zusammenhängen. Es ist nicht besonders sinnvoll, eine briefliche Umfrage durchzuführen, weil Personen, die nicht lesen können, an der Umfrage nicht teilnehmen können. In diesem Fall wäre eine telefonische Umfrage oder eine andere Form von mündlicher Umfrage geeigneter.

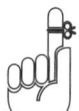

Wählen Sie immer die Art der Umfrage, die am besten zur Zielpopulation passt, das heißt mit der Sie möglichst informative, ehrliche Antworten erhalten. Wenn Sie die Ergebnisse einer Umfrage prüfen, sollten Sie unbedingt darauf achten, ob eine geeignete Art von Umfrage benutzt wurde.

Die Fragen entwickeln

Nachdem der Zweck der Umfrage klar umrissen wurde und Sie sich für die Art der Umfrage entschieden haben, müssen Sie im nächsten Schritt die Fragen entwickeln. Die Art, in der die Fragen gestellt werden, hat große Auswirkungen auf die Qualität der Daten, die erhoben werden. Zu den häufigsten Quellen für systematische Fehler in Umfragen gehört die Formulierung der Fragen. *Suggestivfragen*, das heißt Fragen, die bestimmte Antworten nahe legen, können sich sehr stark darauf auswirken, wie die Befragten antworten, und die Antworten spiegeln möglicherweise nicht das wider, was die Befragten wirklich über ein Thema denken. Nachfolgend sehen Sie zwei Beispiele für Suggestivfragen:

Finden Sie nicht, dass sich eine geringfügige Steuererhöhung lohnen würde, um die Bildungsqualität für unsere Kinder zu verbessern?

Finden Sie nicht, dass die Belastung der Steuerzahler durch immer neue Steuern gestoppt werden sollte und keine Steuererhöhungen durchgesetzt werden sollten, um das verlustreiche Schulsystem zu finanzieren.

Dem Wortlaut der Fragen können Sie leicht entnehmen, wie die Antwort aussehen soll. Es gibt Studien, die belegen, dass der Wortlaut der Fragen das Ergebnis von Meinungsumfragen beeinflusst. Um dies zu vermeiden, sollten Sie versuchen, neutrale Fragen zu stellen. Die Fragen könnten beispielsweise wie folgt gestaltet werden:

Die Bundesregierung schlägt eine Steuererhöhung von 0,01% vor, um flächendeckend Ganztagsschulen einführen zu können. Was halten Sie davon? (Mögliche Antworten: Hohe Zustimmung, Zustimmung, Neutralität, Ablehnung, starke Ablehnung.)

In einer guten Umfrage sind die Fragen immer neutral formuliert, um eine Verzerrung der Ergebnisse zu vermeiden. Neutralität lässt sich am besten dadurch erzielen, dass Sie beim Lesen der Frage prüfen, ob die Frage eine bestimmte Antwort nahe legt. Ist dies der Fall, handelt es sich um eine Suggestivfrage, die irreführende Ergebnisse zur Folge haben kann.

Falls die Ergebnisse einer Umfrage wichtig für Sie sind, sollten Sie die Wissenschaftler darum bitten, Ihnen die verwendeten Fragen zukommen zu lassen, damit Sie die Qualität der Fragen überprüfen können.

Die Wahl des richtigen Zeitpunkts

Bei Meinungsumfragen ist wie im richtigen Leben Timing alles. Aktuelle Ereignisse formen die Meinung der Leute, und während einige Meinungsforscher versuchen, herauszubekommen, wie Menschen über diese Ereignisse denken, nutzen andere insbesondere negative Ereignisse als politische Plattform oder als Futter für Schlagzeilen und Kontroversen. Die Wahl des Zeitpunkts, zu dem eine Umfrage durchgeführt wird, kann unabhängig von untersuchten Themen zu einem systematischen Fehler führen. Nehmen Sie beispielsweise an, die Zielpopulation Ihrer Umfrage seien Berufstätige, die ganztätig arbeiten. Wenn Sie eine telefonische Umfrage durchführen, um die Meinung von Büroangestellten zur persönlichen Nutzung von E-Mail während der Arbeitszeit zu erfragen, und Sie sie zu Hause zwischen 9.00 Uhr und 17.00 Uhr anrufen, sind Ihre Ergebnisse verzerrt, weil zu dieser Zeit die meisten Büroangestellten an ihrem Arbeitsplatz sind.

Prüfen Sie das Datum und die Uhrzeit, zu der eine Umfrage durchgeführt wurde, und überlegen Sie, ob es zu diesem Zeitpunkt relevante Ereignisse gab, die die Umfrage hätten beeinflussen können. Stellen Sie außerdem sicher, dass die Umfrage zu einer Tageszeit durchgeführt wurde, zu der ein Großteil der Zielpopulation bequem antworten konnte.

Die Stichprobe auswählen

Nachdem die Umfrage selbst fertig gestellt ist, besteht der nächste Schritt darin, die Personen auszuwählen, die an der Umfrage teilnehmen sollen. Weil Sie in der Regel weder die Zeit noch das Geld haben, eine Vollerhebung durchzuführen, das heißt, die gesamte Zielpopulation zu befragen, müssen Sie eine Teilmenge der Zielpopulation auswählen. Diese wird als *Stichprobe* bezeichnet. Wie diese Stichprobe ausgewählt wird, kann sich auf die Genauigkeit und die Qualität der Ergebnisse auswirken.

Folgende Kriterien sind bei der Auswahl einer guten Stichprobe wichtig:

- ✓ **Eine gute Stichprobe repräsentiert die Zielpopulation.** Dazu muss die Stichprobe aus der Zielpopulation ausgewählt werden, und zwar aus der gesamten Zielpopulation. Angenommen, Sie wollen die durchschnittlichen Fernsehgewohnheiten der Deutschen ermitteln. Wenn Sie dazu Studenten in einem Studentenwohnheim einer einzigen Stadt befragen, ist die Stichprobe nicht repräsentativ, denn Studenten stellen nur einen kleinen Teil der Zielpopulation dar. Wenn Bürger in einer Radiosendung aufgefordert werden, anzurufen und ihre Meinung zu einem Thema abzugeben, ist diese Stichprobe ebenfalls nicht repräsentativ für die Zielpopulation, weil die Ergebnisse nur die Personen widerspiegeln, die die Radiosendung hören, in der Lage sind, zur vorgegebenen Zeit beim Sender anzurufen, und die sich von dem Thema stark genug betroffen fühlen, dass sie sich die Mühe machen, anzurufen. Ähnliches gilt für Umfragen, die über das Web durchgeführt werden. Sie repräsentieren nur Personen mit Zugang zum Internet, die die Website aufsuchen, in der die Umfrage zu finden ist.

Leider nehmen sich viele Leute, die Umfragen durchführen, weder die Zeit noch investieren sie das Geld, um eine repräsentative Stichprobe auszuwählen. Dies führt zu verzerrten Umfrageergebnissen. Wenn Sie mit den Ergebnissen einer Umfrage konfrontiert sind, sollten Sie deshalb immer versuchen, herauszufinden, wie die Stichprobe ausgewählt wurde, bevor Sie die Umfrageergebnisse genauer unter die Lupe nehmen.

- ✓ **Gute Stichproben werden per Zufallsauswahl zusammengestellt.** Eine *Zufallsstichprobe* ist eine Stichprobe, bei der jedes Mitglied der Zielpopulation die gleiche Chance hat, ausgewählt zu werden. Ein einfaches Beispiel, um dies zu visualisieren, wäre ein Hut oder Eimer, der mit Zetteln gefüllt ist, auf denen jeweils ein Name einer Person steht. Wenn die Zettel im Hut vor der Entnahme einer Teilmenge der Zettel gut gemischt werden, resultiert eine Zufallsstichprobe der Zielpopulation – in diesem Fall der Population von Personen, deren Namen im Hut lagen. Mit einer Zufallsstichprobe lassen sich systematische Fehler bei der Auswahl der Stichprobe verhindern.

Renommierte Meinungsforschungsinstitute wie The Gallup Organization in den USA stellen ihre Stichproben per Zufallsauswahl von Telefonnummern zusammen. Selbstverständlich werden damit Bürger ausgeschlossen, die keinen Telefonanschluss besitzen. Da die meisten amerikanischen Haushalte inzwischen jedoch mindestens einen Telefonanschluss haben, ist der systematische Fehler, der durch den Ausschluss von Bürgern ohne Telefon entsteht, relativ gering.

 Hüten Sie sich vor Umfragen, die zwar eine große Stichprobe aufweisen können, bei denen die Stichprobe jedoch nicht per Zufallsauswahl zusammengestellt wurde. Internet-Umfragen sind hierfür die schlimmsten Beispiele. Ein Meinungsforscher kann zwar behaupten, dass 50.000 Personen seine Website besucht und an einer Meinungsumfrage teilgenommen haben. Damit hat er natürlich eine große Menge an Daten erhoben. Aber diese Daten sind verzerrt, weil sie ausschließlich die Meinung derjenigen repräsentieren, die etwas von der Umfrage wussten, sich entschieden haben, an der Umfrage teilzunehmen, und Zugang zum Internet hatten. In einem solchen Fall wäre weniger mehr gewesen. Die Umfrage hätte lieber weniger Personen enthalten sollen, die jedoch per Zufallsauswahl ausgewählt wurden.

✔ **Eine gute Stichprobe ist groß genug, um genaue Ergebnisse hervorzubringen.** Wenn die Stichprobe groß und zusätzlich repräsentativ für die Zielpopulation ist und auch noch per Zufallsauswahl zusammengestellt wurde, können Sie davon ausgehen, dass Ihre Daten ziemlich genau sein werden. Wie genau, hängt von der Stichprobengröße ab. Es gilt jedoch, je größer die Stichprobe, desto genauer die Ergebnisse – so lange die Ergebnisse nicht verzerrt sind. Die Genauigkeit einer Umfrage wird mit einem Prozentwert bemessen. Dieser Prozentwert wird als *Fehlergrenze* bezeichnet und repräsentiert, welche Abweichungen der Wissenschaftler erwartet, wenn er die Umfrage zahlreiche Male mit unterschiedlichen Stichproben der gleichen Größe wiederholt. Mehr hierzu erfahren Sie in Kapitel 10.

 Um eine Grobeinschätzung für die Genauigkeit einer Umfrage zu erhalten, teilen Sie 1 durch die Quadratwurzel der Stichprobengröße. Eine Umfrage, die bei 1.000 zufällig ausgewählten Personen durchgeführt wird, hat eine Genauigkeit von

$$\frac{1}{\sqrt{1.000}} = 0,032,$$

oder von 3,2%. (Beachten Sie, dass Sie, falls nicht alle ausgewählten Personen auch tatsächlich die Fragen beantworten, die Stichprobengröße durch die Anzahl der beantworteten Fragebögen ersetzen sollten.)

Eine Umfrage durchführen

Nachdem die Umfrage entwickelt und die Stichprobe ausgewählt wurde, können Sie sie nun durchführen. Auch an dieser Stelle können zahlreiche Fehler auftreten, was zu einer Verzerrung der Ergebnisse führt.

Die Daten erheben

Während der Durchführung der Umfrage können bei den Teilnehmern Verständnisprobleme in Bezug auf die Fragen auftreten. Sie geben dann möglicherweise im Falle von Multiple-

Choice-Fragen Antworten, die gar nicht zur Auswahl stehen, oder sie geben ungenaue oder schlicht falsche Antworten. (Als Beispiel für diese Art von Fehler, bei dem die Teilnehmer Falschinformationen abliefern, denken Sie einmal an die Schwierigkeiten, die Sie hätten, wenn Sie versuchen würden, die Wahrheit darüber herauszufinden, ob die Teilnehmer beim Ausfüllen ihrer Steuererklärung gemogelt haben.) Diese dritte Art von Fehler wird als systematischer Fehler bei der Beantwortung bezeichnet.

Einige der Probleme, die bei der Datenerhebung auftreten können, lassen sich durch eine entsprechende Schulung der Personen, die die Umfrage durchführen, minimieren oder sogar vermeiden. Mit der passenden Schulung lassen sich alle Probleme, die während der Durchführung der Umfrage auftreten, klären und es entstehen keine Fehler bei der Datenerhebung. Probleme mit verwirrenden Fragen oder fehlenden Antwortmöglichkeiten lassen sich vermeiden, wenn vor der eigentlichen Umfrage eine Pilotstudie mit einigen wenigen Teilnehmern durchgeführt wird, und die Fragen dann auf der Grundlage der Erfahrungen noch einmal überarbeitet werden. Außerdem können die Personen, die die Umfrage durchführen, so geschult werden, dass sie eine Atmosphäre erzeugen, in der sich die Teilnehmer sicher genug fühlen, wenn sie die Wahrheit sagen. Eine Zusicherung des Schutzes der Privatsphäre hilft ebenfalls, die Teilnehmer zur Beantwortung der Fragen zu ermutigen.

Was sagen Lügen aus?

Eine Studie, die in der amerikanischen Zeitschrift *Journal of Applied Social Psychology* veröffentlicht wurde, kam zu dem Schluss, dass eine Lüge, die im besten Interesse der Person, die sie hört, ausgesprochen wurde, sozial stärker akzeptiert ist als eine Lüge, die nur im Interesse des Lügners ausgesprochen wurde. Dies klingt interessant und scheint auch Sinn zu machen. Aber lässt sich die Aussage verallgemeinern? In Anbetracht der Art und Weise, in der die Ergebnisse präsentiert werden, scheint dies der Fall zu sein. Betrachten Sie jedoch die Personen, die an der Umfrage teilgenommen haben, entwickeln Sie das Gefühl, dass die Schlussfolgerungen zumindest etwas ehrgeizig sind.

Die Autoren begannen mit 1.105 Frauen, die für die Teilnahme an der Umfrage ausgewählt wurden. Von diesen verweigerten 659 die Kooperation, wobei die meisten angaben, keine Zeit zu haben. Weitere 233 wurden von den Wissenschaftlern als »zu jung« oder als »zu alt« beurteilt und 33 schienen aufgrund einer Sprachbarriere ungeeignet zu sein. Am Ende wurden 180 Frauen befragt. Das Durchschnittsalter der Stichprobe lag bei 34,8 Jahren.

Na so was. Die ursprüngliche Stichprobe von 1.105 scheint groß genug zu sein, aber wurde sie per Zufallsauswahl gewählt? Beachten Sie, dass die Stichprobe sowieso nur aus Frauen bestand, was interessant ist, weil die Schlussfolgerung nichts darüber aussagt, dass Lügen in derartigen Situationen speziell für Frauen akzeptabler waren. Der nächste auffällige Punkt besteht darin, dass 659 der Frauen sich weigerten, an der Umfrage teilzunehmen, was einen Bias verursachte. Dabei handelt es sich um einen großen Prozentsatz von 60%, aber wenn Sie das Thema betrachten, um das es ging, überrascht das nicht. Die

Wissenschaftler hätten die Probleme beispielsweise dadurch minimieren können, dass sie den Teilnehmern eine anonyme Behandlung der Antworten zugesichert hätten. Wir erfahren nichts darüber, ob irgendeine Überzeugungsarbeit geleistet wurde – was vielleicht bedeutet, dass nichts weiter unternommen wurde.

233 Personen wegen ihres Alters aus der Stichprobe auszuschließen, ist ein grober Fehler, falls die Zielpopulation nicht auf eine bestimmte Altersgruppe beschränkt ist. Wenn dies der Fall gewesen wäre, hätten die Schlussfolgerungen deutlich machen müssen, dass sie sich nur auf eine bestimmte Altersgruppe beziehen. Der Tropfen, der das Fass schließlich zum Überlaufen bringt, ist die Tatsache, dass 33 Personen wegen ihrer Sprachbarriere als »ungeeignet« (ich zitiere) aus der Stichprobe ausgeschlossen wurden. Ich würde sagen, da hätte ein Dolmetscher beteiligt werden müssen, denn die Schlussfolgerungen waren auch nicht auf Englisch sprechende Frauen beschränkt. Sie können Ihre Stichprobe nicht auf einen winzigen Mikrokosmos der Gesellschaft, nämlich junge Englisch sprechende Frauen, beschränken und dann Schlussfolgerungen über die Gesellschaft als Ganzes ziehen. Mit einer Stichprobe von 1.105 Personen zu beginnen und dann bei 180 Frauen zu enden, ist einfach nur ein schlechtes Beispiel für Statistik.

Anreize bieten

Jeder, der schon einmal eine Umfrage weggeschmissen oder sich geweigert hat, am Telefon »ein paar Fragen« zu beantworten, weiß, dass es nicht leicht ist, Menschen davon zu überzeugen, an einer Umfrage teilzunehmen. Wenn der Meinungsforscher den systematischen Fehler minimieren möchte, kann er dies dadurch erreichen, dass er möglichst viele Teilnehmer von der Teilnahme an der Umfrage überzeugt, indem er die Sache nicht auf sich beruhen lässt. Bieten Sie ein paar Euro als Aufwandsentschädigung, Coupons, frankierte Rückumschläge, die Möglichkeit, einen Preis zu gewinnen usw. Jeder noch so kleine Anreiz hilft weiter.

Was hat Sie jemals dazu bewogen, an einer Umfrage teilzunehmen? Falls die zusätzlichen Anreize Sie nicht überzeugen konnten – oder Sie nicht von Schuldgefühlen geplagt wurden, weil Sie die Belohnung eingeheimst und den Fragebogen in den Papierkorb geworfen haben –, war es möglicherweise das Thema, das Ihr Interesse erweckte. Und hier entsteht der systematische Fehler, auch *Bias* genannt. Wenn nur Personen an einer Umfrage teilnehmen, die emotional von dem Thema betroffen sind, werden nur ihre Daten gewertet. Die Stimmen der Personen, die sich nichts aus dem Thema machen oder sich aus anderen Gründen nicht die Zeit nahmen, die Fragen zu beantworten, werden nicht mitgezählt.

Nehmen Sie beispielsweise an, 1.000 Personen würden dazu befragt, ob die Parkordnung dahingehend geändert werden sollten, dass Hunde an der Leine genommen werden müssen. Würden Sie an der Umfrage teilnehmen? Sehr wahrscheinlich würden nur die Personen teilnehmen, die sehr stark für oder gegen die Neuregelung sind. Angenommen, die eigentlichen Antworten stammten nur von jeweils 100 Personen aus jedem der beiden Lager und den restlichen 800 Befragten sei die Sache sowieso egal. Wenn Sie ihre Meinung mitzählen würden,

würden 800 / 1.000 = 80% der Antworten auf die Kategorie »keine Meinung«, 100 / 1.000 = 10% der Antworten zugunsten der Neuregelung und weitere 100 / 1.000 = 10% der Antworten gegen die Neuregelung ausfallen. Aber ohne die Stimmen der 800 Personen, die keine Meinung zu dem Thema haben, müssten die Meinungsforscher Folgendes berichten: »Von den Personen, die eine aussagekräftige Antwort abgaben, waren 50% für die Neuregelung und 50% waren dagegen«. Dies vermittelt den Eindruck eines sehr anderen (und eines sehr verzerrten) Ergebnisses, als es der Fall gewesen wäre, wenn Sie tatsächlich von allen 1.000 Personen eine aussagekräftige Antwort erhalten hätten.

Die *Antwortquote* einer Umfrage ergibt sich aus der Anzahl der Personen, die Fragen beantwortet haben, geteilt durch die Anzahl der Personen, die zu einer Teilnahme aufgefordert wurden. Statistiker empfinden Antwortquoten, die über 70% liegen, als zufrieden stellend. Bei vielen Umfragen fällt die Antwortquote jedoch geringer aus. Es sei denn, die Umfragen werden von renommierten Meinungsforschungsinstituten durchgeführt. Wenn Sie Umfrageergebnisse prüfen, sollten Sie also immer auf die Antwortquote achten. Ist sie zu gering, das heißt, liegt sie unter 70%, sind die Ergebnisse möglicherweise verzerrt und sollten ignoriert werden. Lassen Sie sich nicht von Umfragen täuschen, bei denen die Menge der Befragten zwar groß war, die Antwortquote aber trotzdem gering ausfiel. In solchen Fällen haben sich zwar viele an der Umfrage beteiligt, es wurden jedoch erheblich mehr zur Teilnahme aufgefordert, die nicht reagiert haben.

Beachten Sie, dass viele statistische Formeln inklusive der Formeln, die in diesem Buch vorgestellt werden, davon ausgehen, dass die Stichprobengröße identisch ist mit der Anzahl der Befragten. Das liegt daran, dass Statistiker Ihnen deutlich machen wollen, wie wichtig es ist, alle Personen aus der Stichprobe zu befragen und nicht wegen der Personen, die sich nicht beteiligten, auf einem Haufen verzerrter Daten sitzen zu bleiben. Statistiker wissen jedoch, dass man nicht jeden zur Teilnahme bewegen kann, auch wenn man alles Mögliche dafür unternimmt. Es stellt sich also die Frage, welche Zahl Sie in der Formel für das *n* einsetzen: die Anzahl der Personen, die ursprünglich für die Stichprobe vorgesehen waren, also die Anzahl der Personen, mit denen Kontakt aufgenommen wurde, oder die Anzahl der Personen, die tatsächlich befragt wurden? Verwenden Sie die Anzahl der Personen, die tatsächlich befragt wurden. Beachten Sie jedoch, dass die Ergebnisse von Umfragen mit einer geringen Antwortquote nicht berichtet werden sollten, weil sie einen systematischen Fehler enthalten könnten. Deshalb ist es so wichtig, dass Sie alle Personen aus der Stichprobe zur Teilnahme an der Umfrage bewegen. (Wird diese Warnung von allen Leuten berücksichtigt, die Ihnen ihre Umfrageergebnisse berichten? Leider nicht häufig genug.)

In Bezug auf die Qualität der Ergebnisse ist es sinnvoller, eine kleinere Stichprobe zu wählen und dann ganz aggressiv dafür zu sorgen, dass alle ausgewählten Personen an der Umfrage teilnehmen, als eine riesige Gruppe potenzieller Umfrageteilnehmer auszuwählen und nur eine geringe Antwortquote zu haben.

16 ▶ Umfragen, Umfragen und noch mehr Umfragen

Anonymität versus Vertrauen

Wenn Sie eine Umfrage durchführen müssten, um das Ausmaß der Nutzung von E-Mail am Arbeitsplatz zu persönlichen Zwecken zu ermitteln, wäre die Antwortquote sehr wahrscheinlich ein Problem, weil viele nicht gerne die Wahrheit über ein solches Thema sagen. Sie könnten versuchen, Personen dadurch zur Teilnahme an der Umfrage zu bewegen, indem Sie ihnen zusichern, dass ihre Privatsphäre während und nach der Durchführung der Umfrage geschützt wird.

Wenn Sie die Ergebnisse einer Umfrage darstellen, verknüpfen Sie die Informationen in der Regel nicht mit den Namen der Personen, die an der Umfrage teilnahmen, weil dies das Recht auf die Privatsphäre der Teilnehmer verletzen würde. Sie kennen die Begriffe »anonym« und »vertraulich« sicher bereits, was Sie jedoch sehr wahrscheinlich nicht wissen, ist, dass diese Begriffe im Zusammenhang mit der Privatsphäre etwas völlig anderes bedeuten. Die Ergebnisse *vertraulich* zu behandeln bedeutet, dass Sie zusichern, die erhobenen Daten nicht mit den Namen der Teilnehmer zu verknüpfen. Ergebnisse *anonym* zu halten bedeutet, dass Sie selbst gar keine Möglichkeit haben, die Daten mit den Namen der Teilnehmer zu verknüpfen, selbst wenn Sie das wollten.

Wenn Sie gebeten werden, an einer Umfrage teilzunehmen, sollten Sie sich Klarheit darüber verschaffen, was die Wissenschaftler mit Ihren Antworten vorhaben und ob es möglich ist, Ihre Angaben mit Ihrem Namen in Verbindung zu bringen. (Gute Umfragen stellen diesen Punkt immer sofort klar.) Treffen Sie dann eine Entscheidung darüber, ob Sie an der Umfrage teilnehmen wollen.

Die Ergebnisse interpretieren und Probleme entdecken

Der Zweck einer Umfrage besteht darin, Informationen über die Zielpopulation zu erhalten. Diese Informationen können Meinungen, demografische Daten, Angaben zum Lebensstil oder zu Verhaltensweisen beinhalten. Falls die Umfrage fair und in Hinblick auf das Umfrageziel gestaltet wurde, sollten die Daten – im Rahmen der angegebenen Fehlergrenze – darüber Auskunft geben, was in der Zielpopulation vor sich geht. Der nächste Schritt besteht nun darin, die Daten zu ordnen, um ein genaues Bild davon zu bekommen, was vor sich geht. Untersuchen Sie, welche Verbindungen oder Unterschiede zwischen den Daten bestehen, und ziehen Sie dann auf dieser Grundlage Ihre Schlüsse.

Die Daten ordnen und analysieren

Nachdem eine Umfrage durchgeführt wurde, besteht der nächste Schritt darin, die Daten zu ordnen und zu analysieren. – mit anderen Worten, die Daten zu verarbeiten und sie grafisch darzustellen. Umfragedaten können in den unterschiedlichsten Weisen grafisch dargestellt und berechnet werden. Wie Sie vorgehen, hängt von der Art der gesammelten Daten ab. (Quantitative Daten wie das Einkommen haben andere Merkmale und werden in der Regel anders präsentiert als qualitative Merkmale wie das Geschlecht.) Weitere Informationen dazu, wie Daten geordnet und zusammengefasst werden können, erhalten Sie in den Kapiteln 4 und 5. Je nach Forschungsfrage können die Daten auf unterschiedliche Arten analysiert werden. Es können beispielsweise Schätzwerte über die Grundgesamtheit abgegeben oder Hypothesen über die Grundgesamtheit getestet, es kann nach Verbindungen zwischen Merkmalen gesucht werden und vieles mehr. Mehr hierzu finden Sie in den Kapiteln 13, 15 und 18.

Achten Sie auf irreführende Grafiken und Statistiken. Nicht alle Umfragedaten werden fair und korrekt geordnet und analysiert. Kapitel 2 zeigt Ihnen, was bei Statistiken alles schief gehen kann.

Zu viel Aufregung?

Im Jahr 1998 gab die Suchmaschine Excite an, laut einer Umfrage, die von dem Meinungsforschungsinstitut Intelliquest für die Zeitung *USA Today* durchgeführt wurde, die beliebteste Website zu sein. Die Umfrage basierte auf 300 Webbenutzern, die aus einer Gruppe von 30.000 Teilnehmern an Technologiediskussionen ausgewählt wurden. (Beachten Sie, dass es sich nicht um eine Zufallsauswahl von Webbenutzern handelt!) Die Schlussfolgerungen sagten aus, dass Excite in der Kategorie Benutzerfreundlichkeit die höchste Wertung erzielte und damit die beliebteste Website im Vergleich zu Yahoo! und anderen Konkurrenten sei.

Excite beanspruchte auf der Basis dieser Umfrage, besser als Yahoo! zu sein. Die tatsächlichen Ergebnisse zeigen jedoch ein anderes Bild. Die durchschnittliche Beurteilung der Qualität lag bei einer Skala von 0 bis 100% bei Excite bei 89% und bei Yahoo! bei 87%. Die Bewertung von Excite ist zwar zugegebenermaßen gut und auch geringfügig höher als die von Yahoo!, die Unterschiede bleiben jedoch dicke im Rahmen der Fehlergrenze von plus/minus 3,5% für diese Umfrage. Das heißt also, Excite und Yahoo! lagen, statistisch gesehen, beide auf dem ersten Platz. In diesem Fall ist es kaum möglich, zu sagen, welche Website den ersten Platz belegt. (Siehe die Kapitel 9 und 10 für weitere Informationen zur Stichprobenabweichung und zur Fehlergrenze.)

Schlussfolgerungen ziehen

Die Schlussfolgerungen sind das Beste an Umfragen. Wegen der Schlussfolgerungen machen sich Wissenschaftler überhaupt die ganze Arbeit. Wenn die Umfrage korrekt gestaltet und durchgeführt wurde, die Daten mit Sorgfalt erhoben, geordnet und analysiert wurden, repräsentieren sie den Zustand in der Zielpopulation ziemlich genau. Aber selbstverständlich wer-

16 ➤ Umfragen, Umfragen und noch mehr Umfragen

den nicht alle Umfragen korrekt durchgeführt. Aber selbst wenn eine Umfrage korrekt durchgeführt wird, können sich bei der Interpretation der Ergebnisse Fehler einschleichen. Sie kennen sicher das Sprichwort »Ich glaube nur, was ich sehe.« Einige Wissenschafter sehen jedoch umgekehrt nur das, was sie glauben. Sie sehen in den Ergebnissen also nur das, was sie sehen wollen. Deshalb sollten Sie unbedingt wissen, wann die Grenze von einer vernünftigen zu einer irreführenden Schlussfolgerung überschritten wird und wie Sie erkennen können, wenn andere diese Grenze überschritten haben.

Nachfolgend finden Sie Fehler, die im Rahmen der Schlussfolgerung bei Umfragen häufig auftreten:

- ✔ Die Ergebnisse werden auf eine größere Grundgesamtheit verallgemeinert, als es die Studie eigentlich zulässt.

- ✔ Es werden Unterschiede zwischen zwei Gruppen herausgestellt, die eigentlich gar nicht vorhanden sind.

- ✔ Es wird gesagt, dass die Ergebnisse zwar eigentlich gar nicht wissenschaftlich seien, sie werden jedoch wie wissenschaftliche Ergebnisse präsentiert.

Um Fehler zu vermeiden, die häufig beim Ziehen von Schlussfolgerungen gemacht werden, gehen Sie wie folgt vor:

1. **Prüfen Sie, ob die Stichprobe korrekt ausgewählt wurde, und vergewissern Sie sich, dass die Schlussfolgerungen nicht über die Zielpopulation hinausgehen, die von der Stichprobe repräsentiert wird.**

2. **Achten Sie möglichst auf Haftungsausschlüsse, bevor Sie die Umfrageergebnisse lesen.**

   Auf diese Weise werden Sie weniger durch die Ergebnisse beeinflusst, die Sie lesen, falls die Ergebnisse nicht auf einer wissenschaftlichen Umfrage basieren. Nachdem Sie nun wissen, was eine wissenschaftliche Umfrage ist – der Begriff, den die Medien für genaue Umfragen ohne systematischen Fehler verwenden –, können Sie wissenschaftliche Kriterien anlegen, um zu beurteilen, ob die Umfrageergebnisse glaubwürdig sind.

3. **Achten Sie auf statistisch unzulässige Schlussfolgerungen.**

   Falls Unterschiede zwischen Gruppen auf der Basis von Umfrageergebnissen angegeben werden, sollten Sie sich vergewissern, dass die Differenz größer als die angegebene Fehlergrenze ist. Liegt der Unterschied innerhalb der Fehlergrenze, weichen die Stichprobenergebnisse per Zufall so stark voneinander ab, dass der so genannte »Unterschied« nicht auf die Grundgesamtheit generalisiert werden kann. (Mehr hierzu siehe Kapitel 14.)

4. **Blenden Sie alles aus, was mit »Die Ergebnisse sind zwar nicht wissenschaftlich, aber ...« beginnt.**

 Nun wissen Sie alles über Umfragen. Sie sollten die Beschränkungen kennen und vorsichtig mit Informationen umgehen, die aus Umfragen stammen, in denen die Beschränkungen nicht angemessen berücksichtigt werden. Schlechte Umfragen lassen sich schnell und preisgünstig durchführen, aber Sie erhalten, wofür Sie bezahlen. Bevor Sie die Ergebnisse einer Umfrage betrachten, sollten Sie prüfen, wie die Umfrage geplant und durchgeführt wurde, um die Qualität der Ergebnisse besser beurteilen zu können.

Experimente: Durchbrüche in der Medizin oder irreführende Ergebnisse?

In diesem Kapitel

▶ Die Beschränkungen von Beobachtungsstudien aufdecken

▶ Aufzeigen, wie Experimente funktionieren

▶ Auf irreführende Ergebnisse achten

Bei den Durchbrüchen in der Medizin scheint im heutigen Informationszeitalter ein reges Kommen und Gehen zu herrschen. An einem Tag hören Sie von einer viel versprechenden neuen Behandlung für eine Krankheit, nur um später herauszufinden, dass das Medikament in der letzten Stufe der Testphase die Erwartungen nicht erfüllte. Pharmaunternehmen bombardieren die Fernsehzuschauer mit Werbung für Arzneimittel, schicken Millionen von Menschen zu ihrem Arzt oder Apotheker, bei dem sie dann die neuesten Heilmittel für ihre Erkrankungen einfordern, obwohl sie nicht einmal wissen, um welche Art von Medikament es sich handelt. Jeder kann im Internet nach Informationen zu Erkrankungen oder Symptomen suchen und wird tonnenweise Material und Ratschläge finden. Aber was ist wirklich glaubwürdig? Und wie entscheiden Sie, welche Optionen am besten für Sie sind, falls Sie krank werden, sich einem chirurgischen Eingriff unterziehen müssen oder einen Unfall hatten?

In diesem Kapitel blicken Sie hinter die Kulissen von Experimenten, der treibenden Kraft von medizinischen Studien und anderen Formen von Untersuchungen, in denen Vergleiche angestellt werden – Vergleiche, in denen beispielsweise geprüft wird, welche Baumaterialien am besten geeignet sind, welche Softdrinks Jugendliche bevorzugen, welcher Geländewagen im Crash-Test am besten abschneidet usw. Bei den ganzen Schlagzeilen und gut klingenden Ratschlägen von »Experten«, die aus allen Richtungen kommen, müssen Sie Ihr gesamtes kritisches Denkvermögen aufwenden, um die widersprüchlichen Informationen auszuwerten, mit denen Sie regelmäßig konfrontiert werden.

Experimente und Beobachtungsstudien

Es gibt zwar viele Arten von Studien, sie lassen sich jedoch auf zwei Arten herunterkochen: Experimente und Beobachtungsstudien. Dieser Abschnitt zeigt auf, in welchen Punkten sich Experimente von anderen Studien unterscheiden.

Eine *Beobachtungsstudie* ist das, wonach es sich anhört: eine Studie, in der Wissenschaftler die Subjekte nur beobachten und die Daten aufzeichnen. Es findet keine Intervention statt, es gibt keine Beschränkung und die Studie wird nicht gesteuert. Ein *Experiment* ist eine Studie, in der Subjekte nicht in ihrer natürlichen Situation beobachtet werden, sondern in der man bewusst eine Behandlung in einer kontrollierten Situation anwenden und die Ergebnisse aufzeichnen kann.

Experimente unter die Lupe genommen

Das Ziel eines Experiments besteht darin, herauszufinden, ob eine bestimmte Behandlung eine Reaktionsänderung verursacht. (Das Wort, auf das es hier ankommt, ist »verursacht«.) Dazu wird im Experiment eine sehr genau gesteuerte Umgebung erzeugt – so gesteuert, dass die Wissenschaftler jeden einzelnen Faktor oder jede Faktorkombination benennen können, die eine Änderung in der Reaktion verursacht, und, falls dies der Fall ist, auch das Ausmaß ermitteln können, in dem die Beeinflussung stattfindet.

Um beispielsweise eine gesetzliche Zulassung für ein Medikament zu erhalten, führen Wissenschaftler des entsprechenden Pharmaunternehmens Experimente durch, mit denen sich ermitteln lässt, ob das Medikament hilft, den Blutdruck zu verringern, welche Dosis sich für verschiedene Arten von Patienten eignet, welche Nebeneffekte auftreten und in welchem Maß diese Nebeneffekte in jeder Patientenpopulation erscheinen.

Beobachtungsstudien unter Beobachtung

Beobachtungsstudien sind in bestimmten Situationen genau das Richtige. Die meisten Beobachtungsstudien sind Meinungsumfragen (siehe Kapitel 16). Wenn das Ziel einfach darin besteht, herauszufinden, was Menschen denken, oder darin, demografische Informationen wie das Geschlecht, das Alter oder das Einkommen zu erheben, sind Umfragen unschlagbar, so lange sie korrekt gestaltet sind und korrekt durchgeführt werden.

In anderen Situationen, wie z.B. wenn Ursache-Wirkungs-Beziehungen von Interesse sind (siehe Kapitel 18), eignen sich Beobachtungsstudien überhaupt nicht. Angenommen, Sie nahmen in der letzten Woche mehrere Vitamin-C-Tabletten ein. Sind Sie deshalb von der Erkältungswelle verschont geblieben, die momentan in Ihrer Firma umgeht? Vielleicht liegt es auch daran, dass Sie mehr geschlafen haben als sonst oder sich häufiger die Hände gewaschen haben, oder vielleicht hatten Sie einfach nur Glück. Wie können Sie bei so vielen Variablen sagen, weshalb die Erkältung ausgeblieben ist?

 Wenn Sie die Ergebnisse einer Studie betrachten, müssen Sie als Erstes prüfen, zu welchem Zweck die Studie durchgeführt wurde, und ob die Art der Studie dem Zweck angemessen ist. Wenn beispielsweise eine Beobachtungsstudie statt eines Experiments durchgeführt wurde, um eine Ursache-Wirkungs-Beziehung zu ermitteln (siehe Kapitel 18), sollten alle Schlussfolgerungen, die daraus gezogen wurden, sorgfältig geprüft werden.

Ethische Gesichtspunkte berücksichtigen

Bei Experimenten besteht das Problem, dass Versuchspläne nicht immer ethisch korrekt sind. Aus diesem Grund sind so viele Beweise erforderlich, um zu zeigen, dass Rauchen Lungenkrebs verursacht und warum die Tabakindustrie erst vor kurzem immense Geldstrafen an Opfer bezahlen musste. Sie können Testpersonen natürlich nicht zwingen, zu rauchen, um festzustellen, was mit ihnen passiert. Sie können lediglich Personen betrachten, die Lungenkrebs haben, und dann rückwirkend daraus schließen, welche *Faktoren* (Variablen, die untersucht werden) die Krankheit verursacht haben. Aber weil Sie die verschiedenen Faktoren, an denen Sie interessiert sind, nicht steuern können, lassen sich die genauen Ursachen nur schwer isolieren.

Die Ursachen für Krebs und andere Erkrankungen können zwar nicht mittels Experimenten an Menschen herausgefunden werden, sehr wohl ist es jedoch möglich, die Wirksamkeit von Behandlungen mittels Experimenten zu überprüfen. Medizinische Studien, die Experimente beinhalten, werden als *klinische Studien* bezeichnet.

 Umfragen und andere Beobachtungsstudien eignen sich hervorragend, wenn Sie etwas über die Meinung der Menschen erfahren, ihren Lebensstil erkunden oder demografische Variablen überprüfen wollen. Wenn Sie jedoch die Ursachen eines bestimmten Verhaltens oder einer Behandlung ermitteln wollen, eignen sich Experimente erheblich besser. Können Experimente nicht durchgeführt werden, weil dies unethisch, zu teuer oder aus anderen Gründen nicht machbar ist, können Sie eventuell mehrere Beobachtungsstudien durchführen, um verschiedene Faktoren zu überprüfen und zu einer entsprechenden Schlussfolgerung zu gelangen. (Mehr zu Ursache-Wirkungs-Beziehungen erfahren Sie in Kapitel 18.)

Gute Experimente planen

Wie ein Experiment gestaltet ist, kann darüber entscheiden, ob die Ergebnisse verwertet werden können oder ob sie keinerlei Aussagekraft haben. Weil die meisten Wissenschaftler ihre Experimente in prächtigen Farben beschreiben, müssen Sie selbst in der Lage sein, festzustellen, ob die Ergebnisse glaubwürdig sind.

Um die Glaubwürdigkeit eines Experiments zu ermitteln, prüfen Sie, ob das Experiment folgende Merkmale für ein gutes Experiment erfüllt:

1. **Die Stichprobe muss ausreichend groß sein, um genaue Ergebnisse zu ermöglichen.**
2. **Die Testpersonen müssen so ausgewählt werden, dass sie die Zielpopulation angemessen repräsentieren.**
3. **Die Testpersonen müssen der Test- und der Kontrollgruppe per Zufallsauswahl zugewiesen werden.**
4. **Der Einfluss von Störvariablen muss kontrolliert werden.**

5. Mit einer Doppelblindstudie können systematische Fehler vermieden werden.
6. Es werden nur taugliche Daten erhoben.
7. Es wird eine angemessene Datenanalyse durchgeführt.
8. Es werden keine Schlussfolgerungen gezogen, die über den beschränkten Rahmen der Studie hinausgehen.

In den folgenden Abschnitten werden diese Kriterien genauer erklärt und anhand von verschiedenen Beispielen veranschaulicht.

Die Stichprobengröße auswählen

Die Stichprobengröße beeinflusst die Genauigkeit der Ergebnisse. Je größer die Stichprobe ist, desto genauer sind die Ergebnisse und desto leistungsfähiger sind die statistischen Tests in Hinblick auf die Aufdeckung der Ergebnisse, sofern sie existieren. Mehr hierüber erfahren Sie in den Kapiteln 10 und 14.

Warum kleine Stichproben keine großen Schlüsse zulassen

Sie werden überrascht sein, wie viele Experimente Schlagzeilen machen, die eigentlich auf sehr kleinen Stichproben basieren. Dies ist ein Punkt, der Statistikern große Sorgen bereitet, die wissen, dass Stichproben ausreichend groß sein müssen, – größer oder gleich 30, siehe Kapitel 10 –, um die Aufdeckung von Unterschieden zwischen Gruppen zu ermöglichen. Wenn auf der Basis kleiner Stichproben große Schlüsse gezogen werden, haben die Wissenschaftler entweder keinen passenden Hypothesentest eingesetzt, um ihre Daten zu analysieren – sie hätten die t- statt einer Z-Verteilung verwenden sollen –, oder die Unterschiede waren so groß, dass sie bereits anhand einer kleinen Stichprobe deutlich wurden. Letzteres ist jedoch in der Regel nicht der Fall.

Seien Sie vorsichtig bei signifikanten Ergebnissen, die auf kleinen Stichproben basieren – insbesondere bei Stichproben mit weniger als 30 Testpersonen. Falls die Ergebnisse wichtig für Sie sind, sollten Sie sich um einen vollständigen Bericht über die Studie bemühen und nachsehen, welche Art von Datenanalyse auf die Daten angewendet wurde. Werfen Sie außerdem einen Blick auf die Zusammensetzung der Stichprobe, um festzustellen, ob die Stichprobe tatsächlich die Grundgesamtheit abbildet, über die die Wissenschaftler Schlüsse ziehen.

Die Definition der Stichprobengröße überprüfen

Wenn Sie Fragen zur Stichprobengröße stellen, müssen Sie genau angeben, was Sie damit meinen. Sie können sich beispielsweise erkundigen, wie viele Personen für die Teilnahme an der Studie ausgewählt wurden und wie viele Personen dann tatsächlich an der Studie teilgenommen haben. Diese beiden Zahlen können sich stark unterscheiden. Stellen Sie sicher, dass

17 ➤ Durchbrüche in der Medizin oder irreführende Ergebnisse?

die Wissenschaftler alle Fälle erklären können, in denen die Testpersonen sich entschieden, das Experiment abzubrechen oder das Experiment abzuschließen.

In der *New York Times* war ein Artikel mit dem Titel »Marihuana schafft Erleichterung bei Krebstherapie« zu lesen, in dem Marihuana als »weitaus effektiver« als jedes andere Medikament beschrieben wurde, um Erleichterung bei Nebeneffekten der Chemotherapie zu schaffen. Wenn Sie in die Details gehen, stellen Sie fest, dass die Ergebnisse auf nur 29 Patienten basieren, von denen 15 Patienten mit Marihuana behandelt wurden und 14 Patienten mit einem Placebo. Um die Verwirrung noch zu steigern, stellt sich heraus, dass nur 12 der 15 Personen aus der Testgruppe die Studie tatsächlich abgeschlossen haben. Was ist mit den drei anderen Testpersonen passiert?

 Manchmal ziehen Wissenschaftler ihre Schlüsse lediglich auf der Basis von den Testpersonen, die die Studie abgeschlossen haben. Dies kann irreführend sein, weil die Daten keine Informationen über die Personen beinhalten, die die Studie abgebrochen haben. Dadurch kann es zu einer Verzerrung der Ergebnisse kommen. Weitere Informationen dazu, wie groß die Stichprobe sein muss, um einen gewissen Grad an Genauigkeit zu erzielen, lesen Sie in Kapitel 12.

 Genauigkeit allein reicht nicht aus, um »gute« Daten zu erhalten. Sie müssen auch darauf achten, dass sich bei der Auswahl der Stichprobe keine systematischen Fehler einschleichen, die zu einer Verzerrung der Ergebnisse führen (siehe Kapitel 3 für weitere Angaben zur Auswahl von Zufallsstichproben).

Wahl der Testpersonen

Der erste Schritt beim Design eines Experiments besteht in der Auswahl der Stichprobe. Die Personen, die an einem wissenschaftlichen Experiment teilnehmen, werden als Testpersonen bezeichnet. Im Idealfall werden die Testpersonen per Zufallsauswahl aus der entsprechenden Grundgesamtheit ausgewählt. In den meisten Fällen ist dies jedoch nicht machbar. Nehmen Sie beispielsweise an, eine Gruppe von Wissenschaftlern möchte ein neues Verfahren der Laserchirurgie an Kurzsichtigen testen. Die Wissenschaftler benötigen eine Zufallsstichprobe an Testpersonen. Deshalb wählen sie zunächst per Zufallsauswahl verschiedene Augenärzte aus der gesamten Republik und dann per Zufallsauswahl kurzsichtige Patienten aus deren Karteien aus. Sie rufen die ausgewählten Personen an und teilen ihnen mit, dass sie gerade eine neue Form der Laseroperation für Kurzsichtige testen, und dass sie per Zufallsauswahl als Teilnehmer an der Studie ausgewählt wurden. Die Forscher wollen nun wissen, welcher Termin Ihnen für die Operation passen würde.

Etwas sagt mir, dass diese Vorgehensweise nicht von Erfolg gekrönt sein wird, wobei es sicher Leute geben wird, die die Gelegenheit nutzen, sich dieser Operation kostenlos unterziehen zu können. Was hier deutlich gemacht werden soll, ist, dass es in der Regel schwieriger ist, Personen zur Teilnahme an einem Experiment zu bewegen als zur Teilnahme an einer Umfrage.

Freiwillige Testpersonen

Um Testpersonen für Experimente zu finden, geben Wissenschaftler häufig Anzeigen auf, in denen sie nach freiwilligen Testpersonen suchen und ihnen Anreize wie Geld, eine kostenlose Behandlung oder eine Nachbehandlung für die Teilnahme am Experiment anbieten. Medizinische Forschung an Menschen ist kompliziert und schwierig, aber sie ist notwendig, um festzustellen, ob eine Behandlung wirkt, wie sie wirkt, wie die Dosierung ausfallen sollte und welche Nebeneffekte auftreten. Um die richtige Behandlung und Dosis wählen zu können, sind Ärzte und Patienten abhängig davon, dass die Studien für die Allgemeinheit repräsentativ sind. Um solche repräsentativen Testpersonen zu rekrutieren, müssen Wissenschaftler breit angelegte Werbekampagnen durchführen und genügend Teilnehmer mit einer ausreichenden Menge an Merkmalen auswählen, um einen Querschnitt der Bevölkerung zu erhalten, der die Behandlung in Zukunft verordnet werden soll.

Das Bundesministerium für Bildung und Forschung stellt in einer eigenen Website unter www.gesundheitsforschung-bmbf.de/foerderung aktuelle Informationen zur Durchführung klinischer Studien bereit.

Zufällige Zuweisung der Testpersonen zu den Versuchsgruppen

Nachdem die Stichprobe ausgewählt wurde, müssen die Wissenschaftler die Testpersonen in verschiedene Gruppen aufteilen. Die Testpersonen werden entweder der *Therapiegruppe* zugewiesen, die das Medikament oder die Behandlung in verschiedenen Dosierungen erhält, oder der *Kontrollgruppe*, die entweder keine Behandlung erhält oder eine Behandlung mit einem Placebo.

Bedeutung der Zufallszuweisung

Angenommen, ein Wissenschaftler möchte ermitteln, wie sich körperliche Ertüchtigung auf die Herzfrequenz auswirkt. Die Testpersonen aus der Therapiegruppe müssen zehn Kilometer laufen. Vor und nach dem Laufen wird ihre Herzfrequenz gemessen. Die Testpersonen aus der Kontrollgruppe bleiben hingegen die ganze Zeit auf der Couch sitzen und sehen sich Wiederholungen von *Die Simpsons* an. In welcher Gruppe wollten Sie lieber sein? Es gibt natürlich Gesundheitsfanatiker, die sich freiwillig für die Therapiegruppe melden. Wenn Sie jedoch nicht verrückt danach sind, zehn Kilometer zu laufen, werden Sie lieber auf der Couch abhängen und sich für die Kontrollgruppe melden. (Vielleicht hassen Sie *Die Simpsons* aber auch so sehr, dass Sie lieber zehn Kilometer laufen, als sich eine Folge von ihnen anzusehen.) Welche Auswirkungen hat dies auf die Ergebnisse der Studie? Wenn sich nur Gesundheitsfanatiker freiwillig für die Therapiegruppe melden, die sehr wahrscheinlich sowieso eine hervorragende Herzfrequenz haben, misst der Wissenschaftler nur die Auswirkung der Behandlung auf sehr gesunde und aktive Personen. Er weiß nicht, wie sich ein 10-km-Lauf auf die Herzfrequenz von Stubenhockern auswirkt. Diese nicht per Zufall gesteuerte Zuweisung der Testpersonen zur Therapie- und zur Kontrollgruppe könnte sich enorm auf die Schlussfolgerungen auswirken, die aus der Studie gezogen werden.

Um systematische Fehler in den Ergebnissen eines Experiments zu vermeiden, müssen die Testpersonen der Therapie- und der Kontrollgruppe per Zufallsauswahl zugewiesen werden. Daran sollten Sie immer denken, wenn Sie die Ergebnisse eines Experiments beurteilen.

Den Placebo-Effekt berücksichtigen

Mit einer vorgetäuschten Behandlung wird der so genannte Placebo-Effekt berücksichtigt. Der *Placebo-Effekt* beschreibt Reaktionen, die Personen zeigen, die glauben, eine bestimmte Art von »Behandlung« zu erhalten, obwohl die Behandlung nur vorgetäuscht ist. Mehr hierzu in Kapitel 3.

Wenn Sie in einer Zeitschrift auf eine Werbeanzeige für ein Medikament stoßen, sollten Sie das Kleingedruckte lesen. Häufig sehen Sie eine Tabelle, in der die Nebeneffekte aufgelistet werden, die in der Therapiegruppe im Vergleich zur Kontrollgruppe aufgetreten sind. Wenn die Kontrollgruppe mit einem Placebo behandelt wurde, erwarten Sie sehr wahrscheinlich, dass keine Nebeneffekte auftreten. Damit liegen Sie jedoch falsch. Von Placebo-Gruppen werden häufig Nebeneffekte mit Prozentsätzen berichtet, die relativ hoch zu sein scheinen. Das liegt daran, dass das Gehirn den Testpersonen einen Streich spielt. Wenn Sie bei der Überprüfung der Nebeneffekte fair sein wollen, müssen Sie auch die Nebeneffekte berücksichtigen, die in der Kontrollgruppe aufgetreten sind – Nebeneffekte, die durch den Placebo-Effekt verursacht wurden.

In einigen Fällen, wie z.B. bei Personen mit schwerwiegenden Erkrankungen, wirkt die Option der vorgetäuschten Behandlung unethisch. 1997 wurde die US-Regierung hart angegriffen, weil sie eine HIV-Studie finanzierte, in der die Dosierung eines Medikaments namens AZT überprüft werden sollte, das das Risiko der Übertragung von HIV von infizierten Schwangeren auf ihre Babys um zwei Drittel reduzieren sollte. Diese spezielle Studie, an der 12.000 HIV-infizierte Schwangere aus Afrika, Thailand und der Dominikanischen Republik teilnahmen, hatte ein etwas makaberes Design. Die Wissenschaftler verabreichten das Medikament nur an die Hälfte der Frauen. Die andere Hälfte wurde hingegen mit Zuckerpillen behandelt. Hätte die US-Regierung gewusst, dass der Hälfte der Frauen ein Placebo verabreicht wurde, wäre die HIV-Studie bestimmt nicht finanziert worden.

Normalerweise wird in Situationen, in denen ethische Gründe eine vorgetäuschte Behandlung verbieten, die neue Behandlung mit einer bereits üblichen Behandlung oder mit einer Standardbehandlung verglichen, die als wirksam gilt. Haben die Wissenschaftler genügend Daten gesammelt, um festzustellen, ob die neue Behandlung wirksamer ist als die bisherige, wird das Experiment in der Regel gestoppt und alle Patienten erhalten aus ethischen Gründen die bessere Behandlung.

 Bei der Überprüfung von Ergebnissen eines Experiments sollten Sie sich vergewissern, dass eine Therapie- mit einer Kontrollgruppe verglichen wurde, um sicherzustellen, dass die Erfahrungen der Therapiegruppe über die der Kontrollgruppe hinausgehen. Die Kontrollgruppe sollte je nach Situation entweder eine vorgetäuschte oder eine Standardbehandlung erhalten.

Störvariablen ausschalten

Angenommen, Sie nehmen an einer klinischen Studie teil, in der Faktoren untersucht werden, die beeinflussen, ob Sie sich erkälten oder nicht. Falls ein Wissenschaftler nur aufzeichnet, ob Sie sich in einem bestimmten Zeitraum erkältet haben oder nicht, und Ihnen Fragen zu Ihrem Verhalten stellt, z.B. wie häufig Sie sich täglich die Hände wuschen oder wie viele Stunden Sie nachts schliefen, führt der Wissenschaftler lediglich eine Beobachtungsstudie durch. Das Problem bei dieser Art von Beobachtungsstudie besteht darin, dass ohne die Steuerung von Faktoren, die möglicherweise einen Einfluss gehabt haben könnten, und ohne die Steuerung von Handlungen keine Möglichkeit besteht, genau zu sagen, welche der Handlungen für das Ergebnis verantwortlich ist – falls das Ergebnis nicht sowieso nur Zufall war.

Beobachtungsstudien sind hauptsächlich deswegen beschränkt, weil sie wegen der so genannten Störvariablen keine Ursache-Wirkungs-Beziehungen aufdecken können. Eine *Störvariable* ist eine Variable oder ein Faktor, der in der Studie nicht kontrolliert wurde, der sich jedoch möglicherweise auf die Ergebnisse ausgewirkt hat.

In der Überschrift eines Zeitungsartikels wurde beispielsweise behauptet »Studie zeigt: Ältere Mütter leben länger«. Im ersten Absatz wurde behauptet, dass Frauen, die ihr erstes Kind nach Erlangung des 40. Lebensjahrs bekommen, bessere Chancen haben, 100 Jahre alt zu werden, als Frauen, die schon sehr früh ein Kind bekommen. Bei näherer Betrachtung zeigt sich, dass in der 1996 durchgeführten Studie 78 mindestens 100-jährige Frauen aus Vororten in Boston, USA, mit 54 Frauen verglichen wurden, die im gleichen Jahr geboren wurden wie die Personen aus der Testgruppe, nämlich im Jahr 1896, die jedoch im Jahr 1969 starben (das früheste Jahr, für das die Wissenschaftler digitalisierte Sterbedaten finden konnten). Die Testpersonen aus der genannten »Kontrollgruppe« wurden genau 73 Jahre alt. Von den Frauen, die mindestens 100 Jahre alt wurden, bekamen 19% nach ihrem 40. Lebensjahr ein Baby, wohingegen nur 5,5% der Frauen, die bereits mit 73 starben, erst nach ihrem 40. Lebensjahr ein Kind bekamen.

Ich habe mit diesen Schlussfolgerungen ein echtes Problem. Was ist mit der Tatsache, dass die »Kontrollgruppe« nur aus Müttern bestand, die 1969 im Alter von 73 Jahren starben? Was ist mit all den Müttern, die vor ihrem 73. Lebensjahr starben oder die im Alter zwischen 73 und 100 Jahren starben? Möglicherweise enthielt die Kontrollgruppe Frauen, zwischen denen es irgendeine Verbindung gab. Möglicherweise sorgte diese Verbindung dafür, dass viele von ihnen im selben Jahr starben. Und möglicherweise hängt diese Verbindung damit zusammen, warum die Mütter früher Kinder bekamen. Wer weiß das schon? Wie sieht es mit anderen Variablen aus, die möglicherweise das Alter der Mütter bei der Geburt ihrer Kinder und ihre

Lebenserwartung beeinflusst haben könnte – Variablen wie der finanzielle Status, die Stabilität der Ehe oder sozioökonomische Faktoren? Die Frauen in der Studie waren während der großen Depression in den USA 33 Jahre alt. Dies könnte sowohl ihre Lebensdauer als auch die Tatsache beeinflusst haben, ob und wann sie Kinder hatten.

Wie behandeln Wissenschaftler Störvariablen? Das Zauberwort heißt »Kontrolle«. Sie kontrollieren so viele Störvariablen, dass sie Vorhersagen machen können. In Experimenten, bei denen Menschen untersucht werden, müssen Wissenschaftler gegen zahlreiche Störvariablen ankämpfen. In einer Studie, in der untersucht werden soll, wie sich verschiedene Arten von Musik auf das Kaufverhalten der Kunden eines Supermarktes auswirken (ja, Wissenschaftler machen sich tatsächlich über so etwas Gedanken), müssen die Wissenschaftler so viele Störvariablen wie möglich vorhersehen und kontrollieren. Welche anderen Faktoren neben der Lautstärke und der Art der Musik könnten die Zeitdauer beeinflussen, die Kunden in einem Supermarkt verbringen? Mir fallen da gleich sieben Faktoren ein: das Geschlecht, das Alter, die Tageszeit, ob der Kunde Kinder bei sich hat, wie viel Geld der Kunde zur Verfügung hat, wie sauber und einladend der Supermarkt ist und wie nett die Mitarbeiter des Supermarktes sind und – jetzt kommt das Wichtigste – was das Motiv des Einkaufs ist, das heißt, wird ein Einkauf für die ganze Woche erledigt oder will der Kunde sich nur rasch eine Tüte Milch besorgen?

Wie können Wissenschaftler so viele mögliche Störfaktoren kontrollieren? Einige von ihnen können leicht im Design der Studie berücksichtigt werden, wie z.B. die Tageszeit, der Wochentag oder der Grund für den Einkauf. Andere Faktoren hingegen wie z.B. die Wahrnehmung des Supermarktes, hängen vollständig von den untersuchten Personen ab. Die äußerstmögliche Form der Kontrolle dieser personenbezogenen Störvariablen besteht darin, mit Personenpaaren zu arbeiten, die in wichtigen Variablen übereinstimmen oder einfach dieselbe Person zweimal als Testperson zu benutzen: Mehr zu solchen gepaarten Studien erfahren Sie in Kapitel 14.

Bevor Sie einer medizinischen Schlagzeile – oder einer Schlagzeile überhaupt – Glauben schenken, sollten Sie prüfen, wie die Studie durchgeführt wurde. In Beobachtungsstudien lassen sich Störvariablen nicht kontrollieren. Deshalb sind die Ergebnisse statistisch nicht so bedeutsam wie die Ergebnisse eines gut geplanten Experiments. In Fällen, in denen Experimente nicht durchführbar sind – schließlich kann Sie niemand zwingen, ein Baby vor oder nach Ihrem 40. Lebensjahr zu bekommen –, sollten Sie überprüfen, ob die Beobachtungsstudie auf einer ausreichend großen Stichprobe basiert, die einen Querschnitt der Grundgesamtheit repräsentiert, die untersucht werden soll.

Doppelblindstudien

In die Kategorie der geplanten Experimente fallen die so genannten Doppelblindstudien. *Doppelblind* bedeutet, dass weder die Testpersonen noch die Wissenschaftler wissen, wer welche Behandlung erhält und wer in der Kontrollgruppe ist. Die Testpersonen dürfen nicht wissen, welche Behandlung sie erhalten, damit der Placebo-Effekt gemessen werden kann. Aber warum sollte vermieden werden, dass die Wissenschaftler wissen, wer welche Behandlung erhält? Damit die Wissenschaftler die Testpersonen nicht anders behandeln, weil sie bestimmte Reaktionen bei den Teilnehmern einer Gruppe erwarten oder auch nicht. Wenn ein Wissenschaftler beispielsweise weiß, dass Sie in der Therapiegruppe der Studie zu den Nebeneffekten eines neuen Medikaments sind, erwartet er vielleicht, dass Sie krank werden, und achtet mehr darauf, als wenn er wüsste, dass Sie in der Kontrollgruppe sind. Dies kann zu systematischen Fehlern in den Ergebnissen und zu irreführenden Ergebnissen führen.

Wenn der Wissenschaftler weiß, wer welche Behandlung erhielt, die Testpersonen jedoch nicht, wird die Studie als *Blindstudie* bezeichnet. Blindstudien sind besser als nichts, Doppelblindstudien sind jedoch besser. Falls Sie sich jetzt wundern: In einer Doppelblindstudie weiß *keiner*, wer welche Behandlung erhielt. Bleiben Sie ruhig! In der Regel kümmert sich um diesen Part ein Mitarbeiter einer dritten Partei.

Wenn Sie ein Experiment analysieren, sollten Sie darauf achten, ob es sich um eine Doppelblindstudie handelt. Falls nicht, sind die Ergebnisse möglicherweise verzerrt.

»Gute« Daten sammeln

Was sind »gute« Daten? Statistiker bewerten die Qualität mit drei Kriterien. Jedes der Kriterien hängt allerdings sehr stark mit der Qualität des Messinstruments zusammen, das für die Datenerhebung verwendet wird.

Um zu entscheiden, ob Sie es bei den Daten aus einem Experiment mit »guten« Daten zu tun haben, achten Sie auf folgende Merkmale:

✔ **Zuverlässigkeit (die Ergebnisse lassen sich in nachfolgenden Messungen wiederholen):** Viele Badezimmerthermometer liefern unzuverlässige Daten. Wenn Sie den Angaben nicht glauben, verlassen Sie das Badezimmer, und wenn Sie anschließend zurückkommen, zeigt das Thermometer eine völlig andere Temperatur an.

Der Punkt ist, dass unzuverlässige Daten von unzuverlässigen Instrumenten stammen. Bei den Instrumenten kann es sich um Thermometer, aber auch um immaterielle Messinstrumente wie die Fragen in einer Umfrage handeln, die unzuverlässige Ergebnisse hervorbringen können, wenn es sich um Suggestivfragen handelt. (Mehr hierzu in Kapitel 16.)

Finden Sie heraus, wie die Daten erhoben wurden, wenn Sie die Ergebnisse eines Experiments überprüfen. Sind die Messinstrumente unzuverlässig, könnten auch die Daten ungenau sein.

✔ **Ohne Bias (die Daten enthalten keine systematischen Fehler, die die wahren Werte nach oben oder unten verzerren):** Daten mit Bias sind Daten, die das wahre Ergebnis systematisch über- oder untertreiben. Ein Bias kann beim Design oder der Implementierung einer Studie fast überall auftreten. Er kann durch schlechte Messinstrumente wie das Badezimmerthermometer oder durch Suggestivfragen in Fragebogen verursacht werden, die die Teilnehmer in eine bestimmte Richtung drängen, oder durch Wissenschaftler, die wissen, welche Behandlung jede Testperson erhält und voreingenommene Erwartungen haben.

Der Bias ist sehr wahrscheinlich das größte Problem in Bezug auf die Güte der Daten – und auch das Schlimmste, denn er lässt sich kaum messen. (Die Fehlergrenze bemisst den Bias beispielsweise nicht. Mehr zur Fehlergrenze erfahren Sie in Kapitel 10.) Die Schritte, die Sie unternehmen können, um den Bias zu minimieren, werden in Kapitel 16 ausführlich beschrieben.

Denken Sie daran, dass ein Bias (systematischer Fehler) in allen Phasen des Designs und der Implementierung einer Studie ins Spiel kommen kann, und behalten Sie dies bei der Bewertung der Studie immer im Auge. Wenn eine Studie einen starken Bias aufweist, haben die Ergebnisse keine Aussagekraft.

✔ **Gültigkeit (die Daten messen, was sie messen sollen):** Um die Gültigkeit von Daten überprüfen zu können, müssen Sie einen Schritt zurücktreten und das Gesamtbild betrachten. Sie müssen sich die Frage stellen, ob diese Daten wirklich messen, was sie messen sollten. Oder hätten die Wissenschaftler völlig andere Daten sammeln sollen? Es ist sehr wichtig, dass das Messinstrument angemessen ist. Wenn Sie beispielsweise Schüler zu ihren Mathematiknoten befragen, erhalten Sie möglicherweise kein gültiges Maß für die tatsächlichen Noten. Daten mit mehr Gültigkeit erhielten Sie beispielsweise dadurch, dass Sie sich eine Zeugniskopie jedes Schülers besorgen. Die Anzahl der Verbrechen hat zur Bemessung der Verbreitung der Kriminalität keine große Gültigkeit. Die *Kriminalitätsrate*, d.h. die Anzahl der Verbrechen pro Kopf, eignet sich wesentlich besser.

Bevor Sie die Ergebnisse eines Experiments akzeptieren, sollten Sie herausfinden, welche Daten erhoben wurden und wie sie erhoben wurden. Vergewissern Sie sich, dass die erhobenen Daten dem Zweck der Studie angemessen sind.

Die Daten angemessen analysieren

Nachdem die Daten erhoben wurden, werden sie in eine magische Kiste namens *Statistische Analyse* gesteckt. Die Wahl der Analysemethode ist in Bezug auf die Qualität der Ergebnisse genau so wichtig wie alle anderen Aspekte einer Studie. Eine angemessene Analyse sollte im Voraus, d.h. bereits während der Designphase des Experiments geplant werden. Auf diese Weise lässt sich verhindern, dass Sie, nachdem Sie die Daten erhoben haben, bei der Datenanalyse auf größere Probleme stoßen.

Bei der Auswahl der passenden Analysemethode sollten Sie sich fragen, ob Sie mit den Ergebnissen der Analyse die Fragen beantworten können, für die Sie die Studie überhaupt durchgeführt haben. Ist dies nicht der Fall, eignet sich die Analyse nicht.

Zu den wichtigsten Arten statistischer Analysen gehören die Konfidenzintervalle, die eingesetzt werden, wenn ein Parameter in der Grundgesamtheit oder der Unterschied zwischen zwei Grundgesamtheiten geschätzt werden soll, bei Hypothesentests, die eingesetzt werden, um zu prüfen, ob eine Behauptung über eine oder zwei Grundgesamtheiten zulässig ist, wie z.B. die Behauptung, dass ein Medikament effektiver ist als ein anderes, und die Korrelations- und Regressionsanalyse, die eingesetzt wird, wenn Sie zeigen wollen, ob und wie eine Variable Veränderungen in einer anderen Variablen verursachen kann. Siehe die Kapitel 13, 15 und 18 für weitere Einzelheiten zu Analysearten.

Wenn Sie sich entscheiden, wie Sie Ihre Daten analysieren wollen, müssen Sie sicherstellen, dass die Analyse auf Ihre Daten angewendet werden kann. Wenn Sie beispielsweise eine Therapiegruppe mit einer Kontrollgruppe in Bezug auf den Gewichtsverlust vergleichen wollen, der durch eine neue Diät hervorgerufen wird, müssen Sie Daten über den Gewichtsverlust sammeln und nicht nur das Gewicht der Person am Ende der Studie.

Angemessene Schlüsse ziehen

Meiner Meinung nach liegt die größte Fehlerquelle in den Schlüssen begründet, die Wissenschaftler aus ihren Daten ziehen. Dazu gehören die folgenden Probleme:

✔ Überbewertung der Ergebnisse

✔ Es werden Verbindungen hergestellt und Erklärungen abgegeben, die nicht von den Daten gestützt werden

✔ Verallgemeinerung der Ergebnisse auf eine Grundgesamtheit, die nicht Gegenstand der Studie war

Diese Probleme werden nachfolgend ausführlicher beschrieben.

Überbewertung der Ergebnisse

In den Schlagzeilen der Medien werden wissenschaftliche Ergebnisse sehr häufig überbewertet. Wenn Sie eine Schlagzeile lesen oder anderweitig von einer Studie hören, sollten Sie Details darüber herausfinden, wie die Studie genau durchgeführt wurde und welche Schlussfolgerungen genau gezogen wurden.

In Presseerklärungen werden Ergebnisse häufig ebenfalls übertrieben. In einer aktuellen Presseerklärung des amerikanischen Nationalen Instituts für Drogenmissbrauch behaupteten Wissenschaftler beispielsweise, dass der Ecstasy-Missbrauch zwischen 2001 und 2002 zurückgegangen sei. Wenn Sie sich die Ergebnisse genauer ansehen, stellen Sie fest, dass der Prozentsatz der Jugendlichen in der Stichprobe, die ausgesagt haben, Ecstasy einzunehmen, im Jahr 2002 geringer war als im Jahr 2001, dass der Unterschied jedoch statistisch nicht bedeutsam war. Sie stellen weiter fest, dass die Anzahl der Jugendlichen, die Ecstasy einnahmen, im Jahr 2002 zwar zurückgegangen ist, dass der Unterschied jedoch nicht groß genug war, um

17 ➤ Durchbrüche in der Medizin oder irreführende Ergebnisse?

von mehr als einer zufälligen Abweichung von Stichprobe zu Stichprobe zu sprechen. (Siehe Kapitel 14 für weitere Informationen zur statistischen Signifikanz.)

In Schlagzeilen von Zeitungen und in Presseerklärungen werden die Ergebnisse von Studien häufig übertrieben dargestellt. Bedeutsame Ergebnisse, spektakuläre Funde und wichtige wissenschaftliche Durchbrüche bestimmen heutzutage die Nachrichten, und Journalisten und andere Presseleute sind ständig auf der Suche nach berichtenswerten und weniger berichtenswerten Nachrichten. Wie können Sie herausfinden, ob es sich um eine Übertreibung handelt? Am besten lesen Sie das Kleingedruckte.

Schlüsse ziehen, die nicht von den Daten gestützt werden

Eine Studie, die das Alter, in dem Frauen Kinder bekommen, mit der Lebenserwartung in Verbindung bringt, veranschaulicht einen weiteren wichtigen Punkt, den Sie bei Forschungsergebnissen berücksichtigen müssen. Bedeutet diese Studie wirklich, dass Frauen, die erst später Kinder bekommen, länger leben? Die Wissenschaftler meinten, nein. Ihre Erklärung für die Ergebnisse bestand darin, dass die Tatsache, dass die Frauen erst später ein Baby bekamen, etwas mit ihrer biologischen Uhr zu tun habe, die sehr wahrscheinlich langsamer liefe und die möglicherweise zu einer Verlangsamung des Alterungsprozesses führt.

Meine Frage an diese Wissenschaftler lautet nun, warum sie dann nicht diesen Punkt untersucht haben, anstatt lediglich das Alter zu betrachten? Ich kann keine Daten in dieser Studie entdecken, die den Schluss nahe legen würden, dass Frauen, die erst mit 40 oder später ein Baby bekommen, langsamer altern würden als andere Frauen. Aus meiner Sicht war die Schlussfolgerung, die die Wissenschaftler gezogen haben, nicht korrekt. Die Wissenschaftler hätten klar herausstellen müssen, dass diese Betrachtungsweise lediglich eine Theorie ist und näher untersucht werden muss. Basierend auf den Daten dieser Studie wirkt die Theorie der Wissenschaftler jedoch eher wie ein Aberglaube. (Aber da ich jedoch selbst zur Gruppe der älteren Frauen gehöre, hoffe ich natürlich das Beste!)

In Presseerklärungen und in Zeitungsartikeln geben Wissenschaftler häufig Erklärungen darüber ab, warum sie glauben, dass die Ergebnisse in der Studie ausfielen, wie sie ausfielen, und welche Auswirkungen dies auf die Gesellschaft hat. (Möglicherweise handelte es sich nur um Antworten auf Fragen von Journalisten, und am Ende blieb nur das Zitat des Wissenschaftlers übrig.) Viele dieser nachträglichen Erklärungen der Fakten sind lediglich Theorien, die noch getestet werden müssen. In solchen Fällen sollten Sie mit den Schlussfolgerungen und Erklärungen, die von den Wissenschaftlern gezogen wurden, sehr vorsichtig umgehen, da sie nicht von Daten unterstützt werden.

Unangemessene Verallgemeinerung der Ergebnisse

Sie können nur Schlüsse über die Grundgesamtheit ziehen, die von Ihrer Stichprobe repräsentiert wird. Wenn Ihre Stichprobe nur Männer enthält, können Sie keine Schlüsse über Frauen ziehen. Wenn Ihre Stichprobe aus gesunden jungen Leuten besteht, können Sie die

Ergebnisse nicht auf die Gesamtbevölkerung übertragen. Aber viele Wissenschaftler versuchen genau das. Es handelt sich dabei um eine weit verbreitete Praxis, die irreführende Ergebnisse mit sich bringen kann. Seien Sie davor auf der Hut!

Ob die Schlussfolgerungen von Wissenschaftlern der Sache gerecht werden, können Sie wie folgt feststellen:

- ✔ Finden Sie heraus, was die Zielpopulation ist, das heißt, die Gruppe, über die ein Wissenschaftler Schlüsse ziehen will.

- ✔ Finden Sie heraus, wie die Stichprobe ausgewählt wurde und ob die Stichprobe repräsentativ für die Zielpopulation ist – und nicht etwa für eine enger definierte Zielpopulation.

- ✔ Prüfen Sie die Schlussfolgerungen, die von den Wissenschaftlern gezogen wurden. Vergewissern Sie sich, ob versucht wurde, die Ergebnisse auf eine breitere Grundgesamtheit anzuwenden, als die Stichprobe tatsächlich abdeckt.

Experimente sachkundig beurteilen

Nur weil jemand sagt, er habe eine »wissenschaftliche Studie« durchgeführt, heißt das noch lange nicht, dass die Studie auch korrekt durchgeführt wurde und dass die Ergebnisse glaubwürdig sind. Leider bin ich in meiner Tätigkeit als statistische Beraterin schon auf allzu viele mangelhafte Studien gestoßen. Das Schlimmste ist, dass bei Studien, die Mängel aufweisen, nicht anderes getan werden kann, als die Ergebnisse zu ignorieren – und genau das müssen Sie tun.

Hier noch ein paar Tipps, die Ihnen helfen, sachkundig zu entscheiden, ob die Ergebnisse eines Experiments glaubwürdig sind.

- ✔ Wenn Sie das Ergebnis einer Studie erstmals sehen oder davon hören, sollten Sie möglichst alles aufschreiben, was Sie gehört haben, wo Sie es gehört haben und welche Hauptergebnisse herausgekommen sind. (Ich habe für alle Fälle immer einen Stift in der Tasche.)

- ✔ Verfolgen Sie die Studie zu ihren Quellen, bis Sie diejenigen gefunden habe, von denen die Studie durchgeführt wurde. Bitten Sie diese Personen dann um ein Exemplar des Berichts.

- ✔ Gehen Sie den Bericht oder Artikel durch und bewerten Sie das Experiment gemäß der acht Schritte für ein gutes Experiment, die in diesem Kapitel vorgestellt wurden.

- ✔ Prüfen Sie die Schlussfolgerungen aus dem Experiment sorgfältig. Viele Wissenschaftler neigen dazu, ihre Ergebnisse überzubewerten, und sie ziehen Schlüsse, die nicht von ihren Daten unterstützt werden, oder versuchen, ihre Ergebnisse auf eine Grundgesamtheit anzuwenden, die sie gar nicht untersucht haben.

- ✔ Haben Sie keine Scheu, die Wissenschaftler oder sogar Ihre eigenen Experten zu hinterfragen. Wenn Sie beispielsweise eine Frage zu einer medizinischen Studie haben, fragen Sie Ihren Arzt. Er wird sicher froh sein, einen gut informierten Patienten vor sich zu haben.

Die Suche nach dem Zusammenhang: Korrelationen und andere Verbindungen

In diesem Kapitel

▶ Einführung in die Statistik der Zusammenhänge

▶ Unterscheidung zwischen Assoziationen, Korrelationen und Kausalzusammenhängen

▶ Vorhersagen auf der Basis bekannter Zusammenhänge

▶ Irreführende Ergebnisse

Heute scheint jeder von seinen neuesten Zusammenhängen, Korrelationen und anderen Verbindungen zu berichten, die er gefunden hat. Viele dieser Zusammenhänge stammen aus der medizinischen Forschung. Die Aufgabe von medizinischen Forschern besteht darin, Ihnen zu sagen, was Sie tun oder unterlassen sollten, um länger oder gesünder zu leben.

Nachfolgend sehen Sie einige aktuelle Nachrichten der amerikanischen Gesundheitsbehörde NIH (National Institutes of Health):

✔ Sitzende Tätigkeiten wie Fernsehen führen bei Frauen zu Fettleibigkeit und einem erhöhten Diabetesrisiko.

✔ Es besteht eine umgekehrte Beziehung zwischen dem Ausdruck von Ärger und dem Herzinfarktrisiko. (Bei denjenigen, die Ärger zum Ausdruck bringen, besteht ein geringeres Risiko.)

✔ Ein geringer oder mittlerer Alkoholkonsum reduziert bei Männern das Risiko für Herzerkrankungen.

✔ Die sofortige Behandlung hilft, das Fortschreiten des grünen Stars zu verzögern.

Reporter lieben es, über die neuesten Verbindungen zu berichten, weil sie damit große Schlagzeilen machen können. In einigen Fällen scheinen sich die Empfehlungen ständig zu ändern. So wird beispielsweise in der einen Minute Zink als Mittel zur Verhinderung von Erkältungen empfohlen, in der nächsten Minute wird ausgesagt, dass Zink bei Erkältungen gar nicht hilft. Viele Verbindungen werden in den Medien als Kausalzusammenhänge gehandelt, aber sind die Berichte glaubwürdig? (Erhöht sich tatsächlich die Lebenserwartung, wenn Frauen erst mit mehr als 40 Jahren ein Baby bekommen?) Sind Sie inzwischen so skeptisch, dass Sie gar nichts mehr glauben?

Wenn es Sie verwirrt, wenn Sie von Zusammenhängen und Korrelationen hören, fassen Sie sich ein Herz. Dieses Kapitel kann Ihnen helfen. Sie erfahren, was es tatsächlich heißt, wenn zwei Faktoren korrelieren oder wenn zwischen Faktoren ein Kausalzusammenhang besteht, und wann und wie Sie Vorhersagen auf der Basis dieser Zusammenhänge machen können. Sie entwickeln außerdem die Fähigkeit, wissenschaftliche Behauptungen zu bewerten und eigene Schlussfolgerungen zu ziehen, wenn Sie über die neuesten Zusammenhänge informiert werden.

Beziehungen mit Plots und Diagrammen bildlich darstellen

Bei der Lektüre des Gartenzeitmagazins *Garden Gate* erregte ein Artikel mit der Schlagzeile »Häufigkeit des Grillenzirpens als Temperaturanzeiger« meine Aufmerksamkeit. Gemäß diesem Artikel brauchen Sie nur eine Grille zu finden, zu zählen, wie häufig sie alle 15 Sekunden zirpt, das Ergebnis mit 40 malzunehmen, und schon können Sie die Temperatur in Grad Fahrenheit vorhersagen.

Beim nationalen Wettervorhersagedienst der USA gibt es sogar ein Grillenzirp-Konvertierungsprogramm. Sie brauchen nur die Häufigkeit des Grillenzirpens in 15 Sekunden einzugeben, und schon gibt das Programm einen Schätzwert für die Temperatur in vier verschiedenen Einheiten zurück, darunter die Temperatur in Grad Fahrenheit und in Grad Celsius.

Es gibt einige wissenschaftliche Studien, die die Aussage stützen, dass die Häufigkeit des Grillenzirpens mit der Temperatur zusammenhängt. Zur Veranschaulichung sehen Sie in Tabelle 18.1 ein Beispiel für solche Daten. Beachten Sie, dass jede Beobachtung aus zwei Variablen besteht, die miteinander verknüpft sind, nämlich die Häufigkeit des Zirpens in 15 Sekunden und die Temperatur zu diesem Zeitpunkt (in Grad Fahrenheit). Statistiker bezeichnen diese Art von zweidimensionalen Daten als *bivariate Daten*. Jede Beobachtung enthält ein Datenpaar, das gleichzeitig erhoben wurde.

Anzahl des Zirpens pro 15 Sekunden	Temperatur (in Grad Fahrenheit)
18	57
20	60
21	64
23	65
27	68
30	71
34	74
39	77

Tabelle 18.1: Daten zum Grillenzirpen und zur Temperatur (Auszug)

18 ➤ Korrelationen und andere Verbindungen

Dann gibt es noch eine Presseerklärung des Ohio State University Medical Centers, das meine Aufmerksamkeit erregte. Die Schlagzeile besagt, dass Aspirin die Ausbildung von Polypen bei Darmkrebspatienten verhindern kann. Da ein naher Verwandter von mir an Darmkrebs starb, wurde ich durch die Aussicht ermutigt, dass Wissenschaftler Fortschritte in diesem Bereich machen, und war entschlossen, mir das näher anzusehen. Die Daten werden in Tabelle 18.2 zusammengefasst.

Gruppe	% der ausgebildeten Polypen*
Mit Aspirin	17
Ohne Aspirin (Placebo)	27

*Stichprobengröße = 635, die den Gruppen ungefähr zu gleichen Teilen zugeordnet wurden

Tabelle 18.2: Zusammenfassung der Ergebnisse aus einer Darmkrebsstudie

Die Rohdaten für diese Studie enthalten 635 Zeilen. Jede Zeile stellt eine Testperson dar und nennt die Kennnummer der Person, die Gruppe, der die Person zugewiesen wurde (Aspirin oder nicht) und ob die Testperson während des Untersuchungszeitraums Polypen ausbildete (ja oder nein). Ein Beispiel für diese Rohdaten finden Sie in der folgenden Zeile:

22292   GRUPPE = ASPIRIN   POLYPEN ENTWICKELT = NEIN

Wenn Sie die bivariaten Rohdaten für diesen riesigen Datensatz betrachten, fällt es Ihnen sicher schwer, eine Beziehung zwischen den Variablen herzustellen. Bei 635 Zeilen hätte jeder außer einem Computer Schwierigkeiten, etwas Sinnvolles zu interpretieren. Beim Zusammenhang zwischen dem Grillenzirpen und der Temperatur können Sie zwar bereits an den Rohdaten ein allgemeines Muster ablesen, wie z.B., dass sich die Häufigkeit des Zirpens mit der Temperatur zu erhöhen scheint, die genaue Beziehung ist jedoch schwer auszumachen.

Um Daten sinnvoll interpretieren zu können, sollten Sie sie zunächst mit Hilfe einer Tabelle oder einem Diagramm anordnen (siehe Kapitel 4). Handelt es sich um bivariate Daten und suchen Sie nach Verbindungen zwischen den beiden Variablen, müssen die Diagramme ebenfalls zwei Dimensionen haben. Nur auf diese Weise können Sie mögliche Zusammenhänge zwischen den Variablen feststellen.

Bivariate quantitative Daten grafisch darstellen

Sind beide Variablen quantitativ oder numerisch, wie z.B. die Größe oder das Gewicht, werden die bivariaten Daten in der Regel mit einem so genannten *Streudiagramm* dargestellt. Ein Streudiagramm hat zwei Dimensionen: eine horizontale namens x-Achse und eine vertikale namens y-Achse. Beide Achsen sind numerisch, das heißt, sie enthalten beide Zahlen.

Streudiagramme erstellen

Eine Beobachtung in ein Streudiagramm einzutragen oder dort zu finden, entspricht der Suche nach einer Stadt auf der Landkarte, in der Buchstaben und Zahlen verwendet werden, um die einzelnen Abschnitte zu kennzeichnen. Jede Beobachtung hat zwei Koordinaten. Die erste entspricht dem ersten Teil des Datenpaars, d.h. der x-Koordinate. Sie gibt an, wie weit Sie nach links oder rechts gehen müssen. Die zweite Koordinate entspricht dem zweiten Teil des Datenpaars, d.h. der y-Koordinate. Den Punkt tragen Sie an der Schnittstelle zwischen den beiden Koordinaten ein. Abbildung 18.1 zeigt ein Streudiagramm für das Grillenzirpen im Verhältnis zur Temperatur. Die Daten kennen Sie bereits aus Tabelle 18.1. Weil ich die Punkte bei der Erstellung der Tabelle nach ihren x-Werten geordnet habe, entsprechen sie im Streudiagramm den Werten aus der Tabelle 18.1 von links nach rechts.

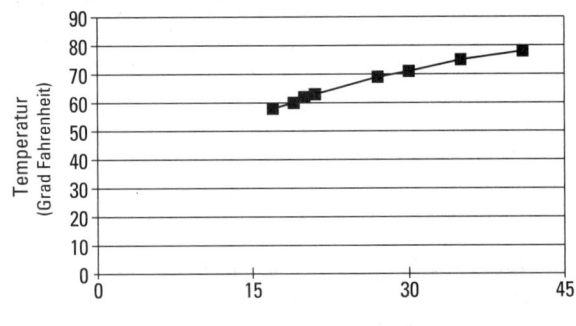

Abbildung 18.1: Streudiagramm für die Häufigkeit des Grillenzirpens im Verhältnis zur Außentemperatur

Interpretation eines Streudiagramms

Ein Streudiagramm interpretieren Sie, indem Sie den Blick von links nach rechts schweifen lassen und nach Trends Ausschau halten:

✔ Wenn die Daten bergauf verlaufen, das heißt, eine von links unten nach rechts oben verlaufende Gerade bilden, deutet dies auf einen positiv linearen oder proportionalen Zusammenhang hin. Wenn sich der Wert von x erhöht, d.h. um eine Einheit nach rechts verschiebt, erhöht sich auch der Wert von y um einen bestimmten Wert, das heißt, er verschiebt sich nach oben.

✔ Wenn die Daten bergab verlaufen, d.h. eine von links oben nach rechts unten verlaufende Gerade bilden, deutet dies auf einen negativ linearen oder inversen Zusammenhang hin. Wenn sich der Wert von x erhöht, also um eine Einheit nach rechts verschiebt, verringert sich der Wert von y, das heißt, er verschiebt sich nach unten.

✔ Scheinen die Daten keine Gerade zu bilden, bedeutet dies, dass kein linearer Zusammenhang zwischen ihnen besteht.

Werfen Sie einen Blick auf Abbildung 18.1, scheint ein positiv linearer Zusammenhang zwischen der Häufigkeit des Grillenzirpens und der Temperatur zu bestehen. Die Häufigkeit des Grillenzirpens erhöht sich also mit steigender Temperatur. Handelt es sich hierbei jedoch tatsächlich um eine so genannte Ursache-Wirkungs-Beziehung? Dies bleibt zu beweisen, weil die Daten nur aus einer Beobachtungsstudie und nicht aus einem Experiment stammen (siehe Kapitel 17).

Die visuelle Darstellung von bivariaten Daten veranschaulicht mögliche Beziehungen zwischen zwei Variablen. Aber nur weil die Grafik etwas nahe legt, heißt das noch lange nicht, dass eine Ursache-Wirkungs-Beziehung besteht. Wenn Sie beispielsweise ein Streudiagramm für den Eiskremkonsum und die Mordrate betrachten, zeigen diese beiden Variablen ebenfalls einen positiv linearen Zusammenhang. Trotzdem würde niemand behaupten, dass der Konsum von Eiskrem Morde verursacht oder dass die Mordrate den Eiskremkonsum beeinflusst. Falls jemand versucht, eine Ursache-Wirkungs-Beziehung mit einem Diagramm zu beweisen, sollen Sie versuchen, tiefer zu graben und herauszufinden, wie die Studie aussah und wie die Daten erhoben wurden, und dann die Studie auf der Grundlage der Kriterien zu beurteilen, die in Kapitel 17 vorgestellt wurden.

Neben der proportionalen und der inversen Beziehung gibt es auch noch andere Arten von linearen Trends. Die Variablen können über eine Kurvenbeziehung oder über verschiedene exponentielle Beziehungen zusammenhängen. Eine Beschreibung dieser Beziehungen würde jedoch den Rahmen dieses Buches sprengen. Die gute Nachricht ist jedoch, dass sehr viele Beziehungen als proportional und invers beschrieben werden können.

Bivariate qualitative Daten grafisch darstellen

Sind beide Variablen qualitativ oder kategorial, wie z.B. das Geschlecht der Befragten oder die politische Einstellung, werden die bivariaten Daten in der Regel mit so genannten *zweidimensionalen Kontingenztabellen* dargestellt, d.h. Tabellen, die in den Zeilen die Kategorien der ersten Variablen und in den Spalten die Kategorien der zweiten Variablen repräsentieren.

Im Beispiel der Aspirin-Studie waren beide Variablen qualitativ. Die erste Variable gab an, ob der Patient Aspirin einnahm oder nicht (ja oder nein) und die zweite Variable gab an, ob der Patient Polypen entwickelte oder nicht (ja oder nein). Tabelle 18.2 ist ein Beispiel für eine solche Tabelle.

Eine etwas angenehmere Darstellung bieten das Balken-, das Linien- oder das Kreisdiagramm. Abbildung 18.2 zeigt ein Balkendiagramm, das für die beiden Gruppen (mit Aspirin und ohne Aspirin) den Prozentsatz der Patienten deutlich macht, die Polypen ausbildeten. Abbildung 18.3 zeigt zwei Kreisdiagramme, eines für die Patienten der Aspirin-Gruppe und eines für die Gruppe, die kein Aspirin einnahm. Jedes Kreisdiagramm zeigt den Prozentsatz der Gruppe, die Polypen ausbildete.

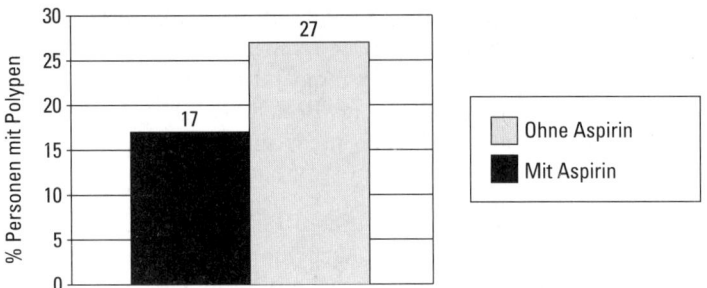

Abbildung 18.2: Balkendiagramme, die die Ergebnisse der Aspirin-Studie zeigen

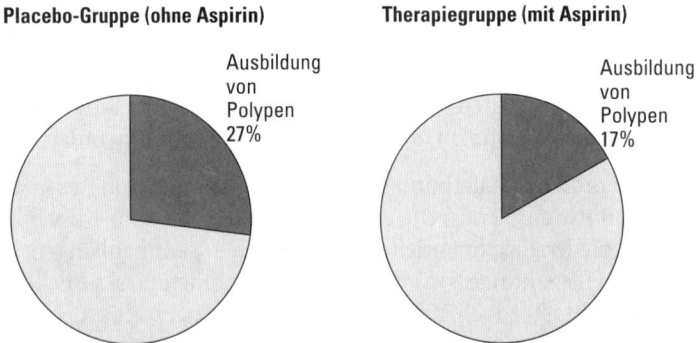

Abbildung 18.3: Kreisdiagramme, die die Ergebnisse der Aspirin-Studie zeigen

Weil die Balken im Balkendiagramm unterschiedliche Längen haben und weil die zwei Kreisdiagramme ziemlich ähnlich aussehen, scheint eine Beziehung zwischen den Patienten zu bestehen, die Aspirin einnehmen, und der Ausbildung von Polypen. Um festzustellen, ob dieser Unterschied statistisch signifikant ist und ohne Bedenken auf die Grundgesamtheit angewendet werden kann, müssen Hypothesentests durchgeführt werden. Mehr hierzu erfahren Sie in Kapitel 15.

Seien Sie skeptisch gegenüber jedem, der Schlussfolgerungen über die Beziehung zwischen zwei Variablen zieht, indem er lediglich ein Diagramm zeigt. Ein Blick kann täuschen (siehe Kapitel 4). Statistische Messungen und Tests sollten durchgeführt werden, um zu zeigen, dass tatsächlich eine statistisch bedeutsame Beziehung besteht (siehe Kapitel 14).

Im Beispiel der Aspirin-Studie halten Sie die zweite Variable (Polypen) möglicherweise für eine quantitative Variable, weil der Wert mit einem Prozentsatz dargestellt wird. Dies ist jedoch nicht der Fall. Prozentsätze bieten lediglich eine komfortable Möglichkeit, Daten einer qualitativen Variablen zusammenzufassen. Im Beispiel ist die zweite Variable ganz klar qualitativ, nämlich, ob der Patient Polypen ausgebildet hat oder nicht (ja/nein). Die Prozentsätze fassen lediglich die Patienten aus der Ja- und aus der Nein-Kategorie zusammen.

Quantifizierung der Beziehung oder Korrelationen und andere Maße

Nachdem die bivariaten Daten angeordnet wurden, können Sie statistische Methoden auf sie anwenden, die das Ausmaß und die Art der Beziehung quantifizieren können.

Die Beziehung zwischen zwei quantitativen Variablen quantifizieren

Falls beide Variablen quantitativ sind, können Statistiker die Richtung und die Stärke der linearen Beziehung zwischen den Variablen x und y bemessen. Denn auch wenn zwischen den Daten ein linear positiver Zusammenhang zu bestehen scheint, muss es sich nicht notgedrungen um einen engen Zusammenhang handeln. Die Stärke des Zusammenhangs hängt davon ab, wie stark sie sich einer Gerade annähert. Zusätzlich müssen Sie zwischen dem positiven und dem negativen Zusammenhang unterscheiden. Kann es eine statistische Größe geben, die das alles misst? Klar!

Statistiker bemessen die Stärke und die Richtung eines linearen Zusammenhangs zwischen x und y mit dem so genannten *Korrelationskoeffizienten*.

Berechnung des Korrelationskoeffizienten r

Die Formel für die Berechnung des Korrelationskoeffizienten, r, lautet wie folgt:

$$r = \frac{1}{n-1} * \sum \frac{(x - \bar{x}) * (y - \bar{y})}{s_x * s_y},$$

Um den Korrelationskoeffizienten zu berechnen, gehen Sie wie folgt vor:

1. **Berechnen Sie den Mittelwert der x-Werte, $\bar{x}$. Berechnen Sie dann den Mittelwert der y-Werte, $\bar{y}$.**

   Mehr zur Berechnung finden Sie in Kapitel 5.

2. **Ermitteln Sie die Standardabweichung aller x-Werte, s_x, und die Standardabweichung der y-Werte, s_y.**

   Siehe Kapitel 5.

3. **Berechnen Sie für jedes (x, y)-Paar im Datensatz den Wert von x minus $\bar{x}$ und von y minus $\bar{y}$ und multiplizieren Sie dann die Differenzen.**

4. Addieren Sie alle Produkte, um einen Summenwert zu erhalten.
5. Teilen Sie die Summe durch $s_x * s_y$.
6. Teilen Sie das Ergebnis durch $n - 1$, wobei n die Anzahl der (x, y)-Paare ist.

Nehmen Sie beispielsweise an, Ihr Datensatz besteht aus den Datenpaaren (3, 2), (3, 3) und (6, 4). Folgen Sie nun der obigen Schrittanleitung, um den Korrelationskoeffizienten zu betrachten. Die x-Werte sind 3, 3 und 6 und die y-Werte sind 2, 3 und 4.

1. $\bar{x}$ ist 12 / 3 = 4 und $\bar{y}$ ist 9 / 3 = 3.
2. Die Standardabweichungen sind s_x = 1,73 und s_y = 1,00.
3. Werden die Differenzen multipliziert, ergibt sich Folgendes: (3-4) * (2-3) = -1 * -1 = 1; (3-4) * (3-3) = -1 * 0 = 0; (6-4) * (4-3) = 2*1 = 2.
4. Die Addition der Ergebnisse aus Schritt 3 ergibt das Produkt: 1 + 0 + 2 = 3.
5. Teilen Sie das Ergebnis aus Schritt 4 durch $s_x * s_y$, ergibt sich 3 / (1,73 * 1,00) = 3 / 1,73 = 1,73.
6. Teilen Sie das Ergebnis aus Schritt 5 durch 3 - 1, also 2, ergibt sich der Wert 0,87.

   Dies ist die Korrelation.

Interpretation der Korrelation

Die Korrelation, r, liegt immer zwischen -1 und +1.

- ✔ Eine Korrelation von -1 kennzeichnet einen vollkommen negativ linearen Zusammenhang.
- ✔ Eine Korrelation nahe -1 kennzeichnet einen starken negativ linearen Zusammenhang.
- ✔ Eine Korrelation nahe 0 kennzeichnet, dass es keinen linearen Zusammenhang gibt.
- ✔ Eine Korrelation nahe +1 kennzeichnet einen starken positiv linearen Zusammenhang.
- ✔ Eine Korrelation von +1 kennzeichnet einen vollkommen positiv linearen Zusammenhang.

Viele Leute glauben irrtümlicherweise, dass eine Korrelation von -1 etwas Schlechtes sei und darauf hinweisen würde, dass kein Zusammenhang zwischen den Variablen besteht. Tatsächlich trifft jedoch das Gegenteil zu. Eine Korrelation von -1 bedeutet, dass ein vollkommen negativ linearer Zusammenhang zwischen den Variablen besteht. Die Gerade verläuft allerdings von oben nach unten – und dafür steht das Minuszeichen!

Wie »eng« muss der Zusammenhang bei -1 oder +1 liegen, um einen stark linearen Zusammenhang zu kennzeichnen? Die meisten Statistiker wollen mindestens eine Korrelation von +0,6 (oder -0,6) sehen, bevor sie in Aufregung geraten. Erwarten Sie jedoch nicht, dass die

18 ➤ Korrelationen und andere Verbindungen

Korrelationen immer bei 0,99 oder -0,99 liegen. Schließlich handelt es sich um Daten aus der Realität und die sind nie perfekt.

Abbildung 18.4 zeigt Beispiele für verschiedene Korrelationen. Die Werte geben die Richtung und die Stärke des Zusammenhangs an.

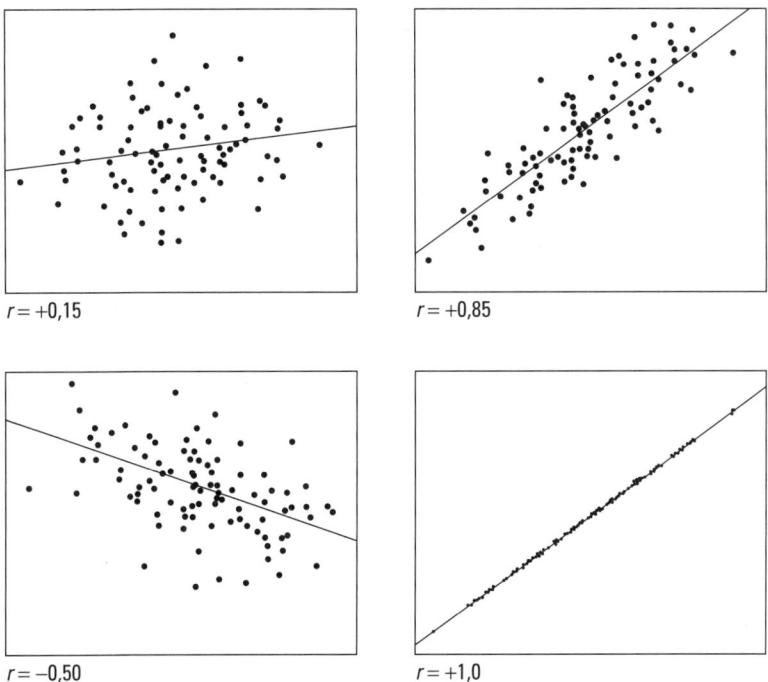

Abbildung 18.4: Streudiagramme für verschiedene Korrelationen

Für meine Teilmenge der Häufigkeiten des Grillenzirpens bei verschiedenen Temperaturen habe ich eine Korrelation von 0,98 berechnet, was in der realen Welt so gut wie nie vorkommt (diese Grillen sind wirklich gut!).

Die Eigenschaften des Korrelationskoeffizienten

Hier sind einige nützliche Eigenschaften von Korrelationskoeffizienten:

✔ Die Korrelation hat keine Einheit. Dies bedeutet, dass Sie die Einheiten von x und von y ändern können, ohne dass sich dadurch der Korrelationskoeffizient ändert. (Wenn Sie beispielsweise von Fahrenheit zu Celsius wechseln, hat dies keine Auswirkung auf die Korrelation zwischen der Häufigkeit des Grillenzirpens und der Außentemperatur.)

✔ Die Werte von x und y können im Datensatz vertauscht werden, ohne dass sich die Korrelation dadurch ändert.

Den Zusammenhang zwischen zwei qualitativen Variablen quantifizieren

Falls beide Variablen qualitativ sind, können Sie den Begriff »Korrelation« nicht benutzen, um die Beziehung zu beschreiben, weil die Korrelation die Stärke der Beziehung zwischen zwei quantitativen Variablen misst. Dieser Fehler tritt in den Medien ständig auf und macht die Statistiker wahnsinnig!

Der Begriff, der benutzt wird, um eine Beziehung zwischen zwei qualitativen Variablen zu beschreiben, heißt *Verbindung*. Zwei qualitative Variablen sind miteinander verbunden, wenn sich der Prozentsatz der Personen, die ein bestimmtes Ergebnis aufweisen, signifikant von dem Prozentsatz der Personen unterscheidet, die dasselbe Ergebnis in der anderen Gruppe hatten. Im Beispiel der Aspirin-Behandlung und der Ausbildung von Polypen, das im ersten Abschnitt dieses Kapitels beschrieben wurde, stellten Wissenschaftler fest, dass in der Aspirin-Gruppe 17% der Darmkrebspatienten Polypen entwickelten, wohingegen 27% in der Placebo-Gruppe Polypen entwickelten. Weil sich diese Prozentsätze ziemlich stark unterscheiden, sind sie miteinander verbunden.

Wie stark müssen sich Prozentsätze unterscheiden, damit eine Beziehung zwischen zwei Variablen als bedeutungsvoll betrachtet wird? Der Unterschied muss *statistisch signifikant* sein. Dann lassen sich die Ergebnisse auf die Grundgesamtheit verallgemeinern. Ein Hypothesentest für zwei Anteilswerte kann in diesem Zusammenhang ebenfalls eingesetzt werden (siehe Kapitel 15 für weitere Einzelheiten). Ich habe die Daten aus der Aspirin- und der Kontrollgruppe analysiert und erhielt einen p-Wert von weniger als 0,0001. Dies bedeutet, dass diese Ergebnisse hoch signifikant sind. (Siehe Kapitel 14 für weitere Informationen zu p-Werten.) Sie sehen also, warum diese Studie gestoppt wurde und warum die Wissenschaftler entschieden, allen Patienten die Aspirin-Behandlung zukommen zu lassen.

Verbindungen, Korrelationen und Kausalzusammenhänge

Falls zwischen zwei Variablen eine Verbindung oder eine Korrelation gefunden wird, heißt dies nicht unbedingt, dass ein Kausalzusammenhang zwischen ihnen besteht. Ob ein Kausalzusammenhang gefunden wird, hängt davon ab, wie die Studie durchgeführt wurde. Nur mit gut gestalteten Experimenten (siehe Kapitel 17) und Beobachtungsstudien können Kausalzusammenhänge aufgedeckt werden.

Aspirin scheint zu helfen

Ich habe großes Vertrauen in die Schlussfolgerungen, die die Wissenschaftler in der Aspirin-Studie gezogen haben. Die Studie war gemäß der Kriterien aus Kapitel 17 gut gestaltet. Die Patienten wurden den Gruppen per Zufall zugewiesen, die Stichprobe war groß genug, um genügend Informationen zu erhalten, und die Störvariablen wurden kontrolliert. Das bedeutet, dass die Schlagzeile verdient ist. Bedingt durch das Design der Studie kann ausgesagt werden, dass ein Kausalzusammenhang zwischen der Einnahme von Aspirin und der Ausbildung von Polypen besteht.

Die Grillen und die Hitze

Sorgt die Außentemperatur dafür, dass Grillen schneller oder langsamer zirpen? (Ganz offensichtlich trifft es umgekehrt nicht zu, aber was ist mit einem Kausalzusammenhang in diese Richtung?) Manche Leute spekulieren darüber, ob eine Veränderung in der Außentemperatur dazu führt, dass sich bei Grillen die Häufigkeit des Zirpens verändert. Mir sind jedoch keine auf Experimenten basierenden Daten bekannt, die eine Ursache-Wirkungs-Beziehung bestätigen oder zurückweisen würden. Vielleicht können Sie ein Experiment durchführen und die Temperatur ein bisschen aufdrehen, um zu sehen, was passiert. Achten Sie jedoch darauf, dass Sie beim Design Ihres Experiments die Kriterien aus Kapitel 17 berücksichtigen.

Vorhersagen machen

Nachdem Sie einen Zusammenhang zwischen zwei Variablen entdeckt haben und eine Möglichkeit gefunden haben, diesen Zusammenhang zu quantifizieren, können Sie ein Modell erstellen, auf dessen Grundlage Sie eine Variable zur Vorhersage der anderen Variablen benutzen können.

Vorhersagen auf der Basis von korrelierten Daten machen

Zwei quantitative Variablen, die stark miteinander korrelieren, werden häufig benutzt, um Vorhersagen zu machen. Weil x mit y korreliert ist, besteht ein linearer Zusammenhang zwischen ihnen. Das bedeutet, dass Sie die Beziehung mit einer Gerade beschreiben können. Wenn Sie die Steigung und den Schnittpunkt mit der y-Achse kennen, können Sie für jeden x-Wert den entsprechenden y-Wert vorhersagen.

Weil die Korrelation zwischen dem Grillenzirpen und der Temperatur so hoch ist ($r = 0,98$), können Sie eine Gerade für die Daten finden. Diese Suche nach der Geraden, die die Beziehung am besten beschreibt, wird von Statistikern als *Regressionsanalyse* bezeichnet.

Eine Regressionsanalyse sollten Sie nur dann durchführen, wenn Sie zwei Variablen stark miteinander korrelieren, d.h. wenn eine starke positiv lineare oder negativ lineare Korrelation vorliegt. Ich habe schon Fälle gesehen, in denen Wissenschaftler Vorhersagen gemacht haben, obwohl die Korrelation nur bei 0,2 lag. Das ist nicht sinnvoll. Wenn ein Streudiagramm nicht die Form einer Geraden annimmt, dann sollten Sie auch nicht versuchen, eine passende Gerade zu finden und Vorhersagen über die Grundgesamtheit zu machen.

 Bevor Sie ein Modell prüfen, das eine Variable anhand einer anderen vorhersagt, sollten Sie zunächst die Korrelation prüfen. Korrelieren die Variablen nur schwach miteinander, können Sie an dieser Stelle aufhören.

Sie glauben jetzt vielleicht, dass Sie sehr viel rechnen müssen, um die Gerade zu finden, die am besten passt. Glücklicherweise ist dies nicht der Fall. Die am besten passende Gerade hat eine bestimmte Steigung und schneidet die y-Achse an einer ganz bestimmten Stelle. Sie lässt sich mit einer Formel berechnen (und, falls ich das hinzufügen darf, die Berechnung ist gar nicht einmal so schwierig).

Die passende Gerade berechnen

Die Formel für die am besten passende Gerade oder *Regressionsgerade* lautet: $y = mx + b$, wobei m die Steigung der Geraden und b den Schnittpunkt mit der y-Achse darstellt. Die *Steigung* einer Geraden gibt die Änderung in y über die Änderung in x an. Eine Steigung von 10/3 bedeutet, dass, wenn x sich um drei Einheiten nach rechts verschiebt, der y-Wert um zehn Einheiten nach oben geht, wenn Sie sich von einem Punkt auf der Geraden zum nächsten bewegen. Der Schnittpunkt mit der y-Achse ist die Stelle auf der y-Achse, an der die Gerade die y-Achse schneidet.

Bei der Gleichung $y = \frac{10}{3} * x - 6$

schneidet die Gerade die y-Achse am Punkt -6. Der Punkt hat die Koordinaten (0,-6), weil x an der Stelle, an der die Gerade die y-Achse schneidet, immer den Wert 0 hat. Um die Regressionsgerade zu erhalten, müssen Sie die Werte für m und b finden, die zur passenden Geraden führen, wie z.B. $y = 2x + 3$ oder $y = -10x - 45$.

 Um sich eine Menge Zeit und Arbeit bei der Berechnung der Regressionsgeraden zu ersparen, sollten Sie sich merken, dass Sie lediglich die Werte von fünf wichtigen statistischen Größen benötigen, um die Regressionsgerade berechnen zu können. Manchmal werden diese Größen deshalb auch als die »Big Five« der Statistik bezeichnet:

- ✔ Der Mittelwert der x-Werte ($\bar{x}$)
- ✔ Der Mittelwert der y-Werte ($\bar{y}$)
- ✔ Die Standardabweichung der x-Werte (s_x)
- ✔ Die Standardabweichung der y-Werte (s_y)
- ✔ Die Korrelation zwischen x und y (r)

(Dieses Kapitel und Kapitel 5 enthalten Formeln und Schrittanleitungen zur Berechnung dieser Statistiken.)

Die Steigung der Regressionsgeraden suchen

Die Formel für die Steigung, m, der Regressionsgeraden lautet wie folgt:

$$m = r * \left(\frac{s_y}{s_x}\right),$$

wobei r die Korrelation zwischen x und y ist und s_y und s_x die Standardabweichungen der y- und der x-Werte sind (siehe Kapitel 5 für weitere Informationen zur Standardabweichung).

Um die Steigung, m, der Regressionsgeraden zu berechnen, gehen Sie wie folgt vor:

1. **Teilen Sie s_y durch s_x.**
2. **Multiplizieren Sie das Ergebnis aus Schritt 1 durch r.**

Die Steigung der Regressionsgeraden kann auch eine negative Zahl sein, weil die Regression negativ sein kann. Eine negative Steigung kennzeichnet eine abwärts verlaufende Gerade.

Die Formel für die Steigung weist der Korrelation (eine Maß ohne Einheit) eine Einheit zu. Betrachten Sie s_y / s_x als Änderung von y über die Änderung in x. Und die Standardabweichungen stehen beide in ihren Maßeinheiten da (wie z.B. die Temperatur in Fahrenheit und die Häufigkeit des Grillenzirpens in 15 Sekunden).

Den Schnittpunkt mit der y-Achse finden

Die Formel für den Schnittpunkt mit der y-Achse, b, lautet: $b = \bar{y} - m\bar{x}$, wobei $\bar{x}$ und $\bar{y}$ die Mittelwerte der y- und der x-Werte sind und m die Steigung ist, die Sie mit der Formel aus dem letzten Abschnitt berechnen.

Um den Schnittpunkt, b, der Regressionsgeraden zu berechnen, gehen Sie wie folgt vor:

1. **Berechnen Sie die Steigung, m, nach der Formel und der Schrittanleitung aus dem letzten Abschnitt.**
2. **Berechnen Sie das Ergebnis von $m * \bar{x}$.**
3. **Subtrahieren Sie das Ergebnis aus Schritt 2 von $\bar{y}$.**

Berechnen Sie immer die Steigung vor dem Schnittpunkt mit der y-Achse, weil die Formel für den Schnittpunkt mit der y-Achse die Steigung enthält und Sie demnach m benötigen, um b berechnen zu können.

Die Regressionsgerade für die Häufigkeit des Grillenzirpens in Abhängigkeit von der Außentemperatur finden

Die Formel für die Regressionsgerade zwischen der Häufigkeit des Grillenzirpens und der Außentemperatur wird zwar heftig diskutiert (siehe Anhang), es scheint jedoch Konsens darüber zu herrschen, dass das hier eine ganz gut funktionierende Gleichung ist: $y = x + 40$ oder Temperatur = 1 * (Anzahl der Zirper in 15 Minuten) + 40 und die Temperatur ist in Fahrenheit. Beachten Sie, dass 1 die Steigung der Geraden, x die Häufigkeit des Grillenzirpens pro 15 Sekunden und y die Temperatur in Fahrenheit ist.

Beachten Sie, dass die Formeln für die Steigung und den Schnittpunkt mit der y-Achse als x und y angegeben werden. Sie müssen also entscheiden, welche der beiden Variablen Sie x und welche Sie y nennen. Bei der Korrelationsrechnung spielt es keine Rolle, welche Variable Sie als x- und welche Sie als y-Wert benutzen, so lange Sie dies konsistent für alle Daten tun. Für die Vorhersage von Werten spielt es allerdings eine Rolle, wie Sie x und y wählen. Wenn Sie im vorherigen Beispiel die Rollen von x und y austauschen, verändern sich alle Formeln.

Wie können Sie nun also festlegen, welche Variable welche ist? Im Allgemeinen ist x die Variable, die zur Vorhersage benutzt wird. Statistiker bezeichnen diese Variable als *Erklärungsvariable*, da Sie mit der Änderung von x erklären können, wie sich y verändern wird. Im Beispiel ist x die Häufigkeit des Grillenzirpens in 15 Sekunden. Die y-Variable wird als *Reaktionsvariable* bezeichnet, weil sie sich in Abhängigkeit von x verändert. Mit anderen Worten: y wird mit x vorhergesagt. Im Beispiel ist y die Temperatur.

Das Arbeitsmodell mit dem Datensatz vergleichen

Die »Großen Fünf« der Statistik werden in Tabelle 18.3 aufgelistet.

Variable	Mittelwert	Standardabweichung	Korrelation
Häufigkeit des Grillenzirpens (x)	$\bar{x} = 26,5$	$s_x = 7,4$	$r = 0,98$
Temperatur (y)	$\bar{y} = 67$	$s_y = 6,8$	

Tabelle 18.3: Wichtige statistische Größen für das Grillenbeispiel

Die Steigung, m, der Regressionsgeraden hat in diesem Beispiel den Wert von $r * (s_y / s_x)$ oder $0,98 * (6,8 / 7,4) = 0,98 * 0,919 = 0,90$. Um den Schnittpunkt mit der y-Achse zu finden, rechnen Sie $b = \bar{y} - m\bar{x}$ oder $67 - 0,90 * 26,5 = 67 - 23,85 = 43,15$. Die Regressionsgerade für die Vorhersage der Temperatur auf der Basis der Häufigkeit des Grillenzirpens in 15 Sekunden lautet also: $y = 0,90 * x + 43,2$ oder

Temperatur (in Grad Fahrenheit) = (0,8 * Häufigkeit des Grillenzirpens) + 43,2

Beachten Sie, dass die obige Gleichung dem Arbeitsmodell, $y = x + 40$, zwar sehr nahe kommt, jedoch nicht mit ihm identisch ist. Woran liegt das? Mir fallen da gleich mehrere Gründe ein. Erstens ist der Begriff »Arbeitsmodell« eine Umschreibung für »nicht unbedingt präzise, aber praktisch«. Ich vermute, dass die Steigung im Laufe der Jahre zur nächsten Ganzzahl, nämlich 1, aufgerundet wurde, und der Schnittpunkt mit der y-Achse wurde zum nächsten Zehner, nämlich 40, abgerundet, damit man sich die Gleichung besser merken kann und es mehr Spaß macht, darüber zu schreiben. (Das ist keine gute statistische Praxis und bietet ein brauchbares Beispiel dafür, wie Statistiken im Laufe der Jahre abdriften können.) Zweitens sind die Daten, die ich verwende, eine zufällig ausgewählte Teilmenge aus der ursprünglichen Datenmenge und passen nur per Zufall (mehr zur Abweichung zwischen Stichproben finden Sie in Kapitel 9). Weil die Daten jedoch so hoch miteinander korrelieren, sollten die Unterschiede zwischen verschiedenen Stichproben aus dem Datensatz nicht sehr stark voneinander abweichen.

Die Temperatur mit dem Grillenzirpen vorhersagen

Die Regressionsgerade für die Vorhersage der Temperatur aus der Häufigkeit des Grillenzirpens für meine Teilmenge des Datensatzes war $y = 0{,}9 * x + 43{,}2$. Jede Gleichung oder Funktion, die zur Schätzung oder Vorhersage eines Zusammenhangs zwischen zwei Variablen benutzt wird, wird als *statistisches Modell* bezeichnet. Mit diesem Modell können Sie die Temperatur auf der Basis des Grillenzirpens vorhersagen. Und wie funktioniert das? Wählen Sie einen relevanten Wert für x, setzen Sie ihn in das Modell ein und berechnen Sie den Erwartungswert für y.

Wenn Sie beispielsweise die Temperatur vorhersagen möchten und wissen, dass die Grillen in Ihrem Garten 35-mal in 15 Sekunden zirpten, setzen Sie für x den Wert 35 ein und berechnen Sie dann y. Im Beispiel rechnen Sie also: $y = 0{,}9 * 35 + 43{,}2 = 31{,}5 + 43{,}2 = 74{,}7$. Sie wissen also, dass Sie, wenn die Grillen 35-mal in 15 Sekunden zirpen, mit einer Temperatur von 75 Grad Fahrenheit (ca. 24 Grad Celsius) rechnen können.

Nur, weil Sie ein Modell besitzen, heißt das noch lange nicht, dass Sie jeden beliebigen Wert für x einsetzen und damit einen guten Schätzwert für y abgeben können. In die obige Gleichung können Sie beispielsweise nur Werte zwischen 18 und 39 für x nutzen. Warum? Weil Sie im Beispiel nur Daten für diesen Wertebereich besitzen (siehe Tabelle 18.1). Und wer kann schon sagen, ob die Gerade auch dann korrekt ist, wenn Sie sich außerhalb von diesen Werten bewegen? Glauben Sie wirklich, dass sich die Häufigkeit des Grillenzirpens mit zunehmender Temperatur unendlich steigern lässt? Irgendwann ist ein Punkt erreicht, an dem die arme Grille wegen der großen Hitze oder der extremen Kälte verendet. Sie können also keine Extremwerte in die Formel einsetzen und davon ausgehen, dass das Modell dann noch funktioniert.

Vorhersagen anhand von x-Werten zu machen, die nicht in den Wertebereich der erhobenen Daten fallen, ist ein Tabu. Statistiker bezeichnen dies als *Extrapolation*. Seien Sie vorsichtig bei Wissenschaftlern, die Aussagen machen, die über ihre Daten und Ergebnisse hinausgehen.

Weil die Regressionsgerade ein Modell für die Beziehung zwischen x und y ist, geben Sie anhand von x also eigentlich nicht y, sondern einen Erwartungs- oder Schätzwert für y an.

Vorhersagen mit zwei qualitativen Variablen machen

Nachdem Sie herausgefunden haben, dass zwischen zwei qualitativen Variablen eine Verbindung besteht, können Sie Vorhersagen (Schätzwerte) für den Prozentsatz in beiden Gruppen oder die Unterschiede zwischen beiden Gruppen machen. In beiden Fällen benutzen Sie Konfidenzintervalle, um diese Schätzwerte abzugeben (siehe die Kapitel 12 und 13).

Im Aspirin-Beispiel, das Ihnen im ersten Abschnitt dieses Kapitels vorgestellt wurde, bildete von den Personen, die mit Aspirin behandelt wurden, ein Prozentsatz von 17% Polypen aus, bei der Kontrollgruppe, die nicht mit Aspirin behandelt wurde, waren es 27% (siehe Tabelle 18.2). Sie können nun folgende Vorhersage machen: Wenn Sie Darmkrebspatient sind, sinkt die Wahrscheinlichkeit, dass Sie Polypen ausbilden, wenn Sie täglich 325 mg Aspirin einnehmen.

Sie können hier aber noch weiter gehen. Sie können die Veränderung bei der Ausbildung von Polypen für Darmkrebspatienten im Rahmen eines Konfidenzintervalls vorhersagen für den Fall, dass sie mit Aspirin behandelt werden. Weil 17% der Therapiegruppe Polypen ausbildeten, bedeutet dies, dass die Wahrscheinlichkeit, dass sich Polypen trotz der Einnahme von Aspirin ausbilden, bei 0,17 plus/minus der Fehlergrenze liegt, im Beispiel plus/minus 0,04. Für einen Darmkrebspatienten, der täglich 325 mg Aspirin einnimmt, liegt die Wahrscheinlichkeit, dass sich weiterhin Polypen entwickeln, irgendwo zwischen 17% - 4% und 17% + 4%, also zwischen 13% und 21%. (Siehe Kapitel 13 für Einzelheiten zur Berechnung des Konfidenzintervalls für einen Anteilswert an der Population, p, und Kapitel 10 für Informationen über die Fehlergrenze.)

Im Beispiel können Sie eine weitere Vorhersage machen, nämlich zur Wahrscheinlichkeit der Verringerung des Risikos der Ausbildung von Polypen bei der Einnahme einer täglichen Aspirin-Dosis von 325 g. Berechnen Sie dazu das Konfidenzintervall für den Unterschied zwischen den beiden Anteilswerten, wobei p_1 der Anteil der Patienten in der Kontrollgruppe ist, die Polypen ausbildeten, und p_2 der Anteil der Patienten, die trotz der Einnahme von Aspirin Polypen ausbildeten. Sie sind also interessiert an der Differenz $p_1 - p_2$. Das Konfidenzintervall hat den Wert 0,27 - 0,17 = 10, die Fehlergrenze liegt bei plus/minus 0,03. Wenn Sie also Darmkrebspatient sind, der täglich Aspirin einnimmt, liegt Ihr Risiko, trotzdem Polypen auszubilden, irgendwo zwischen 10% - 3% und 10% + 3%, also zwischen 7% und 13%. (Siehe Kapitel 13 für die Formel des Konfidenzintervalls für den Unterschied zwischen zwei Anteilswerten an der Grundgesamtheit.)

Qualitätskontrolle oder: Was Statistik mit Zahnpasta zu tun hat

In diesem Kapitel

▶ Wie Statistik zur Verbesserung von Produkten eingesetzt werden kann

▶ Die Spezifikationen einhalten oder: Grundlagen der Qualitätskontrolle

▶ Den Fertigungsprozess überwachen

Die erfolgreichsten produzierenden Unternehmen verstehen etwas von Qualitätskontrolle. Sie möchten, dass Sie als Kunde mit dem Produkt zufrieden sind und es immer wieder kaufen. Sie wünschen sich, dass Sie so von dem Produkt angetan sind, dass Sie Freunden, Nachbarn, Kollegen oder sogar Leuten auf der Straße von dem wundervollen Produkt erzählen. Wie stellen Unternehmen sicher, dass Sie mit dem Produkt zufrieden sind? Ein Kriterium für Kundenzufriedenheit ist die Produktqualität, und ob Sie es glauben oder nicht, hier spielt Statistik eine große Rolle. Dieses Kapitel zeigt Ihnen mehr darüber.

Erwartungen erfüllen

Kunden erwarten, dass Produkte ihre Erwartungen erfüllen, und eine Erwartung ist, dass eine Packung die angegebene Produktmenge enthält. Was außerdem erwartet wird, ist eine gewisse Konsistenz, wenn ein Produkt mehrmals gekauft wird. Welche Füllmenge erwarten Sie bei einer Packung Kartoffelchips? Wirkt es nicht seltsam, dass eine 250-g-Tüte so groß aussieht und doch nur so wenige Kartoffelchips enthält? (Hersteller sagen, dass sie Luft in die Tüte füllen, um die Chips vor Beschädigung zu schützen.) Wenn die Packung jedoch eine Füllmenge von 250 g ausweist und diese Menge auch enthält, können Sie sich wirklich nicht beschweren. Aber würden Sie es bemerken, wenn weniger in der Packung wäre?

Angenommen, die Füllmenge soll laut Verpackungsangabe bei 250 g liegen, die Tüte enthält aber nur 221 g. Sind Sie dann sauer? Sie werden den Unterschied sehr wahrscheinlich nicht einmal bemerken. Aber wie sieht es aus, wenn die Tüte nur 170 g enthält? Wie steht es mit einer Füllmenge von 115 g? Und wie reagieren Sie, wenn Sie den Unterschied bemerken? Sie können:

✔ Die Angelegenheit vergessen, falls sie nicht immer wieder vorkommt

✔ Das Produkt in den Laden zurücktragen und eine Entschädigung fordern

✔ Einen Beschwerdebrief an den Produkthersteller senden

✔ Beschließen, das Produkt nie wieder zu kaufen

✔ Sich bei der Verbraucherzentrale und beim Ordnungsamt beschweren

✔ Einen Produktboykott organisieren

✔ Versuchen, einen Job beim Produkthersteller zu bekommen, um das Problem zu lösen, statt ein Teil des Problems zu sein

Einige diese Lösungen schießen sicher etwas über das Ziel hinaus, insbesondere, wenn Sie bedenken, dass es nur um eine Hand voll Kartoffelchips geht. Aber angenommen, Sie haben sich ein neues Auto gekauft und stellen fest, dass es sich um einen Montagswagen handelt, Ihr Kind wurde beinahe erschlagen, weil das Kinderbett zusammenbrach, oder Sie wurden krank, nachdem Sie gestern einen Hamburger aßen. Qualität kann eine ernste Angelegenheit sein. Für viele Produkte gibt es zwar Standards, die von der Regierung vorgegeben werden, wie z.B. für Nahrungsmittel oder für Medikamente, es treten jedoch trotzdem von Zeit zu Zeit Probleme bei der Herstellung auf. Nachfolgend sind einige Faktoren aus dem Fertigungsprozess aufgeführt, die die Produktqualität beeinflussen können:

✔ Die Leistung der Mitarbeiter ist nicht konsistent (bedingt durch Unterschiede in den Fähigkeiten, der Ausbildung, den Arbeitsbedingungen oder bedingt durch Schichtwechsel, eine schlechte Arbeitsmoral, menschliche Fehler usw.)

✔ Die Manager oder Vorarbeiter haben keine klaren Erwartungen oder reagieren nicht konsistent auf die Probleme, die auftreten.

✔ Die Produktionswerkzeuge arbeiten nicht konsistent (weil sie nicht ausreichend gewartet werden, weil sie abgenutzt sind, weil eine Maschine ausgefallen ist oder nicht richtig funktioniert oder einfach nur deshalb, weil Unterschiede zwischen einzelnen Maschinen oder Fließbändern vorhanden sind).

✔ Die Maschinen und Werkzeuge arbeiten nicht präzise genug.

✔ Das Rohmaterial, aus dem das Produkt hergestellt wird, hat eine schwankende Qualität.

✔ Die Umgebung (Temperatur, Feuchtigkeit, Luftreinheit usw.) wird nicht auf demselben Level gehalten.

✔ Die Überwachung ist ineffizient oder unzureichend.

Angespornt durch den Bedarf, den Kunden zufrieden zu stellen und die gesetzlichen Bestimmungen einzuhalten, sind Hersteller immer auf der Suche nach Möglichkeiten, die Produktqualität zu verbessern. Eine beliebte Phrase im produzierenden Gewerbe heißt Total Quality Management, kurz TQM. Beim *Total Quality Management* geht es darum, Möglichkeiten zu entwickeln, den Fertigungsprozess vom Anfang bis zum Ende kontinuierlich zu überwachen, einzuschätzen und zu verbessern. TQM wurde in den USA durch den beliebten und berühmten Statistiker, Dr. W. Edwards Deming, populär gemacht, der die so genannte Liste »14 wichtige Punkte für das Management« entwickelte. Demings Philosophie besagt, dass sich die Kosten verringern und die Produktivität und die Konkurrenzfähigkeit erhöhen, wenn die Produktqualität stimmt.

Was hat Statistik mit Produktqualität zu tun? Statistik wird eingesetzt, um Spezifikationen zu ermitteln und aufzustellen und um alle Aspekte des Fertigungsprozesses so zu überwachen, dass die Spezifikationen erfüllt werden. Statistik wird als Hilfsmittel eingesetzt, um zu entscheiden, ob die Produktion gestoppt werden muss, und um Probleme zu identifizieren, bevor die Produktion gestoppt wird. Insgesamt gesehen bieten statistische Daten dem Hersteller also eine kontinuierliche Rückmeldung über die Produktqualität im Rahmen der TQM-Philosophie. Die Rolle der Statistik bei der Überwachung und Verbesserung der Produktqualität wird als statistische Prozesssteuerung bezeichnet. Zur statistischen Prozesssteuerung lassen sich ganze Bücher füllen. Die Lektüre der folgenden Abschnitte reicht jedoch bereits aus, um Ihnen einen groben Eindruck davon zu vermitteln, welche Rolle die Statistik in der Qualitätskontrolle spielen kann.

Die Qualität aus der Zahnpastatube herausquetschen

Die Verbraucher scheinen sich zwar schon daran gewöhnt zu haben, dass Chips-Tüten elendiglich unterfüllt sind. Bei Zahnpastatuben scheinen sie jedoch einen höheren Standard zu erwarten, denn diese sollen immer bis oben hin gefüllt sein. (Die Zahnpastahersteller scheinen zu wissen, wie hart man kämpfen muss, um das letzte bisschen Zahnpasta aus der Tube zu drücken.)

Glücklicherweise nimmt die Tubenfüllindustrie das Thema sehr ernst. Eine Firma, die auf das Füllen von Tuben spezialisiert ist, stellt im Internet sogar eine Website mit FAQs (Frequently Asked Questions) zur Füllung von Tuben bereit. Eine dieser Fragen bezieht sich darauf, wie die Qualität beim Tubenfüllen sichergestellt wird.

Ziel bei Tubenfüllmaschinen ist, dass sie genau und konsistent arbeiten. Der Schlüssel, um dies zu erreichen, ist der Dosierungsmechanismus. (*Dosierungsmechanismus* ist der Fachbegriff dafür, dass die Maschine die Tuben tatsächlich füllt.) Nachfolgend sind wichtige Bestandteile einer Tubenfüllmaschine für Zahnpastatuben aufgeführt:

✔ Ein Mechanismus, der den Zahnpastafluss exakt unterbricht und die Tropfen- oder Fadenbildung verhindert

✔ Ein System, das Luft im Füllprozess ausschließt

✔ Ein Mechanismus, der die Maschine daran hindert, Tuben zu füllen, falls diese aus irgendeinem Grund nicht vorhanden sind

✔ Ein System, das eine schnelle Reinigung und Umrüstung der Maschine ermöglicht

Wenn schon dieses Niveau an Komplexität und Aufmerksamkeit fürs Detail erforderlich ist, um die Qualität beim Zahnpastafüllen zu sichern, stellen Sie sich erst einmal vor, wie kompliziert die Qualitätskontrolle bei der Produktion von Passagierjets sein muss!

Es stellt sich heraus, dass die Qualität der Tubenfüllung durch verschiedene Faktoren beeinflusst wird, zu denen auch die aus der obigen Aufzählung gehören. Zu den Problemen, die die Hersteller vermeiden wollen, gehören die Unterfüllung, die hauptsächlich durch Lufttaschen bedingt wird, und die Überfüllung, was zum Platzen der Tuben führt. Außerdem wird bei der Überfüllung mehr vom Produkt abgegeben als nötig, was sich auf die Gewinne auswirkt. Die Maße einer Tube können bei der Qualität der Tubenfüllung auch eine Rolle spielen. Unterdimensionierte Tuben werden sich beispielsweise auch dann beim Versiegeln ausbeulen, wenn sie mit der korrekten Zahnpastamenge gefüllt werden. Und überdimensionierte Tuben werden immer so aussehen, als wären sie nicht ausreichend gefüllt.

Der Zusammenhang zwischen Genauigkeit und Konsistenz

Bei der Bereitstellung der Daten, die benötigt werden, um die Tubenfüllmaschine in Bezug auf die oben aufgelisteten Kriterien zu beurteilen, ist selbstverständlich Statistik involviert. Die Rolle der Statistik beim Fertigungsprozess wird jedoch am besten durch die folgenden Kriterien deutlich: Konsistenz und Genauigkeit. Diese Begriffe schreien förmlich nach Statistik und sagen schon alles aus.

Genauigkeit und Konsistenz werden in der Statistik mit so genannten Qualitätsregelkarten überwacht. Eine *Qualitätsregelkarte* ist eine spezielle Art von Diagramm, das die Werte der Daten in der Reihenfolge darstellt, in der sie gesammelt wurden (siehe Kapitel 4 für weitere Informationen zu Liniendiagrammen). In der Qualitätsregelkarte werden die vom Hersteller vorgegebenen Werte, auch *Zielwert* genannt, als Linie dargestellt (hier geht es um Genauigkeit), und die Grenzen geben an, wie weit die Zielwerte abweichen dürfen (hier kommt die Konsistenz ins Spiel). Die im Diagramm eingezeichneten Werte repräsentieren Gewichte, Volumen oder Zählwerte von einzelnen Produkten oder, was häufiger vorkommt, sie repräsentieren Durchschnittsgewichte, Durchschnittsvolumina oder durchschnittliche Anzahlen aus Stichproben für die Produkte. Die Ober- und Untergrenzen einer Qualitätsregelkarte werden als *untere* und als *obere Toleranzgrenze*, kurz UTG und OTG, bezeichnet.

Angenommen, ein Süßwarenhersteller füllt Bonbontüten und der Zielwert liegt bei 50 Stück pro Tüte mit einer unteren Toleranzgrenze UTG = 45 und einer oberen Toleranzgrenze OTG = 55. Angenommen, es wird eine Stichprobe von acht Bonbontüten gezogen, die folgende Füllmengen aufweist: 51 Stück, 53 Stück, 49 Stück, 51 Stück, 54 Stück, 47 Stück, 52 Stück und 45 Stück. Abbildung 19.1 zeigt einen Ausschnitt aus der Qualitätsregelkarte für diesen Fertigungsprozess. Es scheint alles in Ordnung zu sein.

Die Qualität mit Qualitätsregelkarten überwachen

Um Statistik zur Überwachung der Qualität einsetzen zu können, müssen Sie zunächst eine Möglichkeit finden, die Genauigkeit und Konsistenz zu messen. Anschließend müssen Sie den Zielwert aufstellen und die untere und die obere Toleranzgrenze bestimmen. Dann müssen Sie Daten aus dem Fertigungsprozess sammeln, um festzustellen, ob alles nach Plan läuft.

Dieser letzte Schritt kann ziemlich schwierig sein. Einerseits wollen Sie den Prozess nicht wegen eines Fehlalarms unterbrechen, was Sie tun könnten, wenn ein Wert die Toleranzgrenzen überschreitet. Andererseits wollen Sie auch nicht riskieren, dass der Fertigungsprozess außer Kontrolle gerät und die Produktqualität abnimmt.

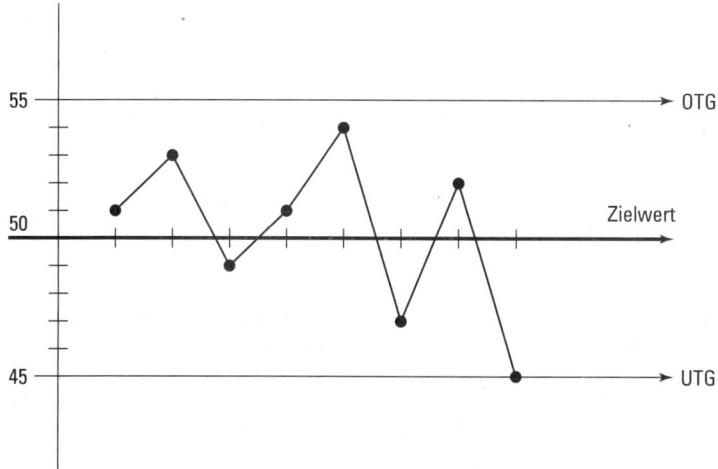

Abbildung 19.1: Qualitätsregelkarte für die Füllung von Bonbontüten

Was ist Genauigkeit?

Was bedeutet Genauigkeit im Zusammenhang mit einer Zahnpastatuben-Füllmaschine? Es bedeutet, dass das Tubengewicht im Durchschnitt dem angegebenen Gewicht entspricht. Beachten Sie den Begriff »im Durchschnitt«. Sicher werden Sie zustimmen, dass selbst der ausgereifteste Fertigungsprozess nicht perfekt ist; eine durch Zufallsschwankungen bedingte geringe Abweichung ist in jedem Prozess normal. Dies bedeutet, dass Sie nicht erwarten können, dass jede Zahlpastatube genau 180 g enthält. Falls das Gewicht jedoch immer stärker vom eigentlichen Füllgewicht abweicht oder falls die Tuben plötzlich eine Menge Luft enthalten und deshalb nicht das Zielgewicht aufweisen, werden die Konsumenten dies feststellen und einen entsprechenden Rückschluss auf die Produktqualität ziehen. Wenn hingegen das Gewicht nach oben abweicht, verliert der Hersteller Geld, weil er mehr abgibt als nötig.

Statistisch gesehen sind Produktgewichte also *genau*, wenn sie keinen Bias oder systematischen Fehler enthalten. (*Systematische Fehler* führen zu Werten, die beständig über oder unter dem erwarteten Wert liegen.) Diese Definition entspricht auch dem Konzept der Tubenfüllindustrie. Das Zielgewicht wird im Beispiel allerdings vom Hersteller festgelegt.

Was ist Konsistenz?

Was ist unter einer konsistenten Zahnpastatuben-Füllmaschine zu verstehen? Es bedeutet, dass das Füllgewicht die meiste Zeit im Rahmen der Toleranzgrenzen bleibt. Beachten Sie die Aussage »die meisten Zeit«. Auch hier ist eine gewisse Abweichung bedingt durch Zufallsschwankungen normal. Wenn das Tubengewicht jedoch extrem schwankt, ist die Produktqualität gefährdet.

Aus statistischer Sicht sind Gewichte *konsistent*, wenn die Standardabweichung klein ist (siehe Kapitel 4). Wie klein sollte die Standardabweichung sein? Dies hängt von den Spezifikationen des Herstellers und von den Beschränkungen des Prozesses ab. Die Bediener der Tubenfüllmaschine sagen, dass die Genauigkeit der Maschine bei 0,5% liegt. Dies bedeutet, dass sie davon ausgehen, dass das Tubengewicht von Tuben, die mit 180 g Zahnpasta gefüllt werden sollen, um 0,9 g abweichen kann (weil 0,5% von 180 = 0,005 * 180 = 0,9 g). Wenn Sie nun davon ausgehen, dass die Operatoren sich wünschen, dass die Füllmenge von 95% der Tuben maximal 0,9 g vom Zielgewicht abweicht, wie viele Standardabweichungen sind dann erforderlich, um die 95% der Werte um den Zielwert abzudecken?

Gemäß des Gesetzes der großen Zahl, das Sie hier einsetzen können, weil Sie davon ausgehen können, dass die Füllgewichte normalverteilt sind (siehe Kapitel 8), liegen 95% aller Gewichte in dem Bereich des Zielwerts plus/minus zwei Standardabweichungen. Da laut Hersteller die doppelte Standardabweichung des Gewichts den Wert 0,9 g hat, hat eine Standardabweichung den Wert 0,9 g / 2 = 0,45 g. Dabei handelt es sich um eine konservative Schätzung. Die Spezifikationen des Herstellers kann enger oder weiter gefasst sein.

Erwartung der Normalverteilung

Selbst wenn alles darauf ausgerichtet ist, dass die Tuben mit 180 g Zahncreme gefüllt werden, wird es Tuben geben, die nicht genau 180 g wiegen. Einige Tuben wiegen etwas mehr, andere etwas weniger. Sie können jedoch davon ausgehen, dass die meisten Tuben so gut wie 180 g wiegen, wobei die Abweichung nach unten und oben symmetrisch ist, falls der Prozess nach Plan verläuft. Die Verteilung der Tubengewichte sollte eine Glockenkurve, also eine Normalverteilung annehmen. (Siehe Kapitel 8 für weitere Einzelheiten zur Normalverteilung.) Wenn der Herstellungsvorgang genau ist, entspricht der Mittelwert der Verteilung dem Zielwert, µ, und Sie wissen, dass die Standardabweichung laut Hersteller maximal 0,45 g beträgt. Dies bedeutet, dass µ = 180 g und σ = 0,45 g ist. Siehe Abbildung 19.2.

Die Standardabweichung einer Grundgesamtheit wird mit s bezeichnet und die Standardabweichung der Stichprobe mit *s*. (Siehe Kapitel 5 für weitere Informationen zur Standardabweichung.) In den meisten Fällen ist die Standardabweichung einer Grundgesamtheit unbekannt und Sie können sie über die Standardabweichung *s* einer Stichprobe schätzen. Bei der Qualitätskontrolle wird die Standardabweichung in der Grundgesamtheit der hergestellten Produkte jedoch vom Produkthersteller festgelegt. Falls beim Fertigungsprozess alles nach Plan verläuft, kann davon ausgegangen werden, dass die Standardabweichung in der Grundgesamtheit den festgelegten Wert hat.

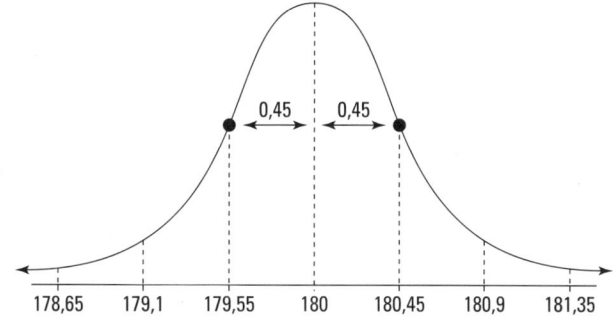

Abbildung 19.2: Verteilung der Zahnpastatubengewichte

Die Toleranzgrenzen bestimmen

Nachdem der Zielwert festgelegt und die zu erwartende Standardabweichung ermittelt wurde, müssen als Nächstes die Toleranzgrenzen für den Fertigungsprozess festgelegt werden.

Als Toleranzgrenze wird in der Regel für eine 95%ige Sicherheit eine Abweichung von plus/minus zwei Standardabweichungen und für eine 99%ige Sicherheit eine Abweichung von plus/minus drei Standardabweichungen festgelegt. Die Formeln für die Toleranzgrenzen für das Einzelgewicht der Tuben lauten wie folgt: $\mu \pm 2\sigma$ und $\mu \pm 3\sigma$.

Die Zahnpastahersteller haben einen Mittelwert von 180 g mit einer Standardabweichung von 0,45 g festgelegt. Angenommen, die Hersteller wünschen eine 95%ige Sicherheit, dass das Gewicht der Zahnpastatuben innerhalb der Toleranzgrenzen liegt. Die Toleranzgrenzen berechnen sich dann wie folgt: 180 g ± 2*0,45 = 180 ± 0,9. Die untere Toleranzgrenze (UTG) liegt also bei 180 - 0,9 = 179,1 g, die obere Toleranzgrenze (OTG) bei 180 + 0,9 = 180,9 g. Wenn die Hersteller jedoch 99% Sicherheit dafür wünschen, dass das Gewicht der Zahnpastatuben innerhalb der Toleranzgrenzen liegt, liegen die Toleranzgrenzen bei 180 ± 3 * 0,45 = 180 ± 1,35. Die untere Toleranzgrenze (UTG) liegt 180 - 1,35 = 178,65 g und die obere Toleranzgrenze (OTG) liegt bei 180 + 1,35 = 181,35 g.

Die meisten Prozesse werden dadurch überwacht, dass Stichproben genommen und dann das Durchschnittsgewicht jeder Stichprobe ermittelt wird. Es werden nicht die einzelnen Produkte betrachtet. Dies bedeutet, dass die Toleranzgrenzen den Zielwert plus/minus zwei Standardfehler (für 95%ige Sicherheit) oder den Zielwert plus/minus drei Standardfehler (für 99%ige Sicherheit) enthalten. Ein *Standardfehler* ist die Standardabweichung des Stichprobenmittels und sie wird berechnet, indem die Standardabweichung der Gewichte durch die Quadratwurzel von n geteilt wird, wobei n die Stichprobengröße ist. (Siehe die Kapitel 9 und 10 für weitere Informationen zum Standardfehler.)

Der Standardfehler berechnet sich wie folgt: $\frac{\sigma}{\sqrt{n}}$.

Die Formeln für die Toleranzgrenzen lauten wie folgt:

$\mu \pm 2 * \frac{\sigma}{\sqrt{n}}$ oder $\mu \pm 3 * \frac{\sigma}{\sqrt{n}}$.

Der Standardfehler ist immer kleiner als die Standardabweichung. Das liegt daran, dass die Mittelwerte konsistenter sind als die einzelnen Messwerte, weil sie auf mehr Daten basieren und deshalb nicht so stark zwischen den einzelnen Stichproben voneinander abweichen. Je größer die Stichprobe ist, desto kleiner ist der Standardfehler (weil n im Nenner steht und sich, wenn sich n erhöht, die Standardabweichung geteilt durch die Quadratwurzel von n verringert). Siehe Kapitel 10 für weitere Einzelheiten.

Falls der Prozess überwacht wird, indem jede einzelne Tube gewogen wird, entspricht das Ergebnis der Überwachung von Stichproben der Größe $n = 1$. Für $n = 1$ sind die Formeln für die Standardabweichung und den Standardfehler identisch (was sie auch sein sollten).

Angenommen, jede Stichprobe von Zahnpastatuben besteht aus zehn Tuben. Weiterhin vorausgesetzt, die Standardabweichung liegt bei 0,9 und der Standardfehler für die Stichprobenmittel für Stichproben der Größe 10

bei $\frac{0,9}{\sqrt{10}} = 0,14$.

Die Verteilung der Durchschnittsgewichte entspricht einer Normalverteilung mit dem Mittelwert 180 und dem Standardfehler 0,14, falls der Prozess nach Plan verläuft. Siehe Abbildung 19.3.

Wenn Sie nun davon ausgehen, dass die Zahnpastahersteller drei Standardabweichungen für ihr Konsistenzniveau einsetzen, sieht die Formel für die Toleranzgrenzen wie folgt aus:

$\mu \pm 3 * \frac{\sigma}{\sqrt{n}} = 0{,}45 \pm 3 * \frac{0,9}{\sqrt{10}} = 0{,}45 \pm 3 * 0{,}14$

Die untere Toleranzgrenze (UTG) liegt also bei $0{,}45 - 3 * 0{,}14 = 0{,}03$ und die obere Toleranzgrenze (OTG) liegt bei $0{,}45 + 3 * 0{,}14 = 0{,}87$. Den Zielwert und die Toleranzgrenzen für diesen Fertigungsprozess können Sie der Qualitätsregelkarte in Abbildung 19.4 entnehmen.

In der Qualitätsregelkarte werden die Grenzwerte der Normalverteilung verwendet, die bei einer Abweichung von 2 oder 3 Standardfehlern vom Mittelwert liegen. Die Qualitätskontrollkarte zeigt aber auch die Veränderung der Werte im Zeitverlauf.

19 ➤ Was Statistik mit Zahnpasta zu tun hat

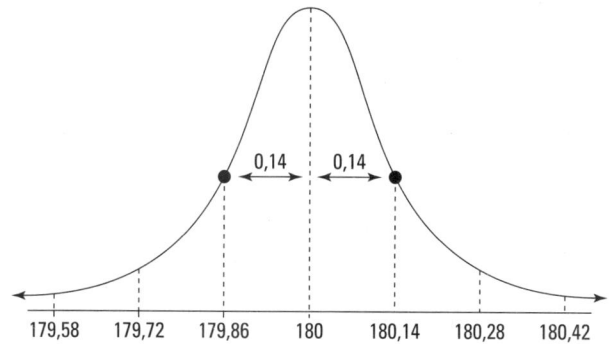

Abbildung 19.3: Verteilung der Stichprobenmittel bei Stichproben von jeweils zehn Zahnpastatuben

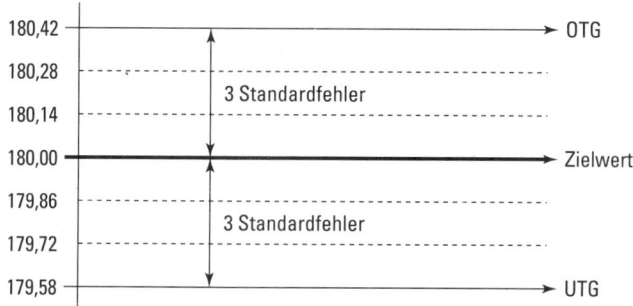

Abbildung 19.4: Toleranzgrenzen für Stichprobenmittel von Stichproben mit jeweils zehn Zahnpastatuben bei 99% Sicherheit

Überwachung des Fertigungsprozesses

Nachdem die Toleranzgrenzen festgelegt worden sind, besteht der nächste Schritt darin, den Vorgang zu überwachen. In der Regel müssen dafür zu verschiedenen Zeitpunkten Stichproben der Produkte genommen werden, die Durchschnittsgewichte müssen bestimmt werden und die Durchschnittswerte müssen dann in die Qualitätsregelkarte eingetragen werden. Wenn es so aussieht, als würde der Fertigungsprozess in Hinblick auf die Genauigkeit oder die Konsistenz aus dem Ruder laufen, wird der Fertigungsprozess gestoppt, das Problem wird identifiziert und die erforderliche Reparatur vorgenommen.

Wenn ein Fertigungsprozess nach Plan verläuft, sollten nach dem Gesetz der großen Zahl ca. 68% der Stichprobenmittel in den Bereich fallen, der vom Mittelwert plus/minus ein Standardfehler abgedeckt wird, 95% der Stichprobenmittel in den Bereich, der vom Mittelwert plus/minus zwei Standardabweichungen abgedeckt wird und 99% der Stichprobenmittel in den Bereich fallen, der vom Mittelwert plus/minus drei Standardabweichungen abgedeckt wird (siehe Kapitel 8). Der Mittelwert sollte insgesamt dem Zielwert entsprechen und es sollten ungefähr gleich viele Stichprobenmittel kleiner und größer als der Mittelwert sein, wobei diese Abweichungen kein spezielles Muster aufweisen.

In der Realität kommt die gesamte Produktion zum Erliegen, wenn der Tubenfüllapparat angehalten wird. Wertvolle Zeit und Produktionskapazität gehen während der Wartung und der Fehlerkorrektur verloren. Es ist also umso wichtiger, dass die statistischen Berechnungen immer genaue und zuverlässige Informationen liefern. Bevor die Arbeiter, die für die Produktqualität verantwortlich sind, die Maschine stoppen, wollen sie absolut sicher sein, dass tatsächlich ein Problem vorhanden ist. Andererseits wünschen sie jedoch nicht, dass sich ein Problem, das sich in den Fertigungsprozess eingeschlichen hat, zu lange fortpflanzt. Es muss also eine Balance zwischen diesen beiden Ansprüchen gefunden werden.

Die nächste Frage besteht darin, wie festgestellt werden kann, dass der Fertigungsprozess nicht nach Plan verläuft und wie reagiert werden kann, ohne dass Fehlalarm geschlagen wird und das Unternehmen Zeit und Geld verliert. Wie die meisten Themen im Zusammenhang mit Statistik kann keine einzig richtige Antwort gegeben werden. Das ist es, was manche an der Statistik mögen und andere an ihr hassen.

Wenn die Toleranzgrenzen auf plus/minus zwei Standardfehler gesetzt werden, sollten 95% der Stichprobenmittel innerhalb dieser Toleranzgrenzen liegen, damit der Prozess nach Plan verläuft. Dies bedeutet jedoch, dass erwartungsgemäß 5% der Ergebnisse zufallsbedingt außerhalb dieser Grenzen liegen und das sollte in Ordnung sein. Jetzt kommt der schwierige Teil. Sie wollen verhindern, dass der Fertigungsprozess gestoppt wird, wenn erstmals ein Mittelwert aus dem Toleranzbereich heraus fällt. Dies geschieht erwartungsgemäß in 5% der Fälle (siehe Kapitel 10). Um also zu viele Fehlalarme zu verhindern, muss mehr als ein Mittelwert aus den Toleranzgrenzen herausfallen, bevor der Prozess gestoppt wird.

Sie wünschen, dass der Prozess nur dann gestoppt wird, wenn tatsächlich etwas schief gegangen ist und die Abweichung von einem Stichprobenmittel ist nichts Außergewöhnliches. Was würden Sie jedoch sagen, wenn 2, 3, 4, 5 oder sogar mehr Ergebnisse in Folge sich außerhalb der Toleranzgrenzen bewegen? Wann sollte der Prozess abgebrochen werden? Willkommen in der wunderbar vagen Welt der Statistik! Nachfolgend werden vier Beispiele für Regeln genannt, die häufig benutzt werden, um festzulegen, ob ein Prozess außer Kontrolle geraten ist und gestoppt werden sollte.

- ✔ Es liegen fünf Stichprobenmittel oberhalb oder unterhalb des Zielwerts (siehe Abbildung 19.5a). Vermutete Ursache: Prozessbedingte systematische Überfüllung oder Unterfüllung.

- ✔ Bei sechs Stichprobenmitteln in Folge nehmen die Werte zu oder ab (siehe Abbildung 19.5b). Vermutete Ursache: Die Produkte driften immer weiter vom Zielwert ab, was sehr wahrscheinlich durch ein Problem mit einer oder zwei Maschinen bedingt ist.

✔ Vierzehn Stichprobenmittel in Folge weichen abwechseln positiv und negativ vom Zielwert ab (siehe Abbildung 19.5c). Vermutete Ursache: Am Fertigungsprozess werden die Maschinen von zwei verschiedenen Personen bedient, es werden unterschiedliche Maschinen verwendet oder die Produkte der Zulieferer weichen voneinander ab.

✔ Fünfzehn Stichprobenmittel in Folge weichen nur einen Standardfehler vom Zielwert ab (siehe Abbildung 19.5d). Vermutete Ursache: Der Vorgang ist konsistenter, als die Spezifikationen es vorgeben. (Falls dieser übermäßig konsistente Prozess Zeit oder Geld kostet, sollte er angepasst werden. Ist dies nicht der Fall, kann es für die Zukunft nützlich sein, zu ermitteln, warum sich der Prozess verändert hat.)

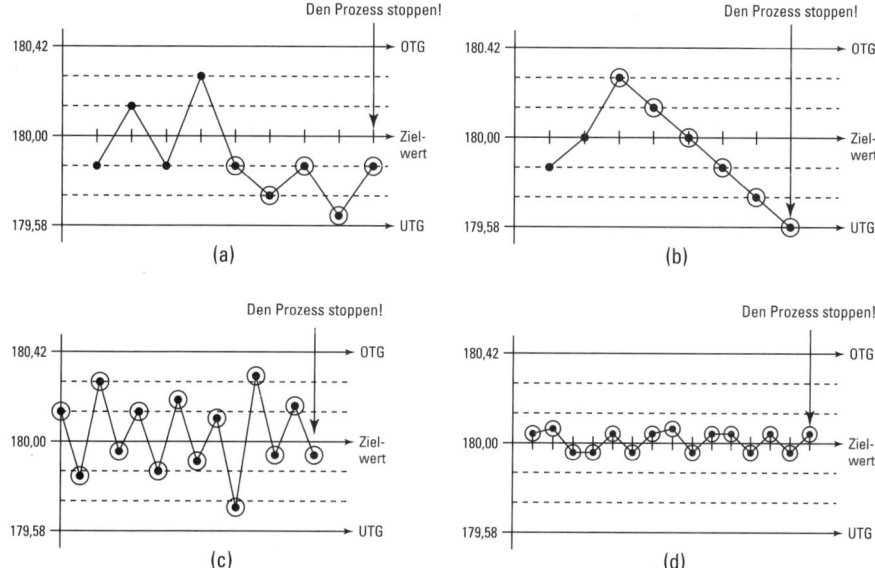

Abbildung 19.5: Zahnpastatuben-Füllprozesse, die außer Kontrolle geraten sind

Diese Regeln basieren auf Wahrscheinlichkeiten. Der Produktionsvorgang wird gestoppt, wenn die Wahrscheinlichkeit sehr klein ist, dass der Prozess noch immer nach Plan verläuft. Beachten Sie, dass die Wahrscheinlichkeit, dass ein Stichprobenmittelwert größer oder kleiner als der Zielwert ist, bei 50% oder 0,5 liegt. Deshalb liegt also die Wahrscheinlichkeit, dass fünf Stichprobenmittelwerte in Folge auf dieselbe Weise vom Zielwert abweichen, bei $0,5 * 0,5 * 0,5 * 0,5 * 0,5 = 0,04$ oder 3%. Dieser Wert ist kleiner als der kritische Wert von 5% für die Ablehnung einer Aussage (siehe Kapitel 14). Sie können also daraus schließen, dass der Fertigungsprozess nicht nach Plan verläuft. Die Wahrscheinlichkeit, dass der Prozess noch immer nach Plan verläuft, ist in Anbetracht der Daten zu klein.

Wenn Sie das nächste Mal eine neue Zahnpastatube öffnen, denken Sie an die ganze Statistik, die bei der Füllung mit Qualität involviert war.

Teil VIII

Der Top-Ten-Teil

In diesem Teil ...

Was wäre ein Statistik-Buch ohne Statistiken? Dieser Teil nennt zehn Kriterien für gute Umfragen und zehn Fehler, die im Zusammenhang mit Statistik häufig vorkommen.

Diesen Teil können Sie als Referenz nutzen, wenn Sie das Design einer Umfrage überprüfen und den Missbrauch von Statistik aufdecken wollen.

Zehn Kriterien für eine gute Umfrage

In diesem Kapitel
- Umfragen kritisch bewerten
- Umfragen planen

Umfragen gibt es überall und ich garantiere Ihnen, dass auch Sie irgendwann gebeten werden, an einer Umfrage teilzunehmen. Das bedeutet auch, dass Sie mit den Ergebnissen der Umfragen überschwemmt werden. Und bevor Sie die Ergebnisse konsumieren, sollten Sie prüfen, ob die Umfrage ordentlich geplant und implementiert wurde. Sie sollten also erst dann davon ausgehen, dass eine Umfrage in Ordnung ist, wenn Sie dies selbst überprüft haben (mehr zu Umfragen finden Sie in Kapitel 16). Wichtiges Ziel bei Umfragen ist, dass sie genau sind. Das heißt, dass sie auf einer großen Datenmenge basieren, die garantiert, dass die Ergebnisse nicht wesentlich abweichen würden, wenn Sie eine andere Stichprobe ziehen. Außerdem sollten systematische Fehler minimiert werden, das heißt, es sollte keine systematische Über- oder Unterschätzung der Ergebnisse zu finden sein (wie z.B. die Badezimmerwaage, die immer 5 kg zu viel anzeigt). In diesem Kapitel werden Ihnen zehn Kriterien vorgestellt, die Sie zur Bewertung und Planung von Umfragen einsetzen können.

Die Zielpopulation sollte klar definiert sein

Die *Zielpopulation* oder Grundgesamtheit setzt sich aus allen Individuen zusammen, die Sie untersuchen wollen. Angenommen, Sie wollen wissen, was die Bürger von Großbritannien über Reality-TV denken. Dann würde Ihre Zielpopulation sich aus allen Bürgern Großbritanniens zusammensetzen.

Die Zielpopulation sollte immer näher definiert werden. Es sollte beispielsweise angegeben werden, welche Altersgruppen in der Zielpopulation enthalten sein sollen. Im Beispiel der Beurteilung von Reality-TV sollten sicher keine Kinder unter 12 Jahren berücksichtigt werden. Ihre Zielpopulation umfasst demnach die Bürger Großbritanniens ab 12 Jahren.

Viele Wissenschaftler geben sich keine große Mühe, ihre Zielpopulation genau zu definieren. Wenn beispielsweise die CMA (Centrale Marketing-Gesellschaft der deutschen Agrarwirtschaft mbH) behauptet »Eier sind gesund!«, muss sie auch angeben, für wen. Will die CMA beispielsweise sagen, dass Eier gesund für Menschen mit erhöhtem Cholesterinspiegel seien? Ganz sicher nicht, oder?

 Ist die Zielpopulation nicht klar definiert, sind die Umfrageergebnisse sehr wahrscheinlich leicht verzerrt. Das liegt daran, dass die Stichprobe, die untersucht wird, möglicherweise Personen enthält, die gar nicht zur beabsichtigten Zielpopulation gehören, oder die Umfrage schließt möglicherweise Personen aus, die eigentlich hätten einbezogen werden sollen.

Die Stichprobe sollte die Zielpopulation abbilden

Wenn Sie eine Umfrage durchführen, können Sie selbstverständlich nicht jedes Mitglied der Zielpopulation befragen. In der Regel haben Sie weder die Zeit noch das Geld, um eine so genannte Vollerhebung durchzuführen. Als Alternative können Sie eine *Stichprobe*, d.h. eine repräsentative Teilmenge, aus der Grundgesamtheit auswählen, und die gewünschten Daten bei dieser Stichprobe erheben. Weil diese Stichprobe Ihre einzige Verbindung mit der Zielpopulation ist, sollte sie auch geeignet sein.

Eine gute Stichprobe ist repräsentativ für die Zielpopulation. Die Stichprobe bevorzugt nicht systematisch Personen aus bestimmten Gruppen innerhalb der Zielpopulation und sie schließt auch nicht systematisch bestimmte Personen oder Gruppen aus. Das klingt doch ganz einfach, oder? Sie brauchen lediglich eine Liste von Personen aus der Zielpopulation aufzustellen und die Personen dann auszuwählen. Wie schwierig kann das sein?

Ziemlich schwierig. Angenommen, Ihre Zielpopulation besteht aus allen Wahlberechtigten in der Bundesrepublik, die bei der nächsten Bundestagswahl wählen gehen wollen. Es ist nicht leicht, die entsprechende Liste zusammenzubekommen. Sie können die Personen zwar über die Einwohnermeldeämter auswählen, Sie wissen jedoch nicht, wie hoch die Wahrscheinlichkeit ist, dass die ausgewählten Personen tatsächlich wählen gehen werden. Sie könnten auch versuchen, herauszubekommen, wer bei der letzten Wahl wählen ging. Es kann jedoch sein, dass ein Teil dieser Personen inzwischen umgezogen oder verstorben ist. Außerdem berücksichtigt diese Auswahl die Bürger nicht, die inzwischen 18 Jahre alt und damit wahlberechtigt sind. Und schon ist die Situation kompliziert. Willkommen in der Welt der Meinungsumfragen!

 Eine mögliche Lösung könnte darin bestehen, sich eine aktualisierte Liste der Wahlberechtigten zu beschaffen, aus dieser Liste eine Zufallsstichprobe zu ziehen und die Testpersonen zu fragen, ob sie vorhaben, sich an der nächsten Wahl zu beteiligen. Falls jemand dies nicht vorhat, brauchen Sie nicht weiterzufragen. Zählen Sie diese Person einfach in Ihrer Stichprobe nicht mit. Diejenigen, die vorhaben, sich an der Wahl zu beteiligen, fragen Sie, was sie wählen wollen, und nehmen dieses Ergebnis in Ihre Umfrageergebnisse auf.

 In einer guten Umfrage wird eine klar definierte, aktuelle Stichprobe eingesetzt. Im Idealfall werden außerdem alle Mitglieder der Zielpopulation aufgelistet. Ist eine solche Liste nicht erhältlich, müssen Sie nach einem Mechanismus suchen, der jedem Mitglied der Zielpopulation die gleichen Chancen bietet, für die Teilnahme an der Umfrage ausgewählt zu werden.

Die Stichprobe sollte zufällig ausgewählt sein

Ein wichtiges Merkmal von guten Umfragen ist, dass die Stichprobe zufällig aus der Zielpopulation ausgewählt wurde. *Zufällig* bedeutet, dass jedes Mitglied der Zielpopulation die gleiche Chance hat, in die Stichprobe aufgenommen zu werden. Der Auswahlprozess für die Stichprobenteilnehmer sollte also keinen systematischen Fehler enthalten.

Angenommen, Sie haben eine Herde von 1.000 Jungbullen und müssen eine Zufallsstichprobe von 50 Bullen ziehen, um sie auf eine bestimmte Krankheit zu testen. Wenn Sie die 50 erstbesten Bullen nehmen würden, die Ihnen begegnen, wäre dies keine Zufallsstichprobe. Möglicherweise sind Jungbullen, die in der Lage waren, zu Ihnen zu kommen, ausgerechnet nicht krank. Oder möglicherweise sind die etwas älteren, freundlicheren Bullen anfälliger für die Krankheit. In beiden Fällen wird ein systematischer Fehler in die Umfrage eingeführt. Wie können Sie dann eine Zufallsstichprobe aus der Herde der Jungbullen ziehen? Die Tiere sind vermutlich mit Nummern gekennzeichnet. Besorgen Sie sich also eine Liste aller Nummern, ziehen Sie eine Zufallsstichprobe aus der Liste und wählen Sie dann die Tiere zu den ausgewählten Nummern aus. Oder, falls die Tiere in Ställen untergebracht sind, nummerieren Sie diese, und ziehen Sie eine Zufallsstichprobe aus den Ställen. Manchmal müssen Sie als Statistiker sehr einfallsreich sein, um eine echte Zufallsstichprobe zu erhalten!

Renommierte Meinungsforschungsinstitute setzen Zufallsauswahlverfahren ein, bei denen möglichst wenige Personen ausgeschlossen werden. Das amerikanische Unternehmen The Gallup Organization schließt beispielsweise bei seinem Verfahren der Zufallsauswahl von Telefonnummern nur Personen aus, die kein Telefon besitzen, was ein sehr kleiner Teil der Bevölkerung ist. Der systematische Fehler, der dadurch verursacht ist, stellt kein großes Problem dar.

Eine gute Umfrage basiert auf einer Zufallsauswahl von Individuen aus der Zielpopulation. Fragen Sie immer nach, wie eine Stichprobe ausgewählt wurde, falls dies bei einer Umfrage nicht angegeben wird.

Die Stichprobe sollte groß genug sein

Sicher kennen Sie die Redensart »Weniger ist mehr!« Dies gilt auch für Umfragen. »Weniger gute Daten sind besser als schlechte Daten, bessere sind jedoch bessere Daten.« (Nicht besonders griffig, oder?)

Hinter der Redensart verbirgt sich das folgende Konzept: Wenn die Stichprobe groß ist und repräsentativ für die Zielpopulation, das heißt, wenn sie zufällig ausgewählt wurde, können Sie davon ausgehen, dass die gesammelten Daten ziemlich genau sind. Wie genau, hängt von der Stichprobengröße ab. Es gilt jedoch: Je größer die Stichprobe, desto genauer die Daten.

Eine Faustformel für die Berechnung der Genauigkeit einer Umfrage besteht darin, durch die Quadratwurzel der Stichprobengröße zu teilen. Wie genau ist beispielsweise eine Befragung von 1.000 Personen, die zufällig ausgewählt wurden?

Die Genauigkeit liegt bei $\frac{1}{\sqrt{1000}}$,

also bei 0,032 oder 3,2%. Der Prozentwert wird auch als *Fehlergrenze* oder *Fehlertoleranz* bezeichnet.

Hüten Sie sich vor Umfragen mit einer kleinen Stichprobengröße oder bei denen die Stichprobe nicht zufällig ausgewählt wurde. Internet-Umfragen sind hierfür die schlimmsten Beispiele. Ein Unternehmen kann zwar sagen, dass 50.000 Personen über die Website an der Umfrage teilgenommen haben. Das sind natürlich eine Menge Daten. Die Daten enthalten jedoch einen systematischen Fehler, weil sie nur die Meinung derjenigen repräsentieren, die sich dafür entschieden haben, an der Umfrage teilzunehmen. Diese müssen Zugang zum Internet gehabt, die Website aufgesucht und sich entschlossen haben, die Umfrage abzuschicken. In diesem Fall wäre weniger mehr gewesen: Das Unternehmen hätte lieber weniger Personen befragen sollen, die zufällig ausgewählt worden wären.

Mit Anreizen Verweigerung minimieren

Nachdem eine Stichprobengröße festgelegt und die Stichprobe per Zufallsauswahl aus der Zielpopulation ausgewählt wurde, müssen Sie die benötigten Daten bei den Personen aus der Stichprobe erheben. Wenn Sie jemals einen Fragebogen weggeworfen oder sich geweigert haben, an einer telefonischen Umfrage teilzunehmen, wissen Sie, dass es nicht leicht ist, Menschen zur Teilnahme an einer Umfrage zu bewegen. Wenn ein Wissenschaftler systematische Fehler minimieren möchte, sollte er versuchen, diejenigen Personen aus der Stichprobe, die nicht reagieren, mit Anreizen zu fangen. Wenn mehrere Anrufe nicht helfen, könnte er versuchen, Geld für die Teilnahme anzubieten, die Umfrage mit einem frankierten Rückumschlag zu verschicken, die Möglichkeit bieten, Preise zu gewinnen, und Ähnliches. Achten Sie jedoch darauf, dass der Anreiz nicht mehr als eine kleine Aufmerksamkeit ist, weil sie andernfalls einen systematischen Fehler dadurch riskieren, dass eher Personen an Ihrer Umfrage teilnehmen werden, die das Geld wirklich brauchen.

Überlegen Sie immer, was Sie selbst dazu motiviert, einen Fragebogen auszufüllen. Wenn die Anreize, die die Wissenschaftler anbieten, Sie nicht überzeugen können, erregt vielleicht das Thema der Umfrage Ihre Aufmerksamkeit. Leider lauert auch hier die Gefahr, dass ein systematischer Fehler entsteht. Wenn nur Personen an einer Umfrage teilnehmen, die stark von einem Thema betroffen sind, enthalten Ihre Daten nur die Meinung dieser Personen, weil die anderen Personen, denen das Thema nicht so wichtig ist, eher indifferente Antworten abgeben. Und Antworten des Typs »Ich habe hierzu keine Meinung« zählen nicht. Das Gleiche gilt für Antworten von Personen, denen das Thema zwar etwas bedeutet, die sich jedoch nicht die Zeit nehmen, den Fragebogen vollständig auszufüllen. Auch ihre Daten zählen nicht.

Angenommen, Sie führen eine Umfrage bei 1.000 Personen durch, mit der Sie erfahren wollen, ob die Parkordnung dahingehend geändert werden soll, dass Hunde angeleint werden müssen. Wer wird sich an dieser Umfrage beteiligen? Sehr wahrscheinlich Personen, die absolut für oder gegen diese Änderung sind. Wenn nun beispielsweise jeweils 100 Personen aus der Gruppe der Betroffenen an der Umfrage teilnehmen und 800 weitere Personen, denen das Thema völlig egal ist, reagieren nicht, können 800 Meinungen nicht gezählt werden. Wenn sich keine dieser 800 Personen für das Thema interessiert und Sie diese Stimmen zählen würden, hätten Sie 800 / 1000 = 80%, die die Meinung »Ist mir egal« abgeben, 10% (100 / 1000), die die neue Parkordnung unterstützen, und weitere 10% (100 / 1000), die dagegen sind. Ohne die 800 Personen, die sich nicht für das Thema interessieren, wären hingegen 50% der Befragten für und 50% gegen die neue Parkordnung. Die Ergebnisse stehen so in einem ganz anderen Licht da.

Die *Antwortquote* ist ein Prozentwert, den Sie erhalten, wenn Sie die Anzahl der Personen, die tatsächlich an der Befragung teilnahmen, durch die Stichprobengröße teilen und das Ergebnis mit 100% multiplizieren. Eine gute Antwortquote liegt bei mindestens 70%. Die meisten Antwortquoten sind jedoch geringer. Lediglich renommierte Meinungsforschungsinstitute erzielen in der Regel höhere Antwortquoten. Ist die Antwortquote zu gering, das heißt, liegt sie weit unter 70%, enthalten die Ergebnisse sehr wahrscheinlich einen systematischen Fehler und sollten ignoriert werden.

Es ist sinnvoller, eine kleinere Stichprobe zu wählen und dann dafür zu sorgen, dass die Antwortquote hoch ist, als eine sehr große Stichprobe zu wählen und nur eine geringe Antwortquote zu haben.

Wenn Sie das nächste Mal gebeten werden, an einer Umfrage teilzunehmen, sollten Sie mitmachen. Sie würden damit immerhin dafür sorgen, dass der systematische Fehler der Umfrage kleiner wird!

Eine angemessene Art von Umfrage wählen

Es gibt viele verschiedene Arten von Umfragen, wie z.B. telefonische Umfragen, Internet-Umfragen, Haus-zu-Haus-Interviews, Befragungen auf der Straße (wenn jemand mit einem Klemmbrett auf Sie zukommt und Sie fragt, ob Sie ein paar Minuten Zeit haben, an einer Umfrage teilzunehmen). Ein sehr wichtiger Aspekt, der jedoch häufig übersehen wird, ist der, ob die verwendete Umfrage für das Ziel angemessen war.

Wenn die Zielpopulation beispielsweise aus Personen mit einer Sehbehinderung besteht, ist es ziemlich sinnlos, ihnen einen Fragebogen zuzusenden. Wenn Sie eine Umfrage über Opfer häuslicher Gewalt durchführen wollen, sollten Sie die Befragten nicht bei sich zu Hause aufsuchen.

Angenommen, die Zielpopulation besteht aus den Obdachlosen einer Stadt. Wie nehmen Sie Kontakt zu ihnen auf? Sie haben keine Anschrift und auch kein Telefon. Somit eignet sich keine dieser Umfragetypen. Sie können die Leute allerdings auch selbst aufsuchen, aber es ist auch nicht ganz einfach, herauszufinden, wo sich Obdachlose aufhalten. Sie können es bei Notunterkünften, bei Kirchen und bei anderen Gruppen versuchen, die Obdachlosen helfen. Das könnte zumindest ein guter Anfang sein.

Wenn Sie die Ergebnisse einer Umfrage betrachten, sollten Sie darauf achten, welche Art von Umfrage verwendet wurde und ob sie dem Zweck angemessen war.

Keine Suggestivfragen verwenden

Die Art und Weise, in der die Fragen einer Umfrage formuliert sind, kann die Ergebnisse beeinflussen. Als Bill Clinton Präsident der USA war und der Skandal um Monica Lewinsky ans Tageslicht kam, führte CNN/Gallup Poll vom 21. bis zum 23. August 1998 eine Umfrage zur Beliebtheit von Präsident Clinton durch und 60% der Befragten stimmten positiv für ihn. (Die Stichprobe bestand aus 1.317 Personen und die Fehlergrenze lag bei plus/minus 3%.) Als CNN/Gallup die Fragen umformulierte, um Clintons Beliebtheit als Person zu ermitteln, veränderten sich die Ergebnisse. Nur noch 40% der Befragten äußerten sich ihm gegenüber positiv.

Am nächsten Tag führte CNN/Gallup eine weitere Umfrage zum selben Thema durch. Nachfolgend finden Sie einige der Fragen und Antworten:

✔ Sagt Ihnen die Art und Weise zu, in der Präsident Clinton sein Amt erfüllt? (60% der Befragten antworteten mit ja, 35% mit nein.)

✔ Schätzen Sie Präsident Clinton insgesamt positiv ein? (45% schätzten ihn positiv ein und 43% schätzten ihn negativ ein.)

✔ Sind Sie unter Berücksichtigung aller Tatsachen froh, dass Clinton Präsident ist? (45% sagten ja, 42% sagten nein.)

✔ Wenn Sie die Kandidaten von 1996 noch einmal wählen könnten, für wen würden Sie dann stimmen? (46% sagten, sie würden noch einmal Bill Clinton wählen, 34% hätten für Bob Dole gestimmt und 13% für Ross Perot.)

Diese Fragen wollen alle das Gleiche ermitteln, nämlich, was die Bürger von Präsident Clinton hielten, nachdem die Monica-Lewinsky-Affäre bekannt wurde. Die Fragen klingen zwar alle ähnlich, der Wortlaut unterscheidet sich jedoch geringfügig und Sie können sehen, wie unterschiedlich die Ergebnisse sind. Sie sehen also, der Wortlaut spielt eine Rolle.

Das größte Problem bei der Formulierung der Fragen besteht darin, Suggestivfragen zu vermeiden. Das sind Fragen, die so formuliert sind, dass Sie daraus ablesen können, wie Sie antworten sollen. Solche Fragen führen zu systematischen Fehlern, weil aufgrund der Formulierung Antworten gegeben werden, die gar nicht der Meinung der Befragten entsprechen.

Viele Umfragen enthalten – entweder unbeabsichtigt oder als Bestandteil des Designs – Suggestivfragen, um die Befragten dazu zu bringen, das zu antworten, was die Meinungsforscher erwarten.

Wenn Sie auf Umfrageergebnisse stoßen, die wichtig für Sie sind, sollten Sie sich die Fragen besorgen, um festzustellen, ob sie neutral waren oder ob es sich um Suggestivfragen handelte.

Der Zeitpunkt sollte gut gewählt sein

Den richtigen Zeitpunkt für eine Umfrage zu wählen, ist sehr wichtig. Aktuelle Ereignisse wirken sich auf die Meinung der Leute aus und während einige Meinungsforscher noch versuchen, die Meinung der Bürger zu ermitteln, nutzen andere die Situation bereits aus. Dies gilt insbesondere bei negativen Ereignissen. Nach einem Amoklauf eines Schülers in einer Schule ist die Regelung des Schusswaffengebrauchs in aller Munde. Unmittelbar nach einer solchen Tragödie sind mehr Leute für harte Regelungen als sonst. Später normalisiert sich die Meinung dann wieder. In der Zwischenzeit veröffentlichen Meinungsforscher ihre Ergebnisse, deren Daten sie direkt nach einer Tragödie erhoben haben, und tun so, als würden die Meinungen jederzeit zutreffen.

Die Wahl des Zeitpunkts, zu dem eine Umfrage durchgeführt wird, kann unabhängig vom Umfragethema zu einem systematischen Fehler führen. Nehmen Sie beispielsweise einmal an, Ihre Zielpopulation besteht aus Personen, die ganztägig berufstätig sind. Wenn Sie im Rahmen einer telefonischen Umfrage zwischen 9.00 Uhr und 17.00 Uhr bei den Personen zu Hause anrufen, sind Ihre Ergebnisse sehr stark verzerrt, weil die Mehrheit der Zielpopulation gar nicht zu Hause anzutreffen ist.

Prüfen Sie den Zeitpunkt, zu dem eine Umfrage durchgeführt wurde, und prüfen Sie, ob es relevante Ereignisse gab, die die Ergebnisse zeitweise beeinflusst haben könnten. Achten Sie außerdem auf die Tageszeit, zu der die Umfrage durchgeführt wurde. War die Uhrzeit so gewählt, dass die meisten Personen aus der Zielpopulation bequem antworten konnten?

Die Personen, die die Umfrage durchführen, sollten gut ausgebildet sein

Die Personen, die die Umfragen durchführen, haben einen harten Job. Sie müssen damit klarkommen, dass ihre Gesprächspartner einfach aufhängen oder dass sie auf Anrufbeantworter stoßen und dass sie, nachdem sie endlich eine lebende Person an die Strippe oder zu Gesicht bekommen haben, sogar noch härter kämpfen müssen. Denn dann müssen sie die Daten unvoreingenommen und genau erheben.

Nachfolgend sind ein paar Probleme aufgeführt, die bei der Durchführung von Umfragen auftreten können:

- ✔ Der Befragte versteht die Frage nicht und benötigt weitere Informationen. Wie können Sie der Person weiterhelfen und trotzdem neutral bleiben?
- ✔ Informationen können falsch kodiert werden, wie z.B. wenn ein Befragter aussagt, 40 Jahre alt zu sein, und derjenige, der die Umfrage durchführt, 60 Jahre als Alter einträgt.
- ✔ Die Person, die die Umfrage durchführt, muss Entscheidungen treffen. Angenommen, es soll angegeben werden, wie viele Personen in einem Haushalt wohnen, und der Befragte erkundigt sich, ob er auch seinen Cousin mitzählen soll, der gerade bei ihm wohnt, weil er auf Arbeitssuche ist. Hier ist eine Entscheidung gefragt.
- ✔ Die Befragten geben Fehlinformationen ab. Manche Personen beispielsweise hassen Umfragen und beantworten alle Fragen falsch. Wenn sie z.B. nach ihrem Alter gefragt werden, geben sie 101 Jahre an.

Wie sollen diese und viele andere Herausforderungen behandelt werden, die bei der Durchführung von Umfragen auftreten? Die Personen, die die Umfrage durchführen, müssen mit allen möglichen Szenarien vertraut sein und sie müssen wissen, wie sie reagieren sollen. Sie müssen also gut geschult sein.

 Viele Probleme lassen sich auch vermeiden, wenn zunächst eine *Pilotstudie* durchgeführt wird, d.h. ein Praxistest mit einigen wenigen Befragten. Die Personen, die die Umfrage durchführen sollen, können üben und dann prüfen, wie genau und konsistent sie die Daten erheben. Probleme lassen sich so vorhersehen, bevor die eigentliche Umfrage durchgeführt wird, und es können Richtlinien für die Behandlung bestimmter Situationen aufgestellt werden.

Umfragen sollten keine unklaren, zweideutigen oder Suggestivfragen enthalten. Eine Pilotstudie kann Aufschluss darüber bieten, ob Fragen zu schwierig sind, wenn sie beispielsweise nur von einer kleinen Gruppe beantwortet werden, und es kann vermieden werden, dass Daten falsch kodiert werden, d.h. falsch eingegeben werden, indem deutlich gemacht wird, wie die Fragen zu beantworten sind. Wenn beispielsweise eine starke Ablehnung mit »eins« und eine starke Zustimmung mit »fünf« kodiert werden soll (und nicht andersherum), muss dies in der Umfrage deutlich gemacht werden. Bei Interviews ist es hilfreich, wenn sie zu einem späteren Zeitpunkt noch einmal geprüft werden.

Legen Sie vorher fest, wie mit Scherzantworten umgegangen werden soll. Bei telefonischen Umfragen besteht die Möglichkeit, es später noch einmal bei der Person zu versuchen.

Die Umfrage sollte die ursprüngliche Fragestellung beantworten

Angenommen, ein Wissenschaftler möchte etwas über die Einkaufsgewohnheiten herausfinden. Das klingt zunächst einmal ganz gut. Aber wenn Sie dann die Fragen betrachten, stellen Sie fest, dass sich alles darum dreht, ob Leute gerne einkaufen – »Was gefällt Ihnen am Einkaufen am besten?« oder »Stufen Sie auf einer Skala von 1 bis 10 ein, wie gerne Sie einkaufen gehen?« Die Fragen behandeln überhaupt nicht das Einkaufsverhalten. Die Einstellung zum Einkaufen beeinflusst zwar die Einkaufsgewohnheiten, um jedoch mehr über die Gewohnheiten herauszufinden, sollten Fragen gestellt werden wie, was die Leute einkaufen, wo sie einkaufen, wie viel sie pro Einkauf ausgeben, mit wem sie zusammen einkaufen gehen, wann sie einkaufen, wie häufig sie einkaufen usw. Manchmal merken Wissenschaftler erst, dass sie den Zweck verfehlt haben, wenn die Daten bereits erhoben wurden. Nachdem die Fakten vorliegen und es zu spät ist, etwas daran zu ändern, sehen sie, dass sie mit den erhobenen Daten ihre Forschungsfrage nicht beantworten können. Das ist gar nicht gut!

Bevor Sie an einer Umfrage teilnehmen, sollten Sie fragen, was die Wissenschaftler herausfinden wollen, das heißt, was der Zweck der Umfrage ist. Wenn Sie dann die Fragen lesen oder hören, sollten Sie Ihre Teilnahme abbrechen, sobald Sie merken, dass die Fragen in eine falsche Richtung laufen. Dann sollten Sie der Person, die die Umfrage durchführt, den Grund erklären, aus dem Sie aufgeben.

Bevor Sie eine Umfrage entwickeln, sollten Sie zunächst die Ziele der Umfrage aufschreiben. Was soll ermittelt werden? Gestalten Sie dann die Fragen so, dass sie dieses Ziel erfüllen. Auf diese Weise können Sie sicherstellen, dass Sie mit Ihren Daten etwas anfangen können.

Zehn häufige Fehler

In diesem Kapitel

▶ Häufige Fehler erkennen, die Wissenschaftlern und den Medien unterlaufen

▶ Selbst Fehler vermeiden

In diesem Buch geht es nicht nur darum, dass Sie die Statistiken verstehen, auf die Sie in den Medien und an Ihrem Arbeitsplatz treffen, sondern auch darum, dass Sie beurteilen können, ob die Statistiken korrekt, sinnvoll und fair sind. Sie müssen aufmerksam und skeptisch sein, um mit der riesigen Informationsflut klarzukommen, weil viele Statistiken, auf die Sie stoßen werden, irreführend sind. Wenn nicht Sie die Informationen hinterfragen, die Sie konsumieren, wer soll es denn sonst tun? In diesem Kapitel werden Fehler vorgestellt, die in Statistiken häufig auftreten, und Sie erfahren, wie Sie diese Fehler erkennen und vermeiden können.

Irreführende Grafiken

Viele Grafiken enthalten fehlerhafte oder irreführende Daten, sind falsch beschriftet oder es fehlen wichtige Informationen, die es dem Leser ermöglichen würden, das Präsentierte kritisch zu hinterfragen. Abbildung 21.1 zeigt Beispiele für vier Arten von grafischen Darstellungen: Kreisdiagramme, Balkendiagramme, Liniendiagramme und Histogramme. (Ein *Histogramm* ist im Wesentlichen ein Balkendiagramm für quantitative Daten.) Nachfolgend werden für jeden Diagrammtyp Möglichkeiten angegeben, den Betrachter irrezuführen. (Weitere Informationen zu Diagrammen und Grafiken, auch zu irreführenden Diagrammen und Grafiken, finden Sie in Kapitel 4.)

Kreisdiagramme

Kreisdiagramme sind genau das, wonach sie sich anhören: Diagramme in der Form eines Kreises, wobei der Kreis in einzelne Segmente unterteilt ist, die den Prozentsatz der Personen symbolisieren, die in jede Gruppe fallen (gemäß einer qualitativen Variablen wie dem Geschlecht, der politischen Meinung oder dem Familienstatus).

Um die Qualität von Kreisdiagrammen zu überprüfen, gehen Sie wie folgt vor:

✔ Prüfen Sie, ob sich die Prozentwerte zu 100% oder zu annähernd 100% addieren lassen (Rundungsfehler sollten klein sein).

✔ Achten Sie auf Segmente mit der Beschriftung »Sonstige«, die größer sind als alle anderen Segmente. Dies bedeutet, dass das Kreisdiagramm zu vage ist.

✔ Achten Sie auf Verzerrungen, die durch eine dreidimensionale Darstellung hervorgerufen werden. Manchmal wirkt das Segment, das Ihnen am nächsten liegt, bedingt durch den Präsentationswinkel größer als die anderen.

✔ Achten Sie darauf, wie viele Personen durch das Kreisdiagramm abgebildet werden sollen. Sie können so feststellen, wie groß der Kuchen war, bevor er in einzelne Stücke unterteilt wurde. Ist der Datensatz bzw. die Stichprobe zu klein, sind die Angaben nicht zuverlässig.

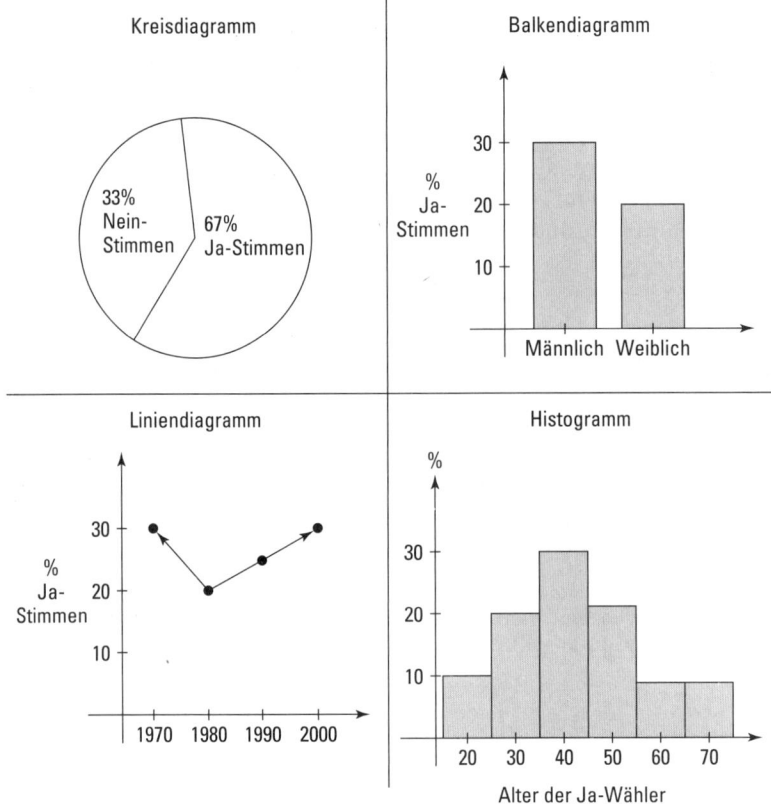

Abbildung 21.1: Vier Grundtypen von Grafiken

Balkendiagramme

Balkendiagramme ähneln Kreisdiagrammen in gewisser Weise. Sie haben jedoch keine Kreisform, sondern jede Gruppe wird durch einen Balken repräsentiert. Die Balkenhöhe gibt die Anzahl oder den Prozentsatz der Personen in der Gruppe an.

Wenn Sie ein Balkendiagramm überprüfen, achten Sie auf Folgendes:

- ✔ Achten Sie auf die Einheiten, die verwendet werden, und überlegen Sie, was sie für die Ergebnisse bedeuten. Ein Beispiel wäre die Gesamtanzahl der Verbrechen im Vergleich zur Kriminalitätsrate, die sich aus der Gesamtanzahl der Verbrechen pro Kopf, d.h. pro Person ergibt.

- ✔ Bewerten Sie die Angemessenheit der Skala und achten Sie darauf, welcher Spielraum zwischen den Einheiten gewählt wurde, die die einzelnen Zahlenwerte aus den Gruppen im Balkendiagramm ausdrücken. Die Anzahl der Kundenbeschwerden bei Männern und Frauen könnte beispielsweise mit den Einheiten 1, 5, 10 oder 100 ausgedrückt werden. Bei Skalen mit einem kleinem Maßstab (z.B. in Zehnerschritten von 1 bis 500), wirken die Unterscheide beispielsweise größer als bei Skalen mit einem großen Maßstab (z.B. in 100er-Schritten von 1 bis 500).

Liniendiagramme

Liniendiagramme zeigen, wie sich messbare quantitative Variablen im Laufe der Zeit verändern, wie z.B. Aktienkurse, das durchschnittliche Haushaltseinkommen oder die Durchschnittstemperatur.

Hier einige Punkte, auf die Sie bei Liniendiagrammen achten sollten:

- ✔ Achten Sie auf den Maßstab der Achsen. Durch eine Veränderung des Maßstabs können Ergebnisse erheblich dramatischer oder weit weniger dramatisch dargestellt werden, als sie tatsächlich sind.

- ✔ Achten Sie auf die Einheiten, die im Diagramm benutzt werden, und prüfen Sie, ob sie sich für Vergleiche im Zeitverlauf eignen. Sind Geldwerte beispielsweise inflationsbereinigt?

- ✔ Seien Sie vorsichtig, wenn versucht wird, zu erklären, warum ein Trend vorhanden ist, und dies durch zusätzliche statistische Größen zu stützen. Liniendiagramme zeigen im Allgemeinen, *was* passiert, und nicht, *warum* etwas passiert.

- ✔ Achten Sie auf Fälle, in denen die Intervalle auf der Zeitachse nicht gleichmäßig verteilt sind. Dies wird häufig gemacht, wenn Daten fehlen. So könnte die Zeitachse beispielsweise für die Werte 1971, 1972, 1975, 1976 und 1978 eine gleichmäßige Verteilung aufweisen, obwohl die Zeiträume, für die keine Daten verfügbar sind, leer bleiben sollten.

Histogramme

Ein Histogramm ist eine Grafik, die die Stichprobe gemäß einer quantitativen Variablen in Gruppen aufteilt (z.B. Alter, Größe, Gewicht, Einkommen) und die zeigt, welche Anzahl oder welcher Prozentsatz an Personen in jede Gruppe fallen. So könnten beispielsweise 20% einer

Stichprobe Personen jünger als 20, 30% zwischen 20 und 30, 45% zwischen 40 und 60 und 5% älter als 60 Jahre alt gewesen sein.

Achten Sie auf Merkmale wie die folgenden:

✔ Achten Sie auf den Maßstab, der für die vertikale Achse verwendet wird (Häufigkeit oder relative Häufigkeit). Prüfen Sie insbesondere, ob Ergebnisse mit einem unangemessenen Maßstab übertrieben oder heruntergespielt werden.

✔ Sehen Sie nach, ob die Einheiten der vertikalen Achse Häufigkeiten oder relative Häufigkeiten sind. Berücksichtigen Sie dies auch bei der Prüfung der Ergebnisse.

✔ Achten Sie auf den Maßstab, der für die Gruppierung der quantitativen Variablen auf der horizontalen Achse verwendet wird. Wenn die Personen in sehr kleine Gruppen unterteilt werden (z.B. 0–2, 2–4 etc.), wirken die Daten möglicherweise etwas wechselhaft. Wenn die Gruppen hingegen in größere Intervalle unterteilt werden (z.B. 0–100, 100–200 etc.), wirken die Daten weicher und realistischer.

Daten mit Bias

Eine Statistik mit *Bias* (Verzerrung) ist das Ergebnis eines systematischen Fehlers, der die tatsächlichen Werte über- oder unterschätzt. Wenn ich beispielsweise ein Lineal benutze, um die Länge meiner Pflanzen zu messen, und das Lineal ist nur zehn cm lang, sind meine Ergebnisse mit einem systematischen Fehler behaftet, weil sie systematisch geringer ausfallen, als sie tatsächlich sind.

Nachfolgend sind einige der häufigsten Quellen für systematische Fehler aufgeführt:

✔ **Die Messinstrumente messen systematisch falsch.** Beispiele wären ein Radargerät der Polizei, das bei Ihnen 130 km/h misst, obwohl Sie genau wissen, dass Sie 120 km/h gefahren sind, oder eine Waage, die immer zwei Kilo mehr anzeigt, als Sie tatsächlich wiegen.

✔ **Die Teilnehmer werden durch die Art der Datenerhebung beeinflusst.** Wenn in einer Umfrage beispielsweise gefragt wird, ob jemand unzufrieden mit einer Regierungsentscheidung war, wird der Prozentsatz der Personen, die tatsächlich unzufrieden mit der Arbeit der Regierung sind, überschätzt.

✔ **Die Testpersonen aus der Stichprobe repräsentieren nicht die Grundgesamtheit, die von Interesse ist.** Wenn beispielsweise die Gewohnheiten von Studenten untersucht werden sollen und dazu nachmittags um 17.00 Uhr eine Befragung im Lesesaal der Universitätsbibliothek durchgeführt wird, werden die fleißigen Studenten stärker berücksichtigt, die zu dieser Zeit im Lesesaal sitzen.

✔ **Die Wissenschaftler sind nicht objektiv.** Angenommen, einer Gruppe von Patienten werden Zuckerpillen verabreicht und die andere Gruppe erhält ein echtes Medikament. Die Wissenschaftler sollten nicht wissen, wer in welcher Gruppe ist, weil andernfalls die Gefahr besteht, dass sie unabsichtlich die Ergebnisse auf die Patienten projizieren, indem sie ihnen Fragen stellen wie »Sie fühlen sich doch schon viel besser, oder?« oder indem sie stärker auf die Testpersonen achten, die das Medikament einnehmen.

 Um festzustellen, ob Daten einen Bias (Verzerrung) enthalten, müssen Sie prüfen, wie die Daten erhoben wurden. Erkundigen Sie sich über den Auswahlprozess der Teilnehmer, über die Durchführung der Studie, über die verwendeten Fragen, über die Art der *Behandlung* (Medikation, Therapie etc.) und darüber, wer davon wusste, welche Messinstrumente benutzt wurden, wie sie geeicht waren und vieles mehr. Achten Sie auf systematische Fehler oder Bevorzugungen. Und falls Sie auf zu viele Anzeichen dafür stoßen, ignorieren Sie die Ergebnisse.

Keine Fehlergrenze

Der Begriff »Fehler« hat einen etwas negativen Beigeschmack. Er drückt aus, dass der Fehler etwas Vermeidbares wäre. In der Statistik ist das aber nicht immer der Fall. Ein gewisses Maß an dem, was Statistiker als *Stichprobenfehler* bezeichnen, tritt immer auf, wenn versucht wird, einen Wert in einer Grundgesamtheit über einen Wert aus einer Stichprobe zu schätzen. Schon allein die Auswahl einer Stichprobe aus der Grundgesamtheit bedeutet, dass bestimmte Individuen ausgeschlossen werden. Und das wiederum bedeutet, dass Sie nicht den genauen Wert in der Grundgesamtheit erhalten. Machen Sie sich darüber jedoch keine Sorgen. Denken Sie daran, dass Statistik auch bedeutet, dass Sie nie behaupten müssen, sicher zu sein – Sie müssen der Sache nur sehr nahe kommen. Und wenn die Stichprobe groß ist und per Zufallsauswahl zusammengestellt wurde, ist der Stichprobenfehler klein.

Um ein statistisches Ergebnis zu bewerten, müssen Sie es auf Genauigkeit überprüfen – üblicherweise dient dazu die Fehlergrenze. Die *Fehlergrenze* oder *Fehlertoleranz* gibt an, wie stark die Ergebnisse nach Einschätzung des Wissenschaftlers von Stichprobe zu Stichprobe abweichen. (Weitere Informationen zur Fehlergrenze erhalten Sie in Kapitel 10.) Wenn zu einer Studie oder Statistik keine Fehlergrenze angegeben wird, können Sie die Genauigkeit der Ergebnisse nicht beurteilen, oder schlimmer noch, Sie gehen einfach davon aus, dass alles in Ordnung ist, obwohl das häufig gar nicht stimmt. Bei Umfrageergebnissen, die im Fernsehen gezeigt werden, wurde bislang selten eine Fehlergrenze angegeben. Inzwischen geschieht das häufiger. Es kommt jedoch noch immer vor, dass in Zeitungen, Zeitschriften und Websites keine Fehlergrenze zu den Studien angegeben wird oder dass die Fehlergrenze bedeutungslos ist, weil die Daten bereits einen systematischen Fehler enthalten (siehe Kapitel 10).

 Wenn Sie statistische Ergebnisse betrachten, in denen eine Zahl geschätzt wird, wie z.B. der Prozentsatz der Personen, die die Arbeit des Bundeskanzlers schätzen, sollten Sie immer auf die Fehlergrenze achten. Ist keine angegeben, sollten Sie sich danach erkundigen! (Falls genügend andere einschlägige Informationen angegeben werden, können Sie die Fehlergrenze anhand der Formeln aus Kapitel 10 auch selbst berechnen.)

Keine Zufallsstichproben

Egal, ob Meinungsumfrage oder medizinisches Experiment, die meisten Statistiken basieren aus Zeit- und Kostengründen nicht auf Vollerhebungen, sondern auf Daten, die von Stichproben erhoben wurden. Ein Vorteil der Stichprobe ist auch, dass sie nicht besonders groß sein muss und trotzdem erstaunlich genau ist, falls die Stichprobe repräsentativ ist für die Grundgesamtheit, die untersucht werden soll. Eine gut geplante und korrekt durchgeführte Befragung von 2.500 Personen hat beispielsweise eine Fehlergrenze von nur plus/minus 2% (siehe Kapitel 10). Bei einem Experiment mit Therapie- und Kontrollgruppen würden Statistiker gerne mindestens 30 Personen pro Gruppe sehen, um die Daten als genau zu bezeichnen.

Wie lässt sich sicherstellen, dass die Stichprobe die Grundgesamtheit repräsentiert? Am besten dadurch, dass die Personen per *Zufallsauswahl* aus der Grundgesamtheit ausgewählt werden. Eine Zufallsstichprobe ist eine Teilmenge der Grundgesamtheit, die so ausgewählt wurde, dass jedes Mitglied der Grundgesamtheit die gleiche Chance hat, ausgewählt zu werden – z.B. indem Namen aus einem Hut gezogen werden. Bei der Zufallsstichprobe gibt es keine systematische Bevorzugung oder Ablehnung.

Viele Umfragen und Studien basieren nicht auf Zufallsstichproben. Medizinische Studien werden beispielsweise häufig an freiwilligen Testpersonen durchgeführt und diese sind natürlich nicht zufällig ausgewählt. Es wäre schlicht nicht möglich, Leute anzurufen und ihnen mitzuteilen, dass sie per Zufallsauswahl für die Teilnahme an einer Schlafstudie ausgewählt wurden und dafür die nächsten zwei Wochen im Institut verbringen müssten, das die Studie durchführt. In einer solchen Situation können Sie lediglich Freiwillige studieren, prüfen, wie gut sie die Grundgesamtheit repräsentieren, und die Ergebnisse dann veröffentlichen. Sie können auch nach einer bestimmten Art von Freiwilligen suchen.

Meinungsumfragen müssen auf einer Zufallsauswahl an Personen basieren, und das zu erreichen, ist erheblich einfacher als bei medizinischen Studien. Viele Umfragen basieren aber trotzdem nicht auf Zufallsstichproben. Wenn beispielsweise in einer Fernsehumfrage die Fernsehzuschauer aufgefordert werden, anzurufen und ihre Meinung abzugeben, basiert die Umfrage nicht auf einer Zufallsstichprobe. Denn nicht die gesamte Bevölkerung hat die Chance, sich an der Umfrage zu beteiligen – in einem solchen Fall wählen sich die Teilnehmer einer Umfrage sogar selbst aus.

 Bevor Sie Entscheidungen auf der Grundlage statistischer Ergebnisse treffen, sollten Sie immer prüfen, ob die Teilnehmer zufällig ausgewählt wurden. Basiert die Studie nicht auf einer Zufallsstichprobe, sollten Sie die Ergebnisse nicht für bare Münze nehmen.

Fehlende Stichprobengröße

Die Datenmenge, die in einer Studie verarbeitet wird, ist immer wichtig, da sie sich auf die Genauigkeit einer Statistik auswirkt – zumindest, so lange die Daten nicht verzerrt sind. Um die Genauigkeit einer Statistik einschätzen zu können, müssen Sie genauer betrachten, wie die Daten erhoben wurden (siehe Kapitel 16 zum Thema Umfragen und Kapitel 17 zum Thema Experimente) und wie viele Informationen gesammelt wurden. Sie müssen also die Stichprobengröße kennen.

Bei vielen Diagrammen und Grafiken, auf die Sie in den Medien stoßen, ist die Stichprobengröße nicht angegeben. Sie finden auch viele Schlagzeilen, die sich letztlich nicht als solche herausstellen, wenn Sie im Artikel die Stichprobengröße lesen. Manchmal wird auch gar keine Stichprobengröße angegeben. (Sie haben vielleicht schon einmal die Kaugummiwerbung gesehen, in der behauptet wird, dass vier von fünf der befragten Zahnärzte ihren Patienten diesen Kaugummi empfehlen. Was wäre, wenn tatsächlich nur fünf Zahnärzte befragt wurden?)

 Achten Sie immer auf die Stichprobengröße, bevor Sie Entscheidungen auf der Grundlage statistischer Daten treffen. Je kleiner die Stichprobe ist, desto unzuverlässiger sind die Angaben. Wird die Stichprobengröße in einem Artikel ganz weggelassen, sollten Sie sich bei dem Institut, dem Wissenschaftler oder dem Journalisten, von dem der Artikel stammt, nach der Stichprobengröße erkundigen.

Falsch interpretierte Korrelationen

In der Statistik wird als *Korrelation* die Stärke und die Richtung einer linearen Beziehung zwischen zwei quantitativen Variablen bezeichnet. Es geht also darum, wie stark sich der Wert einer quantitativen Variablen, wie z.B. das Gewicht, verändern wird, wenn sich der Wert einer anderen quantitativen Variablen, wie z.B. der Größe, erhöht oder verringert. Die Korrelation gehört zu den statistischen Begriffen, bei denen es die meisten Fehlinterpretationen gibt und die am häufigsten von Wissenschaftlern, den Medien und der Öffentlichkeit missbraucht werden. Zur Korrelation müssen Sie drei wichtige Punkte beachten:

✔ **Die Korrelation lässt sich nicht auf zwei qualitative Variablen anwenden, wie z.B. die Parteizugehörigkeit und das Geschlecht. Sie gilt nur für quantitative Variablen wie die Größe und das Gewicht.** Wenn Sie also hören, dass jemand eine Korrelation zwischen dem Wahlverhalten und dem Geschlecht festgestellt haben will, wissen Sie, dass dies falsch ist. Das Wahlverhalten und das Geschlecht mögen zwar zusammenhängen, sie können jedoch gemäß der statistischen Definition der Korrelation nicht miteinander korrelieren.

✔ **Eine Korrelation misst die Stärke und die Richtung einer linearen Beziehung zwischen zwei quantitativen Variablen.** Sie sammeln also Daten für zwei quantitative Variablen wie die Größe und das Gewicht und zeichnen alle Punkte in einen Graphen ein. Und falls nun eine Korrelation zwischen diesen Variablen existiert, sollten Sie in der Lage sein, eine auf-

oder absteigende Gerade durch die Punkte zu zeichnen. Ist dies nicht möglich, korrelieren die Variablen nicht miteinander. Es mag zwar eine andere Art von Zusammenhang zwischen ihnen bestehen, jedoch kein linearer. Bakterien vermehren sich im Zeitverlauf beispielsweise *exponentiell*, das bedeutet, sie verdoppeln sich immer schneller, nicht *linear*, d.h. mit einer stetigen Rate.

- ✔ **Korrelation bedeutet nicht automatisch auch einen Kausalzusammenhang.** Angenommen, es wird berichtet, dass die Anzahl der an Gehirntumor erkrankten Personen höher ist, wenn die Personen Diätgetränke zu sich nehmen. Wenn Sie nun jedoch mit Vorliebe Diätgetränke trinken, brauchen Sie nicht gleich in Panik zu geraten. Es kann auch nur ein seltsamer Zusammenhang sein, den jemand da entdeckt hat. Auf jeden Fall muss er näher untersucht und nicht nur beobachtet werden, um zu zeigen, dass die Einnahme von Diätgetränken tatsächlich Gehirntumor *verursacht*.

Störvariablen

Eine *Störvariable* ist eine Variable, die nicht in eine Studie einbezogen war, die jedoch die Ergebnisse der Studie durch einen Störeffekt beeinflussen könnte. Angenommen, ein Wissenschaftler weist anhand einer Studie nach, dass der Konsum von Algen die Lebenserwartung verlängert. Wenn Sie nun jedoch die Studie genauer betrachten, stellen Sie fest, dass die Ergebnisse auf einer Stichprobe von Personen basieren, die regelmäßig Seetang essen und älter als 100 Jahre sind. Stellen Sie sich nun vor, Sie lesen Interviews mit diesen Personen und stellen einige andere Dinge fest, die für das hohe Lebensalter verantwortlich sein könnten, wie z.B. dass sie sich immer gesund ernährt hatten, dass sie im Durchschnitt acht Stunden pro Tag schliefen, dass sie sehr viel Wasser tranken und täglich Sport trieben. Lässt sich nun wirklich behaupten, dass der Seetang ihr Leben verlängert? Möglicherweise, aber Sie können nichts darüber aussagen, weil auch die Störvariablen, also die körperliche Betätigung, der Wasserkonsum, die gesunde Ernährung oder das Schlafmuster für die höhere Lebenserwartung verantwortlich sein könnten.

Ein Fehler, der bei wissenschaftlichen Studien häufig gemacht wird, besteht in der mangelnden Kontrolle von Störvariablen. Störvariablen lassen sich am besten mit gut geplanten Experimenten kontrollieren, bei denen zwei Stichproben untersucht werden, deren Teilnehmer sich in vielen Merkmalen ähneln. Die eine Gruppe erhält jedoch eine bestimmte Behandlung und wird deshalb als *Therapiegruppe* bezeichnet, die andere Gruppe erhält hingegen eine vorgetäuschte Behandlung und wird deshalb als *Kontrollgruppe* bezeichnet. Anschließend werden die Ergebnisse aus beiden Gruppen miteinander verglichen. Treten signifikante Unterschiede auf, werden diese der Behandlung zugeschrieben.

Bei der Seetangstudie handelte es sich nicht um ein Experiment, sondern um eine *Beobachtungsstudie*. Bei Beobachtungsstudien werden Variablen nicht kontrolliert. Die Personen werden lediglich beobachtet und die Ergebnisse werden aufgezeichnet.

Immer, wenn Sie die Ergebnisse einer Studie betrachten, die vorgibt, einen Kausalzusammenhang oder signifikante Unterschiede zwischen zwei Gruppen zu zeigen, sollten Sie prüfen, ob es sich bei der Studie um ein Experiment handelt und ob die Störvariablen kontrolliert wurden. Ist ein Experiment in einem bestimmten Zusammenhang unethisch, wie z.B. die Tatsache, dass Rauchen Lungenkrebs verursacht, dadurch zu beweisen, dass die Hälfte der Testpersonen gezwungen wird, über zwanzig Jahre täglich drei Packungen Zigaretten zu rauchen, während die andere Gruppe nicht rauchen darf, müssen Sie Ihre Ergebnisse auf Beobachtungsstudien basieren, die viele verschiedene Situationen abdecken und alle zum gleichen Ergebnis führen.

Beobachtungsstudien eignen sich hervorragend für Meinungsumfragen, jedoch nicht zum Aufzeigen von Kausalzusammenhängen, weil sie Störvariablen nicht kontrollieren. Ein gut geplantes Experiment bietet erheblich mehr Aufschluss.

Gepfuschte Zahlen

Nur, weil eine Statistik in den Medien erscheint, heißt das noch lange nicht, dass sie korrekt ist. Fehler sind stattdessen überall zu finden. Seien Sie also auf der Hut. Hier ein paar Tipps, wie Sie fehlerhafte Zahlen erkennen können:

- ✔ **Prüfen Sie, ob die Summe stimmt.** Vergewissern Sie sich bei Kreisdiagrammen, dass die Summe der Prozentwerte 100% ergibt.
- ✔ **Prüfen Sie selbst die grundlegendsten Berechnungen.** Wenn in einem Diagramm beispielsweise behauptet wird, dass 83% der Bürger für ein Thema sind, im Text jedoch gesagt wird, dass sieben von acht Bürgern für ein Thema sind, ist das nicht dasselbe, denn 7 von 8 ergibt 87,5%; 5 von 6 sind ungefähr 83%.
- ✔ **Achten Sie auf die Antwortquote einer Umfrage.** Geben Sie sich nicht mit der Anzahl der Teilnehmer zufrieden. (Die *Antwortquote* ist die Anzahl der Personen, die die Fragen beantwortet haben, geteilt durch die Gesamtanzahl der Personen multipliziert mit 100%.) Liegt die Antwortquote weit unter 70%, könnten die Ergebnisse verzerrt sein, weil Sie nicht wissen, was die Personen gesagt hätten, die sich nicht beteiligt haben.
- ✔ **Stellen Sie die Art der verwendeten Statistik in Frage. Prüfen Sie, ob sie geeignet ist.** Wenn beispielsweise ein Anstieg bei der Anzahl der Verbrechen zu verzeichnen ist, jedoch auch ein Bevölkerungsanstieg, sollten die Wissenschaftler nicht nur die Anzahl der Verbrechen, sondern die *Kriminalitätsrate* berücksichtigen, d.h. die Anzahl der Verbrechen pro Kopf.

Statistiken basieren auf Formeln und Berechnungen, die nichts über die Qualität der Zahlen wissen. Diejenigen, die die Berechnungen durchführen, sollten es jedoch besser wissen. Entweder können sie nicht anders oder sie wollen Sie übers Ohr hauen. Hier sind Sie als Informationskonsument – und damit auch zertifizierter Skeptiker – gefragt. Hinterfragen Sie das, was Sie sehen!

Selektive Darstellung von Ergebnissen

Ein weiteres schlechtes Szenario ist das, in dem ein Wissenschaftler von einem *statistisch signifikanten Ergebnis* berichtet, d.h. einem Ergebnis, dessen zufälliges Auftreten sehr unwahrscheinlich ist, jedoch alle anderen Tests weglässt, die keine signifikanten Ergebnisse hervorbrachten. Wenn Sie etwas über diese anderen Tests gewusst hätten, hätten Sie sich möglicherweise gefragt, ob die Signifikanz der Ergebnisse überhaupt eine Aussagekraft hat oder ob es sich nur um einen Zufall handelt. Werden nur die Studien mit signifikanten Ergebnissen vorgestellt, spricht der Statistiker vom *Fischen nach Daten* oder dem *Herauspicken von Daten*.

Wie können Sie sich vor irreführenden Ergebnissen schützen, die auf dem Herauspicken von Daten beruhen? Betrachten Sie die Studie genauer. Prüfen Sie, wie viele Tests tatsächlich durchgeführt wurden, wie viele Ergebnisse signifikant waren und was sich als signifikant herausstellte. Versuchen Sie also, sich ein Gesamtbild zu verschaffen, um die signifikanten Ergebnisse im richtigen Licht betrachten zu können.

Um eine selektive Darstellung von Zahlen und Fehler durch Auslassung zu vermeiden, sollten Sie einfach auf Dinge achten, die zu gut wirken, um wahr zu sein. Möglicherweise stimmen sie tatsächlich. Sie sollten jedoch auf keine Fall alles glauben, was Sie hören – insbesondere, wenn es sich um spektakuläre Ergebnisse handelt. Warten Sie erst einmal ab, ob die Ergebnisse sich auch von anderen replizieren lassen.

Die allmächtige Anekdote

Ah, die Anekdote – sie übt mit den stärksten Einfluss auf die öffentliche Meinung aus. Und sie hat mit Statistik so gut wie nichts zu tun. Eine *Anekdote* ist ein Geschichte, die auf der Erfahrung einer Person oder auf einer einzigen Situation basiert. Beispiele hierfür sind:

✔ Die Bedienung, die im Lotto gewann

✔ Die Katze, die lernte, Fahrrad zu fahren

✔ Die Frau, die mit einer mysteriösen Kartoffeldiät in zwei Tagen fünfzig Kilo abnahm

Anekdoten machen Schlagzeilen. Je sensationeller, desto besser. Aber Sensationen sind in Bezug auf das normale Leben Ausreißer. Sie ereignen sich bei den meisten Leuten nicht.

Sie glauben vielleicht, nicht von Anekdoten beeinflusst zu werden. Aber wie steht es mit den Fällen, in denen Sie sich von der persönlichen Erfahrung einer anderen Person beeinflussen lassen? Ihr Nachbar findet seinen Internet-Provider toll, also gehen Sie auch zu ihm. Ihr Freund machte eine schlechte Erfahrung mit einer bestimmten Automarke, also machen Sie nicht einmal eine Testfahrt. Ihr Vater kennt jemanden, der an einem Autounfall starb, weil er im Sicherheitsgurt gefangen war. Deshalb beschließen Sie, sich nicht anzuschnallen.

Bei manchen Entscheidungen spielt es keine Rolle, wenn sie auf der Basis von Anekdoten getroffen werden. Bei wichtigen Entscheidungen sollten Sie jedoch lieber echte Statistiken und Daten betrachten, die auf gut geplanten Studien und sorgfältiger Wissenschaft basieren.

Eine Anekdote ist ein Datensatz mit einer Stichprobe der Größe eins. Ihnen stehen keine Daten zur Verfügung, mit denen Sie die Geschichte vergleichen können, es gibt keine statistischen Größen, die Sie analysieren können, und auch keine möglichen Erklärungen oder Daten, an die Sie anknüpfen könnten. Es gibt nur die eine Geschichte. Achten Sie darauf, dass Ihr Leben nicht zu sehr von Anekdoten beeinflusst wird. Vertrauen Sie stattdessen auf wissenschaftliche Studien und auf statistische Angaben, die auf Zufallsstichproben basieren, die die Zielpopulation repräsentieren, nicht nur eine einzelne Situation.

Das Beste, was Sie tun können, wenn jemand versucht, Sie mittels einer Anekdote zu überzeugen, ist, nach den Daten zu fragen.

Quellen

Dieser Anhang enthält die Quellen, die ich in meinen Beispielen verwendet habe. Weil Sie inzwischen ein Statistik-Detektiv sind, wollen Sie vielleicht über die eine oder andere Studie mehr wissen, um eine sachkundige Entscheidung treffen zu können.

Kapitel 1

Alle Zeitungsartikel wurden aus den Ausgaben von *The Cincinnati Enquirer* und *The Columbus Dispatch* vom 26. Januar 2003 entnommen.

Kapitel 2

Speisereste-Studie: USA Today, 6. September 2001.

Website von Trident Gum: www.tridentgum.com/consumer/html/c0000.html.

Anzahl der Verbrechen in den USA zwischen 1990 und 1998 aus dem Verbrechensbericht des FBI (FBI Uniform Crime Reports): www.fbi.gov/ucr/ucr.htm.

Website der Kansas Lottery: www.kslottery.com.

Gute Betreuung kann vor Klagen schützen: USA Today, 19. Februar 1997.

Umfrage zu Ross Perot: TV Guide, 21. März 1993; weitere Informationen finden Sie bei »United We Stand America« unter: www.uwsa.com.

Journal of the American Medical Association: jama.ama-assn.org.

The New England Journal of Medicine: http:content.nejm.org.

The Lancet: www.thelancet.com.

British Medical Journal: http://bmj.com.

The Gallup Organization: www.gallup.com.

Kapitel 3

The Gallup Organization: www.gallup.com.

Behörde für die Durchführung von Volkszählungen (U.S. Census Bureau): www.census.gov.

Zink gegen Erkältungen; Lage des Kopfkissens und Schlaf; Höhe der Schuhe und Gehkomfort aus »Healthy Habits – that Aren't,« Woman's Day, 11. Februar 2003.

Grillenzirpen und Temperatur: »Cricket thermometers«, Field & Stream, Jul 1993, Vol. 98, Issue 3, p. 21; Mehr zu den Daten unter The Songs of the Insects (1949), von George W. Pierce, Harvard University Press, S. 12–21.

Verbrechen und die Polizei, US-Justizministerium: www.ojp.usdoj.gov/bjs/lawenf.htm.

Eiscreme und die Anzahl der Verbrechen (New York City): ein guter Artikel, um dieses Thema und damit verwandte Themen zu untersuchen, ist Spellman, B. A., & Mandel, D. R. (2003). *For more on the psychology of causal reasoning*, siehe Nadel, L. (Hrsg.) Encyclopedia of Cognitive Science (Vol. 1, S. 461–466).

Kapitel 4

Umfrage zu den Ausgaben von Konsumenten (Bureau of Labor Statistics): www.bls.gov/cex.

Lotterien: Ohio: www.ohiolottery.com; Florida: www.flalottery.com/lottery/edu/edu.html; Michigan: www.michigan.gov/lottery; New York: www.nylottery.org.

Pizza zur Ausgabe von Steuerdollars: www.irs.gov/app/cgi-bin/slices.cgi.

Bevölkerungs-, Rassen- und Arbeitstrends (U.S. Department of Labor, Herman Report: »Futurework: Trends and Challenges for Work in the 21st Century«): www.dol.gov/asp/programs/history/herman/reports/futurework.

Ausgaben für Beförderung (U.S. Bureau of Transportation Statistics): www.bts.gov/publications/transportation_in_the_united_states/pdf/ teconomy.pdf.

Geburtsstatistiken (Colorado Department of Public Health and Environment): www.cdphe.state.co.us/../cohid/birthdata.html.

IRS (Internal Revenue Service): www.irs.gov.

Schätzwerte zur Beschäftigung und den Löhnen (Bureau of Labor Statistics): www.wa.gov/esd/lmea/occdata/oeswage/Page2067.htm.

Bevölkerungszahlen nach Staaten (U.S. Census Bureau): http://eire.census.gov/popest/data/states/tables/ST-EST2002-01.php.

Kapitel 5

Bevölkerungsdaten der US-Bevölkerung (U.S. Census Bureau): www.census.gov/population/ www/documentation/twps0038.pdf.

Spielergehälter von NBA-Spielern: www.hoopsworld.com/article_21.shtml.

Freundschaften im Cyberspace: »Making friends in cyberspace«. Parks and Floyd (1996), Journal of Communication 46(1), 80–97.

Haushaltseinkommen (U.S. Census Bureau), Money Income in the United States, 2001, S. 26–27.

Kapitel 6

Umfrage bei US-Haushalten: American Community Survey, Columbus OH 2001: www.census.gov/acs/www/Products/Profiles/Single/2001/ACS/Narrative/155/NP15500US3918000049.htm.

US-Behörde zur Durchführung von Volkszählungen (U.S. Census Bureau): www.census.gov.

Kapitel 7

Connecticut Powerball Lottery: www.ctlottery.org/powerball.htm.

Kapitel 8

In diesem Kapitel wurden keine Quellen verwendet.

Kapitel 9

Standardfehler bei der Umfrage zu den Ausgaben von Konsumenten: www.bls.gov/cex/2001/stnderror/age.pdf.

US-Behörde für Arbeitsmarktstatistik (U.S. Bureau of Labor Statistics): www.bls.gov.

ACT-Werte und Standardabweichungen (2002): www.act.org/news/data/02/pdf/t6-7-8.pdf.

ACT-Tabellen 2002: www.act.org/news/data/02/pdf/data.pdf.

Kapitel 10

The Gallup Organization: www.gallup.com.

Kapitel 11

Median des Haushaltseinkommens: www.census.gov/hhes/income/income01/statemhi.html; Vollständiger Bericht: www.census.gov/prod/2002pubs/p60-218.pdf.

Kapitel 12

Studie zum Drogenmissbrauch: »Monitoring the Future«, unterstützt vom amerikanischen Institut gegen Drogenmissbrauch (National Institute of Drug Abuse) und durchgeführt von der University of Michigan. http://monitoringthefuture.org/data/2002data-drugs.

Kapitel 13

In diesem Kapitel wurden keine Quellen verwendet.

Kapitel 14

Krampfadern: Woman's Day, 11. Februar 2003, S. 28.

Schlaf von Babies: Woman's Day, 11. Februar 2003, S. 120, »And So, to Bed« von Loraine Stern.

Drogenmissbruch bei Jugendlichen: Prevalence of teen drug use: »Monitoring the Future«, unterstützt vom amerikanischen Institut gegen Drogenmissbrauch (National Institute of Drug Abuse) und durchgeführt von der University of Michigan: http://monitoringthefuture.org/data/2002data-drugs.

The Gallup Organization: www.gallup.com.

Crash-Tests: ADAC: www.adac.de.

Konsumentenberichte: www.consumerreports.org/main/home.jsp.

Kapitel 15

Dr. Ruth Westheimer: Family Circle, 1.2.97, S. 102. »Full Circle.«

Adderall: Woman's Day, 11. Februar 2003, Anzeige nach Seite 110 (Shire U.S. Inc.).

Kapitel 16

Infratest/dimap: www.infratest-dimap.de.

EMNID: www.emnid.de.

Prognos: www.prognos.de.

US-Behörde zur Durchführung von Volkszählungen (U.S. Census Bureau): www.census.gov.

Personenkult um berühmte Persönlichkeiten: www.cbsnews.com/stories/2003/03/06/eveningnews/main543046.shtml.

Umfrage zu Verabredungen über das Internet: www.cbsnews.com/stories/2003/02/17/opinion/polls/main540870.shtml.

Umfrage zum Schmerzempfinden: www.cbsnews.com/stories/2003/01/28/opinion/polls/main538259.shtml.

Surfen im Web nach gesundheitsbezogenen Informationen: www.cnn.com/2000/HEALTH/08/18/water cooler.ap/.

Optimismus von Investoren: www.gallup.com/poll/releases/pr030224.asp.

Schlechtestes Auto des Jahrhunderts: http://cartalk.cars.com/About/Worst-Cars/results5.html.

Betrunken Autofahren: www.reuters.com/newsArticle.jhtml?type=healthNews&storyID=2345367.

Medizinische Versorgung von Kindern: http://my.webmd.com/content/article/60/67060.htm?lastselectedguid={5FE84E90-BC77-4056-A91C-9531713CA348}.

Meldung von Verbrechen: www.ojp.usdoj.gov/bjs/pub/pdf/cvus01.pdf.

Brustkrebs: http://my.webmd.com/content/article/36/1728_50583.htm?lastselectedguid={5FE84E90-BC77-4056-A91C-9531713CA348}.

Handy-Benutzung: www.consumerreports.org/main/detailv2.jsp?CONTENT%3C%3Ecnt_id=23371&FOLDER%3C%3Efolder_id= 23051&bmUID=1047262402709.

Cyber-Kriminalität: www.gocsi.com/press/20020407.html.

Sexuelle Belästigung: http://womensissues.about.com/library/blsexharassmentstats.htm.

Lügen: Journal of Applied Social Psychology, 1997, v. 27, 12, S. 1048-1062, von Ester Backbier, Johan Hoogstraten und Katharina Meerum Terwogt-Kouwenhoven.

Kapitel 17

Deutsches Krebsforschungszentrum: www.dkfz.de.

Marihuana und Chemotherapie: The New York Times, 16. September 1975.

Informationen zur Durchführung klinischer Tests: Bundesministerium für Bildung und Forschung unter www.gesundheitsforschung-bmbf.de/foerderung.

HIV-Placebo: The Manhattan Mercury (Manhattan, KS), 21. September 1997.

Studie, die ältere Mütter mit einer höheren Lebenserwartung in Verbindung bringt: Kansas City Star, 11. September 1997.

Drogenmissbrauch bei Jugendlichen: »Monitoring the Future«, unterstützt vom amerikanischen Institut gegen Drogenmissbrauch (National Institute of Drug Abuse) und durchgeführt von der University of Michigan. http://monitoringthefuture.org/data/2002data-drugs.

Kapitel 18

Bundesministerium für Bildung und Forschung unter www.gesundheitsforschung-bmbf.de/foerderung.

Fernsehkonsum und andere sitzende Tätigkeiten in Bezug auf das Risiko für Diabetes Mellitus bei Frauen: Journal of the American Medical Association (2003) Volume 289, S. 1785-1791, (NIH News Release).

Ausdruck von Ärger in Verbindung mit Herzinfarkten und Schlaganfällen: Psychosomatic Medicine (2003), 65(1), S. 100-110, (NIH News Release).

Reduktion des Herzinfarktrisikos durch geringeren Alkoholkonsum: www.nih.gov/news/pr/jan2003/niaaa-08.htm, (NIH News Release).

Früherkennung von grünem Star: www.nih.gov/news/pr/oct2002/nei-14.htm, (NIH News Release).

Zink bei Erkältungen: »Healthy Habits – that Aren't«, Woman's Day, 11. Februar 2003.

Grillenzirpen und Temperatur: Garden Gate, Issue Number 5: www.gardengatemagazine.com/tips/25tip13.html.

Grillenzirpkonvertierer: (National Weather Service Forecast Office) www.srh.noaa.gov/elp/wxcalc/cricketconvert.html.

Daten zum Grillenzirpen: Für dieses Beispiel gibt es zahlreiche Datensätze. Von Statistikern wird in der Regel der folgende benutzt: Pierce, George W., The Songs of the Insects, (1949), Harvard University Press, S. 12–21. Hinweis: Ich habe nur eine Teilmenge dieser Daten benutzt, da die Daten nur zu Illustrationszwecken dienen sollten.

Mehr zum Grillenzirpen und der Temperatur: www.dartmouth.edu/~genchem/0102/spring/6winn/cricket.html.

Aspirin verhindert die Ausbildung von Polypen bei Darmkrebs: National Cancer Institute's Cancer and Leukemia Group, unter Leitung von Electra Paskett, The Ohio State University: www.osu.edu/researchnews/archive/aspirin.htm.

Eiscreme und die Anzahl der Verbrechen (New York City): ein guter Artikel, um dieses Thema und damit verwandte Themen zu untersuchen, ist Spellman, B. A., & Mandel, D. R. (2003). *For more on the psychology of causal reasoning*, siehe Nadel, L. (Hrsg.) Encyclopedia of Cognitive Science (Vol. 1, S. 461–466).

Kapitel 19

Bundesministerium für Bildung und Forschung: www.gesundheitsforschung-bmbf.de/foerderung.

TQM (Total Quality Management): www.6sigma.us.

W. Edwards Deming: Out of the Crisis (Center for Advanced Engineering Study, Massachusetts Institute of Technology, 1986), www.deming.org.

Zahnpastatuben-Füllmaschinen: www.packagingdigest.com/articles/199710/52.html.

Häufig gestellte Fragen zur Tubenfüllung: www.keyinternational.com/FAQ_Tube_Filling.html#Q4.

PROGRAMMIERUNG

3-8266-3073-4

3-8266-3091-2

3-8266-3069-6

Außerdem erhältlich:

C für Dummies
ISBN 3-8266-2943-4

C++ für Dummies
ISBN 3-8266-3117-X

C# für Dummies
ISBN 3-8266-3037-8

Objektorientierte
Programmierung
für Dummies
ISBN 3-8266-2984-1

PHP 4 für Dummies
ISBN 3-8266-2982-5

VBA für Dummies
ISBN 3-8266-3019-X

Visual Basic 6 für Dummies
ISBN 3-8266-3067-X

Visual Basic .NET
für Dummies
ISBN 3-8266-3024-6

Visual C++ .NET
für Dummies
ISBN 3-8266-3023-8

DATENBANKEN / BÜROSOFTWARE

3-8266-2960-4

3-8266-2973-6

3-8266-3022-X

Außerdem erhältlich:

Access 2000 für Dummies
ISBN 3-8266-2819-5

Access 2003 für Dummies
ISBN 3-8266-3095-5

Crystal Reports 9
für Dummies
ISBN 3-8266-3045-9

Lotus Notes 6
für Dummies
ISBN 3-8266-3063-7

Oracle 9i für Dummies
ISBN 3-8266-3026-2

SQL für Dummies
ISBN 3-8266-2931-0

Webdatenbanken
für Dummies
ISBN 3-8266-3010-6

BUSINESS

3-8266-2887-X

3-8266-2954-4

3-8266-3068-8

Außerdem erhältlich:

Businessplan für Dummies
ISBN 38266-2911-6

Coaching für Dummies
ISBN 3-8266-2940-X

Consulting für Dummies
ISBN 3-8266-2883-7

Erfolgreich führen
für Dummies
ISBN 3-8266-3066-1

Erfolgreich Präsentieren
für Dummies
ISBN 3-8266-2935-3

Erfolgreich Verhandeln
für Dummies
ISBN 3-8266-2933-7

Erfolgreich Verkaufen
für Dummies
ISBN 3-8266-2934-5

Existenzgründung
für Dummies
ISBN 3-8266-2923-X

Management
für Dummies
ISBN 3-8266-2898-5

Mitarbeiter motivieren
für Dummies
ISBN 3-8266-3038-6

PR für Dummies
ISBN 3-8266-2966-3

Stichwortverzeichnis

Symbole

50ste Percentil 126

A

Absichern, Ergebnisse 193
Abweichung
    messen 158
    Ursachen 119
Alternativhypothese 229, 230
    formulieren 239
Anekdote 172, 342
Antwortquote 274
Anzahl der Standardabweichungen 158
Arithmetisches Mittel 63, 116, 118
Ausreißerwerte 117

B

Balkendiagramm 87
    Bewertung 91
    Fehler 334
Beobachtungsstudie 280, 340
    Definition 280
Berechnen, Konfidenzintervall 207
Bias 60, 273, 336
    Daten 288
Bivariate Daten 294
    qualitative 297
Blindstudie 68, 288

C

Craps 134

D

Darstellen, Ergebnisse 191
Daten 61
    Bias 288
    Gültigkeit 289
    kategoriale 61
    numerische 61
    qualitative 61, 112
    quantitative 61, 115
    Zuverlässigkeit 288
Datenanalyse 289
Diagramm 77
Doppelblindstudie 68, 287
Durchschnitt 116, 118

E

Einheit 95
Entscheidungsfindung 142
Ergebnis
    absichern 193
    darstellen 191
Erklärungsvariable 306
Experiment 66, 280
    Datenanalyse 289
    Definition 280
    Stichprobengröße 282
    Störvariablen ausschalten 286
Extrapolation 308

F

Fehler 238
    Überblick 333
Fehlergrenze 47, 69, 176, 187, 326, 337
    Beispiele 195
    Berechnung 189, 191
    beschränken 196
    Faustregel 212
    Stichprobenanteil 190
    Stichprobengröße 194
    Stichprobenmittel 192
Fehlertoleranz
    siehe Fehlergrenze 326, 337
Formel
    Standardabweichung 63, 120
    Standardwert 65
Freiheitsgrade 243

G

Gehaltstrends 97
Gepaarte Differenzen
    Hypothesentest 253
Gesetz der großen Zahl 122, 155, 159
Gesetz der Serie 71
Gesetz des Durchschnitts 151
Grafiken 77
Grafische Darstellung
    kategoriale Daten 78
    qualitative Daten 78
Grundbegriff 57
    Arithmetisches Mittel 62
    Bias 60
    Daten 61
    Datensatz 61
    Grundgesamtheit 57
    Median 63
    Standardabweichung 63
    Statistik 62
    Stichprobe 58
    Zufallsstichprobe 59
Grundgesamtheit 57, 58
    Abweichung 185
    Anteil an 217
Gültigkeit 289

H

Häufigkeit 104
    relativ 104
Histogramm 100
    Bewertung 110
    Fehler 335
    interpretieren 110
    symmetrisch 107
Hypothese aufstellen 230
Hypothesentest 72, 247
    Anteil an Grundgesamtheit 249
    durchführen 229
    Fehler 237
    Formel 248
    gepaarte Differenzen 253
    Schrittanleitung 239
    Typ-1-Fehler 237
    Typ-2-Fehler 238

K

Kategoriale Daten 61
Kausalzusammenhang 73
Klinische Studie 281
    Kontrollgruppe 284
    Therapiegruppe 284
Konfidenzintervall 70, 176, 204, 207, 209
    Anteil an Grundgesamtheit 217
    berechnen 207
    Breite 210
    irreführende entdecken 205
    Mittelwert 215
    Stichprobengröße 211
Konfidenzniveau 189, 204
    wählen 209
    Z-Wert 190
Kontingenztabelle 297
Kontrollgruppe 67, 284
Korrelation 73, 339
    Interpretation 300
Korrelationskoeffizient
    Berechnung 299
    Eigenschaften 301
Kreisdiagramm 78
    Bewertung 87
    Fehler 333

L

Liniendiagramm 97
    bewerten 100
    Fehler 335
linksschief 118

M

Macht des Tests 238
margin of error 69, 187
Median 63, 117, 157
    berechnen 117
    vs. Mittelwert 118
Meinungsumfrage 68, 262
Messdaten 61
Mittelwert 62, 116, 118, 157
    Konfidenzintervall 215
    vs. Median 118
Modell 136

N

Normalverteilung 65, 156
    glätten 155
    Merkmale 157
    Standardisierung 164
    Standardnormalverteilung 66
Nullhypothese 72, 229, 230
    Beispiel 248
    formulieren 239
Numerische Daten 61

P

p-Wert 72, 234
    Interpretation 241
Parameter 62, 201
Percentil 64, 125, 167
    50stes 126
    berechnen 125
    Interpretation 126
Placebo-Effekt 67, 285
Population 58
Produktqualität 310
Prozentsätze 94
    vs. absolute Werte 92
Prozesssteuerung, statistische 311
Prüfgröße 232, 233

Q

Qualitative Daten 61, 78, 112
Qualitätskontrolle 142, 309
Qualitätsregelkarte 312
Quantitative Daten 115
    Zentrale Tendenz 115

R

Reaktionsvariable 306
rechtsschief 118
Regressionsanalyse 303
Regressionsgerade 304
    Steigung 305
    y-Achsen-Schnittpunkt 305
Regressionsrechung
    statistisches Modell 307

S

Schätzwert 69, 141
Schlussfolgerung
    Umfrage 276
Simulation 136
Spannweite 124
Standardabweichung 63, 120
    berechnen 120
    Bezeichnung 120
    Eigenschaften 123
    Formel 63, 120
    interpretieren 121
Standardfehler 173, 209
Standardnormaltabelle 168
Standardnormalverteilung 66, 165
    Standardwerte 169
    t-Verteilung 242
Standardwert 64, 164, 233
    Eigenschaften 165
    Formel 65
    Konvertierung 162
Statistische Größe 111
Statistische Prozesssteuerung 311
Statistische Signifikanz 73
Statistisches Modell 307
Stichprobe 58
    Anteil 191
    Auswahl 60
    Fehlergrenze 190
    systematischer Fehler 60, 337
    Umfrage 270
Stichprobengröße 185, 194, 211
    Einfluss 194
    Fehlergrenze 194
Stichprobenmittel
    Fehlergrenze 192
    Stichprobengröße 194
    Verteilung 174
Stichprobenverteilung 174
Störvariable 340
Streudiagramm 295, 296
    Interpretation 296
Studie, klinische 281
Suggestivfrage 268

T

T-Tabelle 245
t-Verteilung 242
    Freiheitsgrade 243
    Tabelle 245
Tabelle 91
    Bewertung 96
Tabellenvergleich 113
Testperson 283
Therapiegruppe 284
Total Quality Management 310
TQM 310
Trend
    vorhersagen 85
Typ-1-Fehler 237
Typ-2-Fehler 238

U

Umfrage
    Antwortquote 274
    Daten analysieren 275
    Daten ordnen 275
    Design 267
    durchführen 271
    Fragen entwickeln 268
    Planung 267
    Quelle 262
    Schlussfolgerungen 276
    Schritte 266
    Stichprobe auswählen 270
    Suggestivfragen 268
    systematischer Fehler 273
    Zeitpunkt wählen 269
    Zielpopulation definieren 267
    Zufallsstichprobe 270
Ursache-Wirkungs-Beziehung 297
US-Lotterie 79

V

Versuchsgruppe 67
Verteilung
    linksschief 118
    rechtsschief 118
Vertrauensintervall 204
Vertrauensniveau 189
Vollerhebung 62

W

Wahrscheinlichkeit 70
    Interpretation 137
Wahrscheinlichkeitsmodell 135
Wahrscheinlichkeitsrechnung 133
Wendepunkt 158
Würfeln 134

Z

Z-Verteilung 66
    t-Verteilung 242
Z-Wert 66, 190
Zentrale Tendenz 115
Zentraler Grenzwertsatz 66, 172
Zielpopulation 267
Zufallsstichprobe 59, 270
Zufallsverfahren 133
Zuverlässigkeit 288

SPORT

Außerdem erhältlich:

Fitness für Dummies
ISBN 3-8266-2857-8

Golfregeln und
Golfetikette für Dummies
ISBN 3-8266-3085-8

Laufen für Dummies
ISBN 3-8266-3054-8

Radsport für Dummies
ISBN 3-8266-2884-5

Tauchen und Schnorcheln
für Dummies
ISBN 3-8266-2881-0

Tennis für Dummies
ISBN 3-8266-3058-0

Yoga für Dummies
ISBN 3-8266-2902-7

Fit über 40 für Dummies
ISBN 3-8266-3115-3

3-8266-3086-6   3-8266-3053-X   3-8266-3057-2

MUSIK

Außerdem erhältlich:

Blues für Dummies
ISBN 3-8266-2837-3

E-Bass für Dummies
ISBN 3-8266-3112-9

E-Gitarre für Dummies
ISBN 3-8266-3109-9

Jazz für Dummies
ISBN 3-8266-2836-5

Oper für Dummies
ISBN 3-8266-3076-9

Piano für Dummies
ISBN 3-8266-2855-1

3-8266-2856-X   3-8266-3075-0   3-8266-3108-0

KÖRPER UND GEIST

Außerdem erhältlich:

Ahnenforschung online
für Dummies
ISBN 3-8266-3099-8

Astrologie für Dummies
ISBN 3-8266-2896-9

Astronomie für Dummies
ISBN 3-8266-2890-X

Ernährung für Dummies
ISBN 3-8266-2876-4

Philosophie für Dummies
ISBN 3-8266-3071-8

Rotwein für Dummies
ISBN 3-8266-3113-7

Schach für Dummies
ISBN 3-8266-2925-6

Stressmanagement
für Dummies
ISBN 3-8266-2882-9

Wein für Dummies
ISBN 3-8266-2918-3

Weißwein für Dummies
ISBN 3-8266-3114-5

Zaubern für Dummies
ISBN 3-8266-3070-X

3-8266-2877-2   3-8266-2903-5   3-8266-3116-1

COMPUTERGRUNDLAGEN / BETRIEBSSYSTEME

3-8266-3033-5

3-8266-3106-4

3-8266-3040-8

Außerdem erhältlich:

CDs und DVDs brennen
für Dummies
ISBN 3-8266-3049-1

DOS für Dummies
ISBN 3-8266-2812-8

PCs reparieren und
aufrüsten für Dummies
ISBN 3-8266-2946-9

PC Troubleshooting
für Dummies
ISBN 3-8266-3081-5

Unix für Dummies
ISBN 3-8266-2932-9

Windows 95 für Dummies
ISBN 3-8266-2630-3

Windows 98 für Dummies
ISBN 3-8266-2796-2

Windows 2000
Professional für Dummies
ISBN 3-8266-2875-6

Windows XP für Dummies
ISBN 3-8266-2995-7

OFFICE

3-8266-2961-2

3-8266-2963-9

3-8266-2962-0

Außerdem erhältlich:

Access 97 für Dummies
ISBN 3-8266-2746-6

Access 2000 für Dummies
ISBN 3-8266-2819-5

Access 2002 für Dummies
ISBN 3-8266-2960-4

Access 2003 für Dummies
ISBN 3-8266-3095-5

Excel 2000 für Dummies
ISBN 3-8266-2818-7

Excel 2003 für Dummies
ISBN 3-8266-3096-3

Microsoft Project 2000
für Dummies
ISBN 3-8266-2889-6

Office 97 für Dummies
ISBN 3-8266-2754-7

Office 2000 für Dummies
ISBN 3-8266-2820-9

Office 2003 für Dummies
ISBN 3-8266-3107-2

Powerpoint 2000
für Dummies
ISBN 3-8266-2871-3

PowerPoint 2003
für Dummies
ISBN 3-8266-3098-X

Word 97 für Dummies
ISBN 3-8266-2744-X

Word 2000 für Dummies
ISBN 3-8266-2817-9

Word 2003 für Dummies
ISBN 3-8266-3094-7

MAC

3-8266-3080-7

3-8266-3052-1

Außerdem erhältlich:

iBook für Dummies
ISBN 3-8266-2969-8

iMac für Dummies
ISBN 3-8266-2929-9

Mac für Dummies
ISBN 3-8266-2909-4

Mac & Co für Dummies
ISBN 3-8266-2861-6